高等职业教育精品工程系列教材

电子线路CAD项目化教程

杨瑞萍 主 编

李 莉 罗小妮 刘成刚 副主编

電子工業出版社

Publishing House of Electronics Industry

北京·BEIJING

内 容 简 介

本书共包含 6 个 PCB 设计与制作项目：共射极放大电路（基础操作），直流稳压电源电路（单面板），LED 闪烁灯电路（双面板），感应小夜灯电路（创建库及封装），印制电路板制作工艺，单片机最小系统层次原理图与 PCB 四层板设计”，均由校内教师与企业人员共同参与设计。每个项目都根据课程标准要求设立了多个工作任务，把需要掌握的理论内容和实践内容按照 PCB 设计流程由简单到复杂、由浅入深有机地组合起来，结合每一个任务的所需知识逐步解决任务中相应的问题，通过 6 个项目的教学活动，让学生在完成职业任务的过程中，掌握计算机辅助设计软件 Altium Designer 10.0 的应用、电路板的焊接调试、行业与工艺规范及布局布线技巧，理解行业标准，从而养成现代电子企业需要的职业素养与职业能力。

本书可作为各类高等职业技术学院、中等职业技术学校、职业高中、技工学校的电类专业教材，也可以供电子通信设备类生产、维修人员与广大电子爱好者自学使用。

图书在版编目（CIP）数据

电子线路 CAD 项目化教程 / 杨瑞萍主编. —北京：电子工业出版社，2017.8（2025 年 2 月重印）

ISBN 978-7-121-31885-6

Ⅰ. ①电… Ⅱ. ①杨… Ⅲ. ①电子电路—计算机辅助设计—高等学校—教材 Ⅳ. ①TN702

中国版本图书馆 CIP 数据核字（2017）第 130994 号

责任编辑：郭乃明　特约编辑：范　丽
印　　刷：北京盛通数码印刷有限公司
装　　订：北京盛通数码印刷有限公司
出版发行：电子工业出版社
　　　　　北京市海淀区万寿路 173 信箱　邮编　100036
开　　本：787×1 092　1/16　印张：16　字数：406.4 千字
版　　次：2017 年 8 月第 1 版
印　　次：2025 年 2 月第 11 次印刷
定　　价：37.00 元

凡所购买电子工业出版社图书有缺损问题，请向购买书店调换。若书店售缺，请与本社发行部联系，联系及邮购电话：（010）88254888，88258888。

质量投诉请发邮件至 zlts@phei.com.cn，盗版侵权举报请发邮件至 dbqq@phei.com.cn。

本书咨询联系方式：（010）88254561，34825072@qq.com。

前　　言

我国高职教育发展非常迅速，教学理念、课程体系与教学内容等方面有待于改革。课程内容改革与建设是高等职业教育改革的着落点，传统教学仅仅以关注学科知识为主要教学内容要求，已远远不能适应现代高职教育的需求。基于此，我们综合电子信息类各专业的《电子线路 CAD》这门课的课程标准编写了本书。

课程设计理念按照“以能力为本位，以职业技能为主线，以项目课程为主体”的项目化课程体系的设计要求，以形成掌握电路板制造工艺的基本技能和职业素养为目标，通过调研，密切结合现代电子企业的产品设计、装配调试、质量检验及维修等岗位群的典型工作任务，与多家企业合作，将实际研发项目、典型产品案例及学生创新项目作为载体引入到教学过程中，基于工作过程构建教学过程，紧紧围绕工作任务完成的需要来选取和组织课程内容，充分体现职业性、实践性和开放性的要求。

本书以 Altium Designer 10 为平台，介绍电子线路设计的基本方法和技巧。

内容编写指导思想是：以项目带动内容，将内容融于项目，并将每个项目分解成多个任务，每个任务由若干子任务组成，合理地将子任务安排到相关大任务中。通过任务的设计和实现，逐步引导学生由浅入深、由易到难地学习，使学生的能力在项目的实施中逐步得到提高，达到“学以致用”的目的。

整个教材共包含六个主要项目，分别从手工设计单面板、自动设计单面板、双面板、原理图元器件及其封装设计、综合设计以及层次化原理图设计等方面展示每个项目重点学习内容。

项目一　共发射极放大电路的原理图与 PCB 设计，主要介绍手工绘制单面板的方法。

项目二　直流稳压电源的原理图与 PCB 设计，从原理图到 PCB 设计，介绍了完整的单面板设计过程。

项目三　LED 闪烁灯的原理图与 PCB 设计，介绍双面板设计方法以及原理图元器件的创建。

项目四　感应小夜灯的原理图与 PCB 设计，主要介绍典型元器件封装的设计以及自制封装库的应用。

项目五　印制电路板制作工艺，介绍 PCB 制作。

项目六　单片机原理最小系统层次原理图与 PCB 四层板设计，主要介绍层次原理图设计方法以及多层板设计方法。

★ 本书配备原理图符号库和封装库文件、学习项目和思考练习源文件、具体实施过程操作视频和实训指导等丰富的教辅材料，以方便教师教学和学生练习。

本书由济南职业学院的杨瑞萍担任主编。具体分工如下：项目 1，项目 6 由杨瑞萍编写；项目 2 由罗小妮编写；项目 3，项目 4 由李莉编写；项目 5 由刘成刚编写，全书由杨瑞萍统稿。

本书充分体现高职高专的教学特点，密切贴合实际工作岗位的能力需求，实现了理论与实践的融合。本书可作为应用电子技术、电气自动化技术、电子信息技术、机电一体化技术等专业学生的教材。

由于编者水平有限，书中难免存在疏漏和不足之处，恳请读者批评指正。

目　录

项目 1　分压式放大器的原理图与 PCB 设计

由于能够较好地稳定静态工作点，分压式放大器在电子产品中应用极为广泛。图 1-1 为分压式放大器电路原理图。RP、R1、R2、R4 构成晶体管 Q1 的分压式偏置电路。VCC 通过 RP、R1、R2 分压电路使 Q1 获得固定的 V_{BQ}，再利用发射极电阻 R4 的电流负反馈作用，稳定放大器的静态工作点。R3 为集电极负载电阻，C1、C3 为耦合电容，C2 为消振电容（去除高频自激振荡）。C4 为发射极旁路电容，使放大器的放大能力不受 R4 的影响。

本项目制作简单，适合初学者学习。通过本项目的学习可使读者对印制电路板的设计有个初步的认识，为今后学习其他项目打下基础。本项目主要介绍 Altium Designer 10.0 软件功能、操作环境、原理图工作参数设置、绘制简单原理图和手工设计 PCB 的操作方法及工作流程。根据项目执行的逻辑顺序，将本项目分为 4 个任务来分阶段执行，分别是：

任务 1.1　Altium Designer 10.0 软件的安装与初识

任务 1.2　绘制分压式放大器的原理图

任务 1.3　PCB 的功能与组成认知

任务 1.4　分压式放大器单面板手工设计

PCB 设计完成后 3D 显示图见图 1-2。

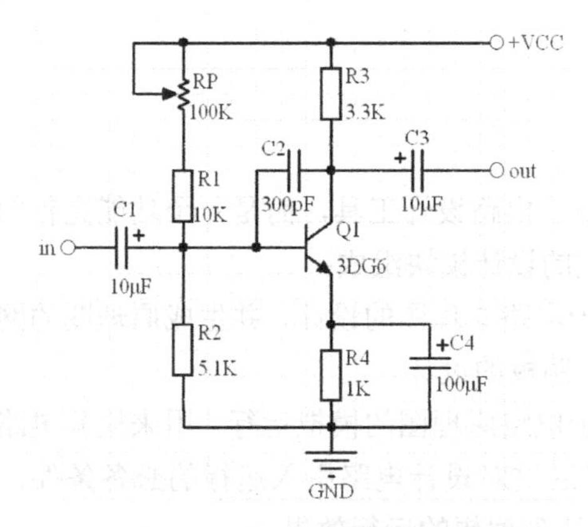

图 1-1　分压式放大器原理图

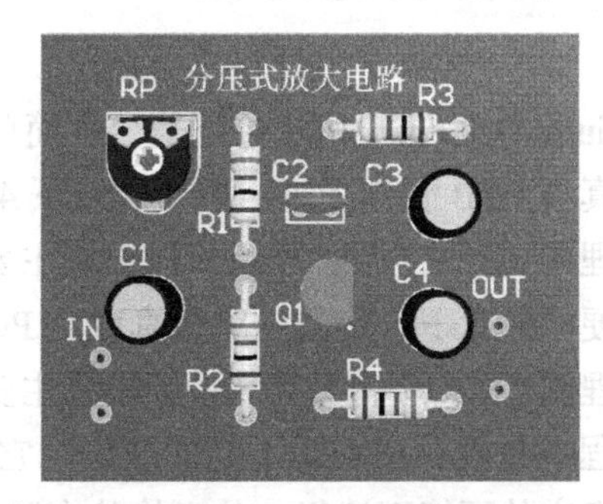

图 1-2　3D 显示图

任务 1.1　Altium Designer 10.0 软件的安装与初识

EDA 技术是计算机在电子工程技术上一项重要应用，是以计算机为工作平台，融合应用电子技术、计算机技术、智能化技术最新成果而成的电子线路 CAD 技术，可极大地提高工作效率。Altium Designer 系列软件是众多工程技术人员和电子爱好者进行电路设计的首选软件，本书选用的是较新版本 Altium Designer 10.0。

Altium Designer 10.0 软件并不是一个简单的电子电路设计工具，而是一个功能完善的电路设计、仿真与 PCB 制作系统，主要由原理图（SCH）设计模块、原理图（SCH）仿真模块、印制电路板（PCB）设计模块、可编程逻辑器件（FPGA）设计模块等组成。本书主要介绍原理图设计系统和印制电路板设计系统两大模块。

要使用 Altium Designer 10.0 软件进行电路设计，安装软件是第一步，Altium Designer 10.0 软件安装包括三大部分：软件安装、激活和汉化（对软件熟悉后可以不进行汉化）。软件安装完成后首先应掌握软件的启动，了解主窗口的组成，然后学会新建项目文件、原理图文件和 PCB 文件以及保存各种文件。

任务目标

知识目标：

- 了解 Altium Designer 10.0 的特点。
- 了解 Altium Designer 10.0 主窗口的组成和各部分的作用。

技能目标：

- 掌握 Altium Designer 10.0 的安装、激活和启动。
- 掌握 Altium Designer 10.0 工程和文件的新建、保存、打开方式。

任务实施过程

Altium Designer 10.0 并不是一个简单的电子电路设计工具，而是一个功能完善的电路设计、仿真与 PCB 制作系统，主要由以下 4 个大的设计模块组成：

原理图（SCH）设计模块：该模块主要用于电路原理图的设计，并生成原理图的网络表文件，以便于进行下一步的电路仿真或是 PCB 电路板的设计。

原理图（SCH）仿真模块：该模块主要用于电路原理图的模拟运行，用来检验电路在原理设计过程中是否存在意想不到的缺陷，它可以通过对设计电路引入运行的必备条件，使电路在模拟真实的环境下运行，从而检验电路是否达到理想的运行效果。

印制电路板（PCB）设计模块：该模块可将 SCH 原理图设计成现实的印刷电路图，由它

生成的 PCB 文件将直接应用到印制电路板的生产。

可编程逻辑器件（FPGA）设计模块：该模块可对印制电路板上的可编程逻辑器件（如 CPLD、FPGA 等）编程，通过编译后，再将文件烧录到逻辑器件中，生成具备特定功能的元器件。

子任务 1.1.1　Altium Designer 10.0 的安装、激活

1. 运行环境

软件环境：要求运行在 Windows XP（支持 Professional 和 Home 版）或者更高版本操作系统。

硬件环境：CPU 要求 Pentium4（3GHz）以上，内存至少为 1GB RAM，硬盘空间应有 40GB 以上，分辨率 1024×768（此为 Altium Designer 10.0 设计窗口的标准显示方式）。

2. 安装具体步骤

（1）找到 Altium Designer 10.0 安装文件，将其解压，如图 1-3 所示。

（2）安装文件解压后，还是一个 ISO 镜像文件，并不能直接安装，需要先安装一个解镜像文件的软件，如 Winmount，安装完成后，用户在 ISO 镜像文件上单击右键，选择 Mount to new drive 选项，则可以加载一个虚拟光驱，打开虚拟光驱对应的盘符，如图 1-4 所示，运行 AltiumInstaller.exe。

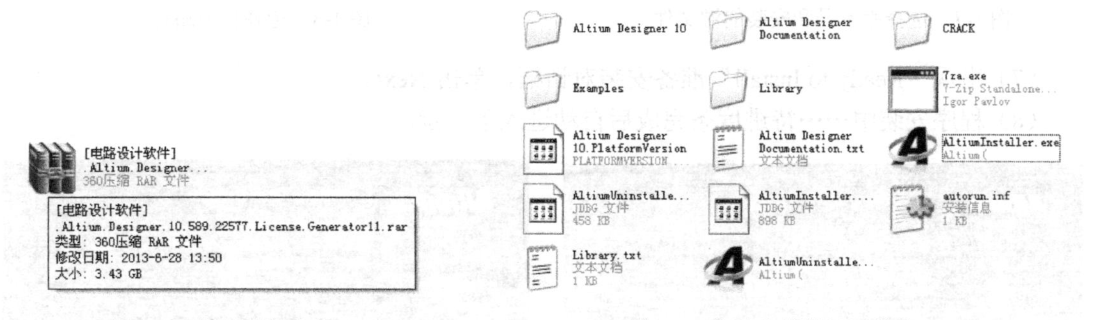

图 1-3　解压安装文件

图 1-4　安装文件的目录结构

启动程序安装画面（卸载的时候不能在控制面板中卸载，也是到这个目录下运行“AltiumUninstaller.exe”）。

（3）在图 1-5 中，单击 Next 进入下一步。

（4）在图 1-6 中选择语言 Chinese，勾选“I accept the agreement”，单击 Next 进入下一步。

（5）在图 1-7 中选择版本号和安装的源文件，可以保持默认设置，单击 Next 进入下一步。

（6）在图 1-8 中选择安装路径，默认为 C 盘，用户可以选择其他的路径，单击 Next 进入下一步。

图1-5　Altium Designer 10.0 安装向导窗口

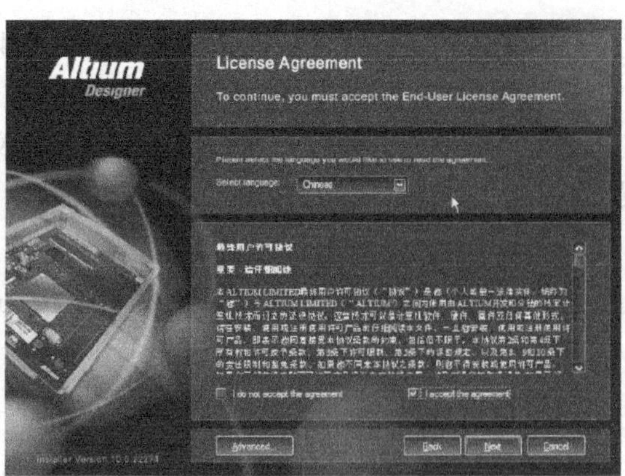

图1-6　接受协议界面

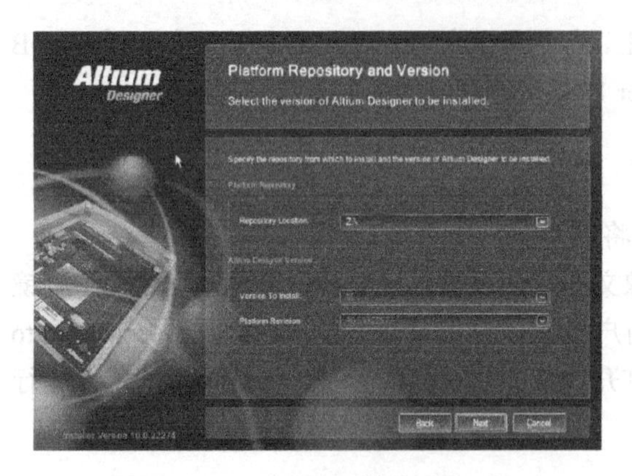

图1-7　选择版本号和安装的源文件

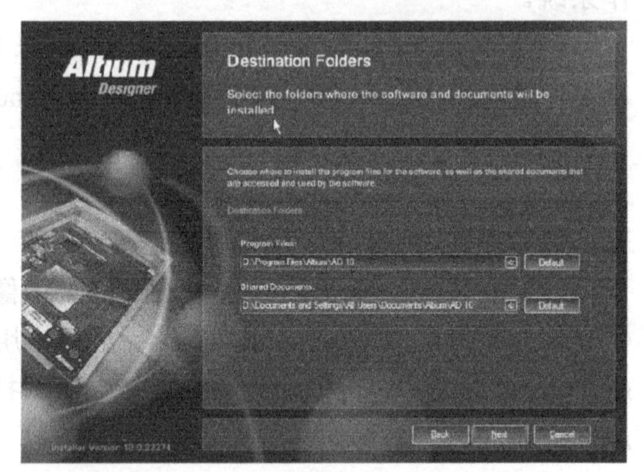

图1-8　选择目标路径

（7）出现“Ready to Install”准备安装对话框，单击Next。

（8）程序安装中……待进度条完成后自动进入下一步。

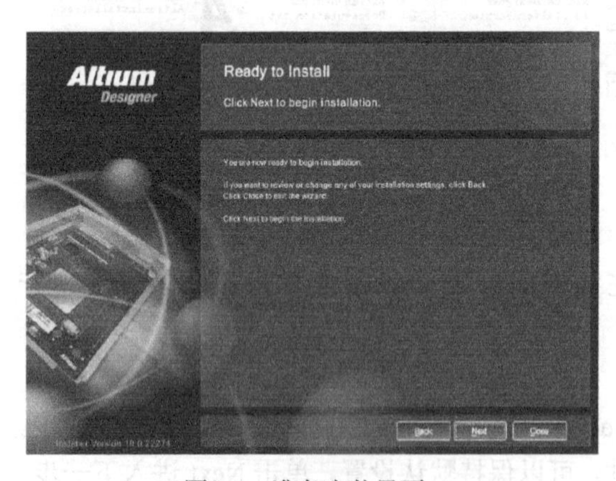

图1-9　准备安装界面

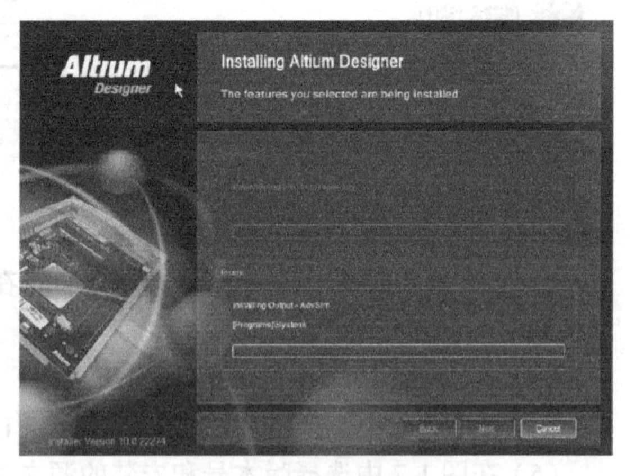

图1-10　安装进度界面

（9）单击Finish完成安装。

注意：最好不要勾选“Launch Altium Designer”，勾选了会自动打开软件，而此时还没有完成破解步骤。

3. 软件激活步骤

（1）打开“CRACK”文件夹，找到记事本“AD10.INI”文件并打开，如图 1-12 所示。

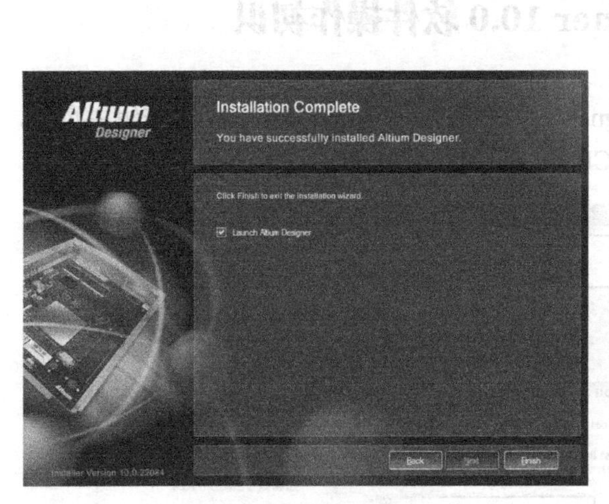

图 1-11　安装完成界面

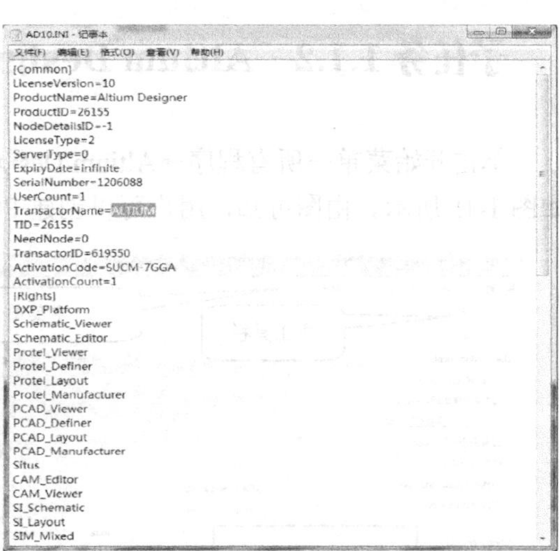

图 1-12　记事本“AD10.INI”内容

（2）修改图 1-12 中（Ⅰ）TransactorName=Your Name（将“Your Name”替换为你想要注册的用户名），（Ⅱ）SerialNumber=0000000（如果你只有一台计算机，那么这个可以不用修改，如果有两台以上的计算机且连成局域网，那么请保证每个 License 文件中的 SerialNumber=为不同的值），修改好后保存，并关闭文档。

（3）运行“Генератор лицензии ALTIUM-（RU）.EXE”，打开后如图 1-13 所示。

（4）有三个按钮，单击第一个，选择之前修改好的“AD10.INI“文件。

（5）单击第二个出现如图 1-14 所示窗口，选择目录保存所生成的“*.alf”。

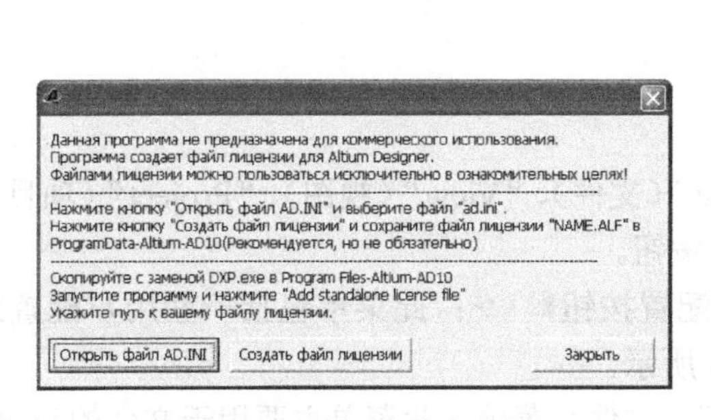

图 1-13　许可文件生成器

图 1-14　保存生成的协议文件

（6）单击第三个，退出许可文件生成器。

（7）将 DXPпатченый 件夹下的“DXP.EXE”文件复制到 Altium Designer 的安装目录下“X:\Program Files\Altium\AD 10”，选择替换同名的文件。

（8）单击开始菜单并运行 Altium Designer Release 10，启动画面完毕后，如果按钮是灰色

的（即不可按），则需要手动加载许可文件。单击“Add standalone license file”，选择之前生成的“*.alf”文件即可。

子任务 1.1.2 Altium Designer 10.0 软件操作初识

单击开始菜单→所有程序→Altium Designer，系统将进入 Altium Designer 工作组主页面，如图 1-15 所示。由图可知，用户可以创建 PCB 项目、原理图和 PCB 文档等。

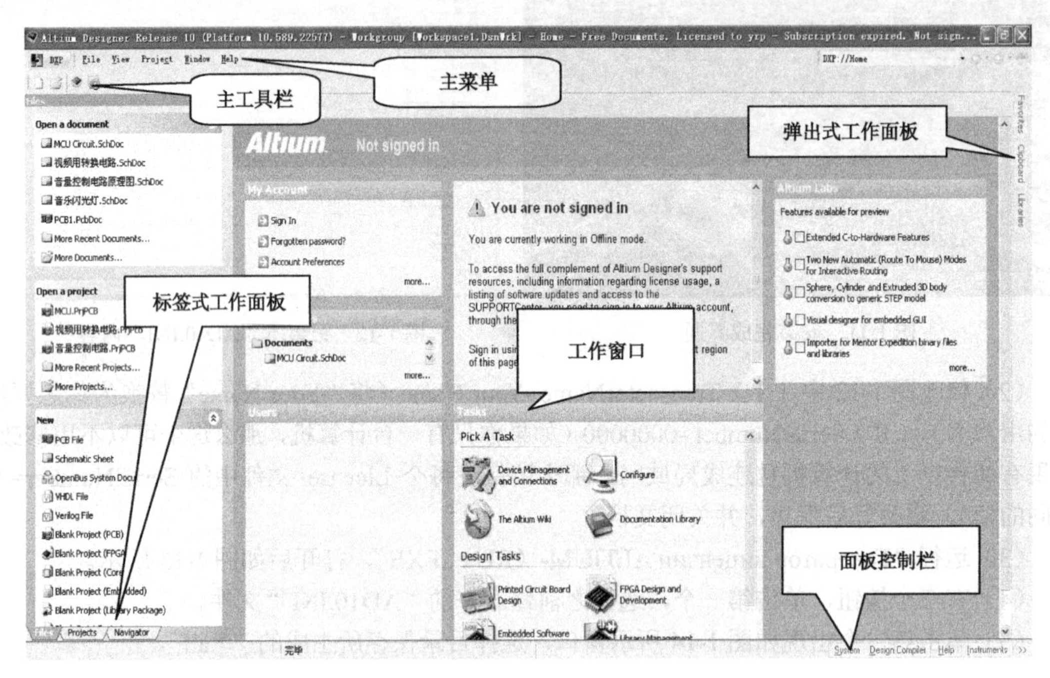

图 1-15 Altium Designer 10.0 的主窗口

一、Altium Designer 10.0 的主窗口

1. 菜单栏

菜单栏包括 1 个用户配置按钮 DXP 和“File”（文件）、“View”（视图）、“Project”（项目）、“Window”（窗口）和“Help”（帮助）5 个菜单按钮。

（1）用户配置按钮 DXP：此菜单包括一些用户配置选项，如图 1-16 所示。

Customize...	定制系统资源
Preferences...	系统参数设置
System Info...	系统信息选择
Run Process...	运行进程设置
Check For Updates...	许可检查更新
Licensing...	网络许可认证
Run Script...	运行脚本

图 1-16 用户配置菜单

（2）“File”（文件）菜单：此菜单主要用于文件的新建、打开和保存，菜单中的各命令及其功能如图 1-17 所示。

（3）“View”（视图）菜单：此菜单用于工具栏、工作窗口面板、命令行以及状态栏的显示和隐藏，菜单中的各命令及其功能如图 1-18 所示。

（4）“Project”（项目）菜单：此菜单主要用于项目文件的

管理，包括项目文件的编译、添加、删除，显示项目文件的不同点和版本控制等命令，菜单中的各命令及其功能如图 1-19 所示。

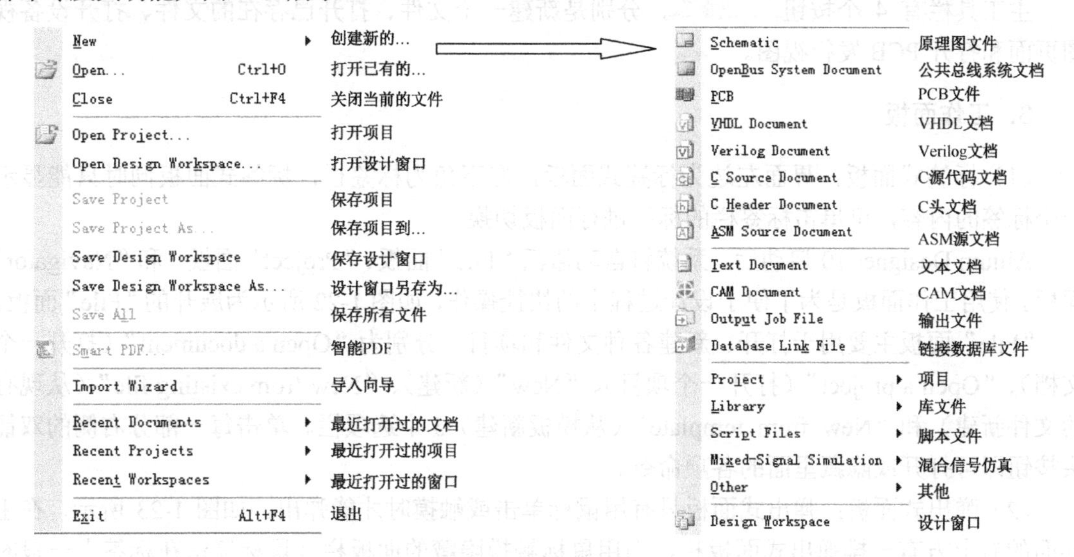

图 1-17　“File”（文件）菜单

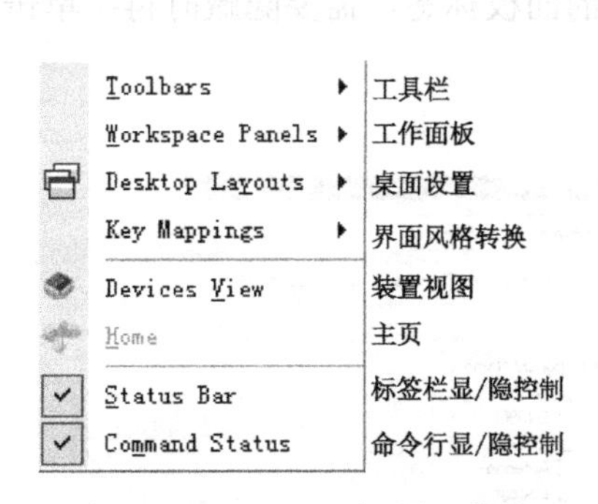

图 1-18　“View”（视图）菜单

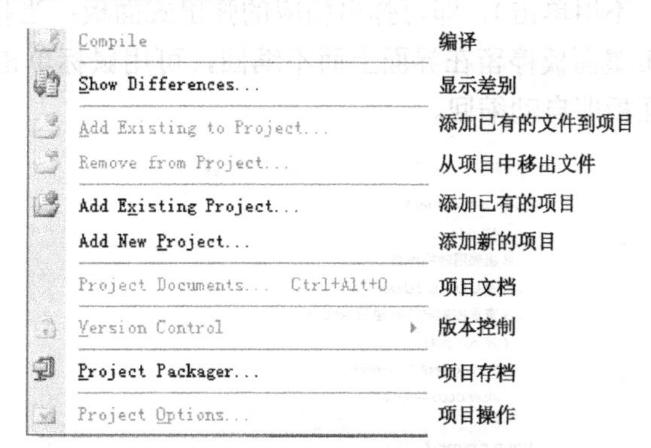

图 1-19　“Project”（项目）菜单

（5）“Window”（窗口）菜单：用于对窗口进行纵铺、横铺、打开、隐藏以及关闭等操作，菜单中的各命令及其功能如图 1-20 所示。

（6）“Help”（帮助）菜单：用于打开各种帮助信息，菜单中的各命令及其功能如图 1-21 所示。

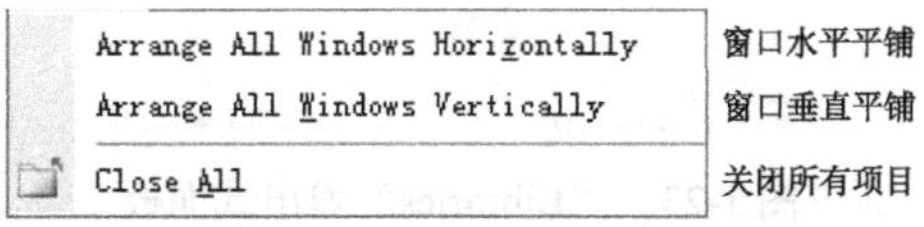

Arrange All Windows Horizontally 窗口水平平铺
Arrange All Windows Vertically 窗口垂直平铺
Close All 关闭所有项目

图 1-20　“Window”（窗口）菜单

Knowledge Center F1 知识中心
User Forums 用户论坛
Knowledge Base 知识库
Search for Help 帮助搜索
Help On 分类帮助
Getting Started 初识系统
About... 关于系统

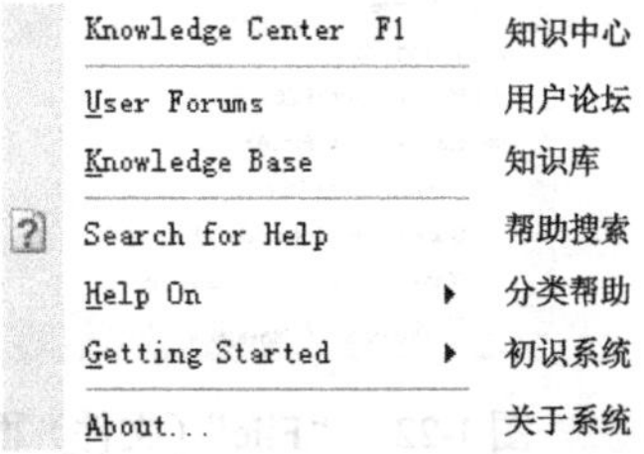

图 1-21　“Help”（帮助）菜单

2. 工具栏

主工具栏有 4 个按钮，分别是新建一个文件、打开已存在的文件、打开设备视图页面和打开 PCB 发行视图。

3. 工作面板

（1）标签式面板：界面左边为标签式面板，左下角为标签栏，标签式面板同时只能显示一个标签的内容，可单击标签栏的标签进行面板切换。

Altium Designer 10 启动后，系统将自动激活“File”面板、“Project”面板、和“Navigator”面板。使用工作面板是为了便于设计过程中的快捷操作，如图 1-22 所示为展开的“File”面板。

“File”面板主要用于打开、新建各种文件和项目，分别为“Open a document”（打开一个文档）、“Open a project”（打开一个项目）、“New”（新建）、“New from existing file”（从现有的文件新建）和“New from template”（从模板新建）5 个选项栏。单击每一部分右侧的双箭头按钮即可打开或隐藏里面的各项命令。

（2）弹出式面板：弹出式面板只有用鼠标单击或触摸时才能弹出。如图 1-23 所示，在主界面的右上方有一排弹出式面板栏，当用鼠标触摸隐藏的面板栏（鼠标停留在标签上一段时间，不用单击），即可弹出相应的弹出式面板；当指针离开该面板后，面板会迅速缩回去。倘若希望面板停留在界面上而不缩回，可用鼠标单击相应的面板标签，需要隐藏时再次单击标签面板即自动缩回。

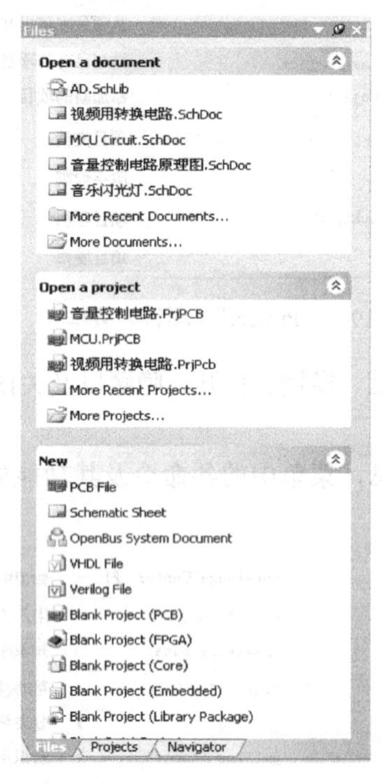

图 1-22 “File”（文件）面板

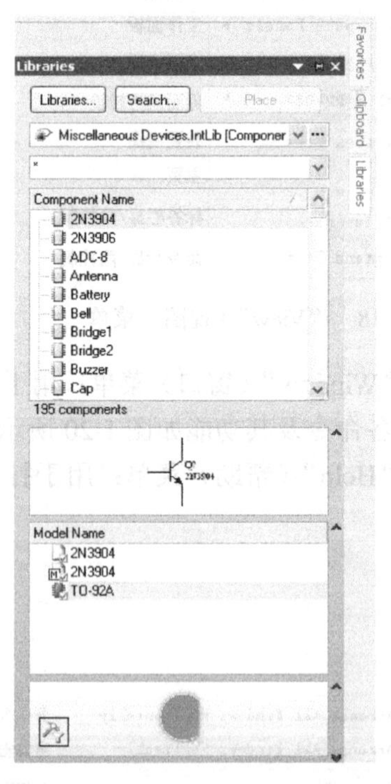

图 1-23 “Libraries”弹出式面板

（3）显示隐藏面板：左侧的几个面板如果由于某种原因不见了，用户可以通过单击窗口右下角的“System”按钮来解决。单击该按钮即可弹出相应的快捷菜单供用户选择，如单击

File 命令即可显示文件面板，如图 1-24 所示。另外，可以通过单击主菜单中的“View→Desktop Layouts→Default”（默认）命令恢复默认的桌面布局。

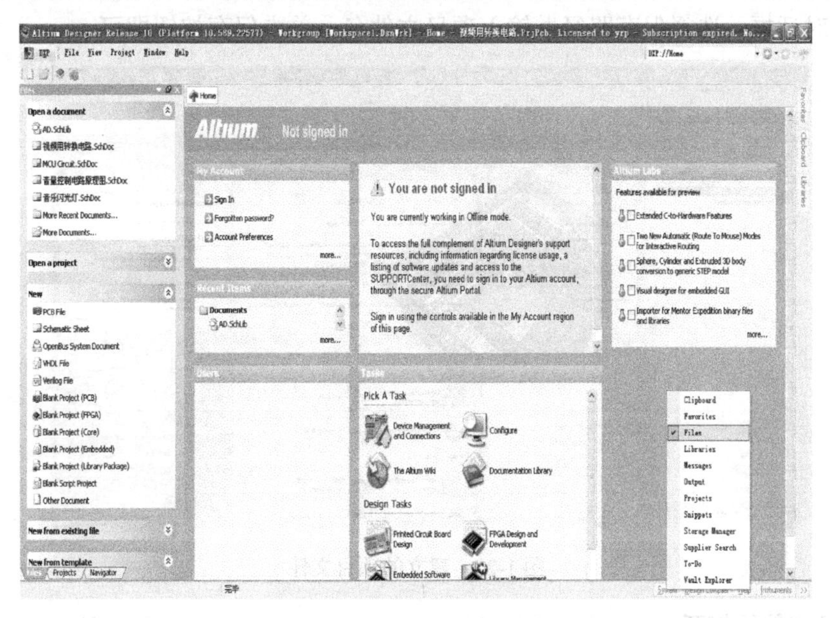

图 1-24　显示相应的面板

二、Altium Designer 10.0 的文件系统操作

Altium Designer 10.0 的文件系统包含项目文件、原理图文件、PCB 文件、原理图库文件和 PCB 库文件等，下面简单介绍一下这些文件的建立及保存。

1. 项目文件操作

1）项目文件的创建

步骤①：单击如图 1-25 所示的“File→New→Project→PCB Project”命令。

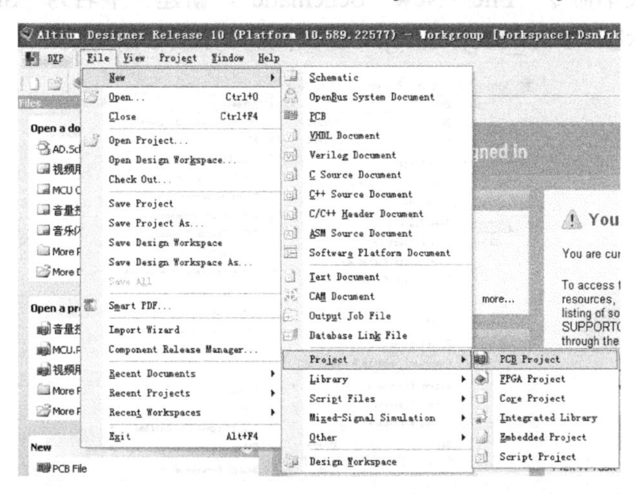

图 1-25　新建项目文件

步骤②：在如图 1-26 所示的“Project”面板中将出现一个新的 PCB 项目文件，“PCB Project1”为新建 PCB 项目默认名称，执行项目命令菜单中的“Save Project As”，则弹出“项目另存为”对话框。选择保存路径并输入项目文件名，单击保存按钮即可。

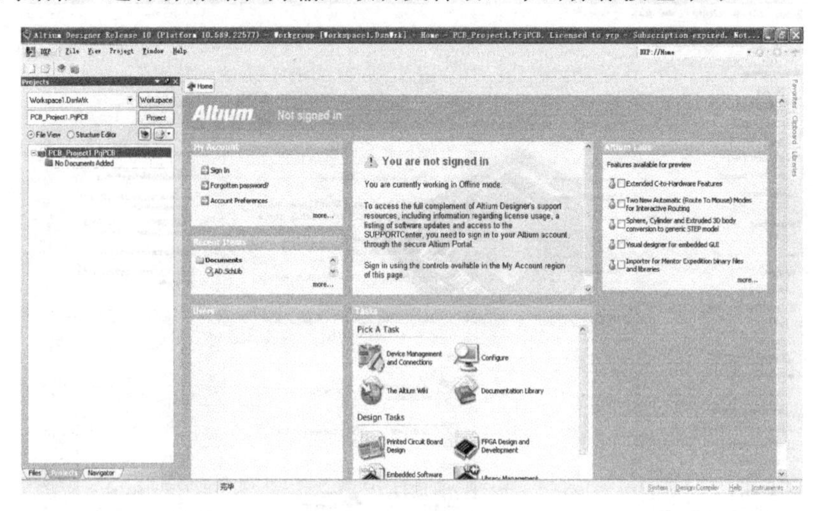

图 1-26　建立的项目文件

2）项目文件的打开

具体步骤是：单击如图 1-25 所示的“File→Open Project”，在弹出的对话框中选择要打开的项目的路径，找到要打开的项目文件后，单击“OK”按钮即可。

3）项目文件的关闭

具体步骤：鼠标右键单击要关闭的项目文件，在弹出的菜单中选择“Close Project”（关闭项目文件）即可。

2. 建立原理图文件

步骤①：

方法一：执行菜单命令“File→New→Schematic”，新建一个名为“Sheet1.SchDoc”的原理图设计文件，显示在“PCB_Projectl.PrjPCB”下方，如图 1-27 所示。

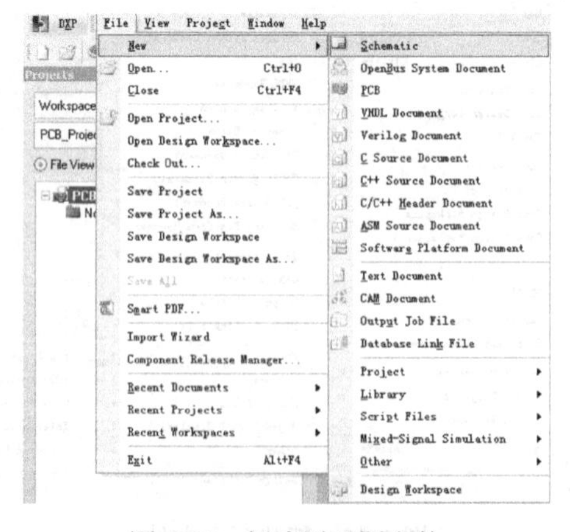

图 1-27　新建原理图文件

方法二：单击“Files”，在“New”栏中列出了各种空白项目，单击选择“Schematic Sheet”（示意图表）选项即可创建原理图文件。

方法三：在项目文件上面单击鼠标右键，在出现的快捷菜单中选择“Add new to project→Schematic”，就可以在项目文件中添加一个新的原理图文件，如图 1-28 所示。

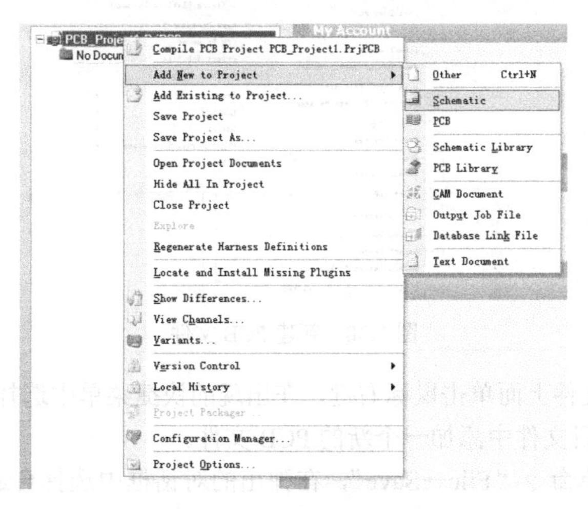

图 1-28　添加原理图文件

步骤②：执行菜单命令“File→Save”，在弹出的对话框中选择合适的路径，并输入具有个性的文件名，单击“保存”按钮即可，如图 1-29 所示。

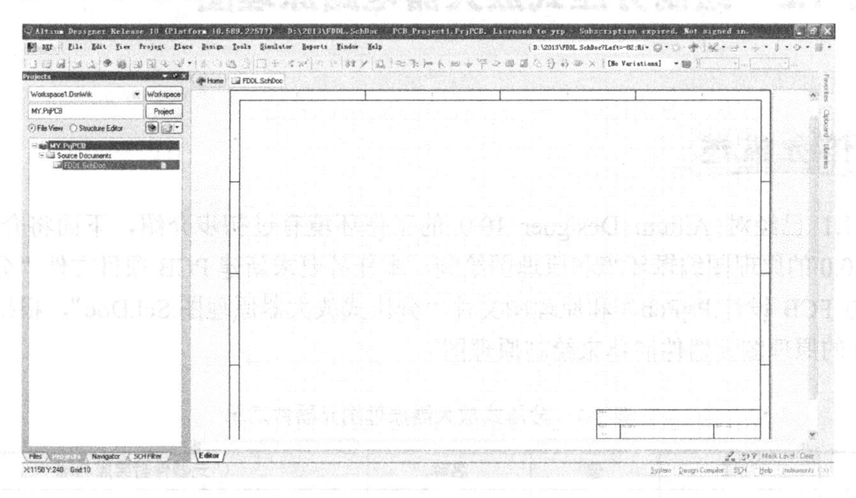

图 1-29　保存后的原理图文件

3. 建立 PCB 文件

步骤①：

方法一：执行菜单命令“File→New→PCB”命令，新建一个名为“PCB1.PcbDoc”的印制电路板设计文件，显示在“PCB_Projectl.PrjPCB”下方，如图 1-30 所示。

方法二：打开“Files”面板，在“New”栏中列出了各种空白项目，单击选择“PCB File”选项即可创建 PCB 文件。

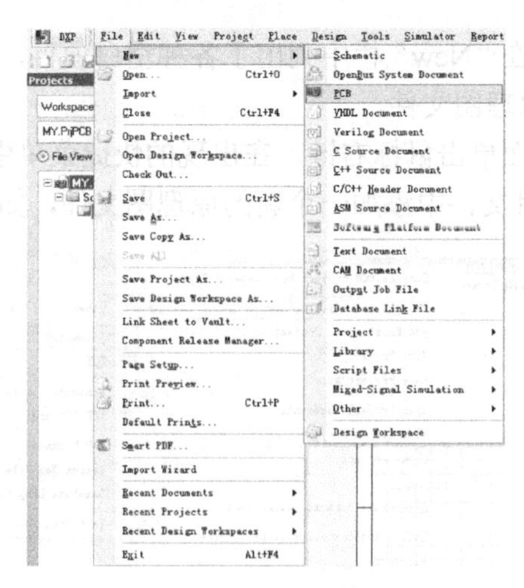

图 1-30　新建 PCB 文件

方法三：在项目文件上面单击鼠标右键，在出现的快捷菜单中选择“Add new to project→PCB”，就可以在项目文件中添加一个新的 PCB 文件。

步骤②：执行菜单命令“File→Save”，在弹出的对话框中选择合适的路径，并输入具有个性的文件名，单击“保存”按钮即可。

任务 1.2　绘制分压式放大器电路原理图

任务 1.1 已经对 Altium Designer 10.0 的工作环境有过初步介绍，下面将介绍 Altium Designer 10.0 的原理图编辑环境和原理图绘制，本任务要求新建 PCB 项目文件“分压式放大器原理图与 PCB 设计.PrjPcb”和原理图文件“分压式放大器原理图.SchDoc”，根据图 1-1 和表 1-1 所列的原理图元器件清单来绘制原理图。

表 1-1　分压式放大器原理图元器件清单

<table>
<tr><th>序号</th><th>注释</th><th>值</th><th>名称</th><th>元器件封装库名称</th></tr>
<tr><td>C1、C3</td><td>Cap Pol2</td><td>10μF</td><td>Cap Pol2</td><td rowspan="9">Miscellaneous Devices.IntLib</td></tr>
<tr><td>C2</td><td>Cap Semi</td><td>300pF</td><td>Cap Semi</td></tr>
<tr><td>C4</td><td>Cap Pol2</td><td>100μF</td><td>Cap Pol2</td></tr>
<tr><td>R1</td><td>Res2</td><td>10kΩ</td><td>Res2</td></tr>
<tr><td>R2</td><td>Res2</td><td>5.1 kΩ</td><td>Res2</td></tr>
<tr><td>R3</td><td>Res2</td><td>3.3 kΩ</td><td>Res2</td></tr>
<tr><td>R4</td><td>Res2</td><td>1 kΩ</td><td>Res2</td></tr>
<tr><td>Rp</td><td>RPot</td><td>100 kΩ</td><td>RPot</td></tr>
<tr><td>Q1</td><td>3DG6</td><td></td><td>2N3904</td></tr>
</table>

任务目标

知识目标：

➢ 理解原理图的一般设计流程。

➢ 了解原理图工作窗口组成。

技能目标：

➢ 掌握原理图元器件的放置、位置调整、属性设置等操作方法。

➢ 掌握原理图元器件的连线方法、节点放置方法。

➢ 掌握电源和接地符号的放置方法。

任务实施过程

子任务 1.2.1　新建项目工程文件

启动 Altium Designer 10.0。执行菜单命令“File→New→Project→PCB Project”，系统将自动建立一个名为“PCB_Project1.PrjPcb”的项目文件，在此文件名上单击鼠标右键，在弹出的菜单中选择“Save Project”，将弹出一个保存工程的对话框，在对话框中选择保存文件的路径“D:\项目化课程\源文件”，将工程文件命名为“分压式放大器原理图与 PCB 设计.PrjPcb”，并保存在指定文件夹下，如图 1-31 所示。

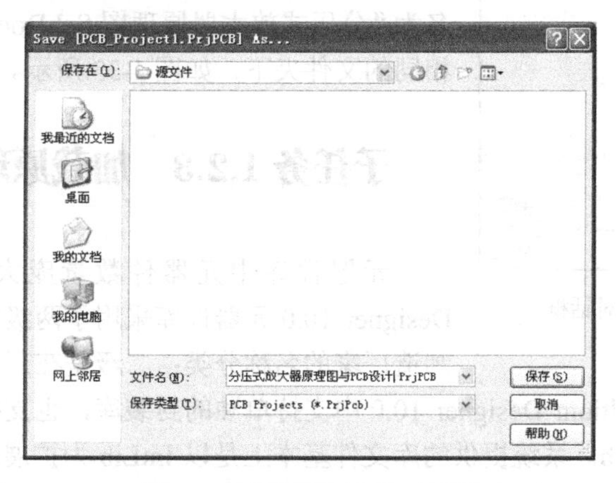

图 1-31　保存工程文件对话框

子任务 1.2.2　新建原理图文件

建立工程文件后，需要在工程文件中建立一个原理图文件，用户可以直接在工程文件上进行新建。

执行菜单命令“File→New→Schematic”或者用鼠标右键单击项目文件名，在弹出的菜单中选择“Add New to Project→Schematic”新建原理图文件。系统在“分压式放大器原理图与PCB 设计”项目文件夹下建立了原理图文件“Sheet1.SchDoc”并进入原理图设计界面，如图 1-32 所示。

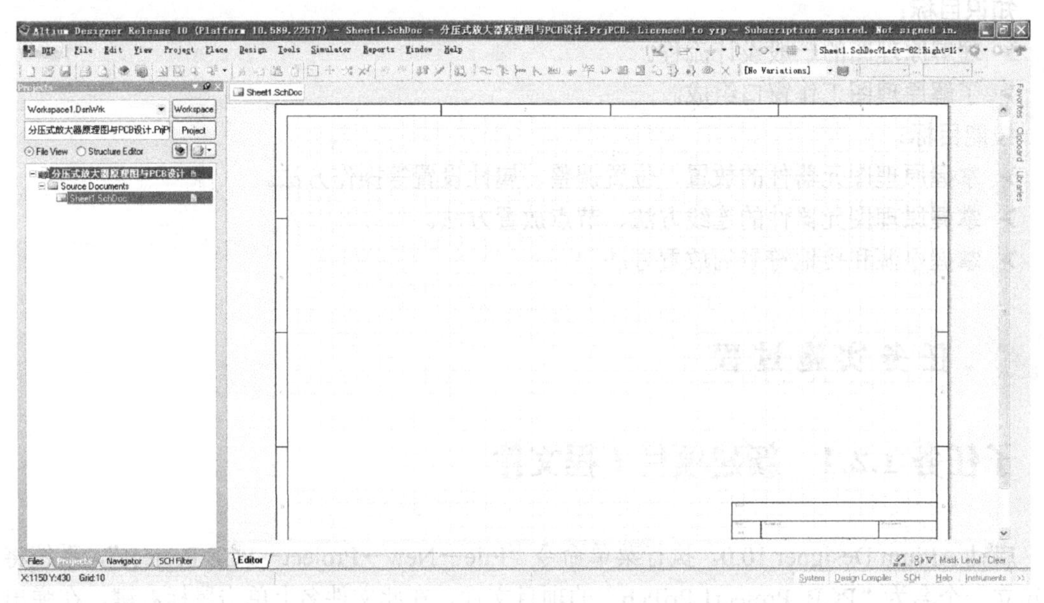

图 1-32　原理图设计界面

用鼠标右键单击原理图文件“Sheet1.SchDoc”，在弹出的菜单中选择“Save”，屏幕弹出一个对话框，将文件改名为“分压式放大器原理图.SchDoc”并保存在与项目文件相同的文件夹下，如图 1-33 所示。

图 1-33　保存原理图对话框

子任务 1.2.3　加载原理图元器件库

元器件库中元器件数量庞大、分类明确，Altium Designer 10.0 元器件库采用了两级分类：一级是以元器件制造厂家的名称分类；二级是在厂家分类的下面又以元器件种类进行分类。在 Altium Designer 10.0 中支持单独的封装库，也支持集成库，它们的扩展名分别为 SchLib、IntLib。系统提供的库文件基本上是以 IntLib 为扩展名的文件。一般情况下用户在设计项目中只调用几个需要的元器件库文件即可，这样可以减轻计算机系统运行的负担，提高运行效率。

一、浏览元器件库

执行“Design→Browse Library”命令或单击原理图编辑器右侧的“Libraries”标签，系统将弹出如图 1-34 所示的元器件库管理器。在元器件库管理器中，用户可以装载新的元器件库、查找元器件、放置元器件等。

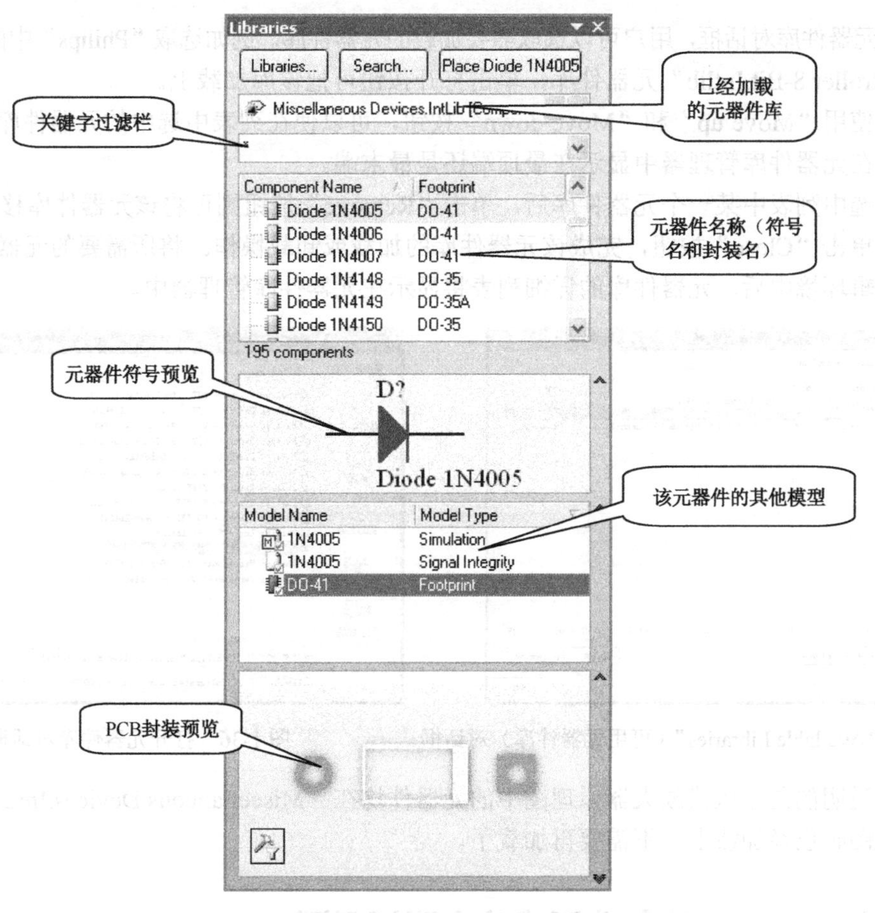

图1-34　“Libraries”面板

单击面板中已经加载的元器件库栏的右侧向下的大于号可以看到系统已经装入了两个默认的集成元器件库：通用元器件库“Miscellaneous Devices.IntLib”和通用接插件库“Miscellaneous Connectors.IntLib”。

二、加载/卸载元器件库

单击图1-34中的“Libraries”按钮，系统将弹出如图1-35所示的加载/卸载元器件库对话框，通过此对话框就可以加载或卸载元器件库。加载/卸载元器件库对话框也可以直接执行“Design→Add/Remove Library”命令。在该对话框中，可以看到有三个选项卡：

➢ “Project”：显示当前项目的SCH元器件库。

➢ “Installed”：显示已经安装的SCH元器件库，一般情况下，如果要装载外部的元器件库，则在该选项卡中操作。

➢ “Search Path”：显示搜索的路径，即如果在当前安装的元器件库中没有需要的封装元器件，则可以按照路径进行搜索。

加载/卸载元器件库的操作方法如下：

（1）如果要添加一个新的元器件库，则可以单击“Install”按钮，系统将弹出如图1-36所示的打开元器件库对话框，用户可以选取需要加载的元器件库。例如选取“Philips”中的“Philips Microcontroller 8-Bit.Intlib”元器件库，单击打开按钮可把该库加载上。

（2）使用“Move up”和“Move down”按钮，可以使在列表中选中的元器件库上移或下移，以便在元器件库管理器中显示在最顶端还是最末端。

（3）选中列表中某一个元器件库后，单击“Remove”按钮则可将该元器件库移去。

（4）单击“Close”按钮，完成该元器件库的加载或卸载操作。将所需要的元器件库添加到当前编辑环境中后，元器件库的详细列表将显示在元器件库管理器中。

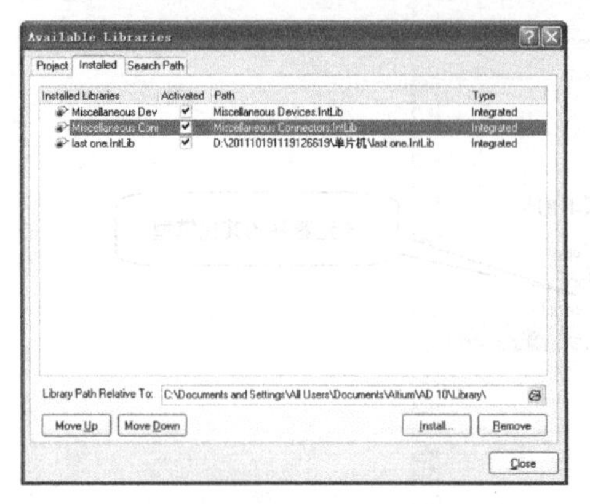

图 1-35 “Available Libraries”（可用元器件库）对话框

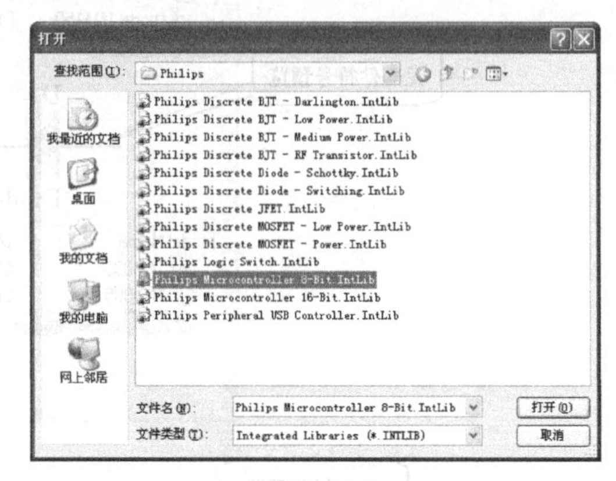

图 1-36 打开元器件库对话框

需要说明的是分压式放大器原理图中的元器件均在“Miscellaneous Devices.IntLib”库中，打开原理图时已经加载上，不需要再加载了。

子任务 1.2.4 绘制分压式放大器原理图

1. 放置元器件

1）通过元器件库控制面板放置元器件

打开“Libraries”面板，选取“Miscellaneous Device.IntLib”库为当前库，然后在元器件列表框中使用滚动条找到“2N3904”，单击“Place 2N3904”按钮，将光标移动到工作区中，此时元器件以虚框的形式粘在光标上，将此元器件移动到合适位置，再次单击鼠标左键，元器件就放置到图纸上了，如图 1-37 所示。

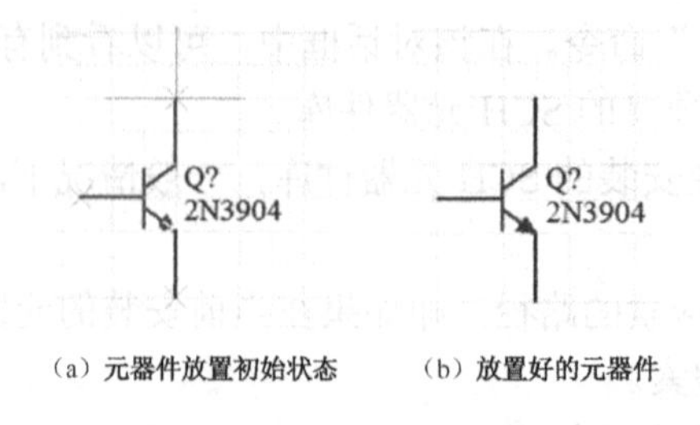

（a）元器件放置初始状态 （b）放置好的元器件

图 1-37 放置元器件

2）通过输入名称放置元器件

执行菜单“Place→Part”或直接单击布线工具栏上的按钮，系统弹出如图 1-38 所示对话框，在该对话框中，可以设置放置元器件的有关属性。具体的放置操作方法如下。

➢ 单击如图 1-38 所示对话框中“Physical Component”（物理元器件）栏后面的“Choose”图标，系统弹出如图 1-39 所示的选择元器件对话框，在元器件库中选择“2N3904”。单击“OK”按钮，对话框中将显示选中的内容。

➢ “Logical Symbol”（名称）栏：该栏处于灰色，显示的是该元器件在库中的名称，不需要输入。

➢ “Designator”（序号）栏：被放置元器件在原理图中的序号。这里放置的是三极管，对于三极管往往采用“Q”字母作为元器件序号的标识（输入 Q1）。

注意： 无论是单张或多张图的设计，都绝对不允许两个元器件具有相同的流水序号。

在当前的绘图阶段可以完全不理会输入流水号，即直接使用系统的默认值“Q?”。等到所有的元器件放置完后，再使用 Schematic 内置的重编流水序号功能（通过菜单命令“Tools→Annotate”），就可以轻易地将原理图中所有元器件的流水序号重新编号一次。

➢ “Comment”元器件注释：在该编辑框中可以输入该元器件的注释，说明元器件类型，在该栏中显示的往往和符号名称一样。本例改为“3DG6”。

➢ “Footprint”（封装）栏：被放置元器件的封装。如果元器件所在的元器件库为集成元器件库，在本栏中将在框中显示元器件的封装类型。

完成放置一个元器件的动作之后，系统会再次弹出“Place Part”（放置元器件）对话框，等待输入新的元器件编号。假如现在还要继续放置相同形式的元器件，就直接单击按钮，新出现的元器件符号会依照元器件封装自动地增加流水序号。如果不再放置新的元器件，可直接单击“Cancel”按钮关闭对话框。

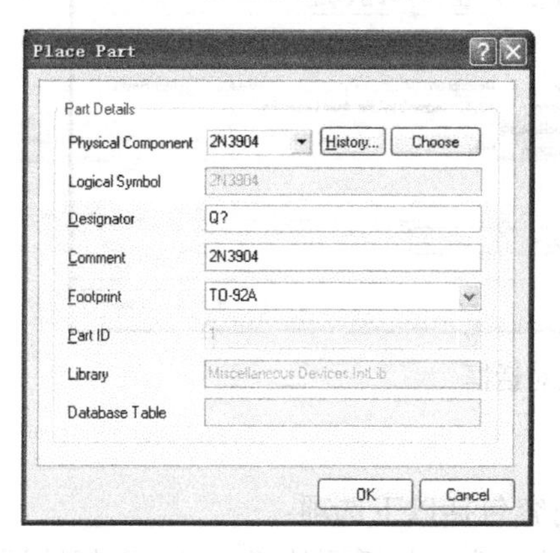

图 1-38　“Place Part”对话框

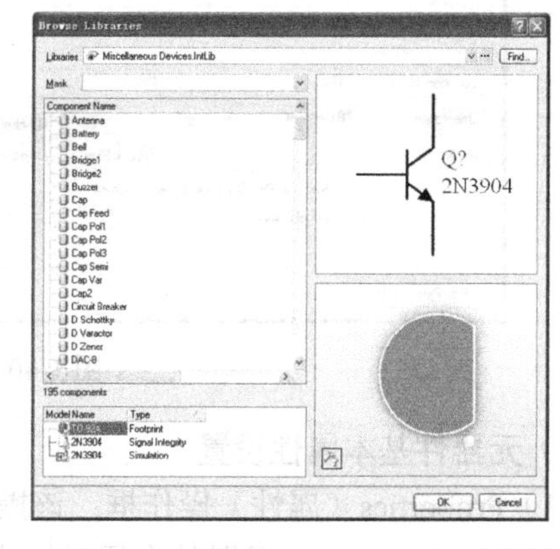

图 1-39　“Browse Libraries”对话框

2．元器件的旋转

1）单个元器件的旋转

用鼠标左键单击要旋转的元器件并按住不放，将出现十字光标，此时，按下面的功能键即可实现旋转：

➢ “Space”键：每按一次，被选中的元器件逆时针旋转 90°。

➢ “X”键：被选中的元器件 x 方向翻转 180°。

➢ “Y”键：被选中的元器件 y 方向翻转 180°。

旋转至合适的位置后放开鼠标左键，即可完成旋转。

2）多个元器件的旋转

方法是应先选中需要旋转的多个元器件，然后用鼠标左键单击其中任何一个元器件并按住不放，按功能键，即可将选定的元器件旋转，放开鼠标左键完成操作。

3. 元器件属性编辑

Schematic 中所有的元器件对象都具有自身的特定属性，在设计绘制原理图时常常需要设置其属性。当元器件处于虚框状态时，按键盘上的“Tab”键，或者是对于已经放置好的元器件可在其中心位置双击鼠标左键，系统弹出属性对话框，如图 1-40 所示，此时可以修改元器件的属性。

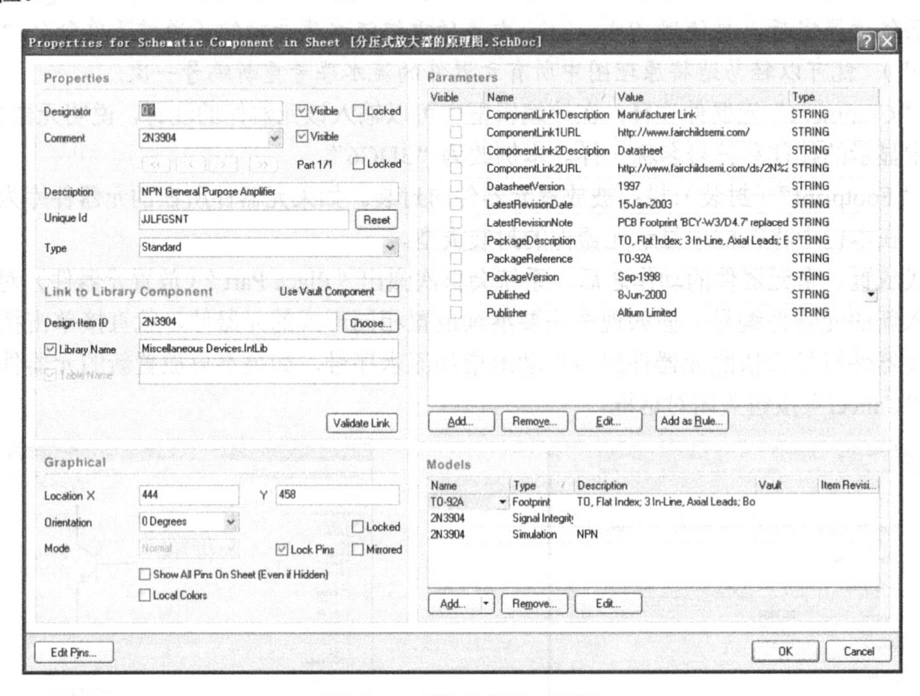

图 1-40　元器件属性对话框

1）元器件基本属性设置

（1）Properties（属性）操作框：该操作框中的内容包括以下选项：

➢ “Designator”：元器件在原理图中的流水序号，选中其后面的“Visible”复选框，则可以显示该序号，否则不显示。

➢ “Comment”：该编辑框可以设置元器件的注释，如前面放置的注释为“3DG6”，可以选择或者直接输入注释，选中其后面的“Visible”复选框，则可以显示该注释，否则不显示。

➢ 对于由多个相同或不相同的子模块组成的元器件，一般以 A、B、C、…、K、L 来表示，此时可以选择 << < > >> 按钮来设定。

➢ “Description”：该编辑框为元器件属性的描述。

➢ “Unique Id”：设定该元器件在设计文档中的 ID，是唯一的。

➢ “Type”：选择元器件类型，从下拉列表中选取。Standard 表示元器件具有标准的电气属性；Mechanical 表示元器件没有电气属性，但会出现在 BOM 表（材料表）中；Graphical 表示元器件不会用于电气错误的检查或同步；Tie Net in BOM 表示元器件短接了两个或多个不同的网络，并且该元器件会出现在 BOM 表中；Tie Net 表示元器件短接了两个或多个不同的网络，该元器件不会出现在 BOM 表中；Standard（No BOM）表示该元器件具有标准的电气属性，但是不会包括在 BOM 表中。

（2）Library Link：在该编辑框中，可以选择设置元器件库名称和设计单元的 ID。

➢ “Design Item ID”：在元器件库中所定义的元器件名称。

➢ “Library Name”：元器件所在的元器件库（这一项一般不改）。

2）元器件外观属性设置（Graphical 属性）

该操作框显示了当前元器件的图形信息，包括图形位置、旋转角度、填充颜色、线条颜色、引脚颜色以及是否镜像处理等。

➢ 用户可以在 Location X 和 Y 编辑框中修改 *X*、*Y* 位置坐标，移动元器件位置。“Orientation”选择框可以设定元器件的旋转角度，以旋转当前编辑的元器件。用户还可以选中“Mirrored”复选框，将元器件进行镜像处理。

➢ “Show All Pins on Sheet（Even if Hidden）”：是否显示元器件的隐藏引脚，选择该选项可以显示元器件的隐藏引脚。

➢ “Mode”：在该下拉列表中可以选择元器件的替代视图，如果该元器件具有替代视图，则会显示该下拉列表有效。

➢ “Local Colors”：选中该选项，可以显示颜色操作，即进行填充颜色、线条颜色、引脚颜色设置操作。

➢ “Lock Pins”：选中该选项，可以锁定元器件的引脚，此时引脚无法单独移动，否则引脚可以单独移动。

3）元器件参数（Parameters）的编辑

元器件参数的编辑如图 1-41 所示。

双击某一选项或者选中后单击“Edit”按钮，即可打开相应参数对话框，如图 1-42 所示。

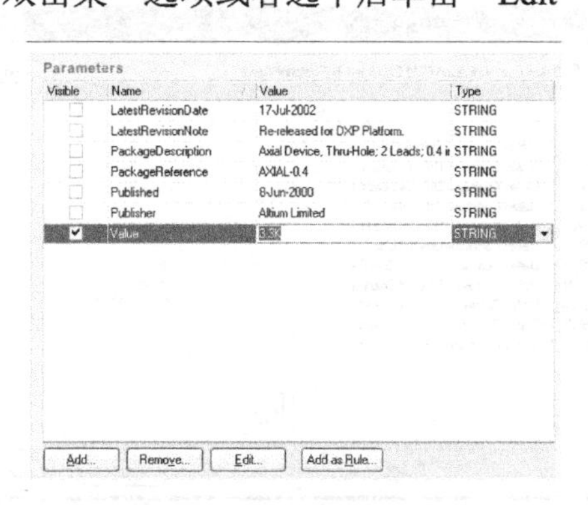

图 1-41　元器件参数列表

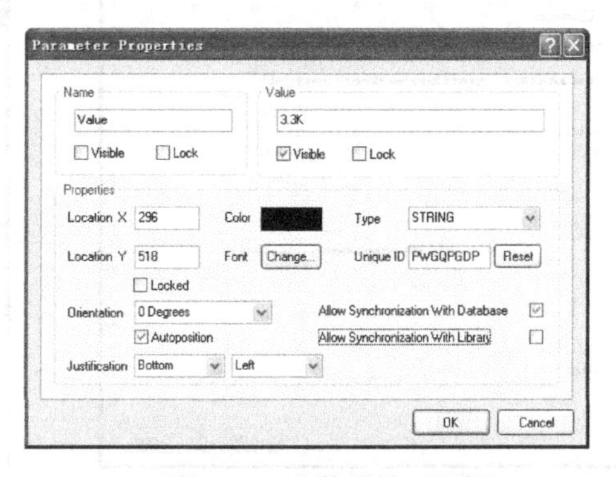

图 1-42　参数属性对话框

➢ “Name（名称）”：参数的名称。在该栏中可以设置该参数在原理图上是否可见。

➢ “Value（值）”：参数的取值。在该栏中可以设置该参数在原理图上是否可见，是否锁定。

➢ “Properties（属性）”：参数的属性，包括参数的位置、颜色、字体、旋转角度等。

除了系统给出的默认参数，设计者也可以根据需要新增（单击“Add”按钮添加参数属性）或者删除（单击“Remove”按钮移去参数属性）自己定义元器件的参数。

4）元器件模型设置

设置元器件的封装，如图 1-43 所示。

在“Models”编辑框中单击“Add”按钮，系统会弹出如图 1-44 所示的对话框，在该对话框的下拉列表中选择“Footprint”模式。

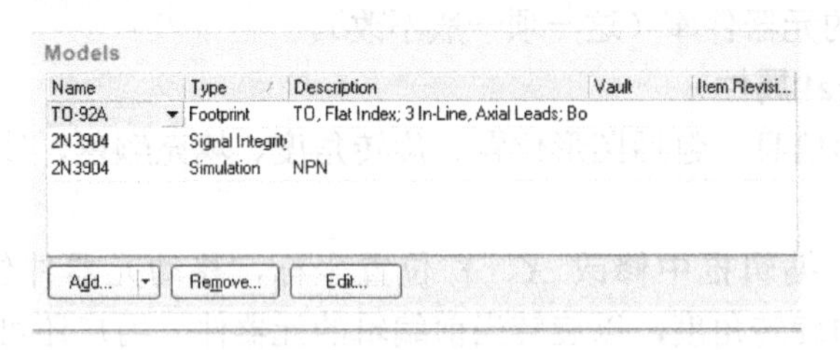

图 1-43　元器件模型的设置

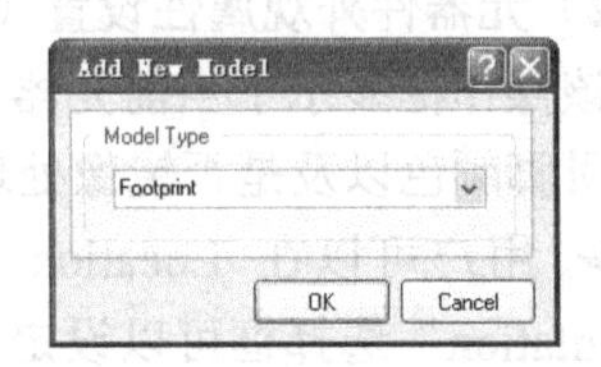

图 1-44　添加元器件模型

单击图 1-44 中的“OK”按钮，系统将弹出如图 1-45 所示的“PCB Model”对话框，在该对话框中可以设置 PCB 封装的属性。在“Name”编辑框中可以输入封装名，在“Description”编辑框可以输入封装的描述。

单击“Browse”按钮可以选择封装类型，如图 1-46 所示，如果当前没有装载需要的封装库，则可以单击按钮 ··· 装载一个元器件库，或单击“Find”按钮进行查找，最后选择其中一个元器件所对应的封装即可。

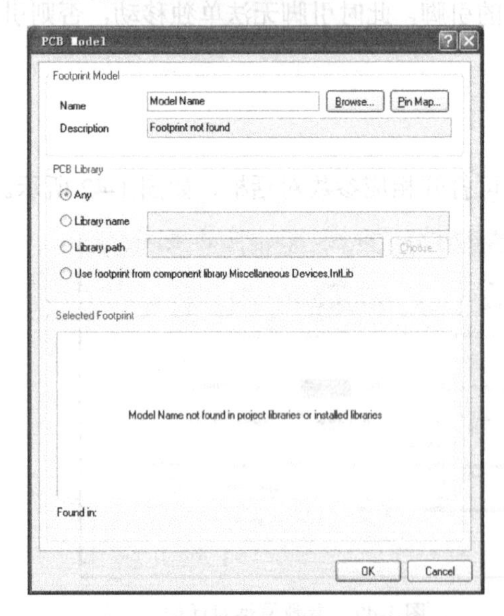

图 1-45　“PCB Model”对话框

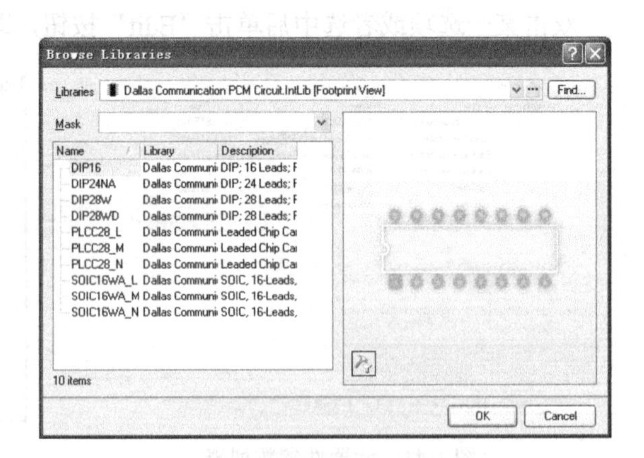

图 1-46　选择元器件

4. 元器件位置的调整

元器件位置的调整实际上就是利用各种命令将元器件移动到工作平面上所需要的位置，并将其旋转为所需要的方向。最简单的移动元器件的方法即直接移动对象（鼠标左键拖曳）。

元器件位置调整后如图 1-47 所示。

5. 放置电源和接地符号

执行菜单命令“Place（放置）→Power Port”（电源端口）或单击原理图布线工具栏上的按钮或来调用，这时编辑窗口中会有一个随鼠标指针移动的电源符号，按“Tab”键，将会出现如图 1-48 所示的“Power Port”对话框，或者在放置了电源的图形上，双击电源符号弹出“Power Part”对话框。

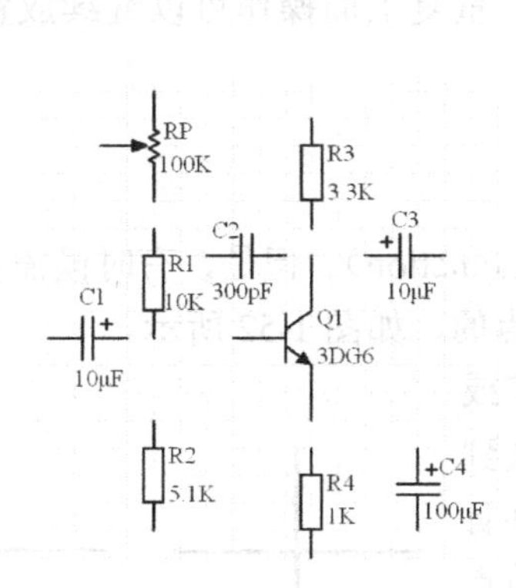

图 1-47　调整后元器件布局

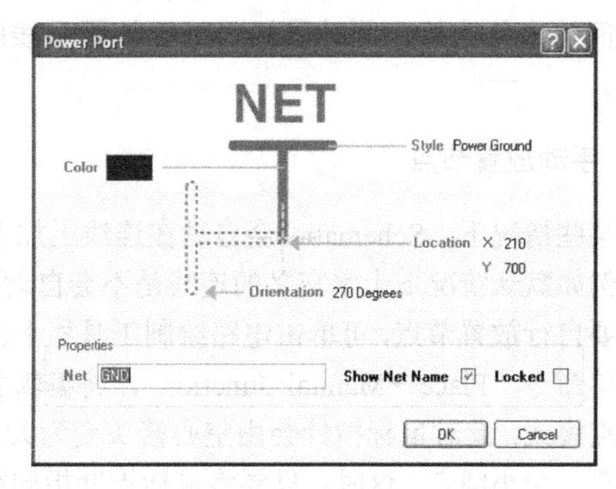

图 1-48　“Power Port”对话框

在对话框中可以编辑电源属性，在“Net”编辑框中可修改电源符号的网络名称；还可以编辑符号的位置、颜色、放置角度和电源类型等。在“Style”栏中可选择电源类型，电源与接地符号在“Style”下拉列表框中有多种类型可供选择，如图 1-49 所示。

VCC：Circle（圆节点）　VCC：Arrow（箭头节点）

VCC：Bar（直线节点）　VCC：Wave（波节点）

：Power Ground（电源地）　：Signal Ground（信号地）

：Earth（接大地）

图 1-49　电源的类型

6. 连接

当所有电路对象与电源放置完毕后，可以着手进行原理图中各对象间的连线（Wiring）。连线的最主要目的是按照电路设计的要求建立网络的实际连通。具体步骤如下。

（1）单击连线工具栏的按钮，光标变为“×”形，系统处于绘制导线状态。若此时按下“Tab”键，系统会弹出导线属性对话框，如图 1-50 所示，可以修改导线的颜色和粗细。

（2）将鼠标移动到想要完成电气连接的元器件的引脚上，单击鼠标左键放置导线的起点。

由于设置了系统电气捕捉节点，因此，电气连接很容易完成。出现红色的记号表示电气连接成功，如图 1-57 所示。

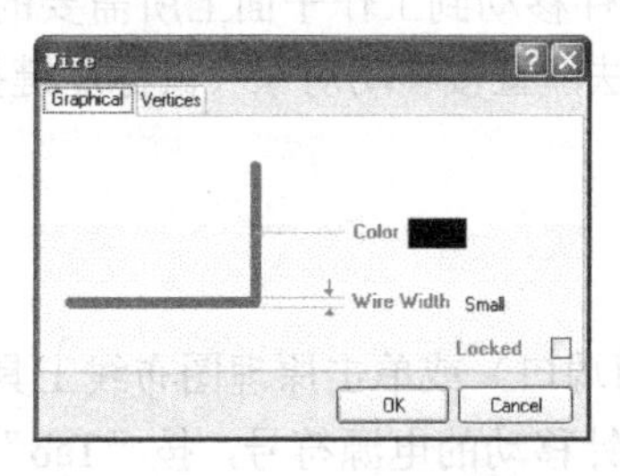

图 1-50 “Wire”对话框

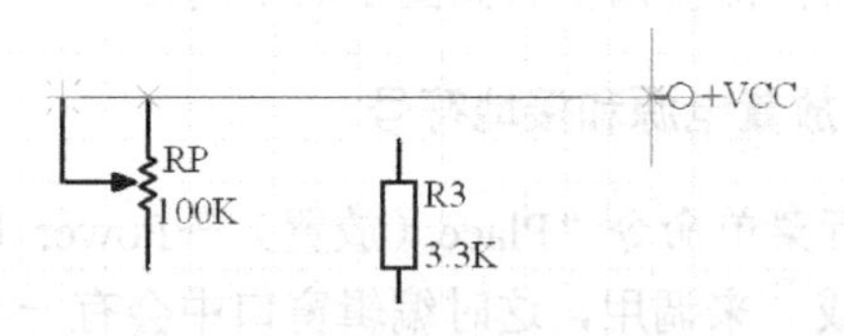

图 1-51 放置导线示意图

（3）移动鼠标多次单击左键可以确定多个固定点，最后放置导线的终点，完成两个元器件之间的电气连接。此时鼠标仍处于放置导线的状态，重复上面操作可以继续放置其他的导线。

7．手动放置节点

在某些情况下，Schematic 会自动在连线上加上节点（Junction）。但是，有时候需要手动添加，例如默认情况下十字交叉的连线是不会自动加上节点的，如图 1-52 所示。

若要自行放置节点，可单击电路绘制工具栏上的按钮或执行菜单命令“Place→Manual Junction”，将编辑状态切换到放置节点模式，此时鼠标指针会由空心箭头变为大十字，并且中间还有一个小圆点。这时，只要将鼠标指针指向欲放置节点的位置，然后单击鼠标左键即可。要将编辑状态切换回待命模式，可单击鼠标右键或按下“Esc”键。

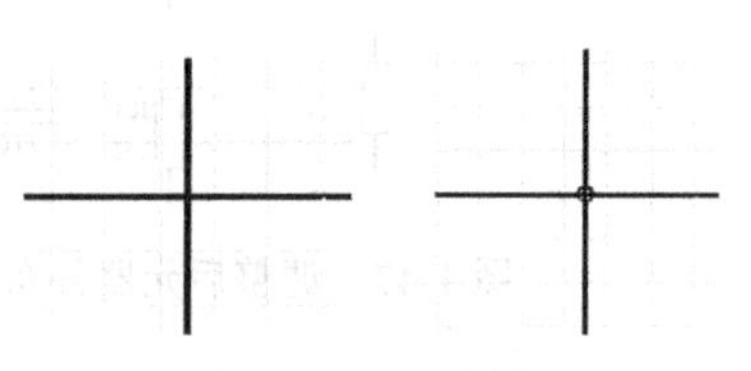

图 1-52 连接类型

图 1-1 中所有的对象都放置完后即可保存，绘制原理图操作结束。

相关知识

1．电路板设计的一般步骤

一般来说，一个产品的电路板设计的最终表现为印制电路板，为了获得印制电路板，整个电路设计过程基本可以分为 5 个主要步骤。

1）原理图的设计

原理图的设计主要是利用 Altium Designer 10.0 的原理图设计系统（Schematic）来绘制一张电路原理图。设计者应该充分利用 Altium Designer 10.0 所提供的强大而完善的原理图绘制工具、各种编辑功能以及便利的查错编译功能。最终绘制一张正确、整齐的电路原理图，以便为接下来的工作做好准备。

2）生成网络表

网络表是原理图（Schematic）设计与印制电路板（PCB）设计之间的一座桥梁和纽带。

网络表可以从原理图中获得，也可从印制电路板中提取。

3）印制电路板的设计

印制电路板的设计主要是针对 Altium Designer 10.0。另外一个重要的部分 PCB 而言的，在这个过程中，借助 Altium Designer 10.0 提供的强大功能实现电路板的板面设计，并可以完成高难度的布线工作。

4）生成报表并打印板图

设计了印制电路板后，还需要生成印制电路板的有关报表，并打印印制电路板图。

5）生成钻孔文件和光绘文件

在 PCB 制造之前，还需要生成 NC 钻孔（NC Drill）文件和光绘（Gerber）文件。

整个电路板的设计过程首先是编辑原理图，然后由原理图文件向 PCB 文件装载网络表，最后再根据元器件的网络连接进行 PCB 的布线工作，并生成制造所需要的文件，如 NC 钻孔文件和光绘文件。下面先来认识一下原理图设计的一般步骤。

2．电路原理图设计的一般步骤

原理图设计是整个电路设计的基础，它决定了后面工作的进展。Altium Designer 的原理图设计大致可分为 9 个步骤，如图 1-53 所示。

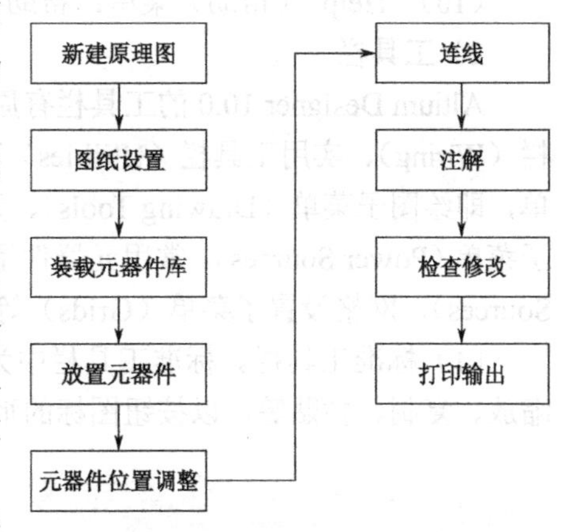

图 1-53　电路原理图设计流程图

（1）新建原理图：启动 Altium Designer 10.0 原理图编辑器，创建一个新的电路原理图文件。

（2）图纸设置：根据原理图的大小来设置原理图图纸大小及板面。设计绘制原理图前，必须根据实际电路的复杂程度来设置图纸的大小。设置图纸的过程实际上是一个建立工作平面的过程，用户可以设置图纸的大小、方向、网格大小以及标题栏等。

（3）装载元器件库：将电路图设计中需要的所有元器件的 Altium Designer 库文件载入内存。

（4）放置元器件：将相关的元器件放置到图纸上，并对放置其序号、封装等进行定义。

（5）调整元器件的位置：根据设计需要调整位置，便于布线和阅读。

（6）电气连线：利用导线和网络标号确定元器件的电气关系。

（7）添加说明信息：在原理图中必要的地方添加说明信息，便于阅读。

（8）检查原理图：利用 Altium Designer 提供的校验工具对原理图进行检查，保证设计准确无误。

（9）输出：打印输出电路原理图或是输出相应的报表。这个阶段可对设计完的原理图进行保存、打印操作。

3．原理图设计界面简介

原理图的设计界面包括 4 个部分，分别是主菜单、工具栏、左边的工作面板和工作窗口。

1）主菜单

主菜单如图 1-54 所示。

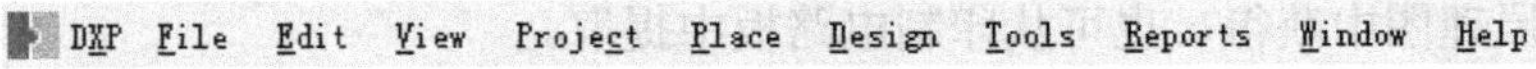

DXP File Edit View Project Place Design Tools Reports Window Help

图 1-54 原理图设计界面中的主菜单

（1）“File”（文件）菜单：主要用于文件的新建、打开、关闭、保存与打印等操作。

（2）“Edit”（编辑）菜单：用于对象的选取、复制、粘贴与查找等编辑操作。

（3）“View”（视图）菜单：用于视图的各种管理，如工作窗口的放大与缩小，各种工具、面板、状态栏及节点的显示与隐藏等。

（4）“Project”（项目）菜单：用于与项目有关的各种操作，如项目文件的打开与关闭、工程项目的编译及比较等。

（5）“Place”（放置）菜单：用于放置原理图中的各种组成部分。

（6）“Design”（设计）菜单：用于对元器件库进行操作及生成网络报表等。

（7）“Tools”（工具）菜单：可为原理图设计提供各种工具，如快速定位等。

（8）“Reports”（报告）菜单：可生成原理图中各种报表。

（9）“Window”（窗口）菜单：可对窗口进行各种操作。

（10）“Help”（帮助）菜单：帮助菜单。

2）工具栏

Altium Designer 10.0 的工具栏有原理图标准工具栏（Schematic Standard Tools）、连线工具栏（Wiring）、实用工具栏（Utilities）和混合信号仿真工具栏。其中实用工具栏包括多个子菜单，即绘图子菜单（Drawing Tools）、元器件位置排列子菜单（Alignment Tools）、电源及接地子菜单（Power Sources）、常用元器件子菜单（Digital Devices）、信号仿真源子菜单（Simulation Sources）、网格设置子菜单（Grids）等。充分利用这些工具会极大方便原理图的绘制。

（1）标准工具栏。标准工具栏中为用户提供了一些常用的文件操作快捷方式，如打印、缩放、复制、粘贴等，以按钮图标的形式表示出来，如图 1-55 所示。

图 1-55 原理图编辑环境中的标准工具栏

打开或关闭原理图标准工具栏可执行菜单命令“View→Toolbars→Schematic Standard”。

（2）连线工具栏。连线工具栏主要用于放置原理图中的元器件、电源、接地、端口、图纸符号、未用引脚标志等，同时完成连线操作，如图 1-56 所示。

图 1-56 原理图编辑环境中的连线工具栏

打开或关闭走线工具栏可执行菜单命令“View→Toolbars→Wiring”。

（3）绘图工具栏。绘图工具栏用于在原理图中绘制所需要的标注信息，不代表电气连接。单击实用工具栏上的按钮，则会显示出对应的绘图子工具栏，如图 1-57 所示。

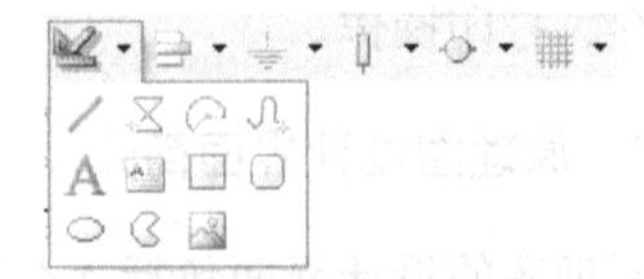

图 1-57 原理图编辑环境中的绘图工具栏

3）工作窗口

工作窗口是进行电路原理图设计的工作平台。在该窗口中，用户可以新绘制一个原理图，也可以对现有的原理图进行编辑和修改。

4）Navigator（导航）面板

“Navigator”面板的作用是快速浏览原理图中的元器件、网络以及违反设计规则的内容等。如图 1-58 所示。

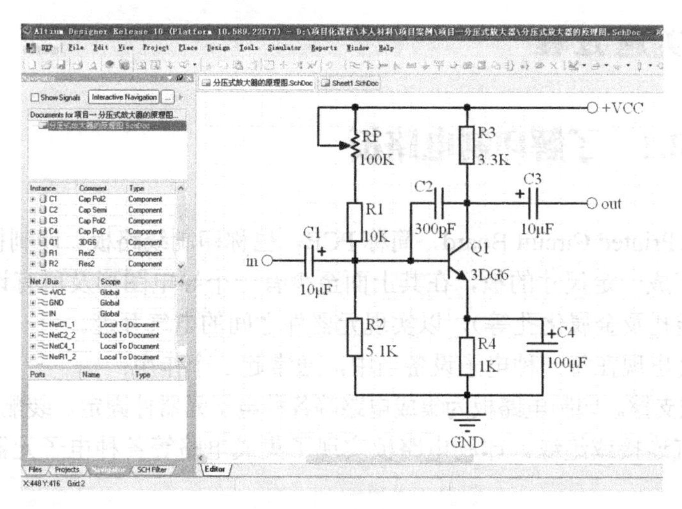

图 1-58　“Navigator”面板

单击窗口左下角“Navigator”，把导航面板转化为当前面板。再单击该面板中的 Interactive Navigation 按钮后，就会在下面的“Net/Bus”列表框中显示出原理图中的所有网络。单击其中一个网络，网络立即展开，显示出与该网络相连的所有引脚，同时工作区的图纸将该网络的所有元器件高亮显示出来。

任务 1.3　PCB 功能及其组成认知

本任务是认知印制电路板的功能和组成，对于相关术语进行了简单介绍，同时给出了印制电路板制作工艺流程和印制电路板的设计流程。

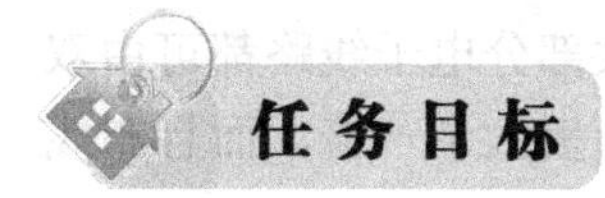

知识目标：

➢ 初步认识印制电路板，熟悉 PCB 的基本概念、基本组成、板层结构划分和组成要素的特点。

➢ 了解常用元器件的封装技术以及 Altium Designer 10.0 软件中的封装形式。
➢ 了解印制电路板制作工艺、流程。

技能目标：

➢ 掌握 PCB 的板层结构识别、工艺流程以及组成要素的识别技巧和特征描述。
➢ 会查看板上的焊盘，区别针脚式和表面粘贴式焊盘，掌握常见元器件的识别及分类。

任务实施过程

子任务 1.3.1　了解印制电路板

印制电路板（Printed Circuit Board，简称 PCB，也称印制线路板、印制板）是指以绝缘基板为基础材料加工成一定尺寸的板，在其上面至少有一个导电图形及所有设计好的孔（如元器件孔、机械安装孔及金属化孔等），以实现元器件之间的电气互连。

电路板几乎会出现在每一种电子设备当中，通常起三个作用：

（1）提供机械支撑。印制电路板为集成电路等各种电子元器件固定、装配提供了机械支撑。

（2）实现电气连接或绝缘。印制电路板实现了集成电路等各种电子元器件之间的布线和电气连接。

（3）用标记符号将板上所安装的各个元器件标注出来，便于插装、检查及调试。印制电路板为自动装配提供阻焊图形，同时也为元器件的插装、检查和维修提供了识别字符和图形。

目前的印制电路板一般以铜箔敷设在绝缘板（基板）上，故亦称敷铜板。

随着电子设备越来越复杂，需要的元器件越来越多，PCB 上的线路与元器件也越来越密集了，PCB 也越来越复杂。按照复杂程度将印制电路板分为三类。

1）单面板

单面板是仅在一面有金属铜膜导线，另一面没有铜膜导线而仅放置电子元器件的电路板。由于铜膜导线仅在一面，不需要导孔，因此单面印制电路板的制作工艺简单、成本最低，是电子爱好者在制作电子线路时的首选。

由于铜膜导线仅在一面，因此当电子线路较复杂时，由此带来的问题是布线不容易甚至布线失败，仅适合简单电子线路。

2）双面板

双面板两个面都有金属铜膜导线，一面称为顶层（Top Layer），另一面称为底层（Bottom Layer），靠过孔实现两层间的电气连接。一般将电子元器件放置在顶层，将底层作为焊锡层面。当然也可以在两个面都放电子元器件，都为焊锡层面。

双面板因可在两个面进行布线，故相对于单面板布线容易，绝大部分电子线路都可由双面板实现，是制作电路板比较理想的选择。因为双面板的面积比单面板大了一倍，而且布线可以互相交错（可以绕到另一面），它更适合用在比较复杂的电路上。

3）多层板

多层板就是包含了多个工作层的电路板。除了上面讲到的顶层、底层以外，还包括中间

层、内部电源或接地层等。随着电子技术的高速发展，电子产品越来越精密，电路板也越来越复杂，多层板的应用也越来越广泛。

多层印制电路板除了电路板本身的两个面外，在电路板的中间还设置了多个中间层进行布线。相对于单面印制电路板和双面印制电路板而言，多层印制电路板布线更容易，但制作工艺更复杂、成本更高。

多层板使用数片双面板，并在每层板间放进一层绝缘层后黏牢（压合）。板子的层数就代表了有几层独立的布线层，通常层数都是偶数，并且包含最外侧的两层。它常用于计算机的板卡中，大部分的主机板都是 4 到 8 层的结构，不过技术上可以实现近 100 层的 PCB 板。

子任务 1.3.2　掌握印制电路板的组成

印制电路板组成的基本元素主要包括元器件封装、导线、焊盘和过孔、助焊膜和阻焊膜、丝印层，以及其他层等，如图 1-59 所示。

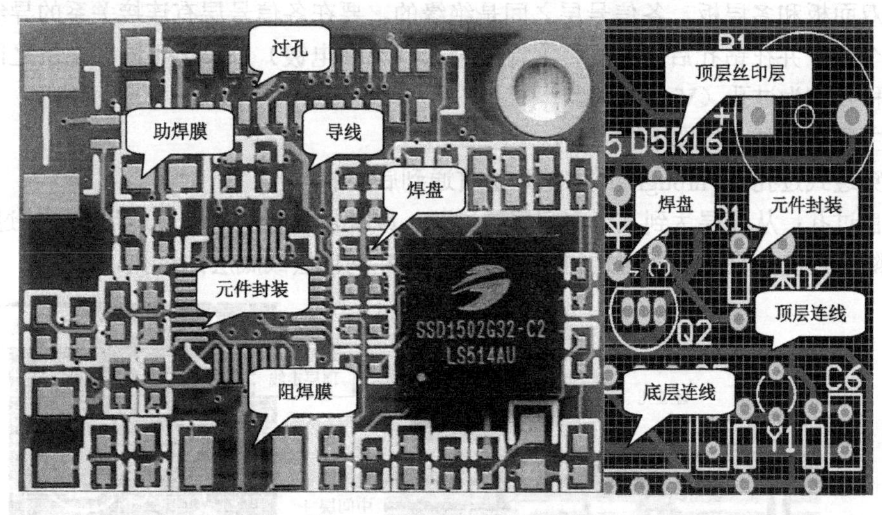

图 1-59　印制电路板的组成

1．板层（Layer）

板层分为敷铜层和非敷铜层，平常所说的几层板是指敷铜层的层面数。一般在敷铜层上放置焊盘、线条等完成电气连接；在非敷铜层上放置元器件描述字符或注释字符等；还有一些层面（如禁止布线层）用来放置一些特殊的图形来完成一些特殊的作用或指导生产。

敷铜层一般包括顶层（又称元器件面）、底层（又称焊接面）、中间层、电源层、地线层等；非敷铜层包括印记层（又称丝网层、丝印层）、板面层、禁止布线层、阻焊层、助焊层、钻孔层等。

对于一个批量生产的电路板而言，通常在印制板上铺设一层阻焊剂，阻焊剂一般是绿色或棕色，除了要焊接的地方外，其他地方根据电路设计软件所产生的阻焊图来覆盖一层阻焊剂，这样可以快速焊接，并防止焊锡溢出引起短路；而对于要焊接的地方（通常是焊盘，如图 1-60 所示），则要涂上助焊剂。

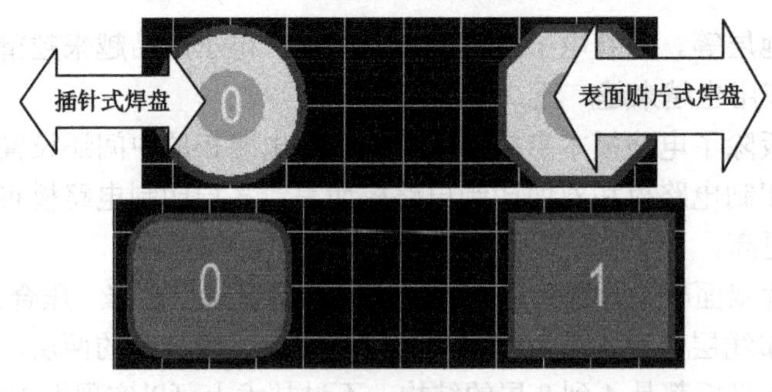

图 1-60　焊盘

2. 焊盘和过孔

焊盘的作用是放置焊锡、连接导线和元器件引脚。焊盘分为插针式及表面贴片式两大类，其中插针式焊盘必须钻孔，焊盘孔的大小要按元器件引脚粗细确定，原则是孔的尺寸比引脚直径大 0.2～0.4mm。表面贴片式焊盘不用钻孔。

对于双面板和多层板，各信号层之间是绝缘的，要在各信号层有连接关系的导线的交汇处钻上一个孔，并在钻孔后的基材壁上淀积金属（也称电镀）以实现不同导电层之间的电气连接，这种孔称为过孔（Via）。

过孔主要有 3 种，如图 1-61 所示。

（1）穿透式过孔（Through）：即从顶层贯通到底层的过孔。

（2）盲过孔：从顶层达到某个中间层的过孔，或者是从某个中间层通到底层的过孔。

（3）隐藏过孔：只在中间层之间导通，而没有穿到顶层或底层的过孔。

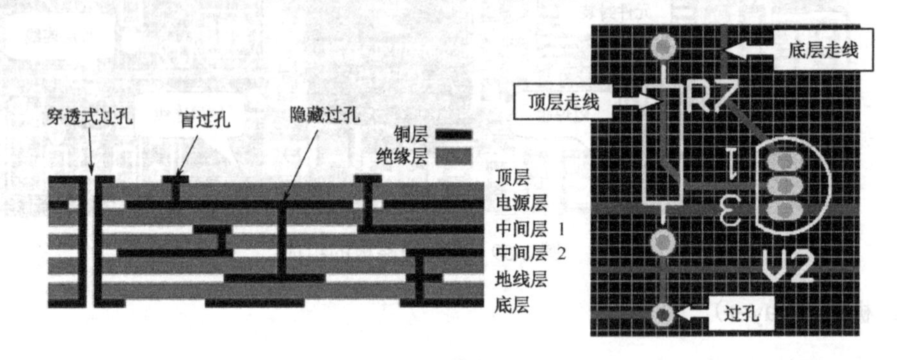

图 1-61　过孔

3. 元器件的封装

元器件的封装是指实际元器件焊接到电路板时所指示的元器件外形轮廓和引脚焊盘的间距。不同的元器件可以使用同一个元器件封装，同种元器件也可以有不同的封装形式，如图 1-62 所示。

印制元器件的封装是显示元器件在 PCB 上的布局信息，为装配、调试及检修提供方便。在 Altium Designer 10.0 中元器件的图形符号被设置在丝印层（也称丝网层）上。

元器件封装的命名一般与管脚间距和管脚数有关，如电阻的封装 AXIAL-0.3 中的 0.3 表示管脚间距为 0.3 英寸或 300mil（1 英寸=1000mil=2.54cm）；双列直插式 IC 的封装 DIP-8 中的 8

表示集成块的管脚数为 8。元器件封装中数值的意义如图 1-63 所示。

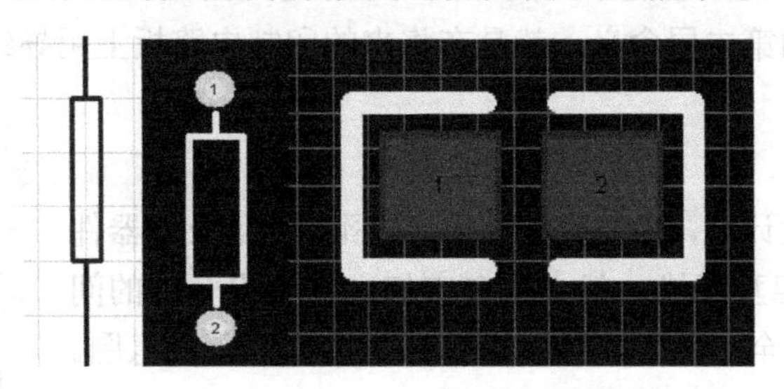

图 1-62　电阻的电气符号与其不同封装

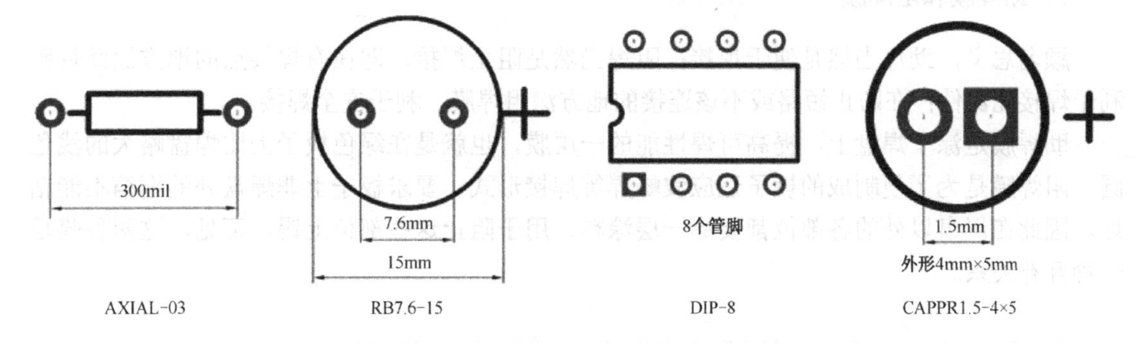

图 1-63　元器件封装中数值的意义

4. 电路原理图元器件与印制板元器件的比较

电路原理图中的元器件是一种电路符号，有统一的标准，而印制电路板中的元器件代表的是实际元器件的物理尺寸和焊盘，集成电路的尺寸一般是固定的，而分立元器件一般没有固定的尺寸，可根据需要设定。

5. 导线与飞线

导线：铜膜走线也称铜膜导线，简称导线，是分布在层上连接各个焊点的金属线，是印制电路板最重要的部分，设计印制电路板的主要工作就是围绕如何布置导线来进行的。

飞线：与导线有关的另一种线，即预拉线，我们称之为飞线。飞线是在设计印制电路板过程中，Altium Designer 10.0 指示给用户元器件之间的连接关系线。当元器件之间完成布线后自动被导线覆盖。

1）导线与飞线区别

导线是根据飞线指示的焊点间的连接关系而布置的，是具有电气性质的、有意义的、物理上的连接线路。飞线则是一种形式上的连接线。它仅在形式上表示出各个焊点间的连接关系，是非电气性质的、逻辑上的连接。

2）飞线的作用

飞线是自动布线时供观察用的类似橡皮筋的网络连线，在通过网络表调入元器件并进行初步布局后，用“Show”命令就可以看到该布局下的网络连线的交叉状况，不断调整元器件的位置使这种交叉最少，以获得最大的自动布线的布通率。另外，自动布线结束，还有哪些网络尚未布通，也可通过该功能来查找。找出未布通网络之后，可用手工补偿，实在补偿不了就要用到“飞线”的第二层含义，就是在将来的印制电路板上用导线连通这些网络。

6. 安全间距

进行印制电路板设计时，为了避免导线、过孔、焊盘及元器件间的距离过近而造成相互干扰，就必须在它们之间留出一定的间距，这个间距就称为安全间距。如图1-64所示为安全间距示意图。

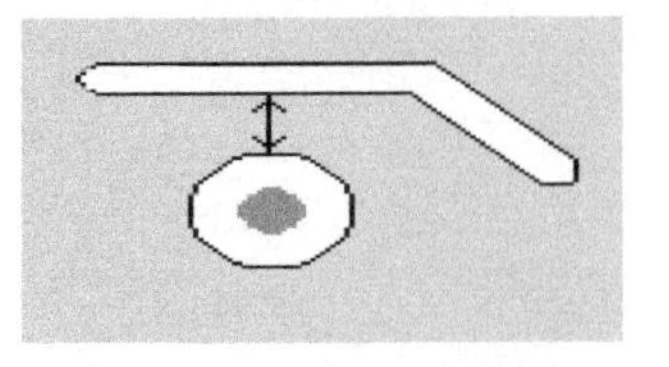

图1-64 安全间距示意图

7. 助焊膜和阻焊膜

顾名思义，助焊当然是便于焊接；阻焊当然是阻止焊接，即在有焊接点的地方涂助焊膜利于焊接元器件；在防止短路或不该连接的地方涂阻焊膜，利于安全焊接。

助焊膜是涂于焊盘上，提高可焊性能的一层膜，也就是在绿色板子上比焊盘略大的浅色圆。阻焊膜是为了使制成的板子适应波峰焊等焊接形式，要求板子上非焊盘处的铜箔不能粘焊，因此在焊盘以外的各部位都要涂一层涂料，用于阻止这些部位上锡。可见，这两种膜是一种互补关系。

任务1.4 分压式放大器单面板手工设计

图1-1为项目一的原理图——分压式放大器，元器件在原理图中以图形符号的形式显示。在实际的电路板中显示的元器件是元器件封装，元器件之间的连接是铜箔导线，此任务根据表1-2放置元器件封装并且把封装之间的导线布局图（PCB板图）绘制出来。制作PCB板可以采用手工设计和自动设计的方法，对于简单的电路图，可以采用手工设计方法。本项目就采用此方法，一般操作步骤如图1-65所示。

表1-2 分压式放大器元器件封装清单

序 号	注 释	封 装	元器件库名称
C1、C3	10μF	RB.1/.2	通用封装库.PcbLib
C2	300pF	RAD-0.1	Miscellaneous Devices.IntLib
C4	100μF	RB.1/.2	通用封装库.PcbLib
R1	10kΩ	AXIAL-0.4	Miscellaneous Devices.IntLib
R2	5.1 kΩ	AXIAL-0.4	Miscellaneous Devices.IntLib
R3	3.3 kΩ	AXIAL-0.4	Miscellaneous Devices.IntLib
R4	1 kΩ	AXIAL-0.4	Miscellaneous Devices.IntLib
RP	100 kΩ	卧式可调	通用封装库.PcbLib
Q1	3DG6	TO-92A	Miscellaneous Devices.IntLib

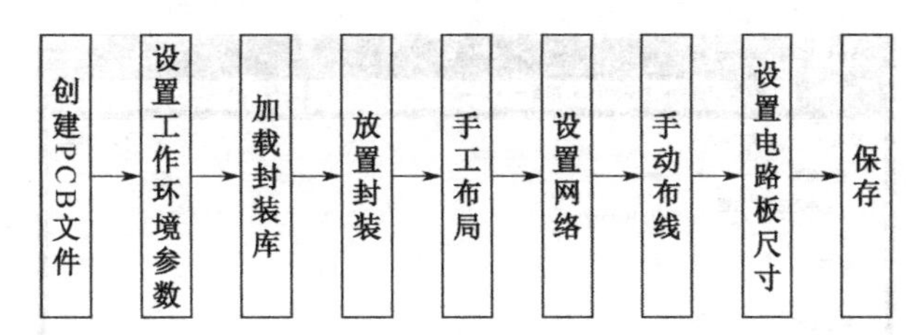

图 1-65　手工设计 PCB 板流程

任务目标

知识目标：

- ➢ 熟悉手工设计的一般流程。
- ➢ 熟悉 PCB 工作窗口组成。
- ➢ 学会放置元器件封装及其属性设置、手动布线等。

技能目标：

- ➢ 掌握 PCB 图元器件封装的放置、位置调整、属性设置等操作方法。
- ➢ 掌握焊盘之间的网络设置、连线方法与技巧。
- ➢ 掌握电源和接地线宽度的设置方法。

任务实施过程

子任务 1.4.1　项目中新建 PCB 文件

启动 Altium Designer 10.0，打开项目文件“分压式放大器原理图与 PCB 设计.PrjPcb”。执行菜单命令“File→New→PCB”，在项目文件“分压式放大器原理图与 PCB 设计.PrjPcb”中新建一个 PCB 文件“PCB1.PcbDoc”，如图 1-66 所示。

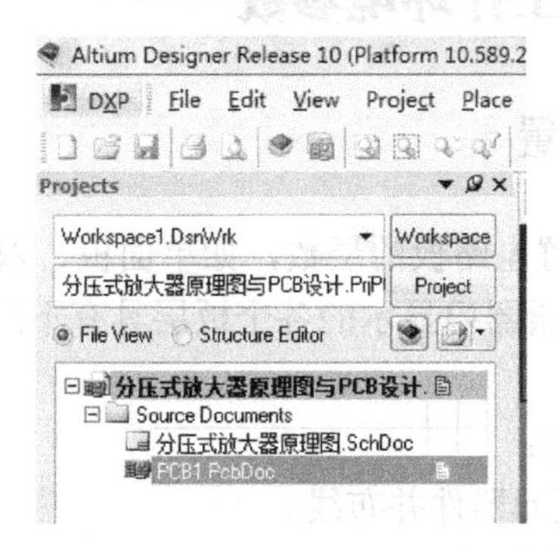

图 1-66　新建 PCB 文件

执行菜单命令“File→Save”，弹出一个对话框，将主文件名改为“分压式放大器单面板 PCB 设计”，扩展名“PcbDoc”不变，如图 1-67 所示，单击保存按钮即可。进入 PCB 编辑界面，如图 1-68 所示。

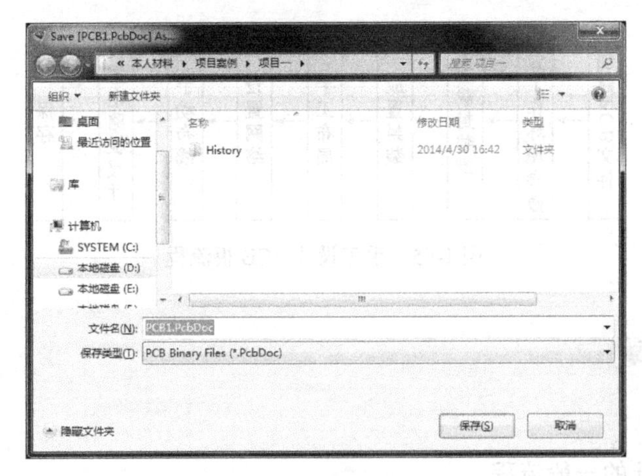

图 1-67　保存 PCB 文件

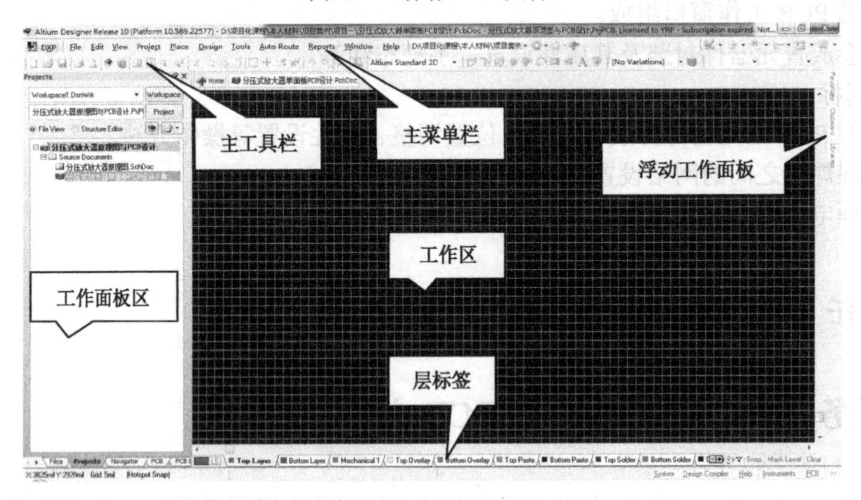

图 1-68　PCB 编辑界面

子任务 1.4.2　设置工作环境参数

一、单面板工作层面设置

设计者要根据实际需要设置电路板的层数，如单面板、双面板或多层板，并且可以决定该层是否能显示出来。PCB 编辑器内显示的各个板层具有不同的颜色，以便区分，其颜色也可以根据个人习惯进行修改。

单面板工作层包括以下内容：

- 顶层（Top Layer）：放置元器件并布线。
- 底层（Bottom Layer）：布线并进行焊接。
- 机械层（Mechanical Layer）：用于确定电路板的物理边界，也就是电路板的实际边框。
- 禁止布线层（Keep-out Layer）：用于确定电路板的电气边界，也就是电路板上的元器件布局和布线的范围。

- 顶层丝印层（Top Overlay）：放置元器件的轮廓、标注及一些说明文字。
- 多层（Multi-layer）：用于显示焊盘和过孔。

操作方法如下：执行菜单命令“Design→Board Layers & Color”（板层颜色）或将鼠标放置在工作区单击键盘上“L”键，弹出板层与颜色设置对话框，如图 1-69 所示。可以通过工作层右边的“Show”复选框来显示需要的层，选中则在工作层标签显示该层，否则不显示。单击“Colors”边框可改变颜色，如图 1-70 所示。一般情况下对于层面颜色采用默认设置。

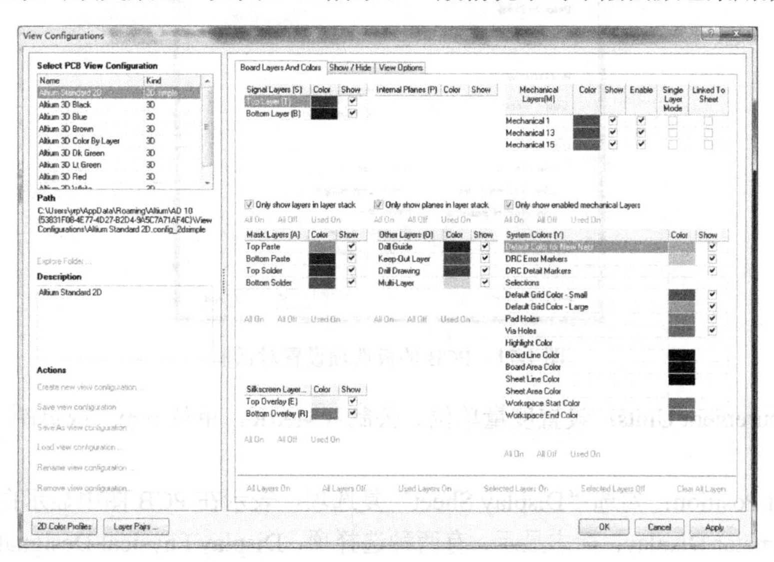

图 1-69　电路板层和颜色设置对话框

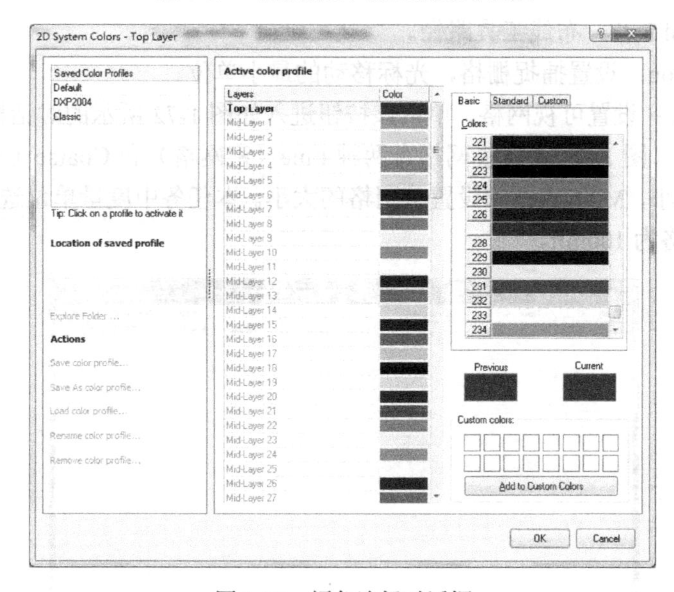

图 1-70　颜色选择对话框

二、编辑环境参数设置

一般情况下采用默认的环境参数设置就可以满足要求，但是通过自定义环境参数可以使

操作更加灵活和方便。

执行菜单命令“Design→Board Options”（PCB 板选择项），弹出如图 1-71 所示的对话框，在此对话框中可设置图纸单位、各种栅格、图纸大小和捕获选项等。

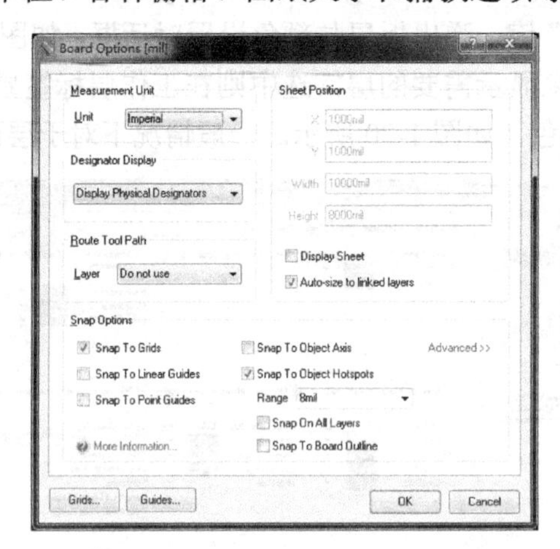

图 1-71　PCB 的板选项设置对话框

（1）Measurement Units：设置度量单位。公制（Metric，单位 mm）或英制（Imperial，单位 mil）。

（2）Sheet Position：勾选“Display Sheet”复选项，表示在 PCB 图中显示白色的图纸。

（3）Designator Display：标志显示，有两种选择项：Display Physical Designators 和 Display Logical Designators。

（4）Route Tool Path：布线工具路径。

（5）Snap Option：设置捕捉栅格，光标移动的最小单位。

（6）Grids 按钮：设置可视网格，单击该按钮进入如图 1-72 所示的对话框，对准第一行双击即可进入对话框（图 1-73）。可视网格有两种 Fine（密网格）和 Coarse（疏网格）。Steps 区域设置密网格的大小，Multiplier 项设置疏网格的大小。本任务中度量单位选择 Imperial，密网格为 10mil，疏网格为 100mil。

图 1-72　可视网格管理对话框

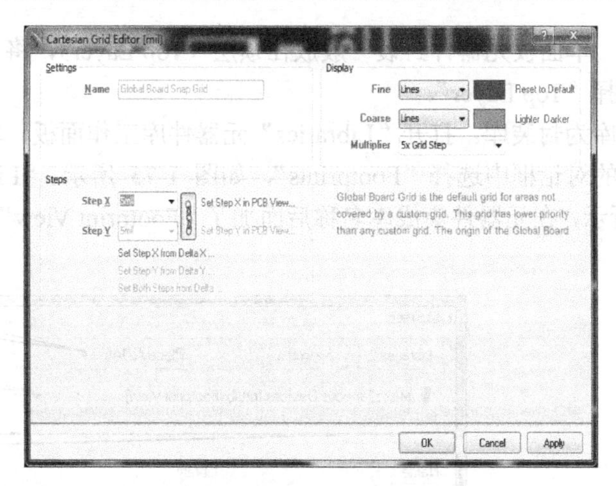

图 1-73　设置可视网格对话框

子任务 1.4.3　加载 PCB 元器件封装库

在放置封装之前，要先装载封装所在的库。如果使用集成库，在设计原理图时已经装载，就不需要再重复操作，常用的集成库有“Miscellaneous Device.IntLib”和“Miscellaneous Connectors.IntLib”。如要安装封装库（.PcbLib），操作方法与加载集成库方法一样，执行菜单命令“Design→Add/Remove Library…”，或单击控制面板上的“Libraries”标签，打开元器件库浏览器，再单击“Libraries”按钮，即可弹出如图 1-74 所示的“Available Libraries”对话框。单击安装按钮“Install…”，出现加载封装的对话框，找到需要所加载库的位置，单击打开按钮即可。本项目的封装形式在“Miscellaneous Device.IntLib”和“通用封装库.PcbLib”中。

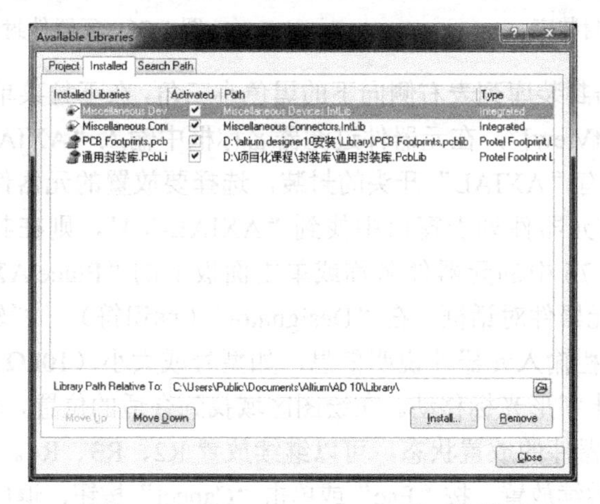

图 1-74　“Available Libraries”对话框

子任务 1.4.4　放置元器件

根据表 1-2 放置对应的封装。具体操作步骤如下。

（1）切换工作层。单面板元器件封装一般放在顶层（Top Layer），将光标移至工作区下面的工作层标签上，选择“Top Layer”。

（2）修改元器件库为封装库。打开“Libraries”元器件库工作面板，单击元器件库列表左边的…按钮，在弹出的对话框中选择“Footprints”，如图 1-75 所示。“Libraries”元器件库工作面板就如图 1-76 所示，在元器件集成库名称后面加了“Footprint View”，表明只显示元器件封装。

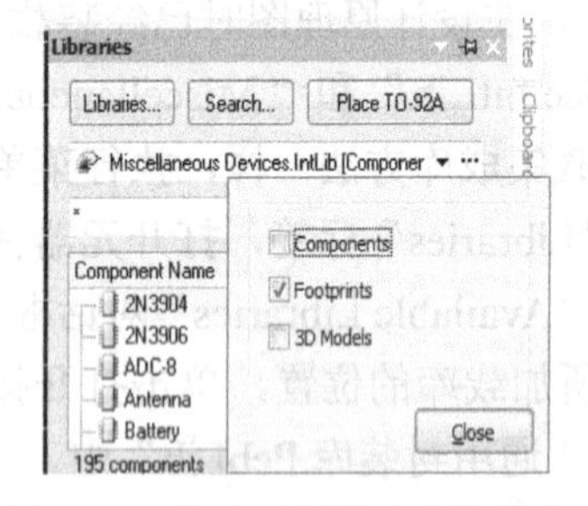

图 1-75　修改元器件库为封装库

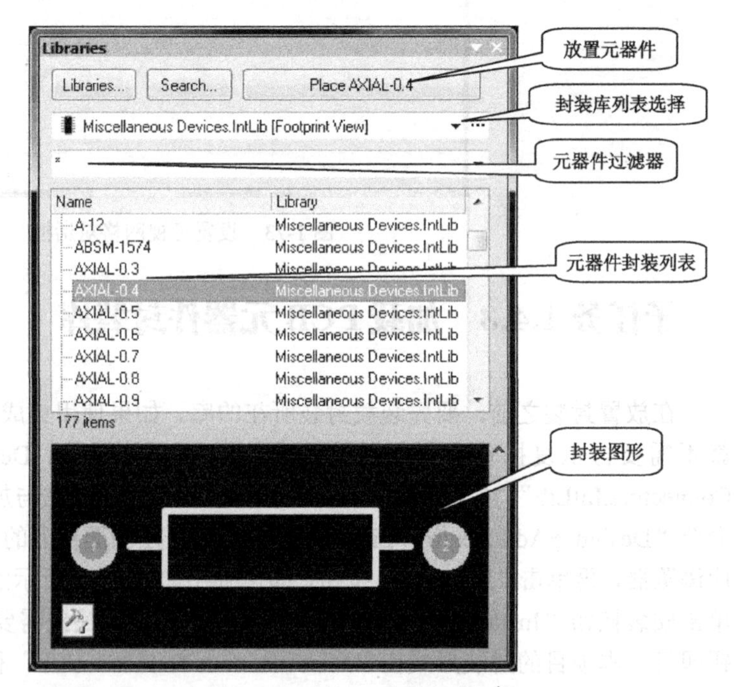

图 1-76　元器件封装列表

（3）查找封装。单击封装库列表右侧向下的黑色小三角，在下拉菜单中选择“Miscellaneous Devices. IntLib[FootPrintView]”，在元器件过滤器名称框中输入“AXIAL*”，按“Enter”键，在封装列表中显示了所有“AXIAL”开头的封装，选择要放置的元器件，如“AXIAL-0.4”。

（4）放置封装。在元器件列表窗口中找到“AXIAL-0.4”，则在封装图形窗口中将看到电阻的封装。双击图 1-76 中的元器件名称或单击面板上的“Place AXIAL-0.4”按钮，弹出如图 1-77 所示的放置元器件对话框。在“Designator”（标识符）一栏输入元器件编号“R1”，“Comment”（注释）一栏输入元器件说明信息，如型号或大小（10kΩ），单击“OK”按钮后可以看到电阻 R1 随着十字形光标移动。在绘图区域找到合适的位置，单击鼠标左键即可放置元器件。此时仍处于元器件的放置状态，可以继续放置 R2、R3、R4。

（5）退出。若不想继续放置，按“Esc”或单击“Cancel”按钮，退出放置该元器件的状态。

（6）继续放置其他元器件封装。具体位置参考表 1-2。所有元器件都放置完成后如图 1-78 所示。

（7）编辑元器件封装属性。放置元器件封装后双击，或者在元器件处于浮动的状态下按“Tab”键，也可以将鼠标放在元器件封装上，单击右键，从弹出的对话框中选取“Properties…”命令。弹出如图 1-79 所示的元器件封装属性设置对话框。

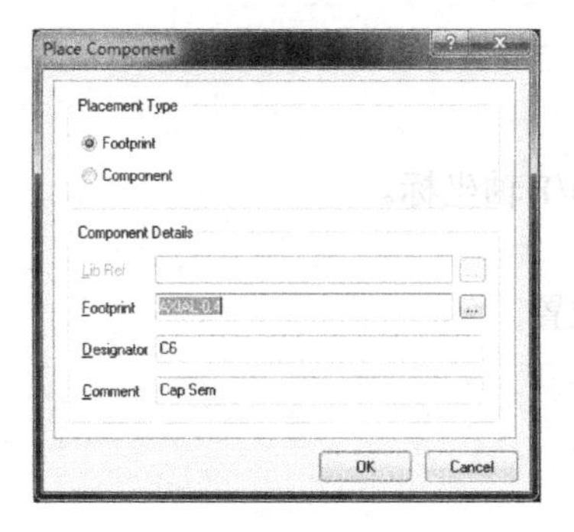

图 1-77　放置元器件对话框

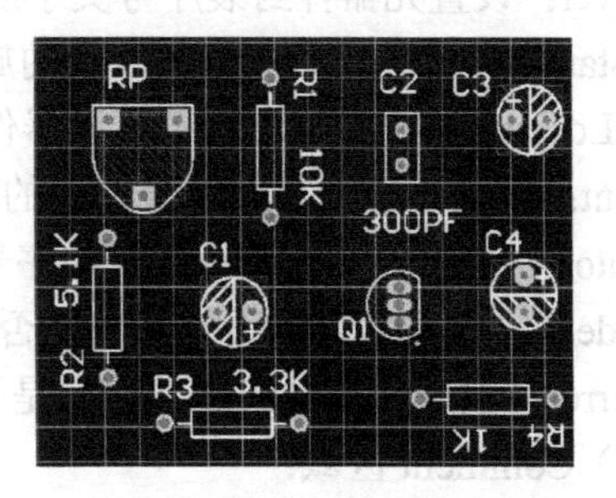

图 1-78　初步放置元器件结果

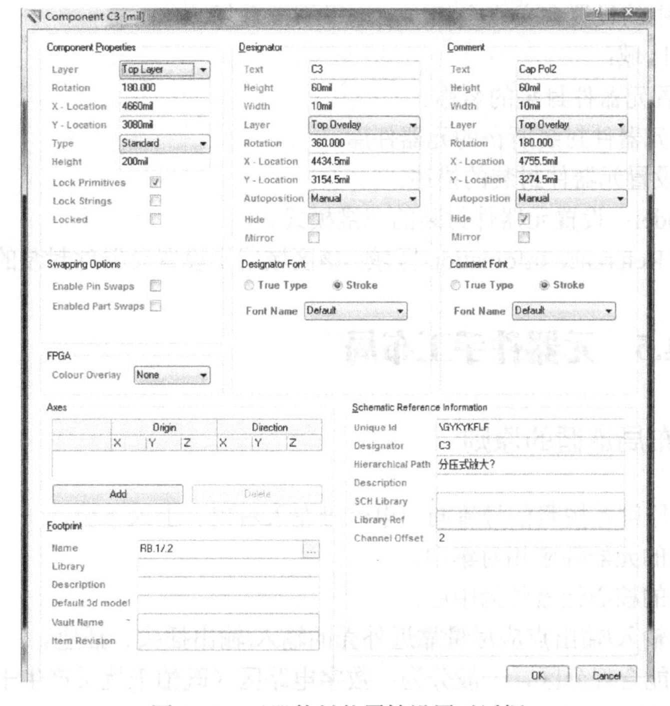

图 1-79　元器件封装属性设置对话框

对话框中分五个区域，用来设置元器件的封装属性。

（1）Component Properties 区域：

Layer：设置元器件封装所在的板层。通过右边的下拉式按钮选择设置板层。

Rotation：设置元器件封装的旋转角度。

X-Location/Y-Location：设置元器件封装 *X* 轴/*Y* 轴坐标。

Type：设置元器件封装的形状。

Lock Prims：设置是否锁定元器件封装的结构，即不能将元器件封装的各个部分分开。

Locked：设置是否锁定元器件封装的位置。

（2）Designator 区域：

Text：设置元器件封装的序号。

Height：设置元器件封装序号文字的高度。

Width：设置元器件封装序号文字的线宽。

Layer：设置元器件封装序号文字所在的层。
Rotation：设置元器件封装序号的旋转角度。
X-Location/Y-Location：设置元器件封装序号 X 轴/Y 轴坐标。
Font：设置元器件封装序号文字的字体。
Auto Position：设置元器件封装序号文字所在的位置。
Hide：设置元器件封装的序号是否隐藏。
Mirror：设置元器件封装的序号是否镜像（变反）。
（3）Comment 区域：

该区域中所有的选项都用于设置元器件封装的元器件名称或型号的属性，每项的含义与“Designator”区域中的设置含义完全相同，这里不再重复。

（4）Footprint 区域：
Footprint：设置元器件封装的名称。
Library：设置元器件封装所在的元器件库。
Description：设置元器件封装的描述。
Default 3D Model：设置元器件封装的三维模式。
（5）Schematic Reference Infomation 区域：该区域用于设置元器件封装的原理图相关信息。

子任务 1.4.5　元器件手工布局

一、元器件布局遵循的原则

（1）布局总的原则是按照信号流向：电信号左入右出、上入下出。

- 各功能电路的元器件应相对集中。
- 以功能电路的核心元器件为中心。
- 电路板上的输入/输出点应尽量靠近外壳的输入/输出插头、插座。

（2）按电气性能合理分区，一般分为：数字电路区（既怕干扰又产生干扰）、模拟电路区（怕干扰）、功率驱动区（干扰源）。

（3）完成同一功能的电路应尽量靠近放置，并调整各元器件以保证连线最短；同时，调整各功能块间的相对位置使功能块间的连线最短。

（4）对于质量大的元器件应考虑安装位置和安装强度；发热元器件应与温度敏感元器件分开放置，必要时还应考虑热对流措施。

（5）时钟脉冲产生器（如晶振或钟振）要尽量靠近用到该时钟脉冲的器件。

（6）在每个集成电路的电源输入脚和地之间，须加一个去耦电容（一般采用高频性能好的独石电容）；电路板空间较密时，也可在几个集成电路周围加一个钽电容。

（7）继电器线圈处要加放电二极管（1N4148 即可）。

（8）需要特别注意的：在放置元器件时，一定要考虑元器件的实际尺寸大小（所占面积和高度）、元器件之间的相对位置，以同时保证电路板的电气性能和生产安装的可行性和便利性，应该在保证上面原则能够实现的前提下，适当修改器件的摆放，使之整齐美观，如同样的器件要摆放整齐、方向一致。

布局好坏关系到板子整体形象和下一步布线的难易程度，所以要花大力气去考虑。布局时，对不太肯定的地方可以先初步布线，充分考虑。

二、依据上述原则调整元器件的位置和方向

（1）光标移到元器件上，按住鼠标左键不放，将元器件拖动到目标位置。同时按下键盘的“X”键进行水平翻转；按“Y”键进行垂直翻转；按“空格”键进行指定角度旋转。

（2）使用菜单命令移动元器件。执行菜单“Edit→Move”，然后选择不同的子命令移动元器件。

（3）元器件标注的调整。元器件布局调整后，往往元器件标注的位置过于杂乱，布局结束还必须对元器件标注进行调整，一般要求排列要整齐，文字方向要一致，不能将元器件的标注文字放在元器件的框内或压在焊盘或过孔上。元器件标注的调整采用移动和旋转的方式进行，与元器件的操作相似。

布局完成后的图如图 1-80 所示。

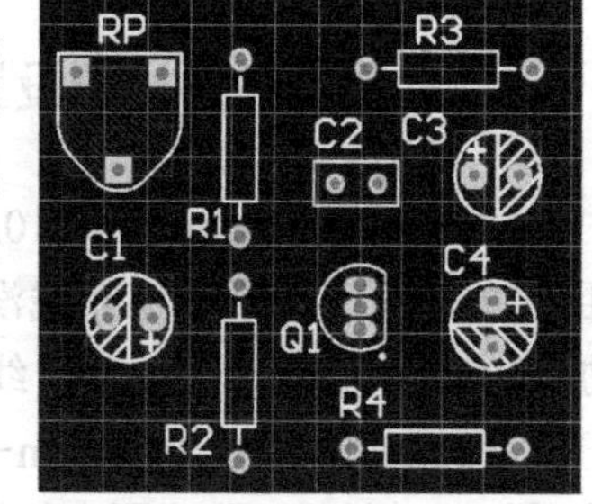

图 1-80　布局后的元器件位置

三、放置电源和地线焊盘

布局完成后和原理图进行对比可发现，没有电源和地线的接入口，需要添加对应的接口焊盘。

具体操作方法：执行菜单命令“Place→Pad”或单击配线工具条上的 按钮，在放置焊盘之前，按“Tab”键进入焊盘属性对话框，如图 1-81 所示，进行焊盘大小、过孔及网络标号的设置，单击“OK”按钮，找到合适的位置放置焊盘。

该任务中焊盘大小 X、Y 均设置为 80mil，焊盘的形状：地焊盘设置为矩形、电源焊盘设置为八角形。放置焊盘后的 PCB 布局图如图 1-82 所示。

图 1-81　焊盘属性对话框

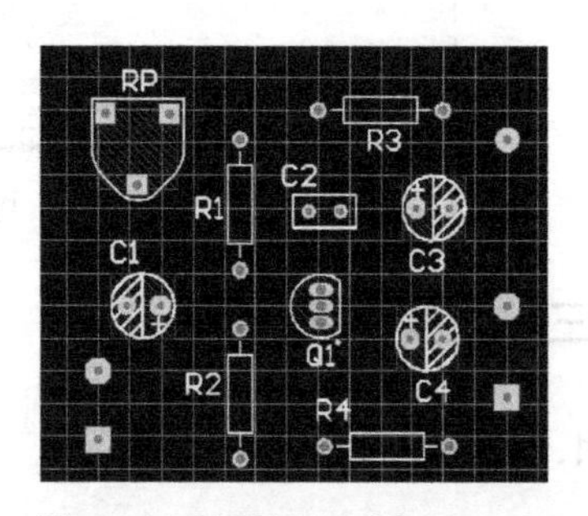

图 1-82　放置焊盘后的 PCB 布局

子任务 1.4.6　手工布线

一、布线的一般原则

（1）相邻导线之间要有一定的绝缘距离。
（2）信号线在拐弯处不能走成直角。
（3）电源线和地线的布线要短、粗且避免形成回路。
该任务要求信号线和电源线的线宽为 20mil，地线的线宽为 30mil。

二、在线规则检查设置

由于 Altium Designer 10.0 默认启用了在线规则检查，它需要网络表来布线，但对于本项目的单面板，我们手工布线没有网络表，所以必须设置为“允许短路”。另外，为了能自由增加线宽，需要使“Width”（线宽规则）设置为无效。

执行菜单命令“Design→Rules…”，弹出“PCB Rules and Constraint Editor”对话框，如图 1-83 所示，取消图中标注位置的选中，以禁止规则检查器检查这两项：取消选中“Width”项是为了使线宽规则无效；取消选中“Short Circuit”项是为了禁止短路检查。

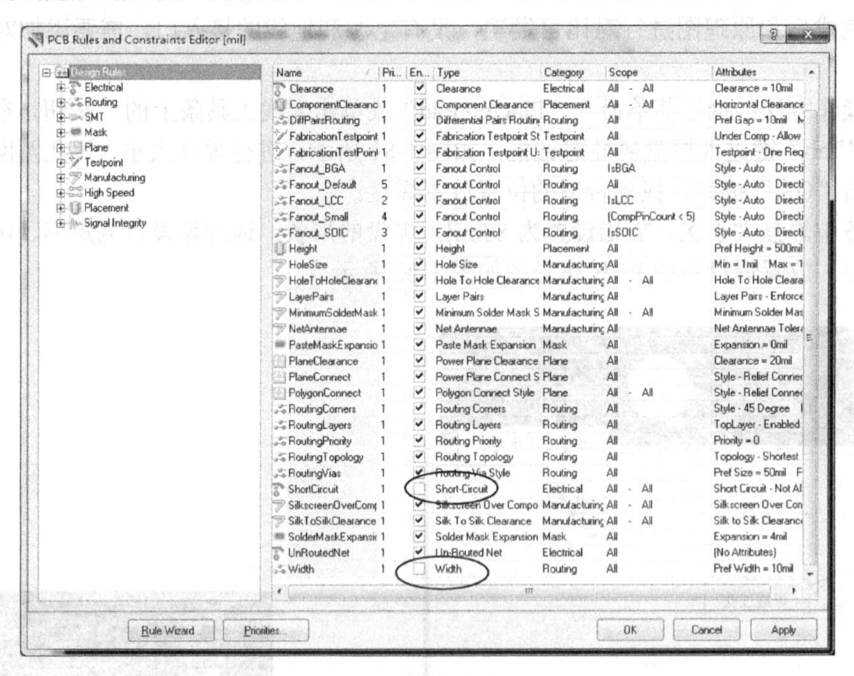

图 1-83　设置禁止规则检查

三、放置铜膜导线

1. 切换工作层

单面板只有一面有印制导线，印制导线一般画在底层（Bottom Layer），故在工作区的下

方单击“Bottom Layer”标签，选中工作层为“Bottom Layer”。

2. 放置导线命令

放置导线有 4 种方法：

（1）从菜单中选择执行“Place→Interactive Routing”命令。

（2）单击布线工具栏中按钮。

（3）在 PCB 设计窗口中单击右键，从弹出的右键选单中选择“Interactive Routing”命令。

（4）在键盘上依次按下“P”、“T”。

3. 放置导线操作过程

以连接 RP-2 和 R1-2 焊盘间的导线为例加以说明。

（1）启动放置导线命令后，光标变成十字形状。将光标移到导线的起点 RP-2 焊盘上，此时焊盘上会出现一个八角形框，表示光标和焊盘中心重合，如图 1-84 所示。

（2）在焊盘中心单击鼠标左键，确定导线起点位置。将光标向 R1-2 移动，此时导线产生一个 45°拐角（不同的导线模式产生不同的拐角，共有六种，分别是 45°、弧线、90°、圆弧角、任意角度和 1/4 圆弧转折，同时按下“Shift+空格”键，可以切换印制导线转折方式），第一段导线为实心线，表示导线位置已经在当前板层确定，但长度还没有定；第二段为空心线，表示该段导线只确定了导线的方向而位置和长度还没有确定，如图 1-85 所示。

（3）继续移动光标到 R1-2 的焊盘上，焊盘上出现一个八角形框，如图 1-86 所示。单击鼠标左键，完成第二段导线。

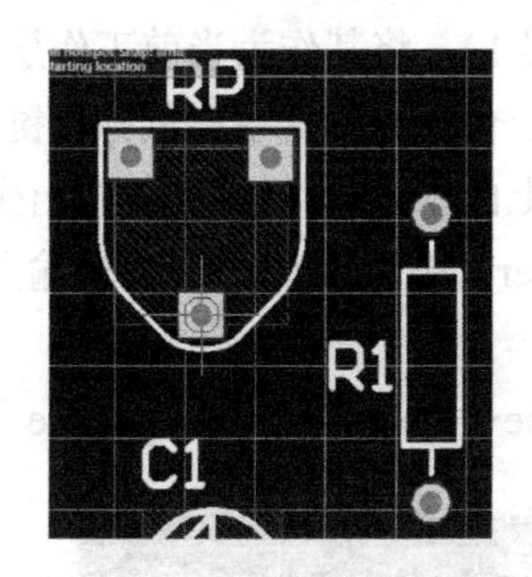

图 1-84　光标与焊盘重合

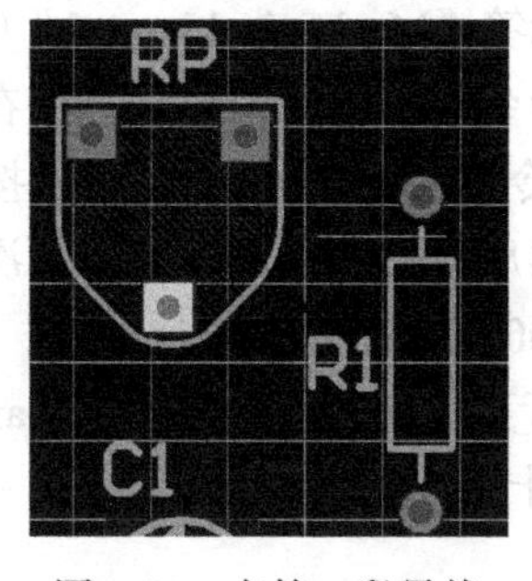

图 1-85　布第一段导线

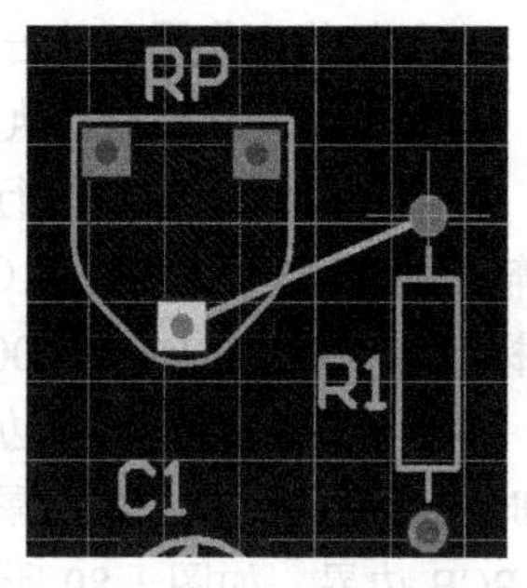

图 1-86　布第二段线

（4）单击右键完成 RP-2 和 R1-2 焊盘间的整条网络的导线布置，导线显示当前板层的颜色。光标仍为十字状，系统仍然处于布线状态。接着可以在其他位置上开始一条新的布线，或者单击鼠标右键退出布线状态。

（5）设置导线属性。如果导线宽度不满足要求，例如要将导线加宽到 20mil，在已经固定的导线上双击鼠标左键，弹出导线属性对话框，如图 1-87 所示，将线宽一栏修改为“20mil”。

图 1-87 对话框中的各项说明如下：

① Width：设定导线宽度。

② Start X 和 Start Y：分别设定导线起点的 X 轴坐标和 Y 轴坐标。其坐标值随导线的移动自动变化。

③ End X 和 End Y：分别设定导线终点的 X 轴坐标和 Y 轴坐标。其坐标值随导线的移动

自动变化。

④ Layer：设定导线所在的层。

⑤ Net：设定导线所在的网络。

⑥ Locked：设定导线位置是否锁定。

连线结束后的印制板如图 1-88 所示。

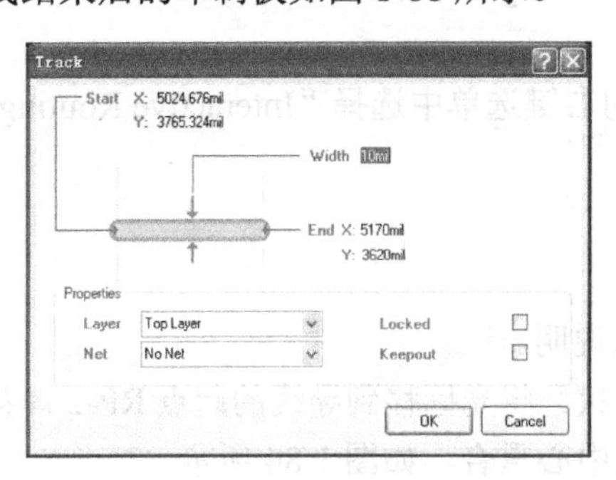

图 1-87　导线属性设置对话框

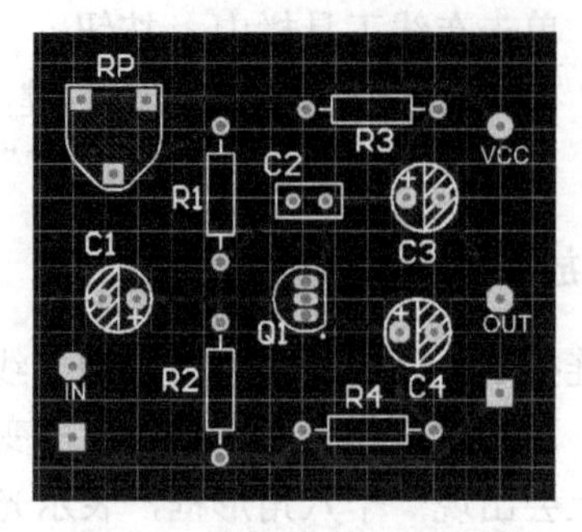

图 1-88　连线结束后的印制板

子任务 1.4.7　定义电路板物理边界

根据实际电路的需要制定电路板的实际大小（称为物理边界）和形状，设置在 Mechanical Layer1（机械层 1）。电路板的大小为 1600mil×1400mil。

具体操作方法：

（1）切换工作层。单击工作层标签“Mechanical Layer1”（机械层 1），将其作为当前工作层。

（2）确定相对原点。执行菜单命令“Edit→Origin→Set”在平面上合适的位置单击鼠标左键。

（3）绘制边框线。执行菜单命令“Place→Line”，依次按键盘上的“J”、“L”键，弹出坐标输入对话框，输入坐标（0,0），然后双击鼠标左键或按两次“Enter”键，重复上述步骤输入坐标（0,1400）、（1600,1400）、（1600,0）及（0,0）。

（4）定义电路板物理边框。执行菜单命令“Design→Board Shape→Redefine Board Shape”，此时绘图区域变成灰色，鼠标变成十字光标，用鼠标定义 PCB 边界，如图 1-89 所示。

（5）保存，执行菜单命令“File→Save All”。

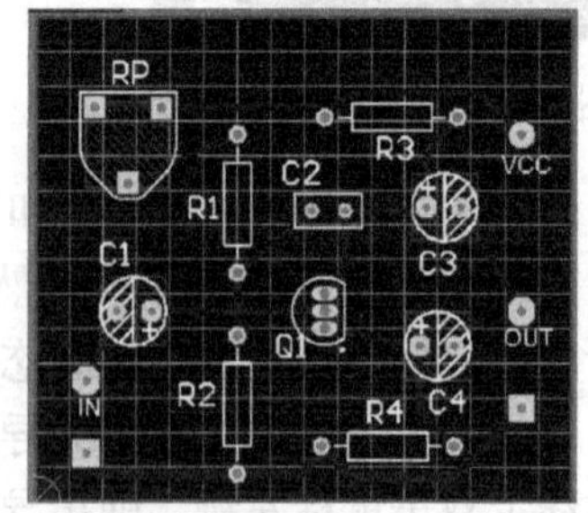

图 1-89　定义物理边界结束后的单面板

相关知识

一、PCB 界面简介

如图 1-90 所示为 PCB 编辑器的界面，该界面包括 4 个部分，分别是主菜单、主工具栏、左面的工作面板和右面的弹出式面板。与原理图相比 PCB 编辑器的工作窗口不同在于该界面以黑色为底色。

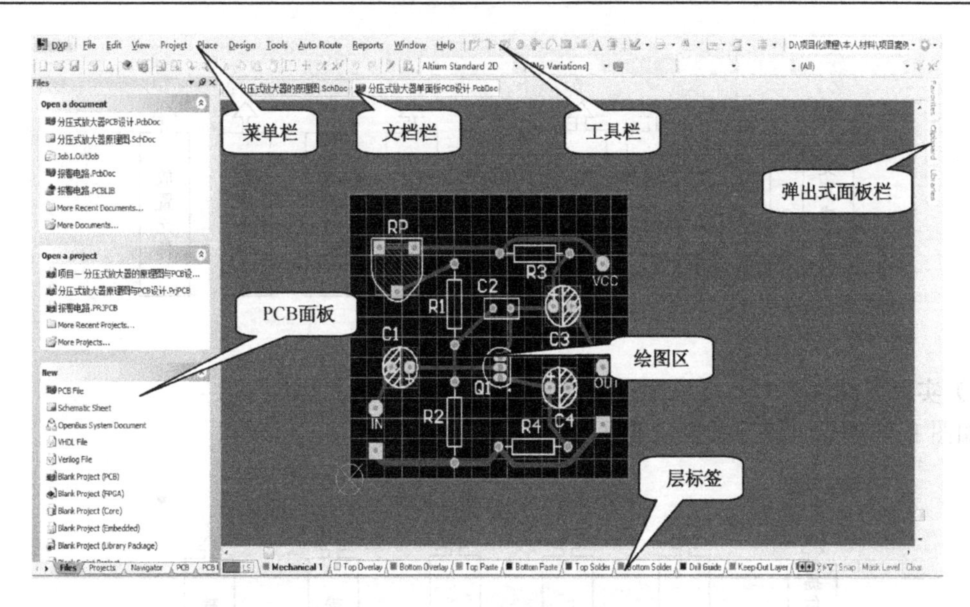

图 1-90　PCB 编辑环境窗口

1. 菜单栏

在印制电路板文件的编辑环境中，“File”菜单、“Edit”菜单、“View”菜单、“Place”菜单、“Design”菜单、“Tool”菜单、“Reports”菜单与原理图编辑环境中的菜单功能基本相似，但这些菜单的子菜单功能会根据其所在的印制电路板编辑环境不同而有所改变。“Auto Route”菜单是印制电路板窗口中特有的一个菜单项，其能够实现系统自动布线时的相关操作和选项设置。

2. 工具栏

与原理图设计系统一样，PCB 也提供了各种工具栏。在实际工作过程中往往要根据需要将这些工具栏打开或者关闭，常用工具栏、状态栏、管理器的打开和关闭方法与原理图设计系统的基本相同，Altium Designer 10.0 为 PCB 设计提供了三个重要的工具栏，包括 PCB 标准工具栏（PCB Standard Tools）、布线工具栏（Wiring Tools）和实用工具栏（Utilities Tools），而实用工具栏又包括元器件位置调整（Component Placement）工具栏、查找选择集（Find Selections）工具栏和尺寸标注（Dimensions）工具栏。

1）PCB 标准工具栏

Altium Designer 10.0 的 PCB 标准工具栏如图 1-91 所示，该工具栏为用户提供缩放、选取对象等命令按钮。

(Not Saved)

图 1-91　PCB 标准工具栏

2）布线工具栏

如图 1-92 所示，该工具栏主要为用户提供布线命令。

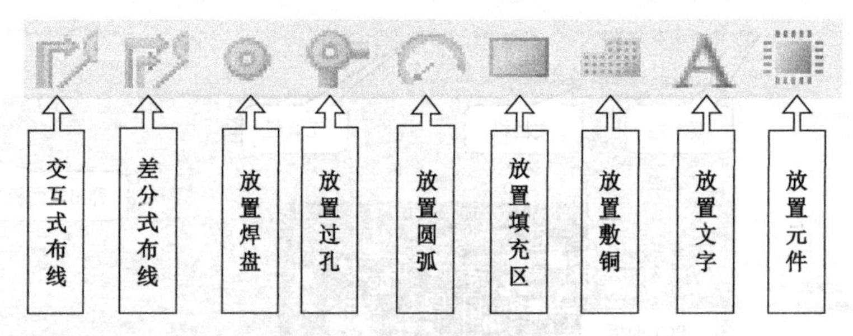

图 1-92 布线工具栏

3）实用工具栏

如图 1-93 所示，该工具栏包含几个常用的子工具栏。

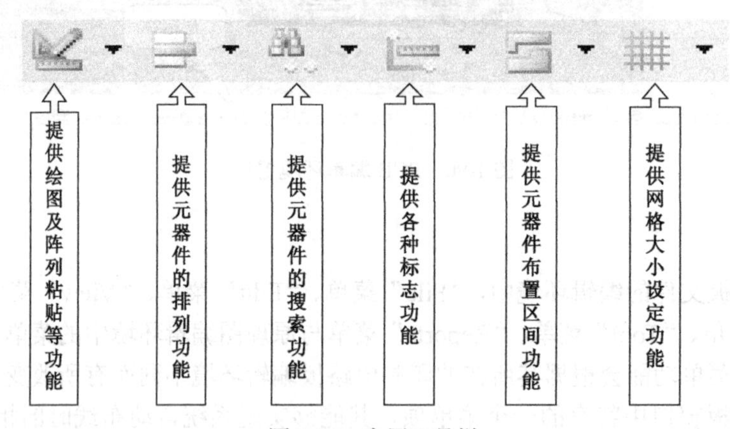

图 1-93 实用工具栏

➢ 绘图工具栏。如图 1-94 所示，单击图标即可显示绘图工具栏。

➢ 元器件位置调整工具栏。可方便元器件排列和布局，如图 1-95 所示。

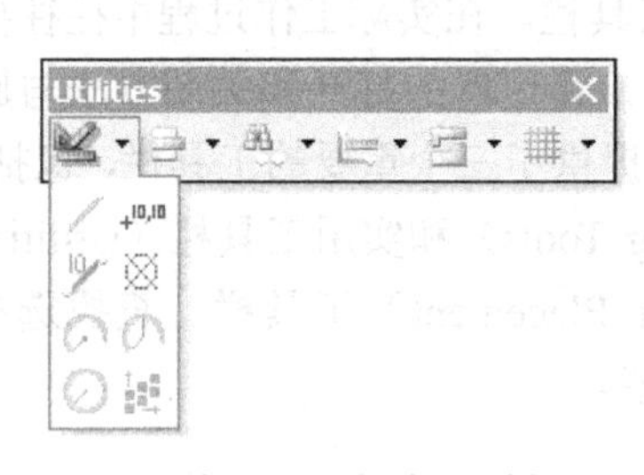

图 1-94 绘图工具栏

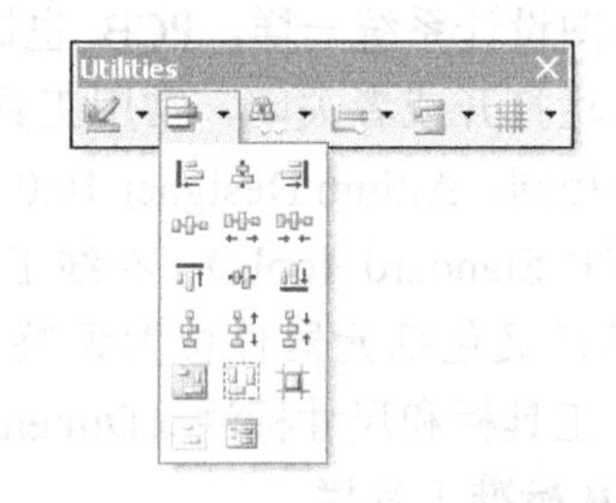

图 1-95 元器件位置调整工具栏

➢ 查找选择集工具栏。可方便选择原来所选择的对象，如图 1-96 所示。工具栏上的按钮允许从一个选择的元器件以向前或向后的方向走向下一个。这种方式是很有用的，用户既能在选择的属性中查找也能在选择的元器件中查找。

➢ 尺寸标注工具栏。如图 1-97 所示。

➢ 放置元器件集合定义工具栏。如图 1-98 所示。

➢ 栅格设置菜单。单击按钮即可弹出栅格设置菜单，根据布线需要，可以设置栅格的大小。

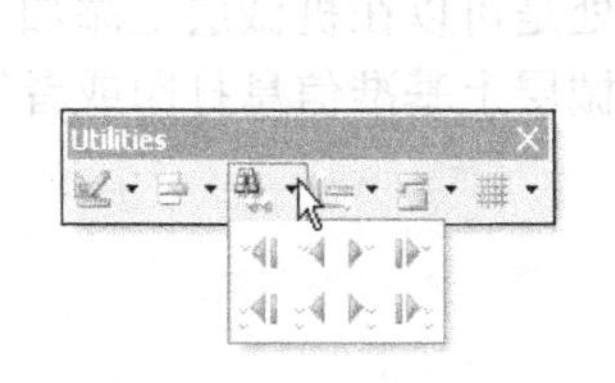

图 1-96　查找选择集工具栏

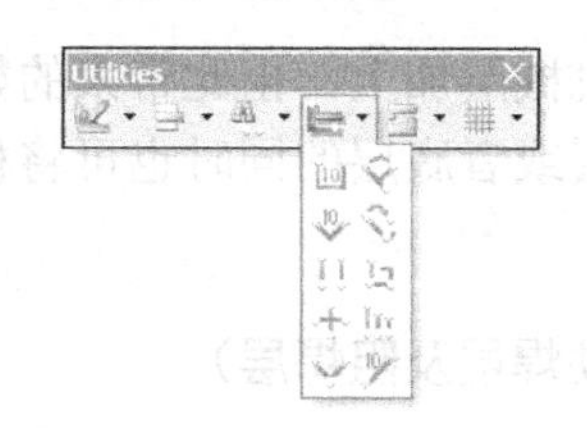

图 1-97　尺寸标注工具栏

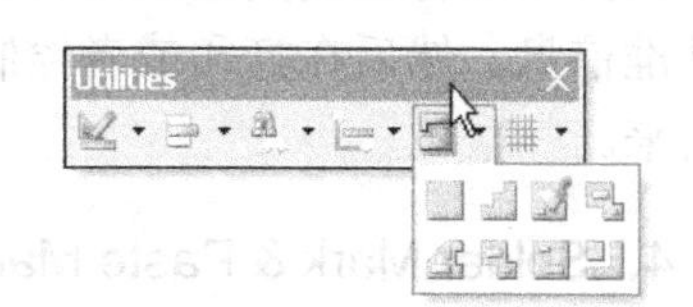

图 1-98　放置元器件集合定义工具栏

3. 层标签栏

层标签栏中列出了当前 PCB 设计文档中所有的层，各层用不同的颜色表示，可以单击各层的标签在各层之间切换，具体的电路板板层设置将在后面详细介绍。

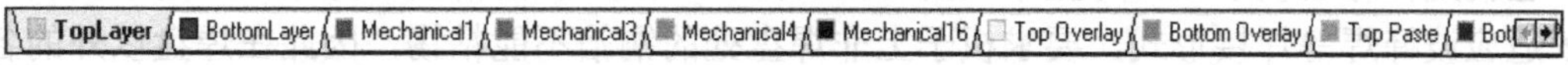

TopLayer | BottomLayer | Mechanical1 | Mechanical3 | Mechanical4 | Mechanical16 | Top Overlay | Bottom Overlay | Top Paste | Bot

图 1-99　层标签栏

二、印制电路板的工作层面

我们知道单面印制电路板有两个面，也称为层。那么能说单面印制电路板仅有两个层吗？为方便加工印制电路板和描述印制电路板等原因，Altium Designer 10.0 给层以新的含义。如单面印制电路板的无敷铜面，至少有两个功能：描述此面所放置元器件位置和轮廓、显示此面的边界。Altium Designer 10.0 将每一个功能定义为一个层（Layer）。

Altium Designer 10.0 按功能的不同提供了众多的层，它们大概可以分为以下 8 个类型：Signal Layer（信号层）、Internal Plane（内部电源层）、Mechanical Layer（机械层）、Solder Mark & Paste Mark（助焊层及阻焊层）、Silk Screen（丝印层）、Others（其他层）。

1. Signal Layer（信号层）

信号层主要用于放置与信号有关的电气元素，如电子元器件、信号走线。包括 Top Layer（顶层）、Bottom Layer（底层）、Midlayer 1～n（中间工作层）。Top Layer 可用于放置电子元器件和信号走线，Bottom Layer 用于放置信号走线和焊点，Midlayer 仅放置信号走线。如果用户使用双面印制电路板则不会有 Midlayer。

2. Internal Plane（内部电源层）

内部电源层主要用于布置电源线及接地线。它们分别为 Plane 1～n。在设计 PCB 时可以指定使用某内部电源层的子电路。用户使用多层印制电路板才会有内部电源层。在多层板中，整层都直接连接上地线与电源。所以我们将各层分类为信号层、电源层或是地线层。如果 PCB 上的元器件需要不同的电源供应，通常这类 PCB 会有两层以上的电源与地线层。

3. Mechanical Layer（机械层）

Altium Designer 10.0 共有 16 个机械层，分别为 Mechanical 1～16，机械层一般用于放置与制作及装配印制电路板有关的信息，如装配说明、数据资料、电路板切割信息、孔洞信息以及其他有关印制电路板的资料等。

在打印或者绘制其他层时可以将机械层加上，由此带来的好处是可以在机械层上添加一些基准信息。然后在打印或者绘制顶层或者底层的同时也可将机械层上基准信息打印或者绘制出来。

4．Solder Mark & Paste Mark（助焊层及阻焊层）

PCB 上的绿色或棕色是阻焊漆（Solder Mask）的颜色，这层是绝缘的防护层，可以保护铜线，也可以防止元器件被焊到不正确的地方。

这些膜（Mask）不仅是 PCB 制作工艺过程中必不可少的，而且更是元器件焊装的必要条件。按“膜”所处的位置及其作用，“膜”可分为助焊膜（Top or Bottom Solder Mask）和阻焊膜（Top or Bottom Paste Mask）两类。顾名思义，助焊膜是涂于焊盘上，提高可焊性能的一层膜，也就是在绿色板子上比焊盘略大的各浅色圆斑。阻焊膜的情况正好相反，为了使制成的板子适应波峰焊等焊接形式，要求板子上非焊盘处的铜箔不能粘锡，因此在焊盘以外的各部位都要涂一层涂料，用于阻止这些部位上锡。可见，这两种膜是一种互补关系。

Altium Designer 10.0 可提供 Top Solder Mark 和 Bottom Solder Mark 两个阻焊层，阻焊层用于在进行设计时匹配焊盘和过孔，能够自动生成。

Paste Mark 层用于设置锡膏，Altium Designer 10.0 可提供 Top Paste Mark 和 Bottom Paste Mark 两个层。

5．Silk Screen（丝印层）

在阻焊层上另外会印刷上一层丝网印刷面（Silk Screen）。通常在这上面会印上文字与符号（大多是白色的），以标示出各元器件在板子上的位置。丝网印刷面也被称为图标面或丝印层。

丝印层主要用于设置印制信息，如元器件轮廓和标注。Altium Designer 10.0 将元器件的封装的轮廓和元器件的标注自动放置在丝印层上。Altium Designer 10.0 可提供 Top Overlay 和 Bottom Overlay 两个丝印层。如果元器件仅放置在一面，则可以只使用元器件所在的丝印层，其他层亦如此。

为方便电路的安装和维修等，在印刷板的上下两表面会印刷上所需要的标志图案和文字代号等，例如元器件标号和标称值、元器件外廓形状和厂家标志、生产日期等。不少初学者设计丝印层的有关内容时，只注意文字符号放置得整齐美观，忽略了实际制出的 PCB 效果。他们设计的印板上，字符不是被元器件挡住就是侵入了助焊区域被抹除，还有的把元器件标号打在相邻元器件上，如此种种的设计都将会给装配和维修带来很大不便。正确的丝印层字符布置原则是“不出歧义，见缝插针，美观大方”。

6．Others（其他层）

其他层包括 Keep Out Layer（禁止布线层）、Multi Layer（多层）、Drill Layer（钻孔层）。

Keep Out Layer（禁止布线层）用于定义放置元器件的区域。在该层上禁止自动布线。在 Keep Out Layer 层上由 Track（走线）形成一个闭合的区域来构成布线区。如果用户要对电路进行自动布局和自动布线，必须在 Keep Out Layer 上设置一个布线区，具体步骤将在后面讲解。

Multi Layer（多层）是所有信号层的代表，在该层上放置的元器件会自动放置在所有信号层上。所以通过 Multi Layer（多层）用户可以快速地将一个对象放置到所有信号层上。

Drill Layer（钻孔层）主要用于提供制造时的钻孔信息，如钻孔位置、说明等。包括 Drill Guide（钻孔说明）、Drill Drawing（钻孔制图）两层。Drill Layer（钻孔层）在制作印制电路板时将被自动考虑计算以提供钻孔的信息。

三、PCB 编辑器的画面管理

1．执行菜单命令使编辑区缩放

1）对选定区域放大

（1）区域放大：执行菜单命令“View→Area”，光标变为十字形，将光标移到图纸要放大的区域，单击鼠标左键，确定放大区域对角线的起点，再移动光标拖出一个矩形虚线框为选定放大的区域，单击鼠标左键确定放大区域对角线的终点，可将虚线框内的区域放大。

（2）中心区域放大：执行菜单命令“View→Around Point”，光标变为十字形，移到需要放大的位置，单击鼠标左键，确定要放大区域的中心，移动光标拖出一个矩形区域后，单击鼠标左键确认，即可将所选区域放大。

2）显示整个电路板/整个图形文件

（1）显示整个电路板：执行菜单命令“View→Fit Board”，可将整个电路板在工作窗口显示，但不显示电路板边框外的图形。

（2）显示整个图形文件：执行菜单命令“View→Fit Document”或单击图标，可将整个图形文件在工作窗口显示。如果电路板边框外有图形，也同时显示出来。

2．缩放和移动编辑区快捷操作

➢ 编辑区放大：按“Page Up”键，放大时以鼠标在屏幕上位置为基准点（保持不动）。

➢ 编辑区缩小：按“Page Down”键，缩小时以鼠标在屏幕上位置为基准点（保持不动）。

➢ 编辑区精细缩放：按下“Ctrl”键，同时滚动鼠标滚轮可精细放大或缩小编辑区；或者先按下鼠标右键，然后再按下鼠标左键，此时鼠标变成放大图标，这样可以通过移动鼠标放大或缩小编辑区。

➢ 编辑区移动：在编辑区按下鼠标右键不放并拖动，可实现任意方向移动编辑区。

➢ 垂直方向移动编辑区：滚动鼠标滚轮。

➢ 水平方向移动编辑区：“Shift”+鼠标滚轮。

项目评价

项目评价单	项目名称		项目承接人	编号
	分压式共射放大器的原理图与 PCB 设计			
项目评价内容	标准分值	自我评价（20%）	小组评价（30%）	教师评价（50%）
一、项目分析评价（10 分）				
（1）是否正确分析问题、确定问题和解决问题	3			
（2）查找任务相关知识、确定方案编写计划	5			
（3）是否考虑了安全措施	2			

续表

项目评价单	项目名称		项目承接人	编号
	分压式共射放大器的原理图与PCB设计			
项目评价内容	标准分值	自我评价（20%）	小组评价（30%）	教师评价（50%）
二、项目实施评价（60分）				
（1）知道为什么学习计算机辅助电子线路设计	2			
（2）认识印制电路板的基本组成要素	1			
（3）判别板的类型是单面板、双面板、还是多层板	2			
（4）新建和保存项目文件、原理图文件和PCB文件	5			
（5）正确绘制简单原理图	15			
（6）认识元器件封装并记住常见封装名称	5			
（7）知道电路板制作工艺常用的几种方法流程	5			
（8）正确使用手工方法设计电路板	20			
（9）电路板整体正确、美观、符合设计要求	5			
三、项目操作规范评价（10分）				
（1）衣冠整洁、大方，遵守纪律，座位保持整洁干净	2			
（2）学习认真细致、一丝不苟	3			
（3）小组能密切协调与合作	3			
（4）严格遵守操作规范，符合安全文明操作要求	2			
四、项目效果评价（20分）				
（1）学习态度、出勤率	10			
（2）项目实施是否独立完成	4			
（3）是否按要求按时完成项目	4			
（4）是否能如实填写项目单	2			
总分（满分100分）				
项目综合评价：				

技能训练

（1）将Altium Designer 10.0软件正确地安装到PC中。启动Altium Designer 10.0，在F盘建立名为“AD10”的文件夹，并在文件夹中建立名为“项目一　分压式放大器原理图与PCB设计.PrjPcb”的项目文件。

（2）在上题项目文件夹中建立一个名为“sheet1”的原理图文件（Schematic Document）、一个名为“PCB1”的印制电路板文件（PCB Document），并打开“sheet1.SchDoc”和“PCB1.PcbDoc”文件，熟悉一下两个编辑器，保存“sheet1.SchDoc”和“PCB1.PcbDoc”，关闭两个文件。

（3）练习打开及关闭“Main Toolbar”（主工具栏）、“Placement Tools”（放置工具栏）、“Component Placement”（元器件位置调整工具栏）、“Find Selections”（查找选择工具栏）。

（4）说出常用电阻、电容、二极管、三极管、集成电路元器件的封装。说说焊盘和过孔的主要区别，请观察一下你见到的印制电路板，指出哪一个是焊盘，哪一个是过孔。

（5）在设计印制电路板过程中，机械层、禁止布线层起什么作用？能否把外型为 AXIAL0.3 电阻封装指定为 SIP2 的封装？如可以，电阻如何安放？如果设计单面电路板，请写出此时需要哪些层。

（6）加载常用封装库：“Miscellaneous Connectors.IntLib”，“Miscellaneous Devices.IntLib”。在“Miscellaneous Devices.IntLib”封装库中选择电阻封装（AXIAL-0.3）、电容封装（RAD-0.1 和 RB.2/.4）、二极管封装（Diode-0.4）、三极管封装（TO-126）、连接器封装（SIP2）、可变电阻封装（VR1）、石英晶体封装（XTAL1）、集成电路元器件封装（DIP-8），把这些封装放置到电路板上。

（7）在 F 盘“AD10”文件夹中建立名为“555 电路.PrjPcb”的项目文件。

① 新建原理图文件，命名为“555 电路原理图.SchDoc”。

② 画出如图 1-100 所示电路原理图。

③ 新建 PCB 文件，命名为“555 电路 pcb 设计.PcbDoc”。

④ 印制电路板元器件移动的网格大小为 10mil，可视网格大小为 200mil，电路板尺寸为 1000mil×1000mil。

⑤ 制作 555 电路的 PCB（如图 1-101 所示），采用手工放置元器件，手动布局和布线，元器件明细见表 1-3。

⑥ 按要求完成文件的保存。

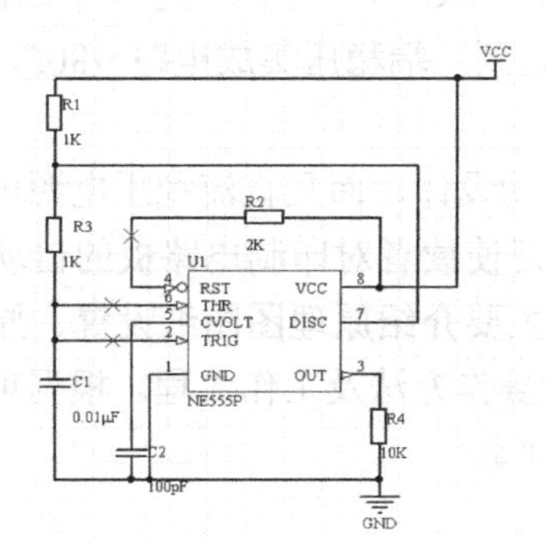

图 1-100　555 电路原理图

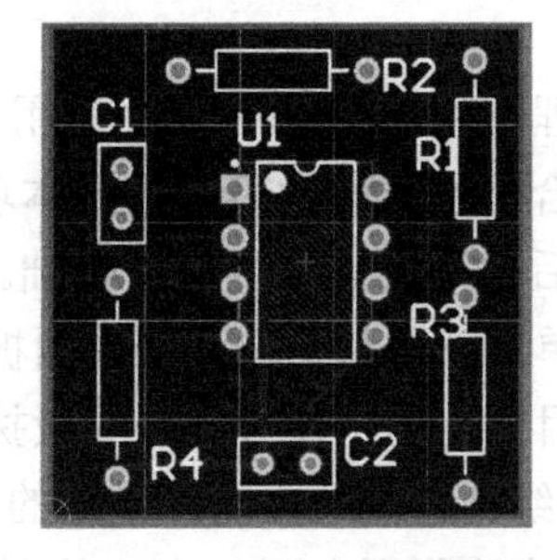

图 1-101　555 电路 PCB

表 1-3　元器件清单

元器件名称	标　识　符	封　　装
电阻	R1、R2、R3、R4	AXIAL-0.4
电容	C1、C2	RAD-0.1
555 集成块	U1	DIP-8

项目 2　直流稳压电源 PCB（单面板）设计

许多电子产品都需要稳定的直流电源供电，如 PC、电视机、直流电动机等，电子仪器也需要直流电源，实验室更需要独立的直流电源。为了提高电子设备的精度及稳定性，在直流电源中还要加入稳压电路，因此称为直流稳压电源。典型的直流稳压电源主要由电源变压器、整流电路、滤波电路和稳压电路等几部分构成。电源变压器把 50Hz 的交流电网电压变成所需要的交流电压；整流电路用来将交流电变换为单向脉动直流电；滤波电路用来滤除整流后单向脉动电流中的交流成分（即波纹电压），使之成为平滑的直流电；稳压电路的作用是当输入交流电网电压波动、负载及温度变化时，维持输出直流电压的稳定。如图 2-1 所示为直流稳压电源的原理图，输入电压：AC 8～15V，输出电压：DC 5V。中间经过 4 个二极管进行整流，再经过 C1 滤波后，将得到的比较稳定的直流电送到三端稳压集成电路 7805，最后以稳定的 5V 电压输出。

本项目原理图简单易懂，PCB 采用单面板自动设计，而且直流稳压电源电路焊接与组装制作简单，适合于初学者学习。通过本项目的学习使读者对印制电路板的自动设计有个初步的认识，为今后学习其他项目打下基础。本项目主要介绍原理图图纸设置、原理图工作环境设置、绘制简单原理图和自动设计单面板 PCB 的操作方法及工作流程。根据项目执行的逻辑顺序，将本项目分为两个任务来分阶段执行，分别是：

任务 2.1　绘制直流稳压电源电路的原理图

任务 2.2　直流稳压电源 PCB（单面板）设计

本项目最后可根据 PCB 设计，进行电路焊接与组装，组装后布局如图 2-2 所示。

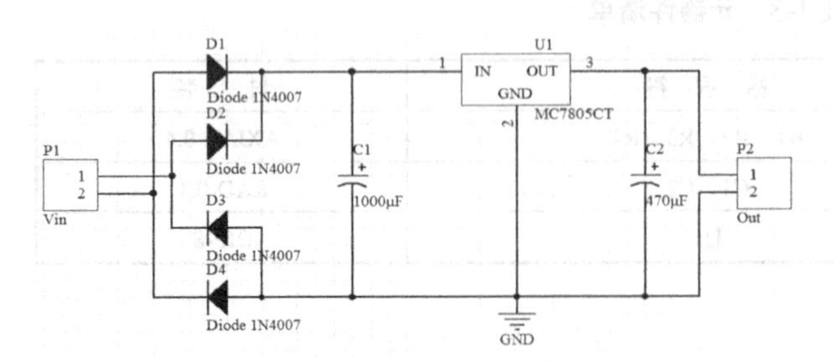

图 2-1　直流稳压电源电路原理图

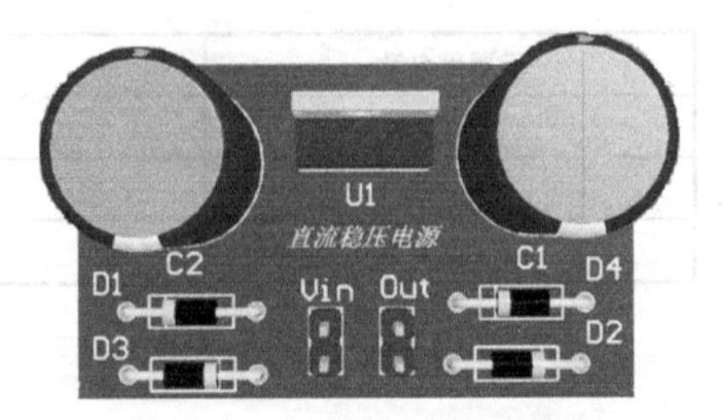

图 2-2　直流稳压电源布局图

任务 2.1　绘制直流稳压电源电路原理图

本任务将详细介绍 Altium Designer 10.0 的原理图图纸设置、原理图工作环境设置（设置原理图的常规环境参数、图形编辑的环境参数）。本任务要求新建 PCB 项目文件“直流稳压电源电路与 PCB 设计.PrjPcb”和原理图文件“直流稳压电源电路.SchDoc”，根据图 2-1 和表 2-1 所列的原理图元器件清单来绘制原理图。

表 2-1　直流稳压电源原理图元器件清单

元器件序号	元器件注释	元器件值	元器件名称	元器件封装	元器件库名称
C1	Cap Pol1	1000μF	Cap Pol1	RB7.6-15	Miscellaneous Devices.IntLib
C2	Cap Pol1	470μF	Cap Pol1	RB7.6-15	Miscellaneous Devices.IntLib
D1, D2, D3, D4	Diode 1N4007		Diode 1N4007	diode-0.4	Miscellaneous Devices.IntLib
P1	Vin		Header 2	HDR1X2	Miscellaneous Connectors.IntLib
P2	Out		Header 2	HDR1X2	Miscellaneous Connectors.IntLib
U1	MC7805CT		MC7805CT	221A-06	ON Semi Power Mgt Voltage Regulator.IntLib

知识目标：

➢ 了解 Altium Designer 10.0 的原理图图纸和工作环境设置。

➢ 了解 Altium Designer 10.0 元器件库的加载和卸载。

技能目标：

➢ 根据绘制原理图步骤，会绘制简单的原理图。

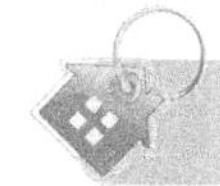

子任务 2.1.1　新建项目工程文件、原理图文件

启动 Altium Designer 10.0。执行菜单命令“File→New→Project→PCB Project”，系统将自动建立一个名为“PCB_ Project1.PrjPcb”的项目文件，在此文件名上单击鼠标右键，在弹出的菜单中选择“Save Project”，弹出一个保存工程的对话框，在对话框中选择保存文件的路径“D:\项目化课程\源文件”，将工程文件命名为“直流稳压电源电路与 PCB 设计.PrjPcb”，并保存在指定文件夹下。

建立工程文件后，需要在工程文件中建立一个原理图文件，用户可以直接在工程文件上进行新建。

执行菜单命令“File→New→Schematic”或者用鼠标右键单击项目文件名，在弹出的菜单中选择“Add New to Project→Schematic”新建原理图文件。系统在“直流稳压电源电路与 PCB 设计”项目文件夹下建立了原理图文件“Sheet1.SchDoc”并进入原理图设计界面，如图 2-3 所示。

用鼠标右键单击原理图文件“Sheet1.SchDoc”，在弹出的菜单中选择“Save”，屏幕弹出一个对话框，将文件改名为“直流稳压电源. SchDoc”并保存在与项目文件相同的文件夹下，如图 2-4 所示。

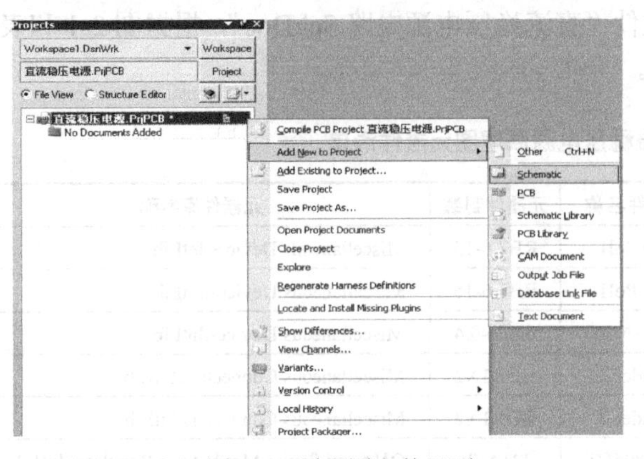

图 2-3　原理图文件界面

图 2-4　保存原理图对话框

子任务 2.1.2　原理图图纸设置

在原理图的绘制过程中，要根据直流稳压电源电路图对图纸进行设计。方法一：在如图 2-5 所示界面中执行菜单命令“Design→Document Options”命令，弹出如图 2-7 所示对话框。

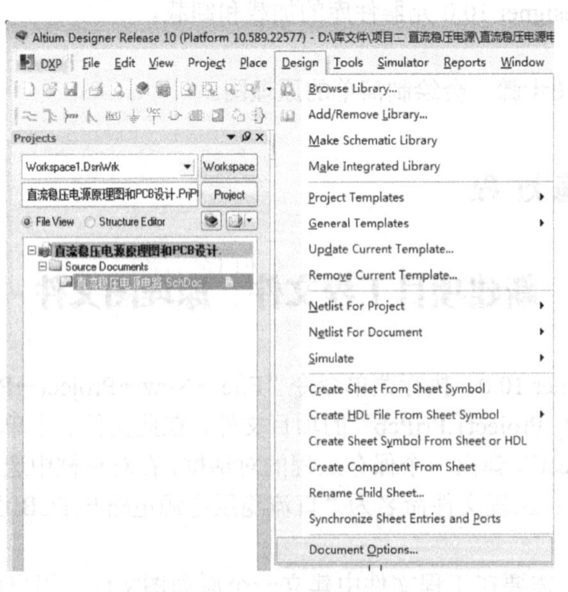

图 2-5　打开文档选项对话框命令

方法二：在如图 2-6 所示的原理图区域中单击鼠标右键，在弹出的快捷菜单中单击“Options”，在出现的子菜单中选择“Document Options”或按快捷键“D+O”，进入如图 2-7 所示的“Document Options”对话框。

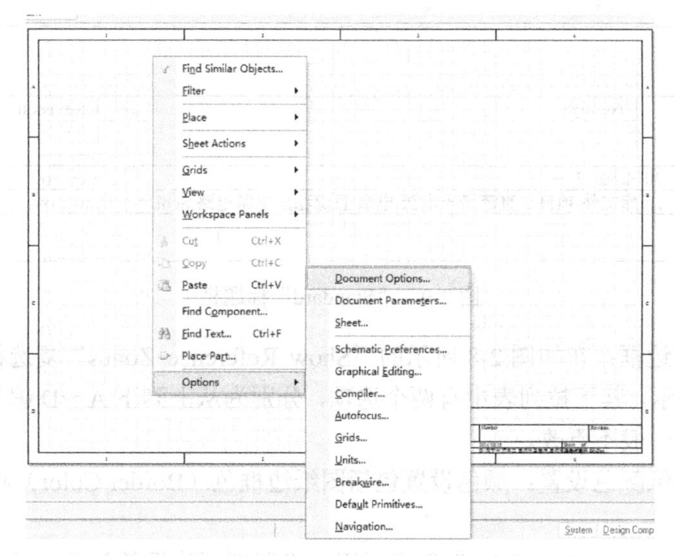

图 2-6 通过快捷方式打开文档选项对话框

在图 2-7 中包含三个选项卡：“Sheet Options”选项卡、“Parameters”选项卡和“Units”选项卡，下面分别阐述。

1．“Sheet Options”选项卡

如图 2-7 所示的即为“Sheet Options”选项卡对话框，包含有“Template”（模板）、“Options”（选项）、“Grids”（栅格、格点）、“Electrical Grid”（电气栅格）、“Standard Style”（标准图纸）、“Custom Style”（自定义图纸）六个选项区。主要选项区及各选项功能如下。

1）“Options”选项

（1）设置图纸方向：单击如图 2-8 所示的“Orientation”右边的下拉按钮，可进行图纸方向的选择，其中“Landscape”是图纸水平方向放置，“Portrait”是图纸竖直方向放置。默认是水平方向。

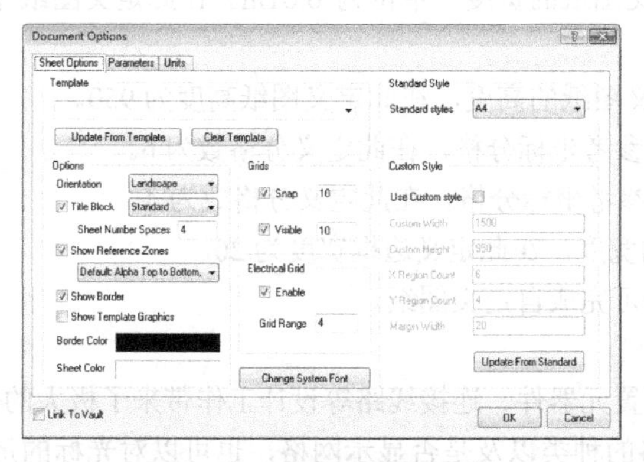

图 2-7 文档选项对话框

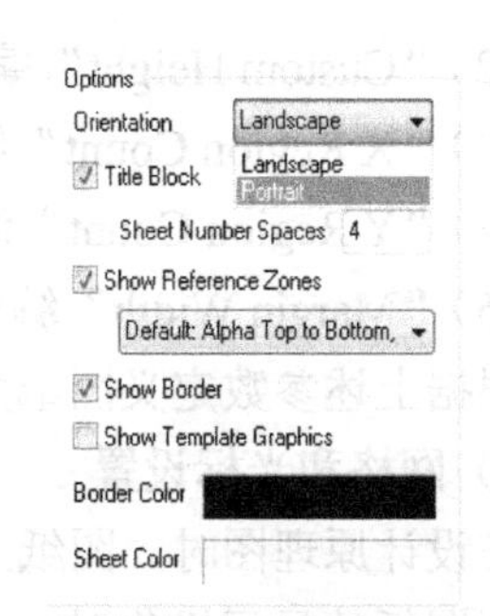

图 2-8 “Options”选项

（2）设置图纸的标题栏。Altium Designer 10.0 提供了两种预先定义好的标题栏，分别是“Standard”（标准）和“ANSI”形式，如图 2-7 所示。具体设置可在“Options”操作框中“Title Block”（标题块）右边的下拉列表框中选取，默认为“Standard”，格式如图 2-9 所示。

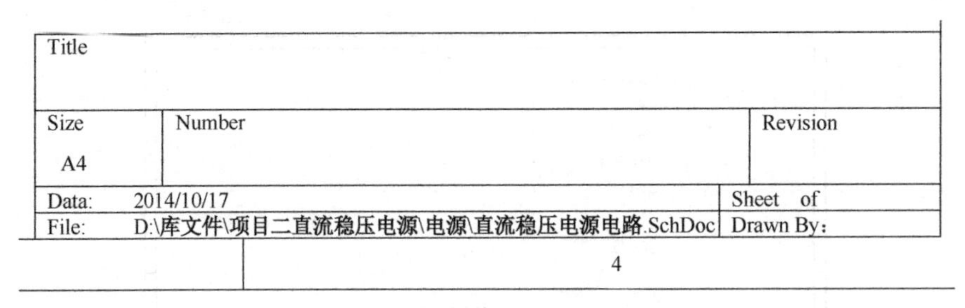

Title		
Size A4	Number	Revision
Data: 2014/10/17		Sheet of
File: D:\库文件\项目二直流稳压电源\电源\直流稳压电源电路.SchDoc		Drawn By:
	4	

图 2-9 “Standard”标题栏

（3）设置图纸边框：在如图 2-8 所示的“Show Reference Zones”复选框中打勾可显示图纸边框，否则不显示。其下拉列表中有两个选项，分别为从上到下 A～D 编号和从下到上 A～D 编号，这个选项一般不更改。

（4）边框及图纸颜色设置：颜色设置包括图纸边框色（Border Color）和图纸底色（Sheet Color）的设置。

① 在图 2-8 中，“Border Color”选择项用来设置图纸边框的颜色，默认设置为黑色。在右边的颜色框中用鼠标左键单击一下，系统将会弹出“Choose Color”（选择颜色）对话框，可通过它来选取新的边框颜色。

② “Sheet Color”选择项用来设置图纸的底色，默认的设置为浅黄色。要变更底色时，请在该栏右边的颜色框上用鼠标双击，打开“Choose Color”对话框，然后选取新图纸底色。

2）设置图纸尺寸

图纸尺寸决定了图纸大小，用户可以根据原理图的复杂程度和元器件的多少确定图纸大小。在图 2-7 中的“Standard styles”下拉列表框选定一种图纸即可，标准图纸尺寸有 A1、A2、A3、A4、A、B、C、D 等。默认图纸尺寸为 A4。

如果标准图纸不符合要求，可以自定义图纸尺寸，必须在如图 2-7 所示的“Custom Style”栏中选中“Use Custom style”复选框，以激活自定义图纸功能。

“Custom Style”栏中其他各项设置的含义如下：

（1）“Custom Width”编辑框。自定义图纸的宽度，单位为 0.01in。在此定义图纸宽度为 1500。

（2）“Custom Height”编辑框。自定义图纸的高度，在此定义图纸高度为 950。

（3）“X Region Count”编辑框。X 轴参考坐标分格，在此定义分格数为 6。

（4）“Y Region Count”编辑框。Y 轴参考坐标分格，在此定义分格数为 4。

（5）“Margin Width”编辑框。边框的宽度，在此定义边框宽度为 20。

根据上述参数定义图纸大小，这样即可完成自定义图纸。

3）网格和光标设置

在设计原理图时，图纸上的网格为放置元器件、连接线路等设计工作带来了极大的便利。在进行图纸的显示操作时，可以设置网格的种类以及是否显示网格，也可以对光标的形状进行设置。

（1）设置网格的可见性。如果用户想设置网格是否可见，可以在如图 2-7 所示的选项卡中实现。在“Grids”操作框中对“Snap”和“Visible”两个复选框来操作，就可以设置网格的可见性。

① “Snap”复选框：这项设置可以改变光标的移动间距，选中此项表示光标移动时以“Snap”右边的设置值为基本单位移动，系统默认值为 10 mil；不选此项，则光标移动时以 1mil 为基本单位移动。

② “Visible”复选框：选中此项表示网格可见，可以在其右边的设置框内输入数值来改变图纸栅格间的距离，图 2-7 中表示栅格间的距离为 10 mil；不选此项表示在图纸上不显示栅格。

如果将“Snap”和“Visible”设置成相同的值，那么光标每次移动一个栅格；如果将“Visible”设置为 20mil，而将“Snap”设置为 10mil 的话，那么光标每次移动半个栅格。

（2）电气栅格。在如图 2-7 所示对话框的“Electrical Grid”操作框中，其操作项与设置电气栅格有关。如果选中“Enable”复选框，则在画导线时，系统会以“Grid”中设置的值为半径，以光标所在位置为中心，向四周搜索电气节点。如果在搜索半径内有电气节点的话，就会将光标自动移到该节点上，并且在该节点上显示一个圆点；如果取消该项功能，则无自动寻找节点的功能。“Grid Range”（栅格范围）设置框可以用来设置搜索半径。

4）设置系统字体

在 Altium Designer 10.0 中，图纸上常常需要插入很多汉字或英文，系统可以为这些插入的字设置字体。如果在插入文字时，不单独修改字体，则默认使用系统的字体。系统字体的设置可以使用字体设置模块来实现。

当设置系统字体时，同样在如图 2-7 所示的对话框中进行设置，此时使用鼠标单击“Change System Font”按钮，系统将弹出如图 2-10 所示“字体”设置对话框，此时就可以设置系统的默认字体。

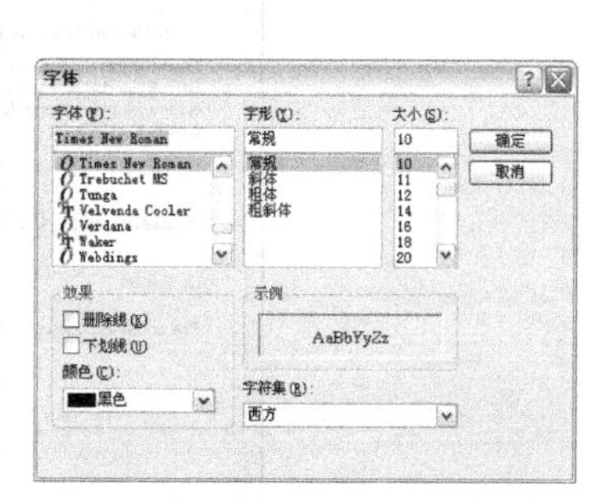

图 2-10　“字体”设置对话框

2．“Parameters”选项卡

在图 2-7 中选择“Parameters”（文档参数设置）选项卡，如图 2-11 所示。在该选项卡中，可以分别设置文档的各个参数属性，比如设计公司名称、地址，图样的编号以及图样的总数，文件的标题名称、日期等。

具有这些参数的设计对象可以是一个元器件、元器件的管脚和端口、原理图的符号、PCB 指令或参数集。每个参数均具有可编辑的名称和值。使用“Add”（添加）按钮可以向列表中添加新的参数属性，使用“Remove”按钮可以从列表中移去一个参数属性，使用“Edit”按钮可以编辑一个已经存在的属性。

例如：选中“DrawnBy”项，单击“Edit”按钮进行设置，参数属性设置对话框如图 2-12 所示。用户可以在“Value”文本框中输入图纸的绘图者名称。要想放置在图纸上可执行“Place→Text”命令，按“Tab”键打开文本属性对话框，在该对话框中选择“DrawnBy”，单击“OK”即可显示。

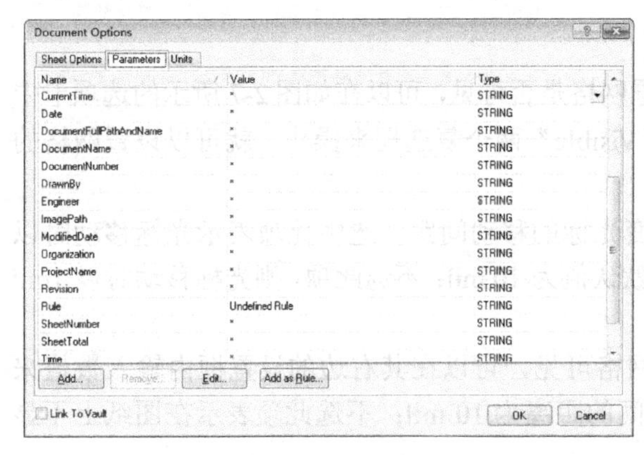

图 2-11　文档选项：参数选项卡

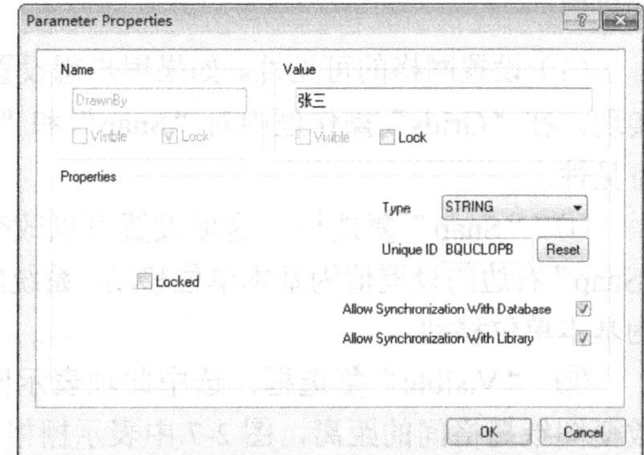

图 2-12　设置图纸参数

3. “Units”选项卡

Altium Designer 10.0 提供了参数设置，同时也可以进行数制设置，有英制及公制图纸尺寸供用户选择。在图 2-7 中选择“Units”选项卡，即可得到如图 2-13 所示的对话框。

1in=1000mil=25.4mm；一个原理图基本单位默认为 10mil。

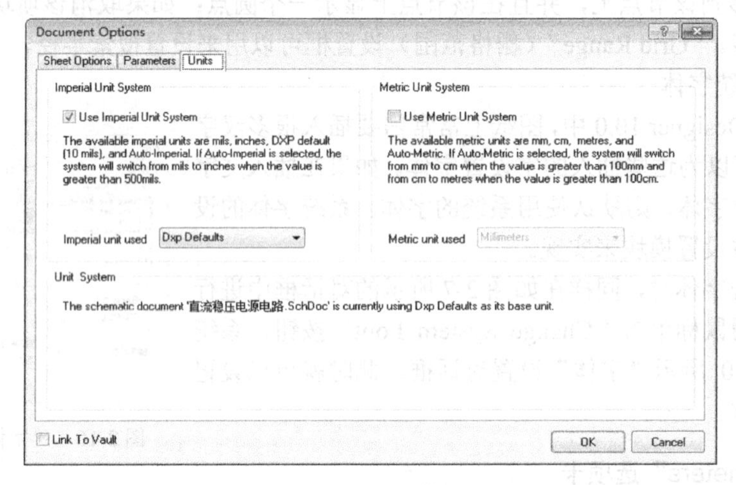

图 2-13　文档选项：单位选项卡

本项目的电路原理图很简单，根据上述参数的说明，图纸尺寸设置为“A4”，放置方向设置为“Landscape”（水平），图纸明细表设置为“Standard”（标准），单击对话框中的“Change System Font”（改变系统字体）按钮，设置字体为“Arial”，设置字形为“常规”，大小设置为“10”，单击“Ok”按钮。图纸颜色设置（包括图纸边框色“Border Color”和图纸底色“Sheet Color”的设置），图纸上的网格设置其他选项均采用系统默认设置。

子任务 2.1.3　原理图工作环境设置

在原理图的绘制过程中，其效率和正确性往往与环境参数的设置有着密切的关系。参数设置是否合理，直接影响到设计过程中软件的功能能否得到充分发挥。

在 Altium Designer 10.0 电路设计软件中，原理图编辑器的工作环境设置是由“Preferences”（优先设定）对话框来完成的。

执行“Tools→Schematic Preferences”菜单命令，或者在编辑窗口内单击鼠标右键，在弹出的右键快捷菜单中执行“Option→Schematic Preferences”命令，系统将弹出如图 2-14 所示的原理图优先设定对话框。

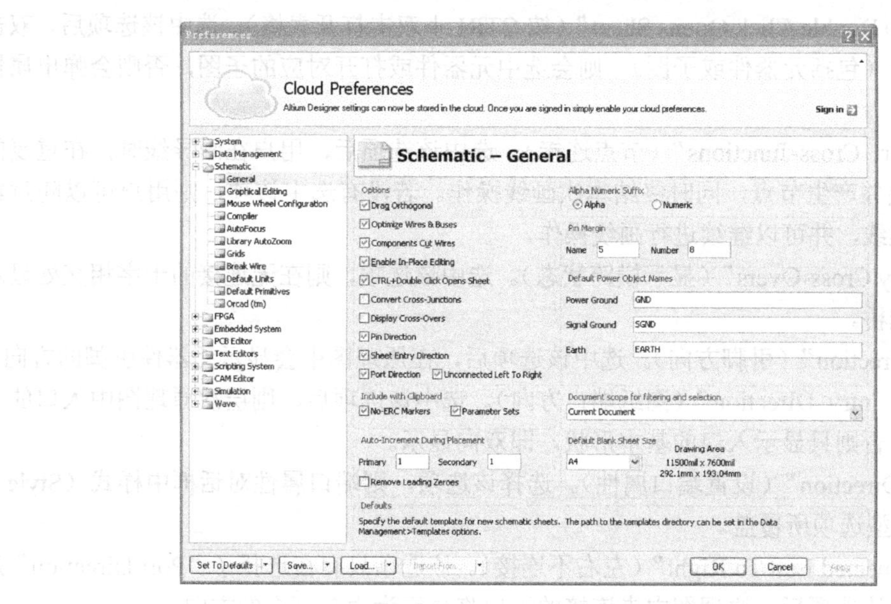

图 2-14　“Schematic Preferences”对话框“General”选项卡

“Schematic”选项卡含有 11 个标签页：“General”（常规设置）、“Graphical Editing”（图形编辑）、“Mouse Wheel Configuration””（鼠标滚轮配置）、“Compiler”（编译器）、“Auto Focus”（自动聚焦）、“Library Auto Zoom”（库自动缩放）、“Grids”（网格）、“Break Wire”（切割连线）、“Default Units”（默认单位）、“Default Primitives”（默认图元）、“Orcad（tm）”（Orcad 端口操作）。通过该选项卡可以分别设置原理图环境、图形编辑环境以及默认基本单元等，这些分别可以通过 Schematic 中的“Graphical Editing”和“Compiler”等标签页实现。重点了解如下知识。

一、原理图的常规环境参数设置

原理图环境设置通过“Schematic”选项卡中的“General”标签页来实现，如图 2-14 所示，该标签页可以设置的参数如下。

1．“Options”区域

➢ “Drag Orthogonal”（正交拖动）。选中该复选框后，则只能以正交方式拖动或插入元器件，或者绘制图形对象，如果不选中该复选框，则以环境所设置的分辨率拖动对象。

➢ “Optimize Wires & Buses”（优化导线和总线）。选中该复选框后，可以防止多余的导线、多段线或总线相互重叠，即相互重叠的导线和总线等会被自动去除。

➢ “Components Cut Wires”（元器件切割线）。如果选中了“Optimize Wires & Buses”复选框，则“Components Cut Wires”选项也可以操作，选中此复选框后，可以拖动一个元器件到原理图导线上，导线被切割成两段，并且各段导线能自动连接到该元器件的敏感管脚上。

➢ “Enable In-Place Editing”（启用直接编辑）。选中该复选框后，用户可以对嵌套对象进行编辑，即可以对插入的链接对象实现编辑。

➢ “CTRL+Double Click Opens Sheet”（按 CTRL＋双击打开表格）。选中该选项后，双击原理图中的符号（包括元器件或子图），则会选中元器件或打开对应的子图，否则会弹出属性对话框。

➢ “Convert Cross-Junctions”（节点连接）。选中该选项后，用户在画导线时，在重复的导线处自动连接并产生节点，同时终结本次画线操作。若没有选中该项，则用户可以随意覆盖已经存在的连线，并可以继续进行画线操作。

➢ “Display Cross-Overs”（显示横跨状态）。选中该选项，则在无连接的十字相交处显示一个拐过的曲线桥。

➢ “Pin Direction”（引脚方向）。选中该选项后，在原理图中会显示元器件引脚的方向。

➢ “Sheet Entry Direction”（图纸端口方向）。选中该选项后，则层次原理图中入口的方向会显示出来，否则只显示入口的基本形状，即双向显示。

➢ “Port Direction”（设置端口属性）。选择该选项，则端口属性对话框中样式（Style）的设置被 I/O 类型选项所覆盖。

➢ “Unconnected Left To Right”（左右不连接）。该选项只有在选择了“Port Direction”后才有效。当选中该选项后，原理图中未连接的端口将显示为由左到右的方向。

2.“Include with Clipboard”（剪贴板）选项组

该选项组的各操作项用来设置粘贴和打印时的相关属性。

➢ “No-ERC Markers”（忽略 ERC 检查符号）。当选中该选项，则复制设计对象到剪贴板或打印时，会包括非 ERC 标记。

➢ “Parameter Sets”（参数设置）。当选中该选项，则复制设计对象到剪贴板或打印时，会包括参数集。

3.“Auto-Increment During Placement”（放置时的自动增量）选项组

该选项组用来设置放置元器件时，元器件号或元器件引脚号的自动增量大小。

➢ “Primary”（初始）文本框。设置该项的值后，则在放置元器件时，元器件号会按设置的值自动增加。

➢ “Secondary”（第二）文本框。该选项在编辑元器件库时有效。设置该项的值后，则在编辑元器件库时，放置的引脚号会按照设定的值自动增加。

4.“Alpha Numeric Suffix”（字母数字后缀）选项组

本选项组用于设置多元器件流水号的后缀，有些元器件内部是由多个元器件组成的，比如 74LS04 就是由 6 个非门组成，则通过该编辑框就可以设置元器件的后缀。

➢ “Alpha”（阿尔法）。选中该单选按钮，则后缀以字母显示，如 A、B 等，如图 2-15

所示为选中该单选按钮时的后缀显示。

➢ “Numeric”（数字）。选中该单选按钮，则后缀以数字显示，如 1、2 等，如图 2-16 所示为选中该单选按钮时的后缀显示。

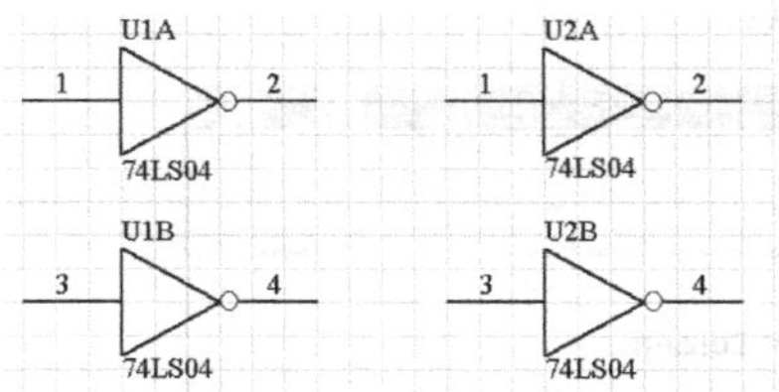

图 2-15　以字母显示后缀

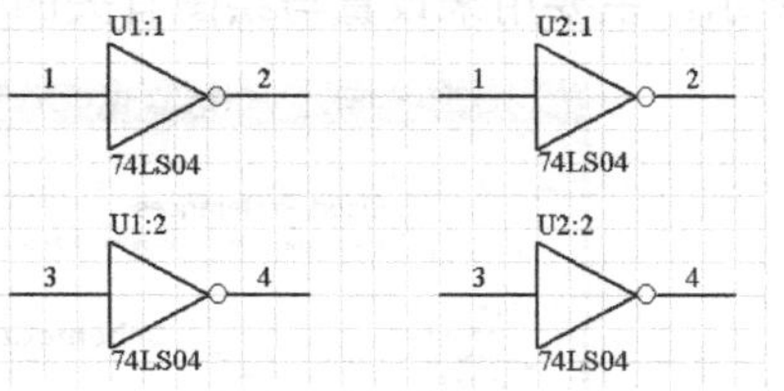

图 2-16　以数字显示后缀

5. “Pin Margin”（引脚边缘）选项组

本选项组用于设置引脚选项，通过该操作项可以设置元器件的引脚号和名称离边界（元器件的主图形）的距离。

➢ “Name”文本框。用来设置元器件的引脚名称与元器件符号边缘之间的距离，系统默认为 5mil。

➢ “Number”文本框。用来设置元器件的引脚编号与元器件符号边缘之间的距离，系统默认为 8mil。

6. “Default Power Object Names”（默认的电源对象名称）选项组

该选项组中各操作项用来设置默认的电源或接地名称。

➢ “Power Ground”（电源地）。该编辑框用来设置电源地的网络标签名称，系统默认为“GND”。

➢ “Signal Ground”（信号地）。该编辑框用来设置信号地的网络标签名称，系统默认为“SGND”。

➢ “Earth”。该编辑框用来设置参考大地的网络标签名称，系统默认为“EARTH”。

7. “Document scope for filtering and selection”（文档范围过滤和选择）下拉列表

该下拉列表用来设置过滤器和执行选择功能时默认的文件范围，有两个选项。

➢ “Current Document”：表示仅在当前打开的文档中使用。

➢ “Open Document”：表示在所有打开的文档中都可以使用。

8. “Default Blank Sheet Size”（空白原理图的大小）下拉列表

该下拉列表用来设置默认的空白原理图的图纸大小。用户可以在其下拉列表中选择。在下一次新建原理图文件时，就会选择默认图纸大小。

9. “Defaults”选项

该操作框用来设置默认的模板文件。在“Template”（模板）文本框下拉列表中选择模板，每次创建一个新文件时，系统将自动套用该模板。如果不需要模板文件，则在“Template”文本框中选择“No Default Template Name”（没有默认模板名称）。

二、设置图形编辑的环境参数

图形编辑环境设置可以通过“Graphical Editing”（图形编辑）选项卡来完成，该选项卡如图 2-17 所示。主要用来设置与绘图有关的一些参数。

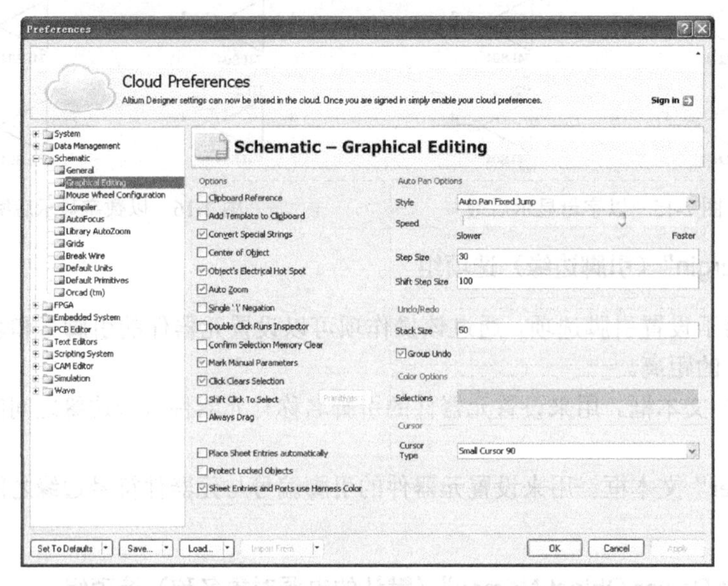

图 2-17 “Graphical Editing”选项卡

1．“Options”区域

➢ “Clipboard Reference”（剪贴板参考）。选中该复选框后，则当用户执行“Edit→Copy”或“Cut”命令时，将会被要求选择一个参考点，这对于复制一个将要粘贴回原来位置的原理图部分时很重要，该参考点将是粘贴时被保留部分的点，建议用户也选中该复选框。

➢ “Add Template to Clipboard”（添加模板到剪贴板）。选中该复选框后，则当用户执行“Edit→Copy”或“Cut”命令时，系统将会把模板文件添加到剪贴板上。建议用户也选中该复选框，以便保持环境的一致性。

➢ “Convert Special Strings”（转换特殊字符串）。选中该复选框后，用户将可以在屏幕上看到特殊字符串的内容。

➢ “Center of Object”（中心参考）。选中该复选框后，移动元器件时，光标将自动跳到元器件的参考点上（元器件具有参考点时）或对象的中心处（对象不具有参考点时）。若不选中该复选框，则移动时光标将自动滑到元器件的电气节点上。

➢ “Object's Electrical Hot Spot”（电气节点）。选中该复选框后，当用户移动或拖动某一对象时，光标自动滑动到离对象最近的电气节点（如元器件的引脚末端）处。如果想实现选中“Center of Object”（中心选中）复选框的功能，应取消选择本复选框，否则，移动元器件时，光标仍然会自动滑到元器件的电气节点处。

➢ “Auto Zoom”（自动缩放）。选中该复选框，则当插入元器件时，原理图可以自动实现缩放。

➢ “Single‘\’Negation”（是否设置单个字符的顶部横线）。一般在电路设计中，我们习惯

在引脚的说明文字顶部加一条横线表示该引脚低电平有效，在网络标签上也采用此种标识方法。选中该复选框后，允许用户使用“\”为文字顶部加一条横线，例如，“RESET”低电平有效，可以采用“\R\E\S\E\T”的方式为该字符串顶部加一条横线。

➢ “Double Click Runs Inspector”（双击运行查询器）。选中该复选框后，则在一个设计对象上双击鼠标时，将会激活一个“Inspector”（检查器）对话框，而不是“对象属性”对话框。

➢ “Confirm Selection Memory Clear”（确认选择清除内存）。选中该复选框后，选择集存储空间可以用于保存一组对象的选择状态。为了防止一个选择集存储空间被覆盖，应该选择该选项。

➢ “Mark Manual Parameters”。当用一个点来显示参数时，这个点表示自动定位已经被关闭，并且这些参数被移动或旋转。选择该选项则显示这种点。

➢ “Click Clears Selection”（单击清除选择）。选中该复选框后，则用鼠标单击原理图的任何位置就可以取消设计对象的选中状态。

➢ “Shift Click To Select”。当选择该选项后，则必须使用“Shift”键，同时使用鼠标才能选中对象。

➢ “Always Drag”（关联拖动）。当选择该选项后，那么使用鼠标拖动选择的对象时，选择对象之间的电气连接也会保持连接状态。

2. “Auto Pan Options”（自动移动选项）

该操作框中各操作项用来设置自动移动参数，即绘制原理图时，常常要平移图形，通过该操作框可设置移动的形式和速度。

3. “Color Options”（色彩选项）

该操作框用来设置所选择的对象和栅格的颜色。“Selections”颜色设置项用来设置所选中对象的颜色，默认颜色为绿色。

4. “Cursor”（光标）

该操作框用来设置光标形式的类型。Cursor Type选择框可设置光标类型，用户可以设置四种：90°大光标、90°小光标、45°小光标和45°微小光标。

5. “Undo/Redo”（撤销/重做）

设置撤销操作和重操作的最深堆栈次数。设置了该数目后，用户可以执行此数目的撤销和重操作。选中“Group Undo”复选框后，用户可以对一些组操作进行撤销。

本项目我们采用系统默认设置。

子任务2.1.4 加载和卸载元器件库

用户在绘制原理图之前，需要将在当前项目中用到的元器件所在的库文件加载到当前项目文件中，这样才能放置该库文件下的原理图符号，并且保证在设计印制电路板过程中不出现与此相关的错误。本项目根据表 2-1 直流稳压原理图元器件清单可知，需要加载以下库文件：通用的多功能器件库“Miscellaneous Devices.IntLib”、通用接插件库“Miscellaneous Connectors.IntLib”和稳压电源元器件所在的库“ON Semi Power Mgt Voltage Regulator.IntLib”。前两个库在元器件启动时已经自动加载，后一个库需要用户加载。加载方法如下。

步骤一：执行“Design→Browse Library”命令或单击原理图编辑器右侧的“Libraries”（元器件库）标签，系统将弹出元器件浏览库面板管理器（见图 2-18）。在元器件浏览库管理器中，用户可以单击图 2-18 中的“Libraries”按钮，此时出现装载新的元器件库对话框（见图 2-19），或者直接执行“Design→Add/Remove Library”命令，加载库文件对话框。

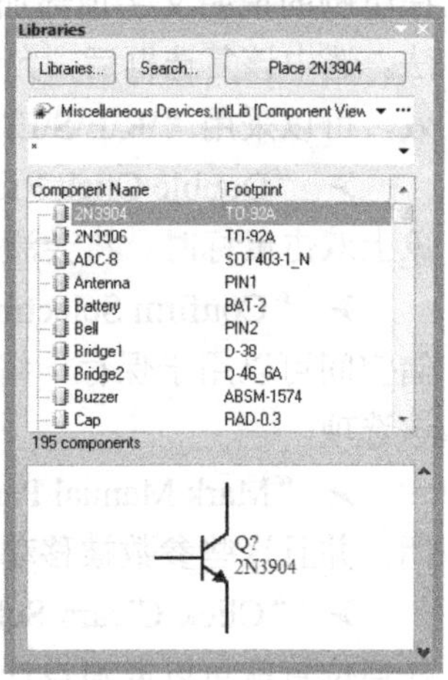

图 2-18　Libraries 面板

步骤二：在“Installed”选项卡中单击“Install”按钮，系统将弹出如图 2-20 所示的打开元器件库对话框，用户可以选取需要装载的元器件库。在该项目中选取“ON Semiconductor”中的“ON Semi Power Mgt Voltage Regulator.IntLib”元器件库，单击打开按钮可把该库加载上。

步骤三：单击“Close”按钮，完成该元器件库的加载操作，元器件库的详细列表将显示在元器件库管理器中。

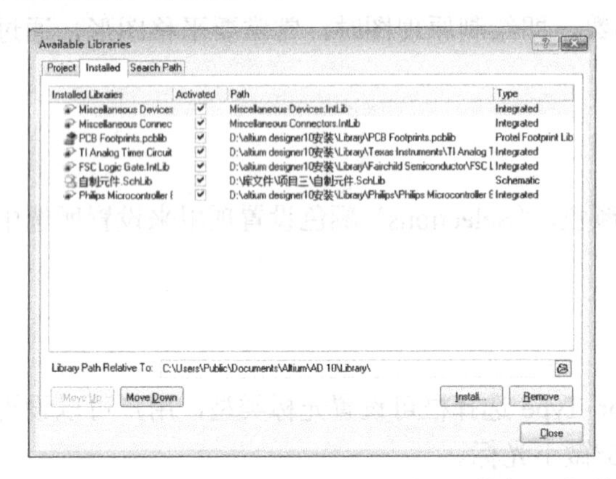

图 2-19　“Available Libraries”（可用元器件库）对话框

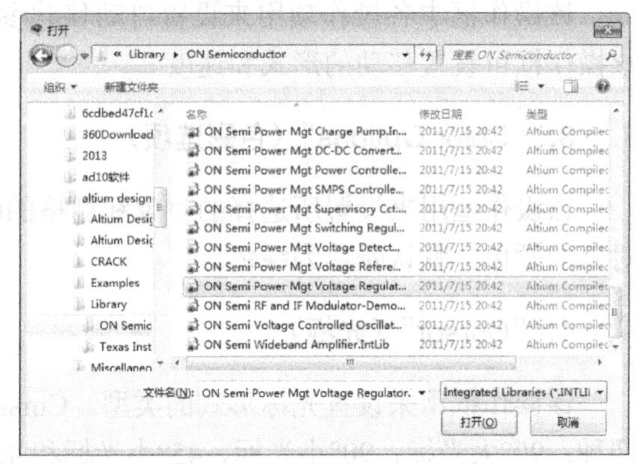

图 2-20　打开元器件库对话框

子任务 2.1.5　绘制直流稳压电源原理图

一、放置元器件

1．放置电容 C1、C2

在“Libraries”面板中，如果元器件列表框中包含了“Component Name”、“Library”、“Description”和“Footprint”等项，可对准该标签栏单击右键，出现如图 2-21 所示快键菜单，然后选择“Select Columns”命令，打开如图 2-22 所示对话框，在右窗口中选中“Library”，再

单击“Remove”按钮即可将该项移去，最后仅剩下“Component Name”和“Footprint”两项。

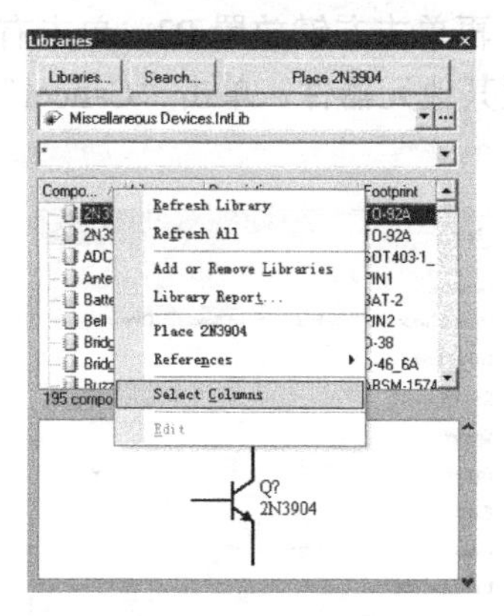

图 2-21　选择“Select Columns”命令

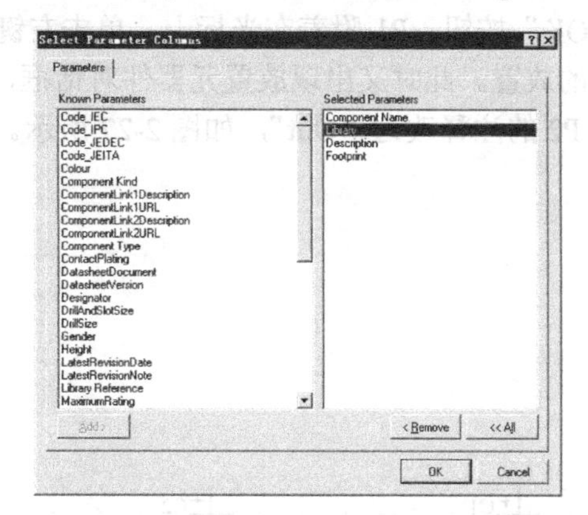

图 2-22　“Select Parameter Columns”对话框

选取“Miscellaneous Device.IntLib”库为当前库，根据表 2-1 在过滤器栏中输入“cap”，这样在元器件列表窗口中出现“Cap Pol1”，并且默认的封装为“RB7.6-15”，和要求的封装相符，如图 2-23 所示。单击“Place Cap Pol”按钮，将光标移动到工作区中，元器件以虚框的形式粘在光标上，此时按键盘上的“Tab”键即可打开元器件属性列表框，如图 2-24 所示。这样把“C？”改为“C1”；把“Comment”后的可见复选框对号去掉，不显示注释信息；把“Parameters”选项区中“Value”的值由“100pF”改为“1000μF”，前面的方框选中（即打上√号）表示在图纸上可见；单击“OK”按钮。将此元器件移动到合适位置，单击鼠标左键放置 C1。电容符号仍然浮着附着在光标上，再单击左键放置 C2，继而把 C2 的电容值改为“470μF”。放置好的电容如图 2-25 所示。

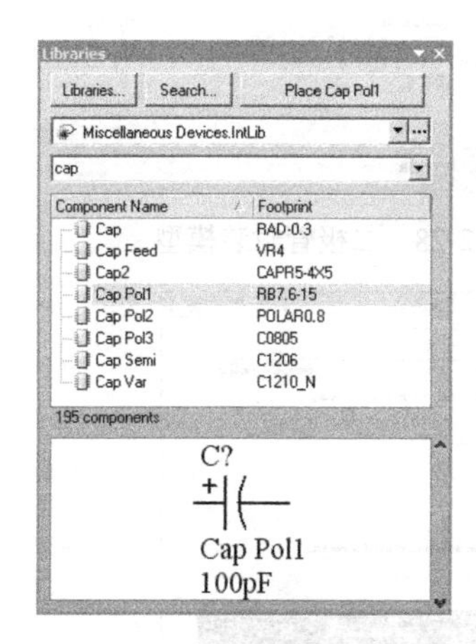

图 2-23　放置电容状态下的“Libraries”面板

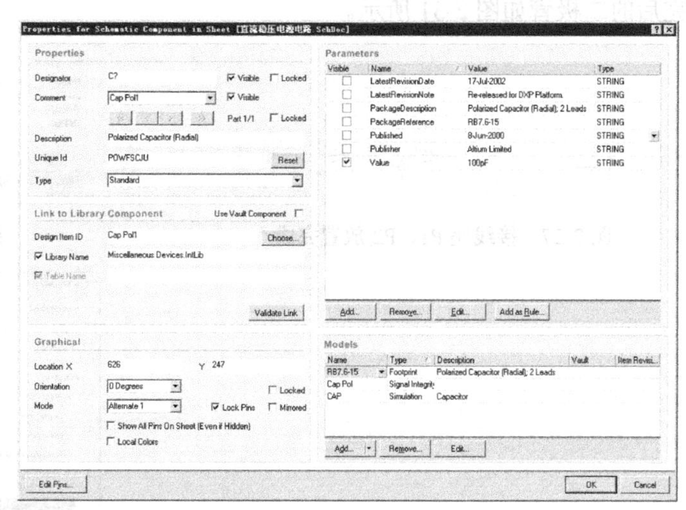

图 2-24　元器件属性对话框

2. 放置接线座 P1、P2

像放置电容一样，也可用“Libraries”面板放置接线座 P1、P2。这里我们采用另外一种方法放置，执行菜单“Place→Part”（元器件）或直接单击布线工具栏上的按钮，弹出放置

元器件对话框，根据表 2-1 元器件清单，在该对话框中输入相应元器件属性，如图 2-26 所示，单击“OK”按钮。P1 附着在光标上，单击左键放置 P1，再单击左键放置 P2，单击右键结束接线座的放置。此时又出现放置元器件对话框，若不放置其他元器件，单击“Cancel”即可。最后把 P2 的注释改为“Out”，如图 2-27 所示。

图 2-25　电容 C1、C2 放置完成

图 2-26　设置完接线座 P1 属性的“Place Part”对话框

3. 放置二极管 D1、D2、D3、D4

放置二极管可用以上两种方法中的任何一种，当打开元器件属性对话框后发现二极管默认封装为“DO-41”，如图 2-28 所示，不符合我们要求的封装“diode-0.4”。这时候要更换封装，单击图 2-28 中的“ADD”按钮，出现如图 2-29 所示的添加元器件模型对话框，单击“OK”，出现“PCB 模型”对话框，如图 2-30 所示，封装名称栏输入“diode-0.4”，单击“OK”按钮即可。如果是通过执行菜单“Place→Part”命令，可直接在放置元器件对话框中修改封装。放置完后的二极管如图 2-31 所示。

图 2-27　接线座 P1、P2 放置完成

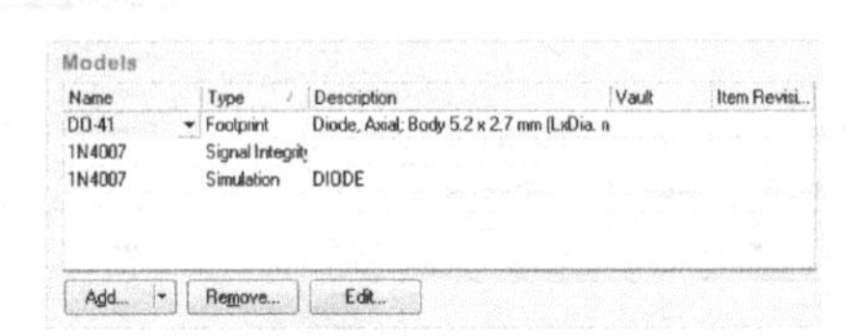

图 2-28　二极管封装模型

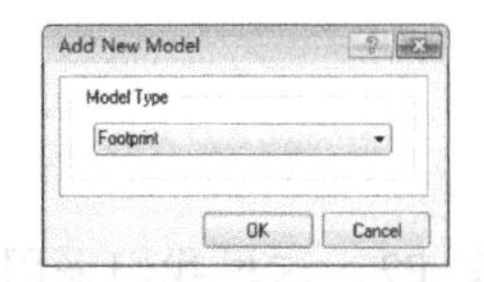

图 2-29　添加元器件模型

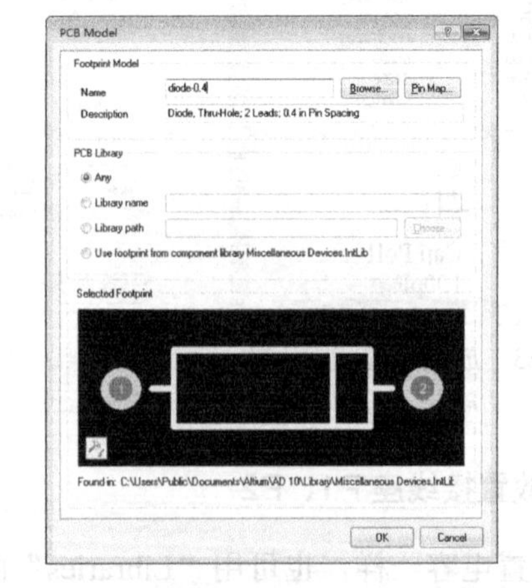

图 2-30　二极管“PCB Model”对话框

4. 放置三端稳压器 U1

在“Libraries”面板中选取“ON Semi Power Mgt Voltage Regulator.IntLib”库为当前库，根据以上方法放置即可。到此所有的元器件放置完毕，所有的元器件调整到适当的位置，如图 2-32 所示。

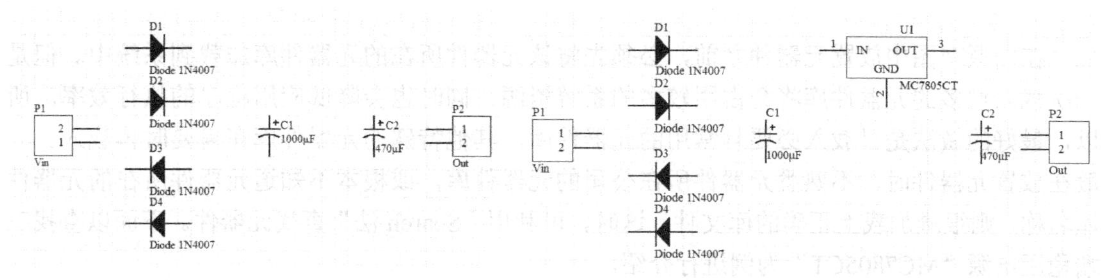

图 2-31　二极管 D1、D2、D3、D4 放置完成　　　　图 2-32　调整后元器件布局

二、连线

当所有电路对象与电源元器件放置完毕后，可以着手进行原理图中各对象间的连线（Wiring)。连线的最主要目的是按照电路设计的要求建立网络的实际连通。具体步骤如下。

单击连线工具栏的按钮，光标变为“×”形，系统处于绘制导线状态。若此时按下“Tab”键，系统会弹出导线属性设置窗口，如图 2-33 所示，可以修改导线的颜色和粗细。

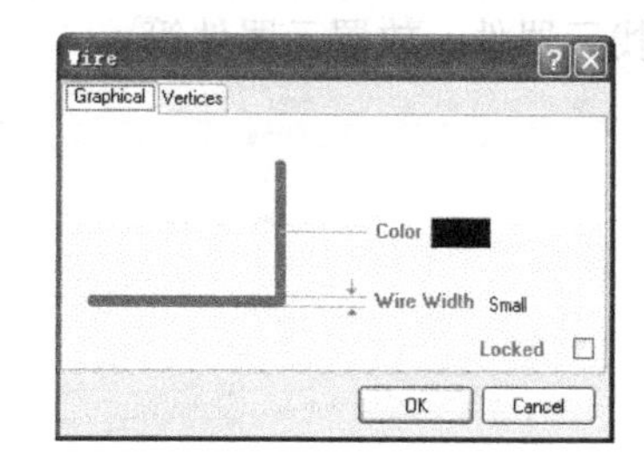

图 2-33　“Wire”设置

将鼠标移动到想要完成电气连接的元器件的引脚上，单击鼠标左键放置导线的起点。由于设置了系统电气捕捉节点，因此，电气连接很容易完成。出现红色的记号表示电气连接成功。

移动鼠标多次单击左键可以确定多个固定点，最后放置导线的终点，完成两个元器件之间的电气连接。此时鼠标仍处于放置导线的状态，重复上面操作可以继续放置其他的导线。完成连线的原理图如图 2-1 所示。

三、放置电源符号

执行菜单命令“Place→Power Port”或单击原理图布线工具栏上的按钮进行放置。

四、保存

执行菜单命令“File→Save All”，保存。

相关知识

一、元器件库管理

在向原理图中放置元器件之前，必须先将该元器件所在的元器件库加载到系统中。但是一次载入过多的元器件库将会占用较多的系统资源，同时也会降低应用程序的执行效率。所以，最好的做法是只载入必要且常用的元器件库，其他特殊的元器件库在需要时再载入。一般在放置元器件时，不熟悉元器件所在公司的元器件库，或根本不知道元器件所在的元器件库名称，则很难加载上正确的库文件。这时，可利用“Search 法”查找元器件。下面以查找三端稳压电源“MC7805CT”为例进行介绍。

1. 浏览元器件库

执行“Design→Browse Library”命令或者单击工作区右侧的“Libraries”标签，系统将弹出如图 2-34 所示的元器件库管理器。在元器件库管理器中，用户可以装载新的元器件库、查找元器件、放置元器件等。

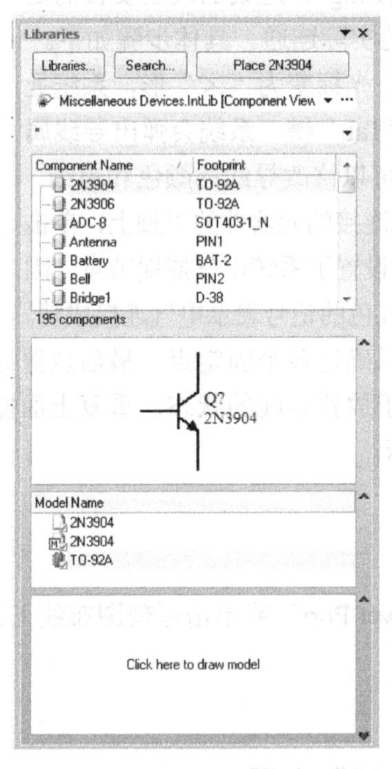

图 2-34　元器件库管理器工作面板

2. 查找元器件

在如图 2-34 所示的元器件库面板中，单击“Search”按钮，将弹出如图 2-35 所示的查找元器件库对话框，或者执行“Tools→Find Component”命令也可弹出该对话框，在该对话框中，

可以设定查找对象以及查找范围。可以查找的对象为包含在“.IntLib”文件中的元器件。该对话框的操作及使用方法如下。

（1）“Filters”区域。在该操作框中可以输入查找元器件的域属性，如“Name”等；然后选择操作算子，如“Equals”（等于）、“Contains”（包含）、“Starts With”（起始）或者“Ends With”（结束）等；在“Value”（值）编辑框中可以输入或选择所要查找的属性值。

（2）“Scope”区域。该操作框用来设置查找的范围。“Search In”下拉选择列表可以选择查找元器件的类型（如图 2-36），图中有 4 种类型，分别是“元器件”、“封装”、“3D 模型”和“数据库元器件”。

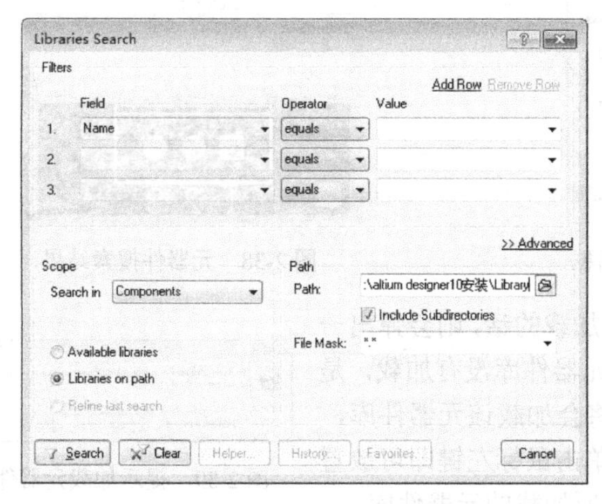

图 2-35　查找元器件库对话框

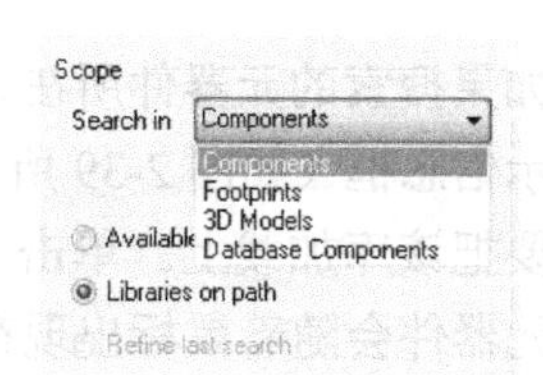

图 2-36　查找元器件类型

当选中“Available Libraries”单选按钮时，则在已经装载的元器件库中查找；当选中“Libraries on Path”单选按钮时，则在指定的目录中进行查找。

（3）“Path”区域。该操作框用来设定查找对象的路径，该操作框的设置只有在选中“Libraries on Path”时有效。“Path”编辑框设置查找的目录，选中“Include Subdirectories”复选框，则包含在指定目录中的子目录也进行查找。如果单击“Path”右侧的按钮，则系统会弹出浏览文件夹，可以设置查找路径。

“File Mask”可以设置查找文件的掩码。例如，如果设计者只想在名称中包含以“on”为开头字样的集成库文件中搜索时，在“File Mask”栏中输入“on*.IntLib”即可。通过设置搜索文件掩码，可以大大地加快元器件搜索的速度。

以三端稳压电源“MC7805CT”为例，各项设置好后如图 2-37 所示。

（4）设置好了查找的内容和范围后，单击“Search”按钮，系统就会开始进行查找。如果查找到该属性设置的元器件，则系统会自动关闭查找元器件库对话框，并将查找到的元器件显示在元器件库管理器中。如图 2-38 所示的面板中列出了搜索到的元器件的名称、所在的元器件库以及该元器件的描述，在面板的下方还有搜索到元器件的符号预览和元器件封装预览。如找到符合要求的元器件，在如图 2-38 所示的“元器件名称”区域中双击符合要求的元器件即可将其放置在图纸中。

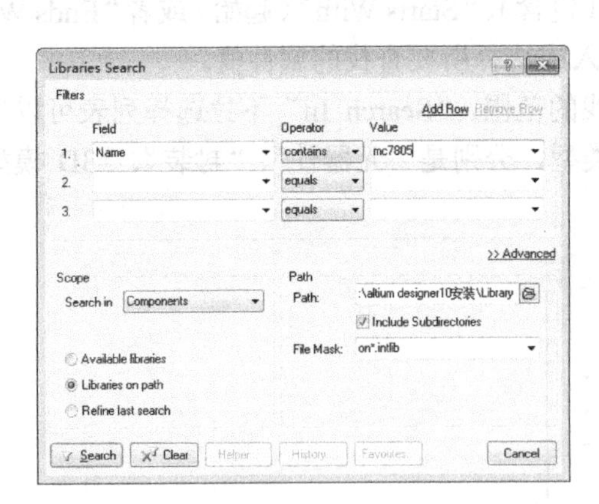

图 2-37　查找元器件“MC7805CT”对话框

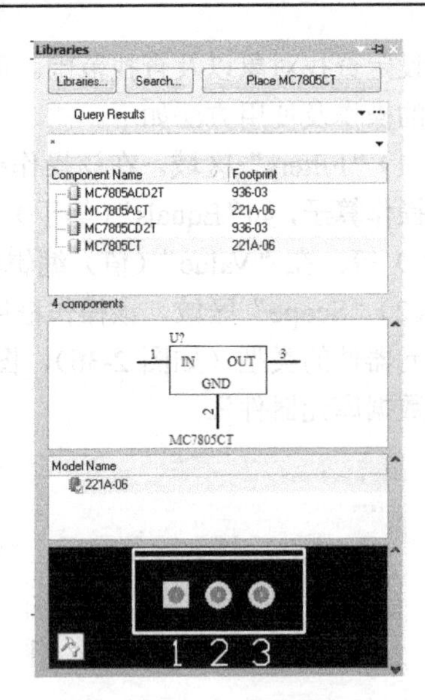

图 2-38　元器件搜索结果

如果搜索的元器件所在元器件库没有加载的话，则会弹出一个提示信息框（如图 2-39 所示），提示该元器件库没有加载，是否需要把该库加载上。单击“Yes”按钮将会加载该元器件库，同时元器件会随着鼠标出现在原理图中，单击鼠标左键即可放置该元器件，同时可在元器件库面板中找到所加载的元器件库。

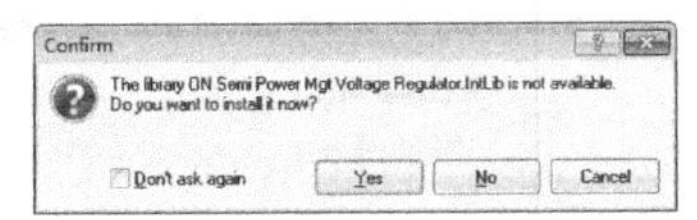

图 2-39　提示加载元器件库

3．加载元器件库

单击图 2-34 中的“Libraries”按钮，系统将弹出加载/卸载元器件库对话框，通过此对话框就可以加载或卸载元器件库。启动加载/卸载元器件库对话框也可以直接执行“Design→Add/Remove Library”命令。具体操作方法可参考前面所讲解内容。

二、元器件位置的调整及编辑操作

1．选择对象

对象的选取有很多方法，下面介绍最常用的几种方法。

1）直接选取对象

最简单、最常用的元器件选取方法是直接在图纸上拖出一个矩形框，框内的元器件全部被选中。

具体方法是：在图纸的合适位置按住鼠标左键，光标变成十字状。拖动光标至合适位置，松开鼠标，即可将矩形区域内所有的元器件选中，如图 2-40 所示，被选中元器件会有一个绿色虚矩形框标志。要注意的是在拖动的过程中，不可将鼠标松开，且光标一直为十字状。另外，按住“Shift”键，使用鼠标单击需要选择的元器件，也可实现选取元器件的功能。

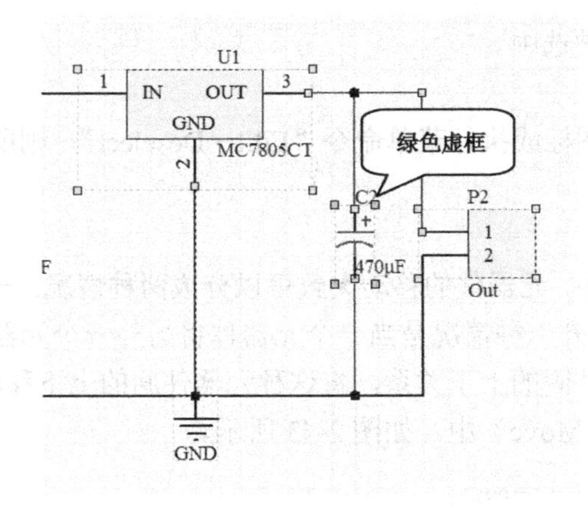

图 2-40　选取元器件后的效果

2）主工具栏里的选取工具

在主工具栏里有三个选取工具，即区域选取工具、取消选取工具和移动被选元器件工具，如图 2-41 所示。

图 2-41　工具栏里的选取工具

区域选取工具的功能是选中区域里的元器件。它与前面介绍的方法基本相同，唯一的区别是：单击主工具栏里的区域选取工具图标后，光标从开始起就一直是十字状，在形成选择区域的过程中，不需要一直按住鼠标。

取消选取工具的功能是取消图纸上所有被选元器件的选取状态。单击图标后，图纸上所有带绿框的被选对象全部取消被选状态，绿色框消失。

移动被选元器件工具的功能是移动图纸上被选取的元器件。单击图标后，光标变成十字状，单击任何一个带虚框的被选对象，移动光标，图纸上所有带虚框的元器件（被选元器件）都随光标一起移动。

3）菜单中的选取命令

在菜单“Edit”中有几个关于选取的命令，如图 2-42 所示。

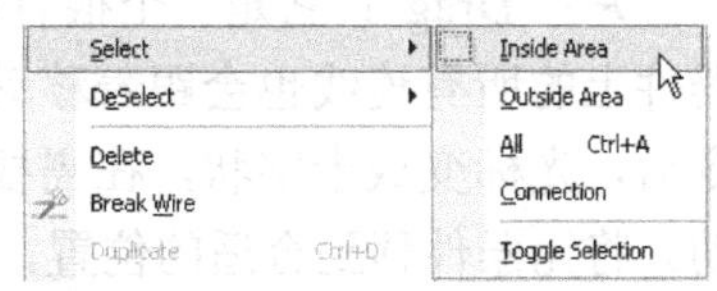

图 2-42　菜单中的选取命令

➢ “Inside Area”：选择区域内的所有对象。

➢ “Outside Area”：选择区域外的所有对象。

➢ “All”：选择图中的所有对象。

➢ “Connection”：选取连线命令，用于选取指定连接导线。使用这一命令，只要相互连接的导线，都会被选中。执行该命令后，光标变成十字状，在某一导线上单击鼠标左键，将该导线以及与该导线有连接关系的所有导线选中。

➢ “Toggle Selection”：切换式选取。执行该命令后，光标变成十字状，在某一元器件上单击鼠标左键，如果该元器件以前被选中，则元器件的选中状态被取消；如果该元器件以前没有被选中，则该元器件被选中。

4）取消选择

单击主工具栏上的图标或执行菜单命令“Edit→Deselect”，则所有选中状态被取消。

2．元器件的移动

Altium Designer 10.0 中，元器件的移动大致可以分成两种情况：一种情况是元器件在平面里移动，简称“平移”；另外一种情况是当一个元器件将另外一个元器件遮盖住的时候，也需要移动元器件来调整元器件间的上下关系，将这种元器件间的上下移动称为“层移”。元器件移动的命令在菜单“Edit→Move”中，如图 2-43 所示。

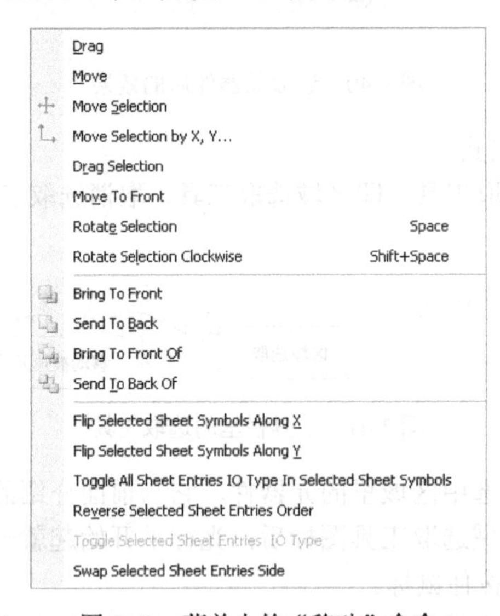

图 2-43　菜单中的“移动”命令

移动元器件最简单的方法是：将光标移动到元器件中央，按住鼠标左键，元器件周围出现虚框，拖动元器件到合适的位置，即可实现该元器件的移动。

（1）菜单“Edit→Move”中各个移动命令的功能如下所述。

➢ “Drag”：它是一个很有用的命令，特别是当连接完线路后，用此命令移动元器件，元器件上的所有连线也会跟着移动，不会断线。执行该命令前，不需要选取元器件。执行该命令后，光标变成十字状，在需要拖动的元器件上单击一下鼠标，元器件就会跟着光标一起移动。将元器件移到合适的位置，再单击一下鼠标即可完成此元器件的重新定位。

➢ “Move”：用于移动元器件。但它只移动元器件，与元器件相连接的导线不会跟着它一起移动，操作方法同 Drag 命令。

➢ “Move Selection”和“Drag Selection”：与“Move”和“Drag”命令相似，只是它们移动的是选定的元器件。另外，这两个命令适用于将多个元器件同时移动的情况。

➢ “Move To Front”：在最上层移动元器件，这个命令是平移和层移的混合命令。它的功能是移动元器件，并且将它放在重叠元器件的最上层，操作方法同“Drag”命令。

➢ “Rotate Selection”：将选中的元器件进行逆时针旋转；而“Rotate Selection Clockwise”命令则将选中的元器件进行顺时针旋转。

➢ “Bring To Front”：将元器件移动到重叠元器件的最上层。执行该命令后，光标变成十字状，单击需要层移的元器件，该元器件立即被移到重叠元器件的最上层；“Send To Back”命令将元器件移动到重叠元器件的最下层。执行该命令后，光标变成十字状，单击要层移的元器件，该元器件立即被移到重叠元器件的最下层。单击鼠标右键，结束以上命令。

➢ “Bring To Front Of”：将元器件移动到某元器件的上层。执行该命令后，光标变成十字状。单击要层移的元器件，该元器件暂时消失，光标还是十字状，选择参考元器件，单击鼠标，原先暂时消失的元器件重新出现，并且被置于参考元器件的上面。

➢ “Send to Back Of”：将元器件移动到某元器件的下层，操作方法同“Bring To Front Of”命令。

➢ 其他命令主要用于方块电路图的移动操作，在此不再讲述。

（2）单个元器件的移动。如移动图2-40中的U1三端稳压电源，具体操作过程如下。

① 选中目标。在所需要选中的对象（U1三端稳压器）处单击鼠标左键，选中状态如图2-44所示，然后按住鼠标左键，所选中的对象出现十字光标，并在元器件周围出现虚框时，表示已选中目标物，并可以移动该对象，移动状态如图2-45所示。

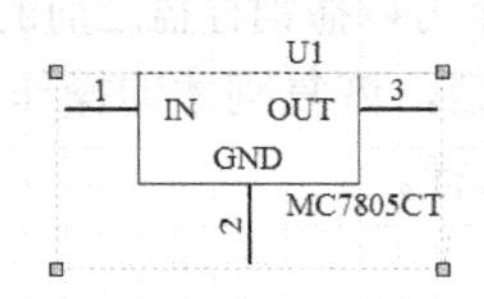

图2-44 移动元器件时的选中状态

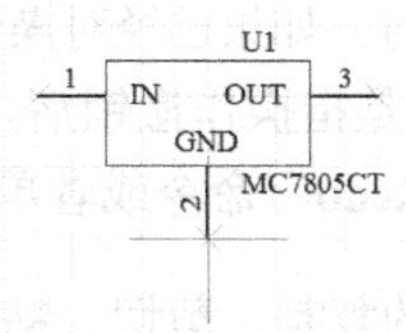

图2-45 元器件的移动状态

② 移动目标。移动十字光标至用户需要的位置，松开鼠标左键即完成移动任务。同理，移动其他图形如线条、文字标注等的方法与此类似。

（3）多个元器件的移动。除了单个元器件的移动外，Altium Designer 10.0还可以同时移动多个元器件，要移动多个元器件首先要选中多个元器件。再用鼠标左键单击被选中的元器件组中的任意一个元器件不放，待十字光标出现即可移动被选择的元器件组到合适的位置，然后松开鼠标左键，便可完成任务。

另外，可以执行菜单命令“Edit→Move→Move Selection”来实现元器件的移动操作。

3. 元器件的旋转

（1）单个元器件的旋转。用鼠标左键单击要旋转的元器件并按住不放，将出现十字光标，此时，按下面的功能键，即可实现旋转：

“Space”键：每按一次，被选中的元器件逆时针旋转90°。

“X”键：被选中的元器件左右对调。

“Y”键：被选中的元器件上下对调。

旋转至合适的位置后放开鼠标左键，即可完成元器件的旋转。

（2）多个元器件的旋转。在Altium Designer 10.0中还可以将多个元器件旋转。方法是：先选定要旋转的元器件，然后用鼠标左键单击其中任何一个元器件并按住不放，再按功能键，即可将选定的元器件旋转，放开鼠标左键完成操作。

4．元器件的删除

在Altium Designer 10.0中可以直接删除对象，也可以通过菜单删除对象。具体操作方法如下。

（1）直接删除对象。在工作窗口中选择对象后，单击“Delete”键或执行菜单命令“Edit→Clear”可以直接删除选择的对象。

（2）通过菜单删除对象：

① 执行“Edit→Clear”命令，鼠标指针将变成十字形状出现在工作窗口中。

② 移动鼠标，在想要删除的对象上单击鼠标左键，该对象即被删除。

③ 此时鼠标指针仍为十字形状，可以重复上一步继续删除对象。

④ 完成对象删除后，单击鼠标右键或者按“Esc”键退出该操作。

5．操作的撤销和恢复

在Altium Designer 10.0中可以撤销刚执行的操作。例如，如果用户误操作删除了某些对象，执行“Edit→Undo”命令或者单击工具栏中的 按钮，即可撤销刚才的删除。但是，操作的撤销不能无限制地执行，如果已经对操作进行了存盘，用户将不可以撤销存盘之前的操作。

操作的恢复是指操作撤销后，用户可以“取消”撤销，恢复刚才的操作。该操作可以通过执行“Edit→Redo”命令或者单击工具栏中的 按钮执行。

6．元器件的复制、剪切、粘贴

（1）对象的复制：

① 选中要复制的对象。

② 执行菜单命令“Edit→Copy”，光标变成十字形。

③ 在选中的对象上单击鼠标左键确定参考点，作为进行粘贴时的基准点。

此时选中的内容被复制到剪贴板上。

（2）对象的剪切：

① 选中要剪切的对象。

② 执行菜单命令“Edit→Cut”，光标变成十字形。

③ 在选中的对象上单击鼠标左键，确定参考点。

此时选中的内容被复制到剪贴板上，与复制不同的是选中的对象也随之消失。

（3）对象的粘贴：

① 接复制或剪切操作。

② 单击主工具栏上的 图标，光标变成十字形，且被粘贴对象处于浮动状态粘在光标上。

③ 在适当位置单击鼠标左键，完成粘贴。

7．元器件的排列与对齐

（1）选中要排列的一组元器件。

（2）执行菜单命令“Edit→Align”（对齐）弹出如图2-46所示的元器件排列命令菜单。

① “Align”（对齐）：弹出“Align”菜单。

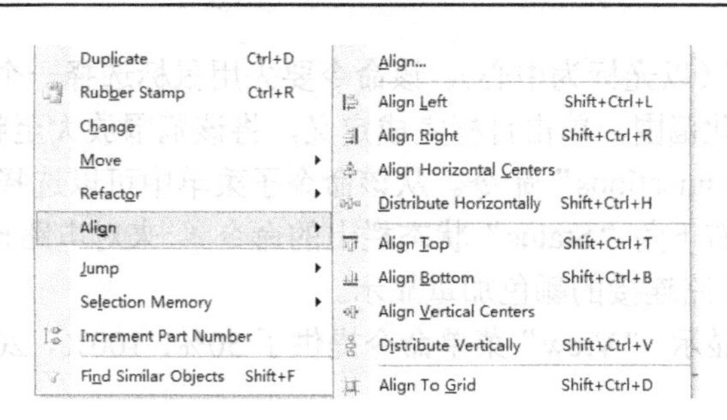

图 2-46　元器件排列与对齐菜单

② “Align Left”：执行该命令后所有器件以最左边的元器件为基准靠左对齐。

③ “Align Right”：执行该命令后所有器件以最右边的器件为基准靠右对齐。

④ “Align Horizontal Centers”（水平居中对齐）：执行该命令后所有器件以垂直方向的中线为基准水平居中对齐。

⑤ “Distribute Horizontally”（水平分布）：执行该命令后所有器件水平上方向等距离分布，以选中的所有对象中最左边和最右边之间的元器件间距计算，再以元器件个数平均分配元器件位置。若平均分配位置后使得一些元器件不在网格线上，可以移动最左边或最右边的元器件，再执行该命令，直到平均分布后所有元器件都在网格线上为止。

⑥ “Align Top”：执行该命令后所有器件以最上面的器件为基准向上对齐。

⑦ “Align Bottom”：执行该命令后所有器件以最下面的器件为基准向下对齐。

⑧ “Align Vertical Centers”（垂直对齐）：执行该命令后所有器件以水平方向的中线为基准垂直居中对齐。

⑨ “Distribute Vertically”（垂直分布）：执行该命令后所有器件在垂直方向上等距离分布；以选中的所有对象中最上端和最下端之间的元器件间距计算，再以元器件个数平均分配元器件位置。

⑩ “Align To Grid”：执行该命令后所有元器件对齐到附近的网格。

三、原理图窗口操作

所有窗口的命令都集中于“View”菜单中，如图 2-47 所示，从“Fit Document”（适合整个文档）到“Full Screen”（整个屏），都是窗口缩放命令。

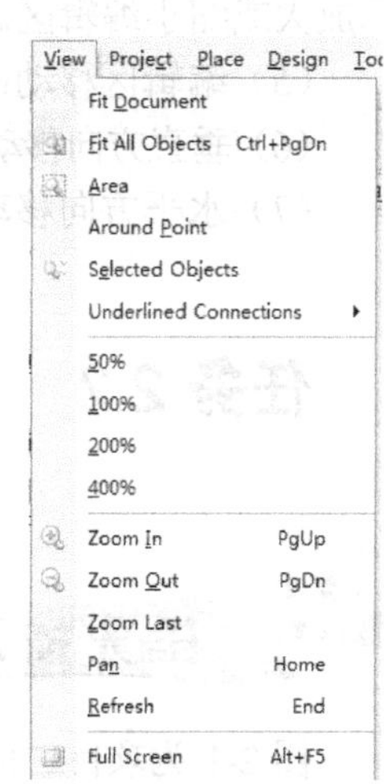

图 2-47　“View”菜单

1．使用菜单放大或缩小图纸显示

（1）“Fit Document”。该命令把整张电路图文档缩放在编辑器窗口中。

（2）“Fit All Objects”（适合全部实体）。该命令把整个电路图部分缩放在编辑器窗口中，不含图纸边框及空白部分。

（3）“Area”。该命令是把指定的区域放大到整个编辑器窗口中。执行该命令前，要先用鼠标拖曳出一个区域。

（4）“Selected Objects”。用鼠标选择某个或几个元器件后，选择该命令，则显示画面中心转移到该元器件。

（5）“Around Point”（以光标为中心）。该命令要先用鼠标选择一个区域，按鼠标左键定义中心，再移动鼠标展开此范围，单击目标完成定义，将该范围放大至整个窗口。

（6）“Underlined Connections”命令。从该命令子菜单中可以选择放大亮显某种颜色加重的连接。通常可以执行右下角“Status”状态栏上的命令来对电路连接进行颜色加重显示，执行命令可以去掉电路连接的颜色加重显示。

（7）用不同的比例显示。“View”菜单命令提供了 50%、100%、200%和 400%共 4 种显示方式。

（8）“Zoom In”或“Zoom Out”命令。放大/缩小显示区域，也可以在主工具栏上选择（放大）和（缩小）按钮。

（9）“Pan”命令。此命令用于移动显示位置。在设计电路时，经常要查看各处的电路，所以有时需要移动显示位置，这时可先将光标移动到目标点，然后执行“Pan”命令，目标点位置就会移动到工作区的中心位置显示，也就是以该目标点为屏幕中心，显示整个屏幕。

（10）“Refresh”命令。此命令用于更新画面。在滚动画面、移动元器件等操作时，有时会造成画面显示含有残留的斑点或图形变形等问题，这虽然不影响电路的正确性，但不美观。这时，可以通过执行此菜单命令来更新画面。

（11）“Full Screen”命令。执行该命令可全屏显示。

2．缩放和移动编辑区快捷操作

（1）编辑区放大：按“Page Up”键，放大时以鼠标在屏幕上位置为基准点（保持不动）。

（2）编辑区缩小：按“Page Down”键，缩小时以鼠标在屏幕上位置为基准点（保持不动）。

（3）编辑区精确缩放：按下“Ctrl”键，将鼠标对准某一元器件，同时滚动鼠标滚轮，这样可以该元器件为中心精确放大或缩小编辑区。

（4）先按下鼠标右键，然后再按下鼠标左键，此时鼠标变成放大图标，这样通过移动鼠标放大或缩小编辑区。

（5）编辑区移动：在编辑区按下鼠标右键不放并拖动，可实现任意方向移动编辑区。

（6）垂直方向移动编辑区：鼠标移动到某一位置，滚动鼠标滚轮可实现图纸垂直方向移动。

（7）水平方向移动编辑区：“Shift”+鼠标滚轮。

任务 2.2　直流稳压电源 PCB 单面板设计

图 2-1 为项目二直流稳压电源的原理图，元器件在原理图中以图形符号的形式显示。在实际的电路板中显示的元器件是元器件封装，元器件之间的连接是铜箔导线，此任务根据表 2-2 所示元器件，利用向导规划 PCB 板，板子的形状为矩形板，板子尺寸为 1800mil×1100mil；单面板，采用插接方式；可视网格 1 为 10mil，可视网格 2 为 100mil，捕获网格为 5mil；自动布线。PCB 设计图如图 2-48 所示。

表 2-2　直流稳压电源元器件封装库清单

序　号	注　释	值	封　装	库　名　称
C1	Cap Pol1	1000μF	RB7.6-15	Miscellaneous Devices.IntLib
C2	Cap Pol1	470μF	RB7.6-15	Miscellaneous Devices.IntLib
D1, D2, D3, D4	Diode 1N4007		diode-0.4	Miscellaneous Devices.IntLib
P1	Vin		HDR1X2	Miscellaneous Connectors.IntLib
P2	Out		HDR1X2	Miscellaneous Connectors.IntLib
U1	MC7805CT		221A-06	ON Semi Power Mgt Voltage Regulator.IntLib

本任务采用向导规划电路板，手动布局、自动布线的方法，一般操作步骤如图 2-49 所示。

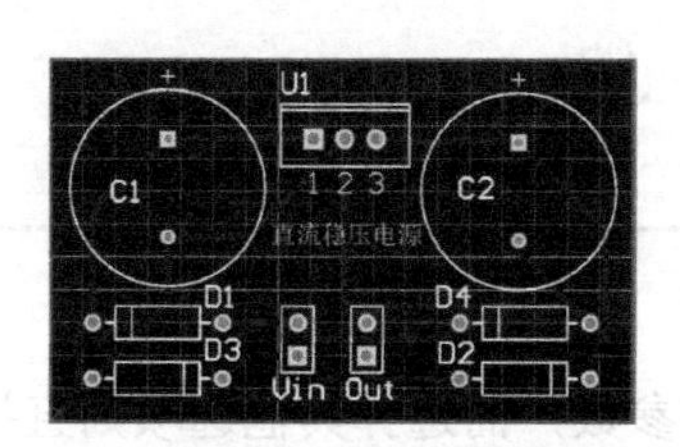

图 2-48　直流稳压电源 PCB 设计图

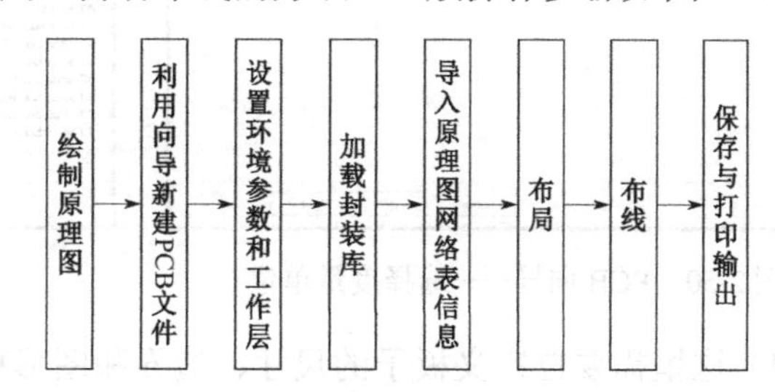

图 2-49　PCB 板设计流程

任务目标

知识目标：

➢ 熟悉利用向导规划 PCB 板的一般流程。

➢ 学会装入网络表及自动布线等。

技能目标：

➢ 掌握 PCB 板形的位置调整、属性设置等。

➢ 掌握保存并输出 PCB 厂家加工 PCB 板所需文件的方法。

任务实施过程

子任务 2.2.1　利用向导新建 PCB 文件

创建新的 PCB 文件不但可以直接执行“New→PCB”命令，还可以使用 PCB 向导。使用 PCB 向导来创建 PCB 操作步骤如下：

（1）在“Files”面板底部的“New from Template”单元单击“PCB Board Wizard”，创建新的 PCB，或者打开主页面，从印制电路板设计的命令选项列表中选择“PCB Board Wizard”命令。如果这个选项没有显示在屏幕上，单击向上的箭头图标，关闭上面的一些单元。

（2）执行该命令后，系统将“PCB Board Wizard”打开。首先看见的是介绍页，单击“Next”按钮继续，系统将弹出如图 2-50 所示的对话框。

此时可以设置度量单位为英制（Imperial）或公制（Metric）。注意：1000 mil = 1 in（英寸）。

（3）单击“Next”按钮，向导将弹出如图 2-51 所示的对话框，此时允许用户选择要使用 PCB 的图样轮廓尺寸。本书将使用自定义的 PCB 尺寸，从轮廓列表中选择“Custom”即可，然后单击“Next”按钮。

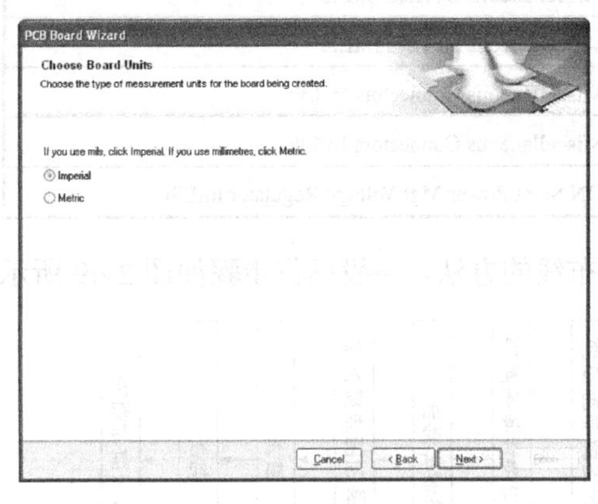

图 2-50　PCB 向导——选择度量单位

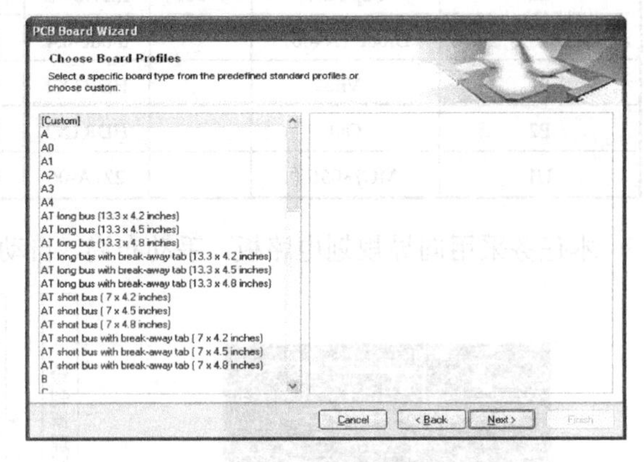

图 2-51　PCB 向导——选择板子尺寸

（4）这里需要自定义板子的尺寸、边界和图形标志等参数，而选择其他选项则直接采用系统已经定义的参数，用户也可以选择标准尺寸的板卡。

单击“Next”按钮，系统将弹出如图 2-52 所示的对话框，在该对话框中可以设定板子的相关属性。

- Rectangular：设定板子为矩形（选择该项，则可以设定板子的宽和高）。
- Circular：设定板子为圆形（选择该项，则需要设定的几何参数为 Radius，即半径）。
- Custom：用户自定义板子形状。
- Width：设定板子的宽度。
- Height：设定板子的高度。
- Dimension Layer：设定板子尺寸所在的层，一般选择机械层（Mechanical Layer）。
- Boundary Track Width：设定导线宽度。
- Dimension Line Width：设定尺寸线宽。
- Keep Out Distance From Board Edge：设定板子的电气层离板子边界的距离。
- Title Block and Scale：设定是否生成标题块和比例。
- Legend String：是否生成图例和字符。
- Dimension Lines：是否生成尺寸线。
- Corner Cutoff：是否角位置开口。
- Inner Cutoff：是否内部开口。

在本实例中，形状选择矩形，尺寸为 1800mil 和 1100mil，取消选择“Title Block & Scale”、“Legend String”、“Dimension Lines”、“Corner Cutoff”和“Inner Cutoff”。然后单击“Next”按钮继续操作。

（5）此时系统弹出如图 2-53 所示的对话框，在该对话框中，允许用户选择 PCB 的层数，即可以选择 Signal Layer（信号层）数和 Power Planes（电源层）数。本实例中选择 2 层信号层和 0 层电源层。然后单击“Next”按钮继续操作。

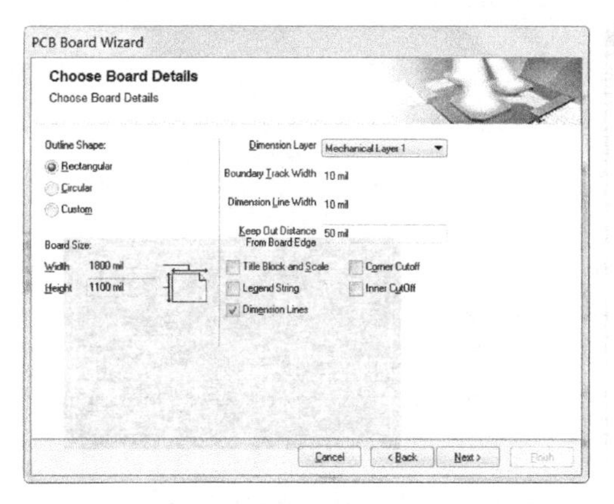

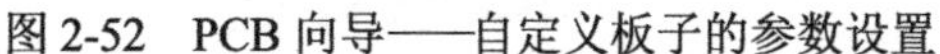

图 2-52　PCB 向导——自定义板子的参数设置

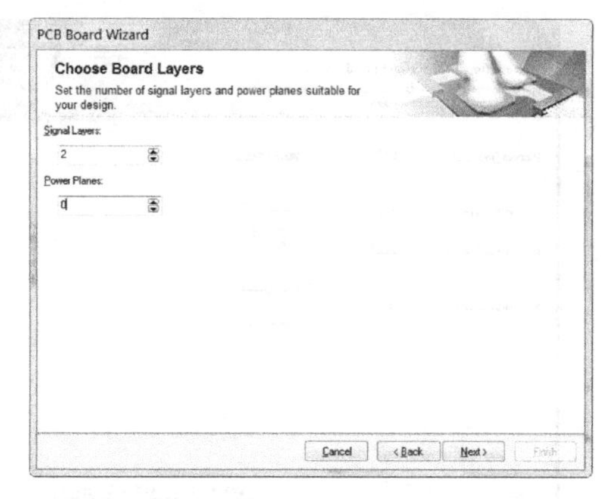

图 2-53　PCB 向导——选择 PCB 的层数

（6）此时系统弹出如图 2-54 所示的对话框，在该对话框中可以设置设计中使用的过孔（Via）样式，可设置为“Thruhole Vias Only”（通孔）或“Blind and Buried Vias Only”（盲孔或埋孔）。在此选择“Thruhole Vias Only”，然后单击“Next”按钮继续操作。

（7）系统弹出如图 2-55 所示的对话框，此时可以设置将要使用的布线技术，用户可以选择放置“Surface-mount Components”（表面贴装元器件），或是“Thru-hole Components”（通孔式元器件）。如果选择了表面贴装方式，则还需要选择元器件是否放置在板的两面；如果选择了通孔式放置方式，则要选择将相邻焊盘（Pad）间的导线数设为“One Track”、“Two Track”或者“Three Track”。然后单击“Next”按钮继续操作。

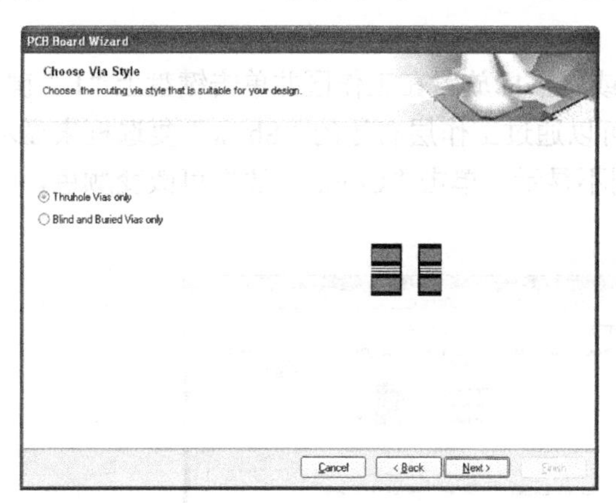

图 2-54　PCB 向导——选择过孔样式

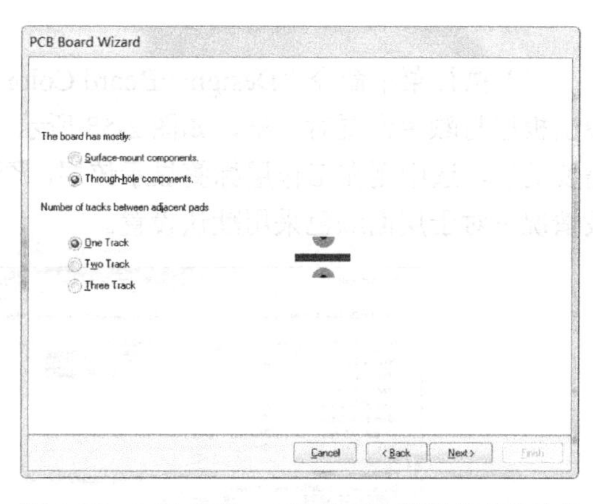

图 2-55　PCB 向导——设置将要使用的布线技术

（8）单击“Next”按钮，系统将弹出如图 2-56 所示的对话框，此时可以设置最小的导线尺寸、过孔宽度和尺寸与导线间的距离。

➢ Minimum Track Size：设置最小的导线尺寸。

➢ Minimum Via Width：设置最小的过孔宽度。

➢ Minimum Via HoleSize：设置过孔的孔尺寸。

➢ Minimum Clearance：设置最小的线间距。

（9）可以单击“Finish”按钮完成 PCB 的创建，用户还可以将自定义的板子保存为模板，允许按前面输入的规则来创建新的板子，最后生成 PCB 的轮廓如图 2-57 所示。

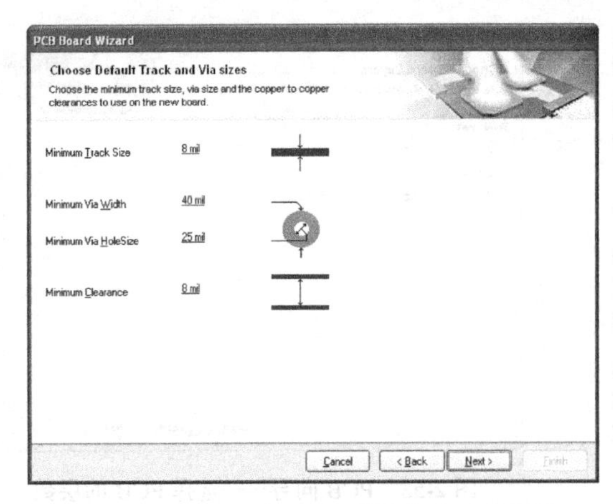

图 2-56　PCB 向导——设置最小的尺寸限制

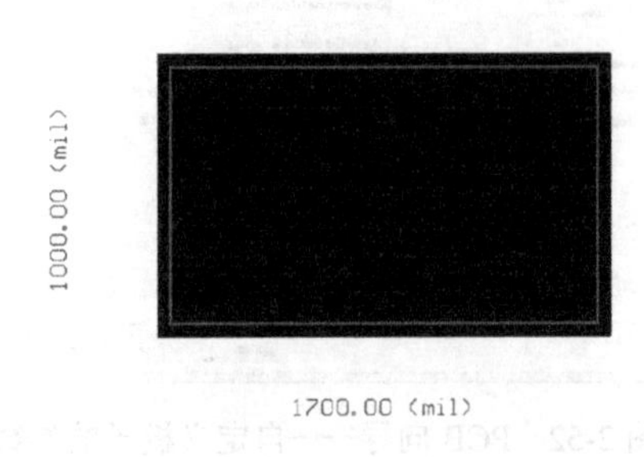

图 2-57　最后生成的 PCB 初始板图

（10）将 PCB 添加到项目中。如果已经设计了一张 PCB 图，并且保存为一个文件，那么可以将该文件直接添加到项目中。用户只需要执行“Project→Add Existing to Project”命令，就可以选择前面保存的 PCB 文件，并直接添加到项目中，具体操作与前面讲述的原理图文件添加类似。也可以在项目管理器中，直接使用鼠标将新创建的 PCB 文件拖入到当前打开的项目中去。然后保存 PCB 文件为“直流稳压电源 PCB 设计.pcbDoc”。

子任务 2.2.2　设置电路板工作层面及环境参数设置

（1）执行菜单命令“Design→Board Color”或将鼠标放置在工作区并单击键盘上“L”键，弹出板层与颜色设置对话框，如图 2-58 所示。可以通过工作层右边的“Show”复选框来显示需要的层，选中则在工作层标签显示该层，否则不显示。单击“Colors”边框可改变颜色，一般情况下对于层面颜色采用默认设置。

图 2-58　电路板层和颜色设置对话框

（2）执行菜单命令“Design→PCB”，弹出如图 2-59 所示的对话框，在此对话框中可设置图纸单位、各种栅格、图纸大小和捕获选项等。

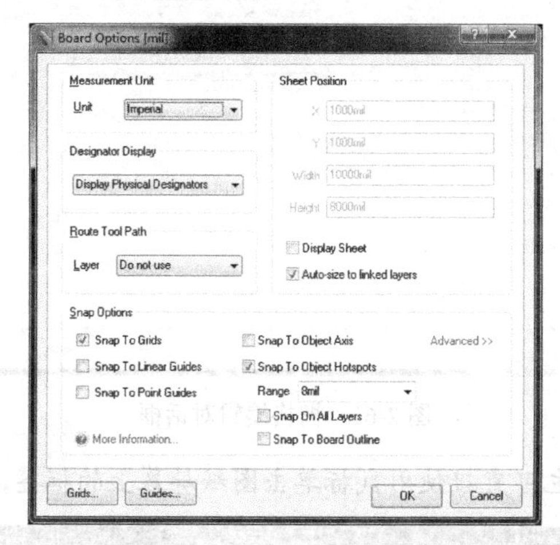

图 2-59 PCB 的板选项设置对话框

① Measurement Units：设置度量单位。公制（Metric，单位 mm）或英制（Imperial，单位 mil）。

② Sheet Position：勾选“Display Sheet”复选项，表示在 PCB 图中显示白色的图纸。

③ Designator Display：标识显示，有两个选择项：“Display Physical Designators”和“Display Logical Designators”。

④ Route Tool Path：布线工具路径。

⑤ Snap Option：设置捕捉栅格，光标移动的最小单位。

⑥ Grids 按钮：设置可视网格。

本任务中度量单位选择“Imperial”，密网格为 10mil，疏网格为 100mil。

具体操作：单击“Grids”按钮，出现栅格管理对话框，如图 2-60 所示。

对准记录条双击，又出现栅格编辑对话框，如图 2-61 所示，“Step X”设置值为 10mil（可视网格 1），“Multiplier”设置为 10 倍的 Step X。

图 2-60 “Grid Manager”对话框

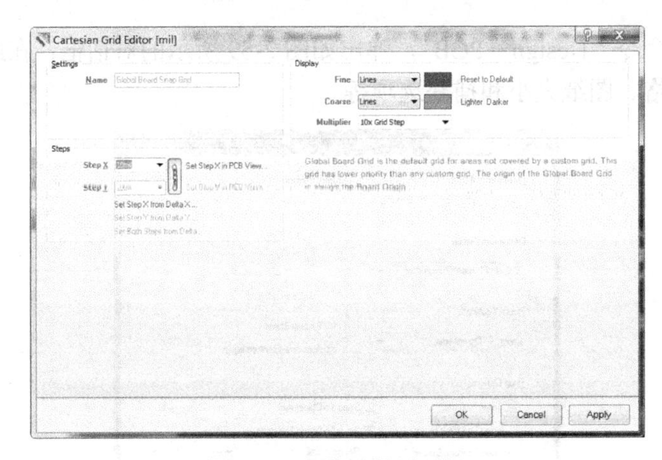

图 2-61　栅格编辑对话框

技巧：工作层的选择也可直接使用鼠标单击图纸屏幕上的标签，如图 2-62 所示。

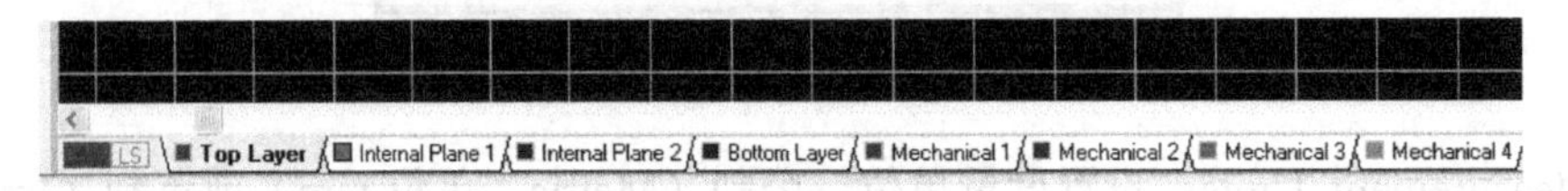

图 2-62　工作层选择标签

子任务 2.2.3　加载封装库

电路板规划好后，接下来的任务就是装入网络和元器件封装。在装入网络和封装之前，必须装入所需的封装库。如果没有装入封装库，在装入网络及元器件的过程中系统将会提示用户装入过程失败。

根据设计的需要，装入设计印制电路板所需要使用的几个封装件库，其基本步骤如下：

（1）执行“Design→Add/Remove Library”命令，或单击控制面板上的“Libraries”按钮打开元器件库浏览器，再单击“Libraries”按钮即可。

（2）执行该命令后，系统会弹出可用元器件库对话框，如图 2-63 所示。在该对话框中，可以看到有三个选项卡。

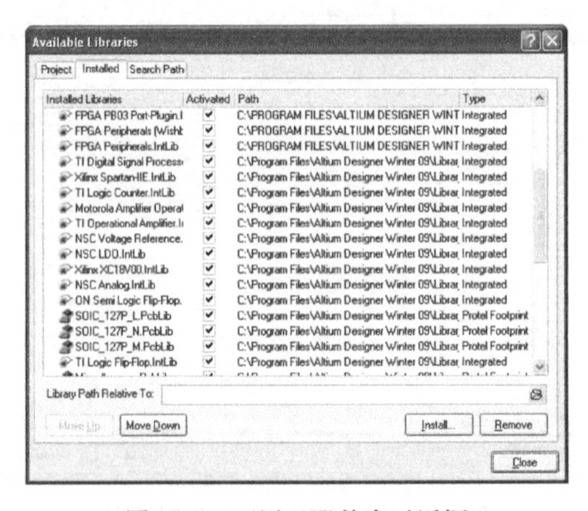

图 2-63　可用元器件库对话框

➢ Project 选项卡：显示当前项目的 PCB 元器件库，在该选项卡中单击“Add Library”即可向当前项目添加元器件库。

➢ Installed 选项卡：显示已经加载的 PCB 元器件库，一般情况下，如果要加载外部的元器件库，则在该选项卡中实现。在该选项卡中单击“Install”即可加载元器件库到当前项目。

➢ Search Path 选项卡：显示搜索的路径，即如果在当前安装的元器件库中没有需要的元器件封装，则可以按照搜索的路径进行搜索。

在弹出的打开文件对话框中找出原理图中的所有元器件所对应的封装库。选中这些库，然后用鼠标单击按钮“打开”，即可添加这些元器件库。

（3）添加完所有需要的元器件封装库，然后单击“OK”按钮完成加载。

子任务 2.2.4　装入网络表及元器件封装

加载元器件库以后，就可以装入网络与元器件了。网络与元器件的装入过程实际上是将原理图设计的数据装入到 PCB 的过程。

如果确定所需元器件库已经装入，那么用户就可以按照下面的步骤将原理图的网络与元器件装入到 PCB 中。

1. 编译设计项目

在装入原理图的网络与元器件之前，设计人员应该先编译设计项目，根据编译信息检查项目的原理图是否存在错误，如果有错误，应及时修正，否则装入网络和元器件到 PCB 时会产生错误，而导致装入失败。

2. 装入网络与元器件

（1）打开已经创建的 PCB 文件。

（2）执行“Design→Import Changes From 直流稳压源 PCB 设计.PrjPcb”命令，如图 2-64 所示。

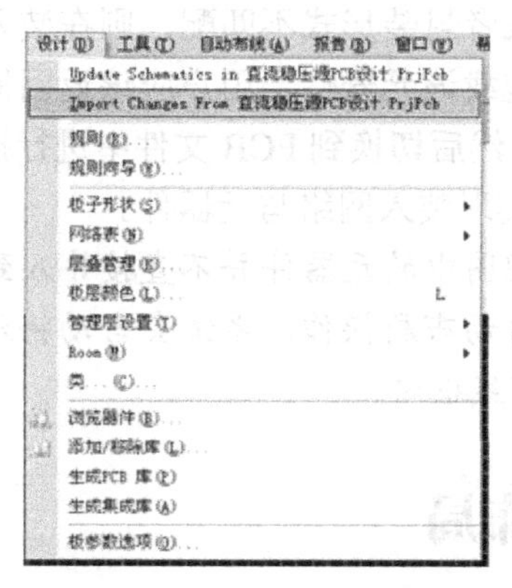

图 2-64　Import Changes 菜单

进入如图 2-65 所示对话框，单击“Validate Changes”进行验证，然后单击“Execute Changes”开始装入网络表，装入后如图 2-66 所示。

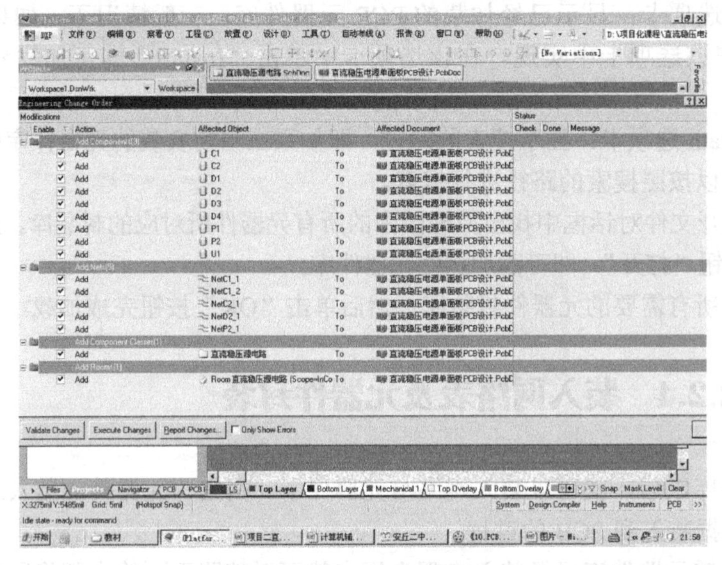

图 2-65　从原理图导入网络表

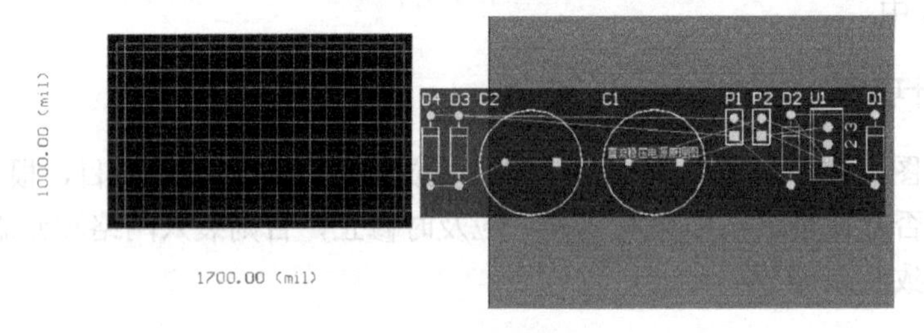

图 2-66　装入元器件

注意：每个元器件必须具有含引脚的封装形式，对于原理图中从元器件库中装载的元器件，一般均具有封装形式，但是如果是用户自己创建的元器件库或从“Digital Tools”工具栏上选择装入的元器件，则应该设定其封装形式（即属性“Footprint”项）。

如果没有设定封装形式，或者封装形式不匹配，则在装入网络时，会在列表框中显示某些宏是错误的，导致不能正确装载该元器件。用户应该返回原理图，修改该元器件的属性或电路连接，再重新生成网络表，然后切换到 PCB 文件中进行操作。

（3）单击“Close”按钮，实现装入网络与元器件。

注意：导入网络表时，原理图中的元器件并不直接导入到用户绘制的布线框中，而是位于布线框的外面。通过之后的自动布局操作，系统会自动将元器件放置在布线框内。当然，用户也可以手工拖动元器件到布线框内。

子任务 2.2.5　手工布局

装入网络表和封装后，要把封装放入工作区，这就需要对元器件对象进行布局，布局分

自动布局和手工布局，本任务使用手工布局。

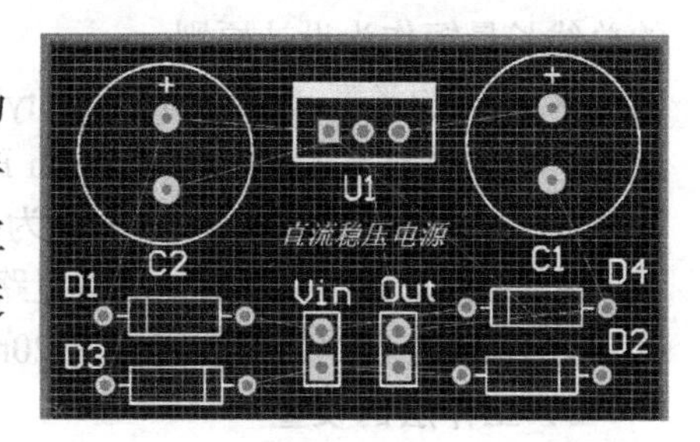

图 2-67　手动调整后的 PCB 布局

系统对元器件的自动布局一般以寻找最短布线路径为目标，因此元器件的自动布局往往不太理想，需要用户手工调整。以图 2-67 为例，元器件虽然已经布置好了，但位置还不够整齐，因此必须重新调整某些元器件的位置。进行位置调整，实际上就是进行排列、移动和旋转等操作。

回顾对元器件进行操作的各种常用命令：

（1）选取元器件。选取对象，执行“Edit→Select”子菜单的命令。

（2）旋转元器件。执行“Edit→Select→Inside all”命令，然后拖动鼠标选中需要旋转的元器件。也可以直接拖动鼠标选中对象，然后执行“Edit→Move→Rotate Selection”命令，在出现的对话框中设定角度（90°），单击“OK”按钮，系统将提示用户在图纸上选取旋转基准点。当用户用鼠标在图纸上选定了一个旋转基准点后，选中的元器件就实现了旋转。

注：在使元器件旋转时，也可选中元器件，然后单击空格键“Space”来实现旋转。

（3）移动元器件。执行“Edit→Move”命令，然后单击元器件，可移动元器件到任意位置。

（4）排列元器件。排列元器件可以执行“Edit→Align”子菜单的相关命令来实现。

手动调整之后的 PCB 板图如图 2-67 所示。

子任务 2.2.6　自动布线

在印制电路板布局结束后，便进入电路板的布线阶段。一般来说，用户先是对电路板布线提出某些要求，然后按照这些要求来预置布线设计规则。

1．布线基本知识回顾

1）工作层

➢ 信号层（Signal Layer）：对于单面板而言，信号层必须要求有两个，即顶层（Top Layer）和底层（Bottom Layer），这两个工作层必须设置为打开状态，而信号层的其他层面均可以处于关闭状态。

➢ 丝印层（Silkscreen Layer）：对于双面板而言，只须打开顶层丝印层。

➢ 其他层面（Others）：根据实际需要，还需要打开禁止布线层（Keep Out Layer）和多层（Multi-Layer）。它们主要用于放置电路板边界和文字标注等。

2）布线规则

➢ 安全间距允许值（Clearance Constraint）：在布线之前，需要定义同一个层面上两个图元之间所允许的最小间距，即安全间距。根据经验结合本例的具体情况，可以设置为 13mil。

➢ 布线拐角模式。根据电路板的需要，将电路板上的布线拐角模式设置为 45°角模式。

➢ 布线层的确定。对双面板而言，一般将顶层布线设置为沿垂直方向，将底层布线设置为沿水平方向。

➢ 布线优先级（Routing Priority）。在这里布线优先级设置为 2。

➢ 布线拓扑原则（Routing Topology）。一般来说，确定一条个网络的走线方式是以布线的总线长最短作为设计原则。

➢ 过孔的类型（Routing Via Style）。对于过孔类型，应该与电源/接地线以及信号线区别对待，在这里设置为通孔（Through Hole）。对电源/接地线的过孔，要求的孔径参数为：孔径（Hole Size）为 20mil，宽度（Width）为 50mil。一般信号类型的过孔孔径为 20mil，宽度为 40mil。

➢ 对走线宽度的要求。根据电路的抗干扰性能和实际电流的大小，将电源和接地的线宽确定为 20mil，其他的走线宽度为 20mil。

3）工作层的设置

进行布线前，还应该设置工作层，以便在布线时可以合理安排线路的布局。工作层的设置步骤如下：

（1）执行命令“Design→Board Layers & Colors”。

（2）执行该命令后，系统将会弹出设置板层和颜色对话框，关闭不需要的机械层，并关闭内部平面层，如图 2-58 所示。

（3）在对话框中进行工作层的设置，双面板需要选定信号层的“Top Layer”和“Bottom Layer”复选框，其他项为系统默认即可。

2. 布线设计规则的设置

Altium Designer 10.0 为用户提供了自动布线的功能，除可以用来进行自动布线外，也可以进行手动交互布线。在布线之前，必须先进行其参数的设置，下面讲述布线规则的参数设置过程。

（1）执行命令“Design→Rules”，系统将会弹出如图 2-68 所示的对话框，在此对话框中可以设置布线参数。

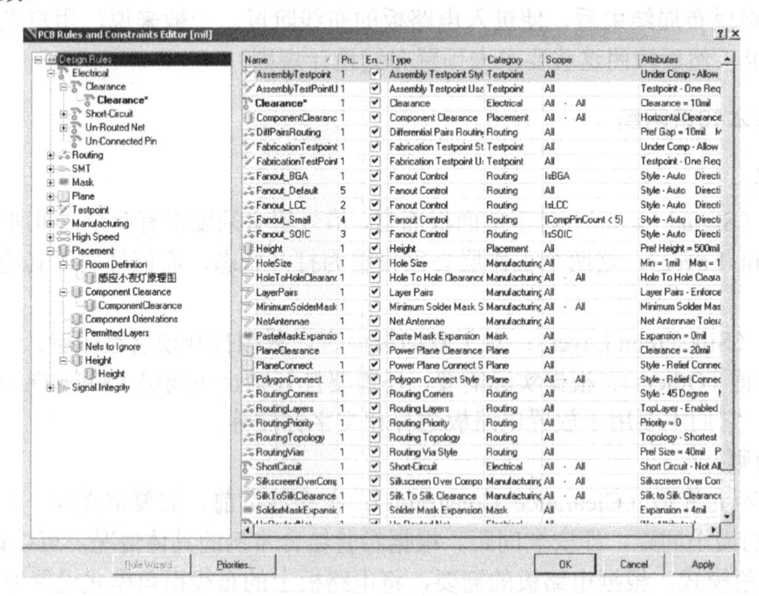

图 2-68　设置布线规则对话框

（2）在如图 2-68 所示的对话框中，可以设置布线和其他设计规则参数。

➢ 布线规则一般都集中在布线（Routing）类别中，包括走线宽度（Width）、布线的拓扑结构（Routing Topology）、布线优先级（Routing Priority）、布线工作层（Routing Layers）、布

线拐角模式（Routing Corners）、过孔的类型（Routing Via Style）和输出控制（Fanout Control）。

➢ 电气规则（Electrical）类别包括：走线间距约束（Clearance）、短路（Short-Circuit）约束、未布线的网络（Un-Routed Net）和未连接的引脚（Un-Connected Pin）。

➢ SMT（表贴规则）设置，具体包括：走线拐弯处表贴约束（SMD To Corner）、SMD 到电平面的距离约束（SMD To Plane）和 SMD 的缩颈约束（SMD Neck-Down）。

➢ 阻焊膜和助焊膜（Mask）规则设置，包括：阻焊膜扩展（Solder Mask Expansion）和助焊膜扩展（Paste Mask Expansion）。

➢ 测试点（Testpoint）的设置，包括：测试点的类型（Testpoint Style）和测试点的用处（Testpoint Usage）。

另外还有制造、高速信号、放置、信号完整性等设计规则。

本任务要求设置为单面板，所有的信号线为 20mil。线宽设置和布线层设置如图 2-69 和图 2-70 所示。

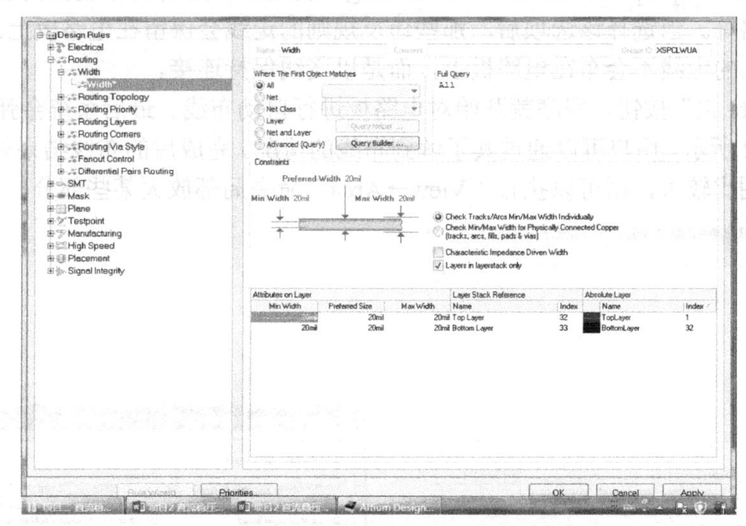

图 2-69　“Routing”选项线宽设置

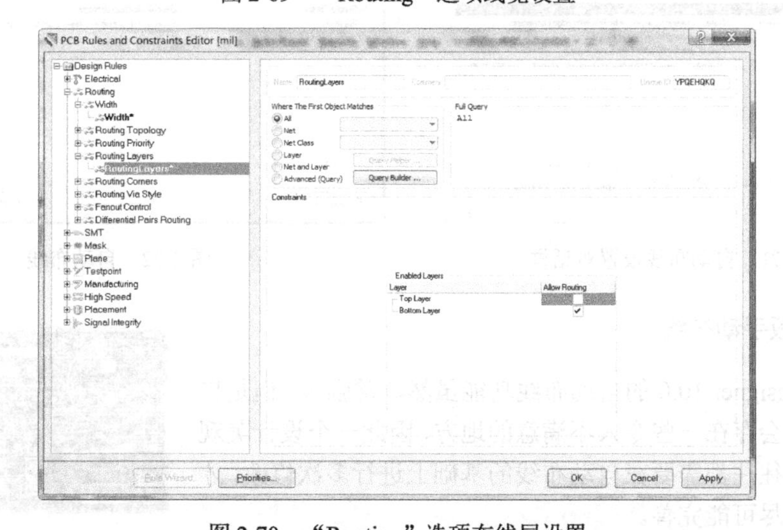

图 2-70　“Routing”选项布线层设置

3．自动布线

布线参数设置好后，就可以利用 Altium Designer 提供的具有世界一流水平的布线器进行自动布线了。执行“Auto Route→All”命令，对整个电路板进行布线。执行该命令后，系统将弹出如图 2-71 所示的自动布线设置对话框。

➢ 在该对话框中，单击“Edit Rules”按钮可以设置布线规则。

➢ 如果单击“Edit Layer Directions”按钮，则可以编辑层的方向。如可以设置顶层主导为水平走线方向，设置底层主导为垂直走线方向。

➢ 在“Routing Strategy”列表框中，可以选择布线策略。如可以选择双层板的布线策略，如果是多层板，可以选择多层板的布线策略。

➢ 如果需要锁定已布好的走线，则可以选中“Lock All Pre-route”复选框，这样新布线时就不会删除已布好的走线。

➢ 如果选择“Rip-up Violations After Routing”复选框，则自动布线器会忽略违反规则的走线，例如短路等。当选择该选项后，那些违反规则的走线会保留在电路板上。取消该选项，则那些违反规则的走线不会布在电路板上，而是以飞线保持连接。

单击“Route all”按钮，程序就开始对电路板进行自动布线。最后系统会弹出一个布线信息框，如图 2-72 所示。用户可以通过其了解到布线的情况。完成后的布线结果如图 2-73 所示。

如果电路图比较大，则可以执行“View→Area”命令局部放大某些部分。

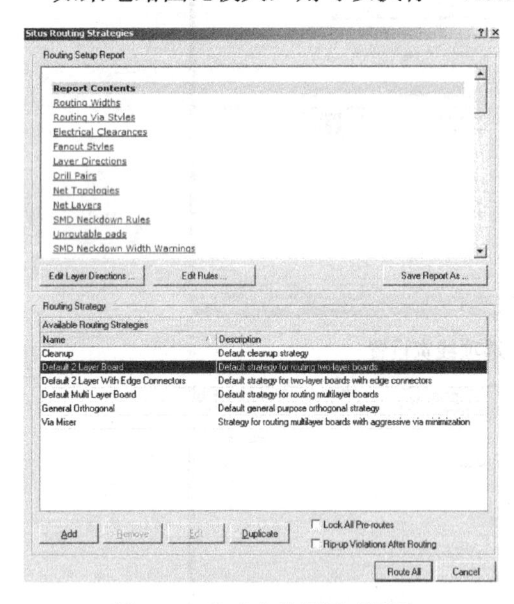

图 2-71　自动布线设置对话框

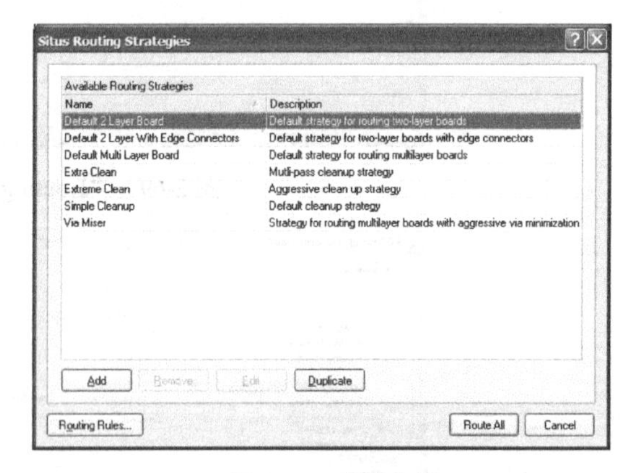

图 2-72　自动布线

4．电路板手动布线

Altium Designer 10.0 的自动布线功能虽然非常强大，但是自动布线时多少会存在一些令人不满意的地方，因此一个设计美观的印制电路板往往都需要在自动布线的基础上进行多次修改，才能将其设计得尽可能完善。

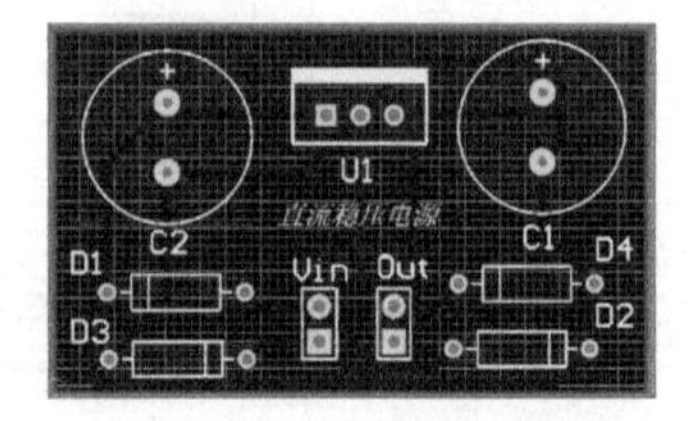

图 2-73　自动布线后的 PCB 板

在“Tools→Un-Route”菜单下提供了几个常用于手工调整布线的命令，这些命令可以分别用来进行不同方式的布线调整。

- All：拆除所有布线，进行手动调整。
- Net：拆除所选布线网络，进行手动调整。
- Connection：拆除所选的一条连线，进行手动调整。
- Component：拆除与所选元器件相连的导线，进行手动调整。

用户可对上图自动布线所得的 PCB 图进行手动调整。

子任务 2.2.7　保存并输出 PCB 厂家加工 PCB 板所需文件

（1）执行菜单命令“File→Save All”，如图 2-74 所示，保存所有文件。

（2）PCB 设计的目的就是向 PCB 生产过程提供相关的数据文件，因此 PCB 设计的最后一步就是产生 PCB 加工文件。

① 执行菜单命令“File→Fabrication Outputs→Gerber Files”命令，系统弹出如图 2-75 所示对话框，在“General”标签中设置“Units”为英制单位“Inches”，设置“Format”为“2:3”。

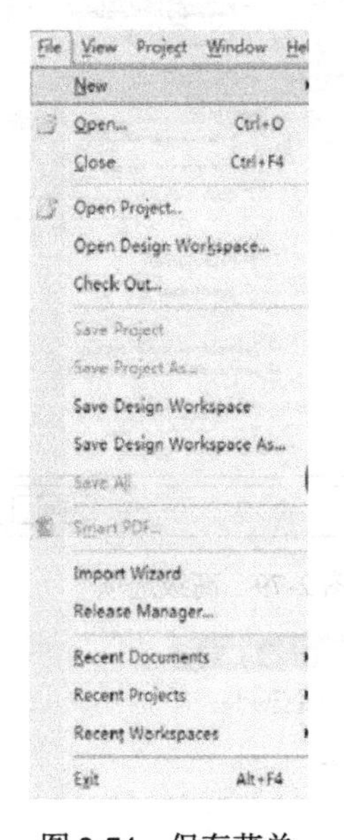

图 2-74　保存菜单

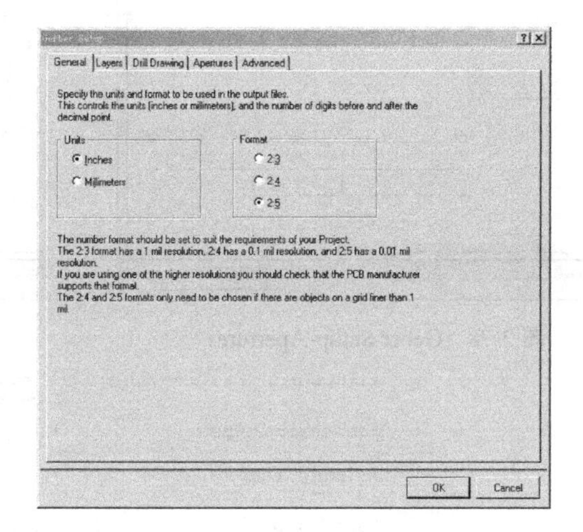

图 2-75　Geber Setup

在“Layers”标签中选择输出层，单击“Plot Layers”按钮的下拉按钮，选择“Used On”选项，则出现如图 2-76 所示对话框。

单击“Drill Drawing”标签，按图 2-77 所示进行设置。

单击“Apertures”标签，按图 2-78 所示进行设置。

单击“Advanced”标签，如图 2-79 所示，采用系统默认设置。单击“Ok”按钮，则得到系统输出的 Geber 文件，同时系统输出各层的 Geber 文件和钻孔文件。

② 执行菜单命令“文件”→“制造输出”，程序如图 2-80 所示。选择“NC Drill Files”

命令，输出 NC 钻孔图形文件。选择其他命令，可以生成相关文件。

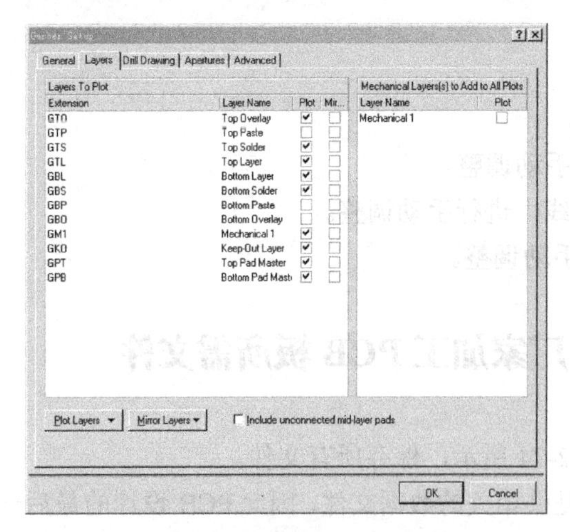

图 2-76　选择输出顶层布线层

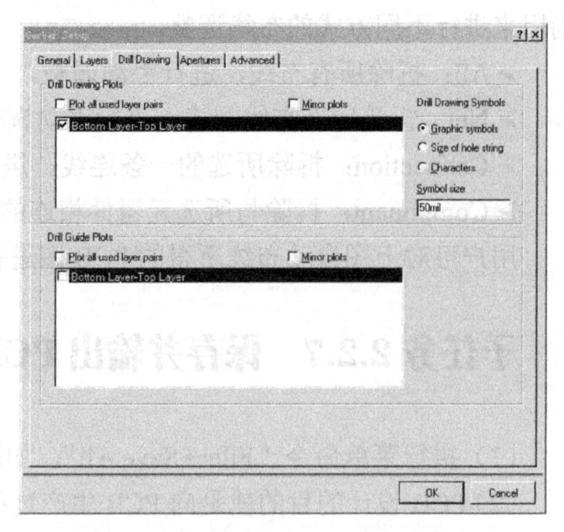

图 2-77　产生所有层的 Gerber 输出文件

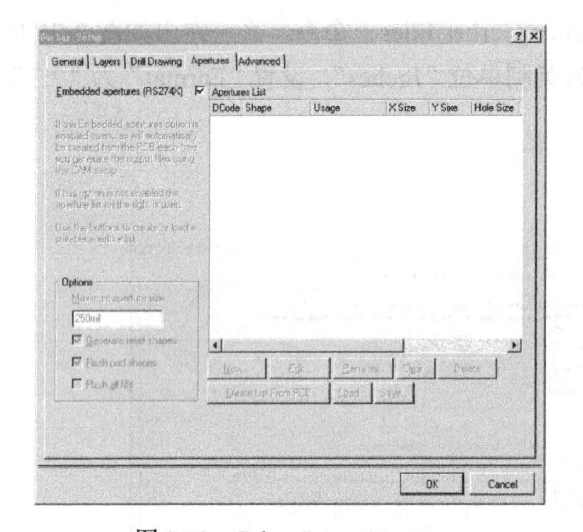

图 2-78　Geber Setup-Apertures

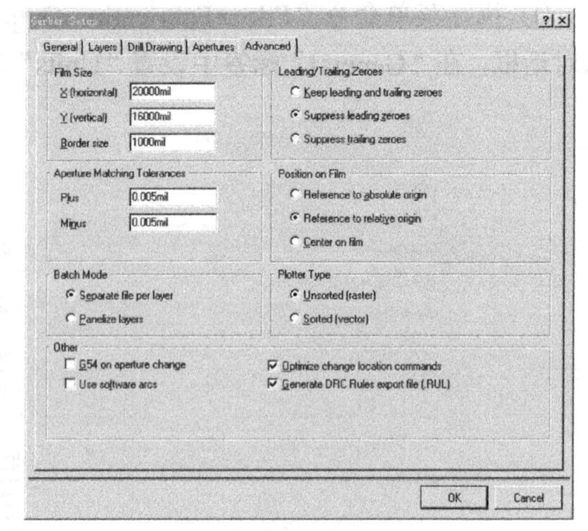

图 2-79　高级选项

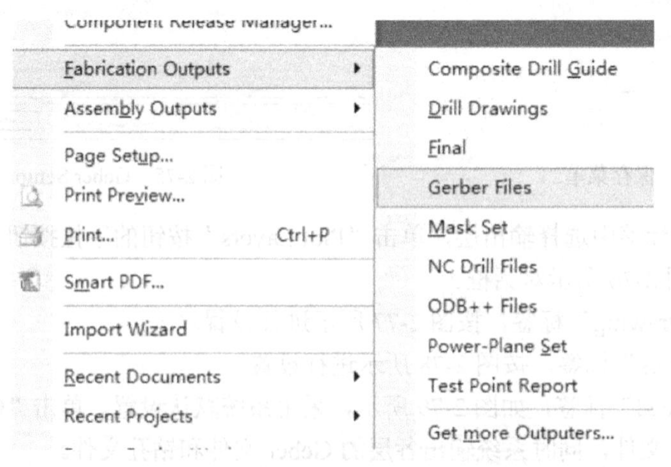

图 2-80　“Fabrication Outputs”菜单

相关知识

一、元器件布局遵循的原则

（1）布局总的原则是按照电信号左入右出、上入下出的流向。

① 各功能电路的元器件应相对集中。

② 以功能电路的核心元器件为中心。

③ 电路板上的输入、输出点应尽量靠近外壳的输入/输出插头、插座。

（2）按电气性能合理分区，一般分为：数字电路区（既怕干扰又产生干扰）、模拟电路区（怕干扰）、功率驱动区（干扰源）。

（3）完成同一功能的电路应尽量靠近放置，并调整各元器件以保证连线最短；同时，调整各功能块间的相对位置使功能块间的连线最短。

（4）对于质量大的元器件应考虑安装位置和安装强度；发热元器件应与温度敏感元器件分开放置，必要时还应考虑热对流措施。

（5）时钟产生器（如：晶振或钟振）要尽量靠近用到该时钟的元器件。

（6）在每个集成电路的电源输入脚和地之间，须加一个去耦电容（一般采用高频性能好的独石电容）；电路板空间较密时，也可在几个集成电路周围加一个钽电容。

（7）继电器线圈处要加放电二极管（1N4148 即可）。

（8）需要特别注意的：在放置元器件时，一定要考虑元器件的实际尺寸大小（所占面积和高度）、元器件之间的相对位置，以保证电路板的电气性能和生产安装的可行性和便利性，同时，应该在保证上面原则能够实现的前提下，适当修改元器件的摆放，使之整齐美观，如同样的器件要摆放整齐、方向一致。

布局好坏关系到板子整体形象和下一步布线的难易程度，所以要花大力气去考虑。布局时，对不太确定的地方可以先初步布线，再充分考虑。

二、自动布线规则

进入设计规则设置对话框的方法是在 PCB 电路板编辑环境下，从 Altium Designer 10 的主菜单中执行菜单命令“Design→Rules…”，系统将弹出如图 2-68 所示的“PCB Rules and Constraints Editor”（PCB 设计规则和约束）对话框。

该对话框左侧显示的是设计规则的类型，共分 10 类。左边列出的是 Design Rules（设计规则），其中包括 Electrical（电气类型）、Routing（布线类型）、SMT（表面粘贴组件类型）规则等，右边则显示对应设计规则的设置属性。

该对话框左下角有按钮“Priorities”，单击该按钮，可以对同时存在的多个设计规则设置优先权的高低。

对这些设计规则的基本操作有：新建规则、删除规则、导出和导入规则等。可以在左边任一类规则上单击鼠标右键，将会弹出如图 2-81 所示的菜单。

图 2-81　设计规则快捷菜单

在该设计规则菜单中，“New Rule”是新建规则；“Delete Rule”是删除规则；“Export Rules”是将规则导出，将以“.rul”为后缀名导出到文件中；“Import Rules”是从文件中导入规则；“Report …”选项可将当前规则以报告文件的方式给出。

下面将分别介绍各类设计规则的设置和使用方法。

1. 电气设计规则

Electrical（电气设计）规则是在布线时必须遵守的，包括安全距离、短路允许等 4 个方面设置。

1）Clearance（安全距离）选项区域设置

安全距离设置的是 PCB 电路板在布置铜膜导线时，组件焊盘和焊盘之间、焊盘和导线之间、导线和导线之间的最小的距离。

下面以新建一个安全规则为例，简单介绍安全距离的设置方法。

（1）在 Clearance 上单击鼠标右键，从弹出的快捷菜单中选择“New Rule…”选项，如图 2-82 所示。

系统将自动以当前设计规则为准，生成名为“Clearance_1”的新设计规则，其设置对话框如图 2-83 所示。

图 2-82　新建规则

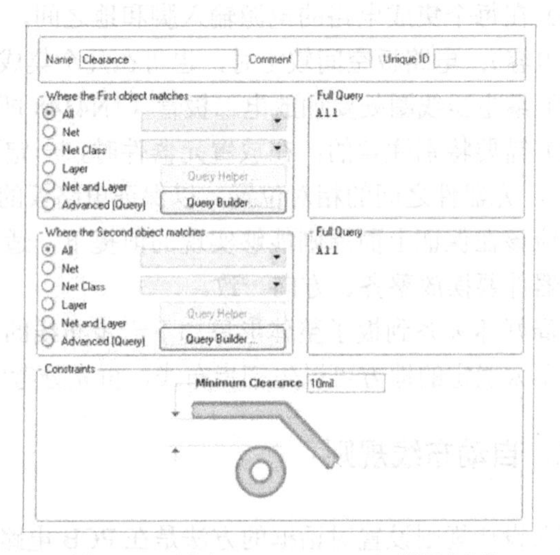

图 2-83　新建“Clearance_1”设计规则

（2）在“Where the First object matches”选项区域中选定一种电气类型。在这里选定“All”单选项，同时在下拉菜单中选择已设定的任一网络名。在右边“Full Query”中出现“All”字样。

（3）同样地，在“Where the Second object matches”选项区域中选定“Net”单选项，在右边“Full Query”中出现“InNet()”字样，从下拉菜单中选择网络名“GND”，其中括号里也会出现对应的网络名。

（4）在“Constraints”选项区域中的“Minimum Clearance”文本框里输入“10mil”。

（5）单击“Close”按钮，将退出设置，系统自动保存更改。

设计完成效果如图 2-84 所示。

2）Short Circuit（短路）选项区域设置

短路设置可设置是否允许电路中有导线交叉短路。设置方法同上，系统默认不允许短路，即取消 “Allow Short Circuit”复选项的选定，如图 2-85 所示。

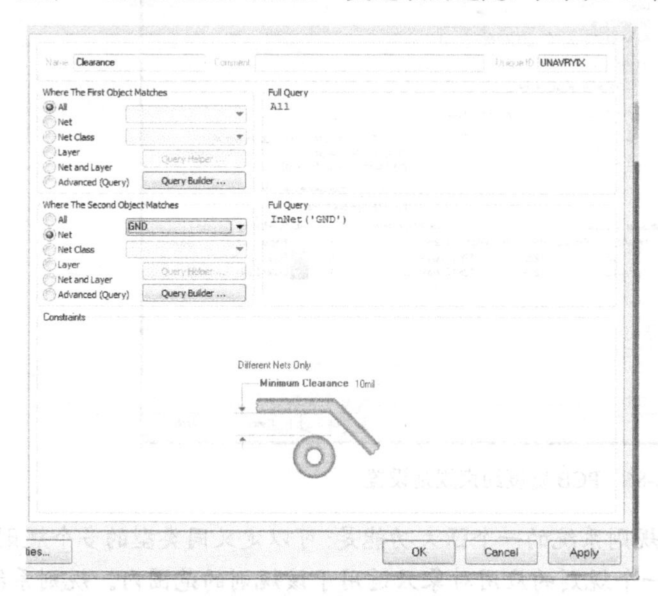

图 2-84　设置最小距离

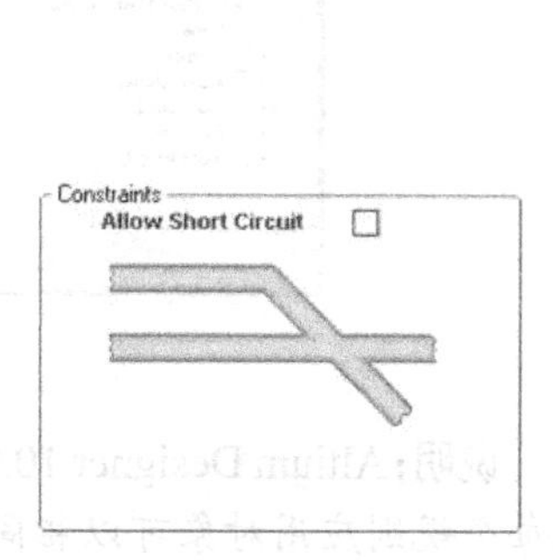

图 2-85　设置短路是否允许

3）Un-Routed Net（未布线网络）选项区域设置

可以指定网络、检查网络布线是否成功，如果不成功，将保持用飞线连接。

4）Un-connected Pin（未连接管脚）选项区域设置

对指定的网络，检查是否所有组件管脚都联机了。

2. 布线设计规则

1）设置走线宽度（Width）

该设置可以设置走线的最大、最小和推荐的宽度。

（1）在如图 2-68 所示对话框中，使用鼠标选中选项“Routing”下的“Width”选项，然后单击鼠标右键，从快捷菜单中选择“New Rule”命令（如图 2-82 所示），系统将生成一个新的宽度约束。然后使用鼠标单击新生成的宽度约束，系统将会弹出如图 2-86 所示的对话框。

（2）在“Name”编辑框中输入“Width_all”，然后设定该宽度规则的约束特性和范围。在此设定该宽度规则应用到整个电路板，所以在“Where the First object matches”单元选择“All”，并且设置宽度约束条件如下：“Preferred Width”（推荐宽度）、“Min Width”（最小宽度）、“Max Width”（最大宽度）均设置为 12mil。

其他设置项为系统默认，这样就设置了一个应用于整个 PCB 图的宽度约束。

此时在设计中有一个宽度约束规则应用到整个电路板。下面为 12V 和 GND 网络再添加一个新的宽度约束规则，继续下面的操作。

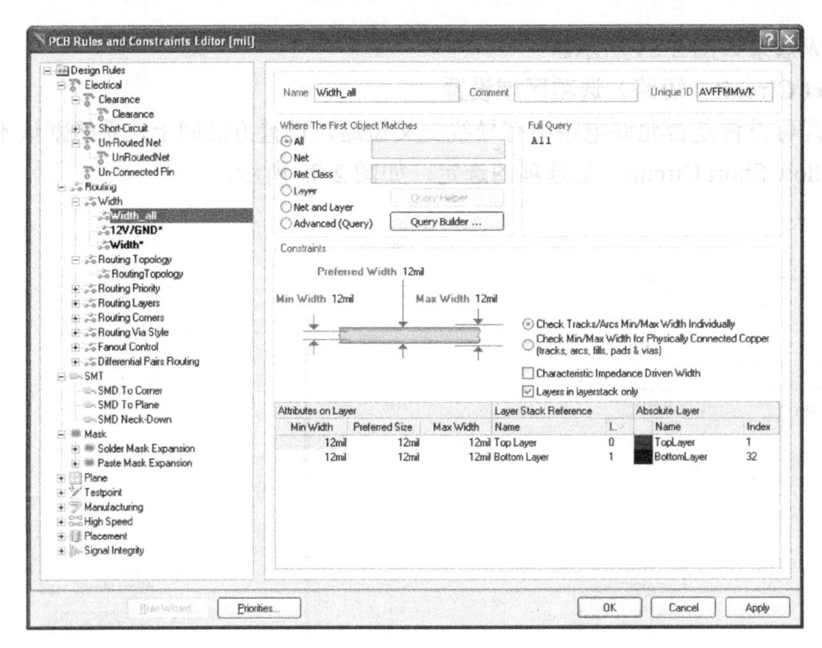

图 2-86　PCB 宽度约束规则设置

说明：Altium Designer 10.0 设计规则系统的一个强大功能是：可以定义同类型的多个规则，且每个规则应用对象可以相同。每一个规则的应用对象只适用于该规则的范围内。规则系统使用预定义等级来决定将哪个规则应用到对象。

例如，可能有一个对整个电路板的宽度约束规则（即所有的导线都必须是这个宽度），而对接地网络需要另一个宽度约束规则（这个规则忽略前一个规则），在接地网络上的特殊连接却需要第三个宽度约束规则（这个规则忽略前两个规则），规则根据优先权顺序应用。

（3）在如图 2-86 所示对话框中单击鼠标右键，从快捷菜单中选择“New Rule”命令，然后生成一个新的宽度约束规则，然后修改其范围和约束。

（4）在“Name”编辑框中输入“12V/GND”。当完成规则设置后在“Design Rules”面板单击，则“Design Rules”对话框中会生成这个新名称，如图 2-86 所示。

（5）选中“Where the First object matches”单元的“Net”项。单击“All”按钮旁的下拉列表，从有效的网络列表中选择“12V”，在“Full Query”框中会显示“InNet（'12V'）”。

（6）分别设置“Preferred Width”（推荐宽度）、“Min Width”（最小宽度）、“Max Width”（最大宽度）为 25mil。此时就设置好了 12V 的布线宽度约束规则，如图 2-87 所示。

（7）下面使用“Query Builder”将范围扩展为包括“GND”网络。首先选中“Advanced (Query)”，然后单击“Query Builder”按钮。此时将弹出如图 2-88 所示的“Query Helper”对话框。

（8）用鼠标单击“Query”框中“InNet（'12V'）”的右边，然后单击“Or”按钮。此时“Query”单元的内容变为“InNet（'12V'）or”，这样就可以将规则范围设置为应用到两个网络中。

（9）使用鼠标单击“PCB Functions”类的“Membership Checks”，然后双击“Name”单元的“InNet”选项，此时“Query”框中显示为“InNet（'12V'）or InNet( )”。

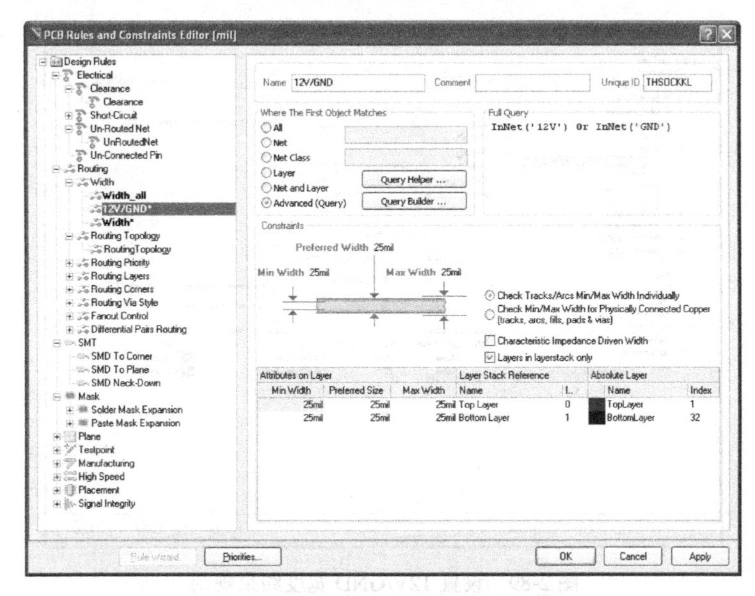

图 2-87　设置 12V 布线宽度约束规则

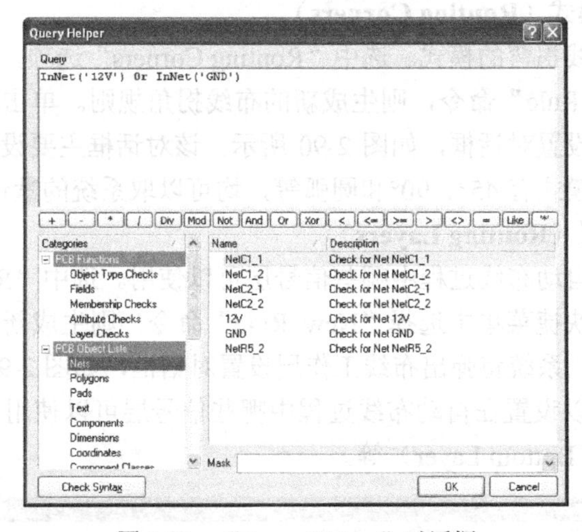

图 2-88　“Query Helper”对话框

（10）在“Query”框中“InNet( )”的括号中间用鼠标单击一下，以添加 GND 网络的名称。在“PCB Objects Lists”类中选择“Nets”，然后从可用网络列表中双击选择“GND”，并使用单引号“'”包含 GND。此时“Query”框的内容变为“InNet（'12V'）or InNet（'GND'）”。

（11）单击“Check Syntax”按钮，检查表达式的正确与否，如果存在错误则进行修正。

（12）单击“OK”按钮关闭“Query Helper”对话框。此时在“Full Query”框的范围内就更新为新的内容。现在新的规则已经设置，如图 2-89 所示。当选择“Design Rules”面板的其他规则或关闭对话框时将予以保存。

设置了宽度约束规则后，当手工布线或使用自动布线器时，所有的导线均为 12mil，除了 GND 和 12V 的导线为 25mil。

说明：其他布线规则的设置与上面讲述的过程类似，读者可以参考进行其他布线规则的设置，后面不再一一重述。

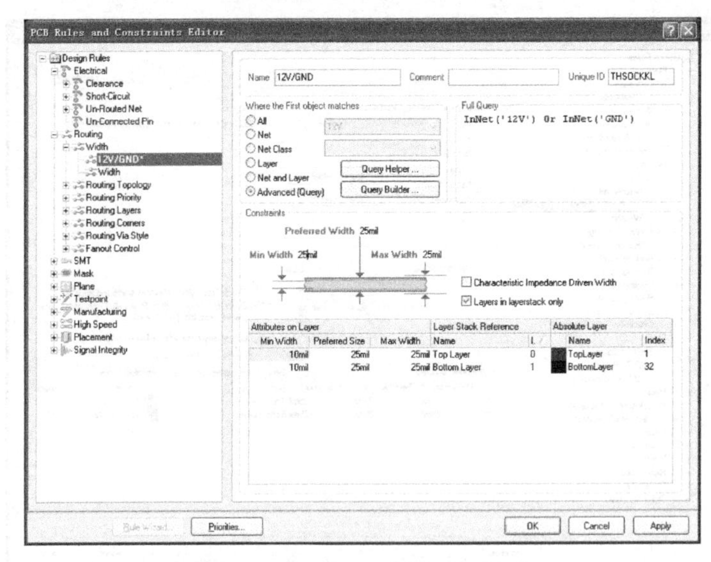

图 2-89　设置 12V/GND 宽度约束规则

2）设置布线拐角模式（Routing Corners）

该选项用来设置走线拐弯的模式。选中“Routing Corners”选项，然后单击鼠标右键，从快捷菜单中选择“New Rule”命令，则生成新的布线拐角规则。单击新的布线拐角规则，系统将弹出布线拐角模式设置对话框，如图 2-90 所示。该对话框主要设置两部分内容，即拐角模式和拐角尺寸。拐角模式有 45°、90°和圆弧等，均可以取系统的默认值。

3）设置布线工作层（Routing Layers）

该选项用来设置在自动布线过程中哪些信号层可以使用。选中“Routing Layers”选项，然后单击鼠标右键，从快捷菜单中选择“New Rule”命令，则生成新的布线工作层规则。单击新的布线工作层规则，系统将弹出布线工作层设置对话框，如图 2-91 所示。

在该对话框中，可以设置在自动布线过程中哪些信号层可以使用。可以选择的层包括顶层（Top Layer）、底层（Bottom Layer）等。

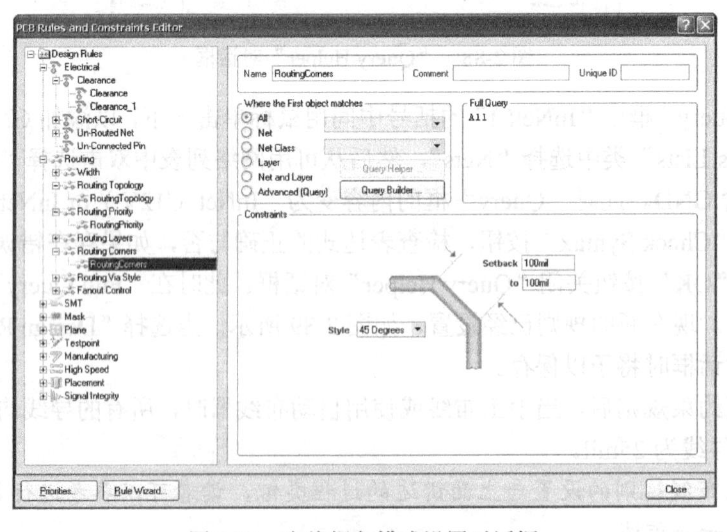

图 2-90　布线拐角模式设置对话框

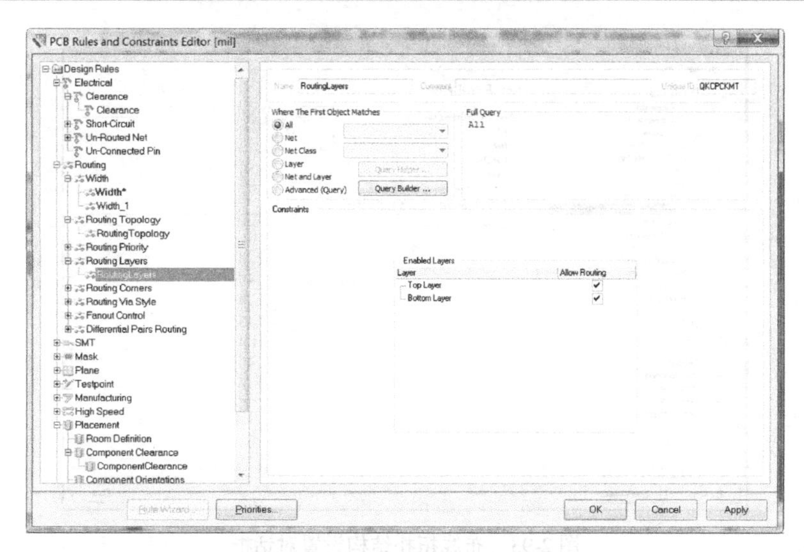

图 2-91　布线工作层设置对话框

4）布线优先级（Routing Priority）

该选项可以设置布线的优先级，即布线的先后顺序。先布线的网络的优先级比后布线的要高。Altium Designer 10.0 提供了 0～100 共 101 个优先级设定，数字 0 代表的优先级最高，数字 100 代表该网络的布线优先级最低。

选中“Routing Priority”选项，然后单击鼠标右键，从快捷菜单中选择“New Rule”命令，则生成新的布线优先级规则，单击新的布线优先级规则，系统将弹出布线优先级设置对话框，如图 2-92 所示，在对话框中可以设置布线优先级。

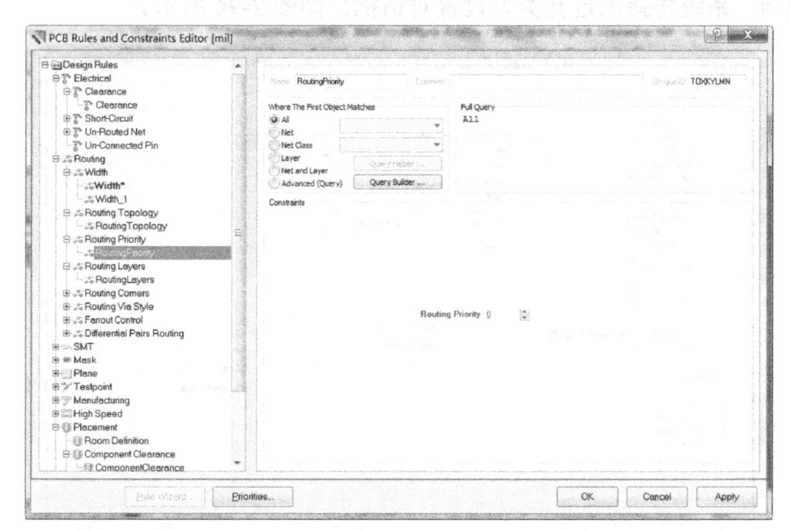

图 2-92　布线优先级设置对话框

5）布线拓扑结构（Routing Topology）

该选项用来设置布线的拓扑结构。选中“Routing Priority”选项，然后单击鼠标右键，从快捷菜单中选择“New Rule”命令，则生成新的布线拓扑结构规则，单击新的布线拓扑结构规则，系统将弹出布线拓扑结构设置对话框，如图 2-93 所示，在对话框中可以设置布线拓扑结构。

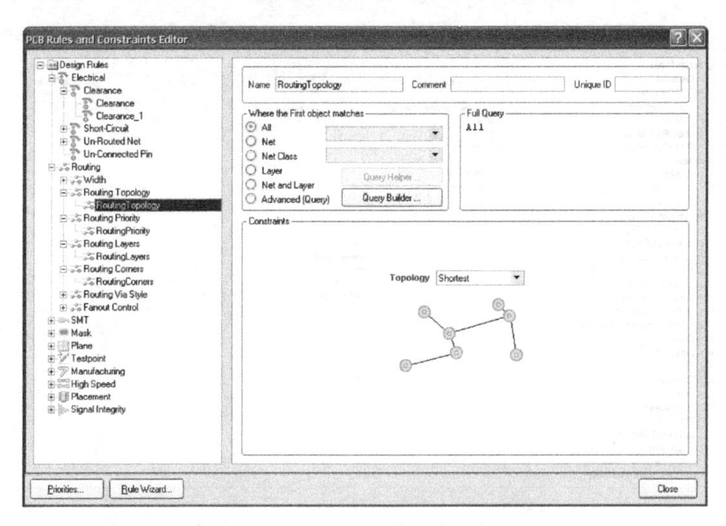

图 2-93　布线拓扑结构设置对话框

通常系统在自动布线时，以整个布线的线长最短（Shortest）为目标。用户也可以选择“Horizontal”、“Vertical”、“Daisy-Simple”、“Daisy-MidDriven”、“Daisy-Balanced”和“Starburst”等拓扑结构选项，选中各选项时，相应的拓扑结构会显示在对话框中。一般可以使用默认值“Shortest”。

6）设置过孔类型（Routing Via Style）

该选项用来设置自动布线过程中使用的过孔的样式。选中“Routing Via Style”选项，然后单击鼠标右键，从快捷菜单中选择“New Rule”命令，则生成新的过孔类型规则。单击新的过孔类型规则，系统将弹出过孔类型设置对话框，如图 2-94 所示。

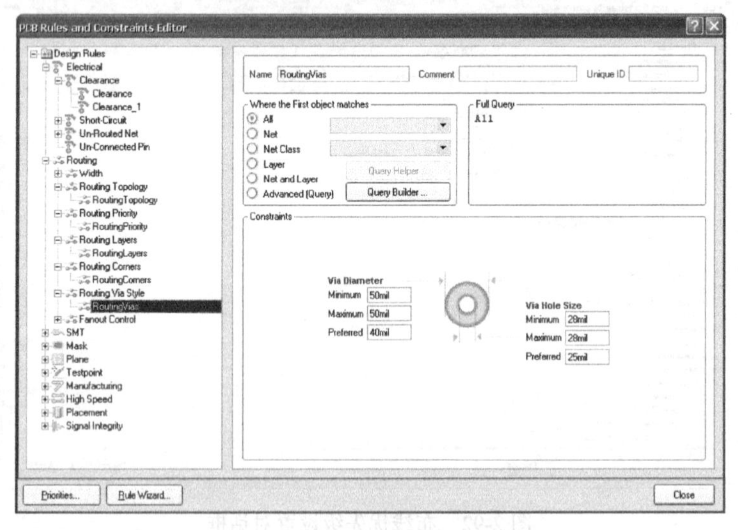

图 2-94　过孔类型设置对话框

通常过孔类型包括通孔（Through Hole）、层附近隐藏式盲孔（Blind Buried [Adjacent Layer]）和任何层对的隐藏式盲孔（Blind Buried [Any Layer Pair]）。层附近隐藏式盲孔只穿透相邻的两个工作层；任何层对的隐藏式盲孔则可以穿透指定工作层对之间的任何工作层。本实例中选

择通孔（Through Hole）。

7）设置走线拐弯处与表贴元器件焊盘的距离（SMD To Corner）

选中“SMT”的“SMD To Corner”选项，然后单击鼠标右键，从快捷菜单中选择“New Rule”命令，则生成新的走线拐弯处与表贴元器件焊盘的距离规则。单击新的规则，系统将弹出设置对话框，如图 2-95 所示。

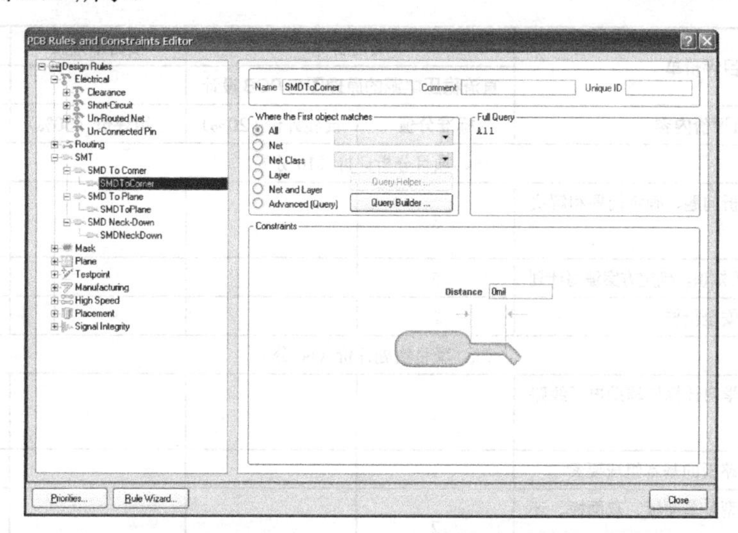

图 2-95　走线拐弯处与表贴元器件焊盘的距离设置对话框

在该对话框右侧的“Distance”编辑框中可以输入走线拐弯处与表贴元器件焊盘的距离，另外，规则的适用范围可以设定为“All”。

8）SMD 的缩颈限制（SMD Neck-Down）

该选项定义 SMD 的缩颈限制，即 SMD 的焊盘宽度与引出导线宽度的百分比。选中“SMT”的“SMD Neck-Down”选项，然后单击鼠标右键，从快捷菜单中选择“New Rule”命令，则生成新的 SMD 的缩颈限制规则，单击新的规则，系统将弹出设置对话框，如图 2-96 所示。

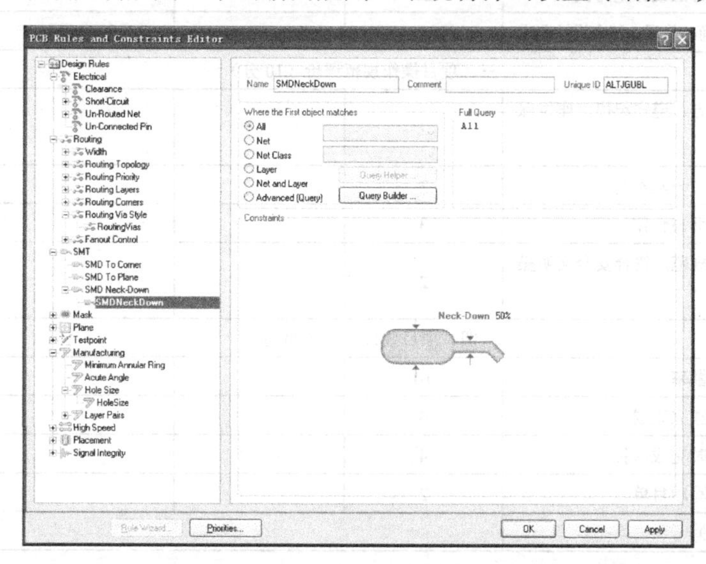

图 2-96　SMD 的缩颈限制设置对话框

上面比较全面地介绍了 PCB 布线时经常需要设置的设计规则，其他设计规则设置的操作类似，读者可以自行进行设置。

项目评价

<table>
<tr><td rowspan="2">项目评价单</td><td colspan="2">项目名称</td><td>项目承接人</td><td>编号</td></tr>
<tr><td colspan="2">直流稳压电源的原理图与PCB设计</td><td></td><td></td></tr>
<tr><td>项目评价内容</td><td>标准分值</td><td>自我评价（20%）</td><td>小组评价（30%）</td><td>教师评价（50%）</td></tr>
<tr><td colspan="5">一、项目分析评价（10 分）</td></tr>
<tr><td>（1）是否正确分析问题、确定问题和解决问题</td><td>3</td><td></td><td></td><td></td></tr>
<tr><td>（2）查找任务相关知识，确定方案编写计划</td><td>5</td><td></td><td></td><td></td></tr>
<tr><td>（3）是否考虑了安全措施</td><td>2</td><td></td><td></td><td></td></tr>
<tr><td colspan="5">二、项目实施评价（60 分）</td></tr>
<tr><td>（1）知道为什么学习计算机辅助电子线路设计</td><td>2</td><td></td><td></td><td></td></tr>
<tr><td>（2）认识印制电路板的基本组成要素</td><td>1</td><td></td><td></td><td></td></tr>
<tr><td>（3）判别板的类型是单面板、双面板、还是多层板</td><td>2</td><td></td><td></td><td></td></tr>
<tr><td>（4）新建和保存项目文件、原理图文件和PCB 文件</td><td>5</td><td></td><td></td><td></td></tr>
<tr><td>（5）正确绘制简单原理图</td><td>15</td><td></td><td></td><td></td></tr>
<tr><td>（6）认识元器件封装并记住常见封装名称</td><td>5</td><td></td><td></td><td></td></tr>
<tr><td>（7）知道电路板制作工艺常用的几种方法、流程</td><td>5</td><td></td><td></td><td></td></tr>
<tr><td>（8）正确使用手工方法设计电路板</td><td>20</td><td></td><td></td><td></td></tr>
<tr><td>（9）电路板整体正确、美观、符合设计要求</td><td>5</td><td></td><td></td><td></td></tr>
<tr><td colspan="5">三、项目操作规范评价（10 分）</td></tr>
<tr><td>（1）衣冠整洁、大方，遵守纪律，座位保持整洁干净</td><td>2</td><td></td><td></td><td></td></tr>
<tr><td>（2）学习认真细致、一丝不苟</td><td>3</td><td></td><td></td><td></td></tr>
<tr><td>（3）小组能密切协调与合作</td><td>3</td><td></td><td></td><td></td></tr>
<tr><td>（4）严格遵守操作规范，符合安全文明操作要求</td><td>2</td><td></td><td></td><td></td></tr>
<tr><td colspan="5">四、项目效果评价（20 分）</td></tr>
<tr><td>（1）学习态度、出勤率</td><td>10</td><td></td><td></td><td></td></tr>
<tr><td>（2）项目实施是否独立完成</td><td>4</td><td></td><td></td><td></td></tr>
<tr><td>（3）是否按要求按时完成项目</td><td>4</td><td></td><td></td><td></td></tr>
<tr><td>（4）是否能如实填写项目单</td><td>2</td><td></td><td></td><td></td></tr>
<tr><td>总分（满分 100 分）</td><td colspan="4"></td></tr>
<tr><td colspan="5">项目综合评价：</td></tr>
</table>

技能训练

（1）启动 Altium Designer 10.0，在 F 盘建立名为“AD10”的文件夹，并在文件夹中建立名为“项目一 分压式放大器原理图与 PCB 设计.PRJPCB”的项目文件。

（2）在上题项目文件中建立一个名为“sheet1”的原理图文件（Schematic Document）、一个名为“PCB1”的印制电路板文件（PCB Document），并打开。打开“sheet1.SCHDOC”和“PCB1.PCBDOC”文件，熟悉一下两个编辑器，保存“sheet1.SCHDOC”和“PCB1.PCBDOC”，关闭两个文件。

（3）练习打开及关闭“Main Toolbar”（主工具栏）、“Placement Tools”（放置工具栏）、“Component Placement”（元器件位置调整工具栏）、“Find Selections”（查找选择工具栏）。

（4）说出常用电阻、电容、二极管、三极管、集成电路元器件的封装。说说焊盘和过孔的主要区别，请观察一下你见到的印制电路板，指出哪一个是焊盘，哪一个是过孔。

（5）在设计印制电路板过程中，机械层、禁止布线层起什么作用？能否把外型为 AXIAL0.3 电阻封装指定为 SIP2 的封装？如可以，电阻如何安放？如果设计单面电路板，请写出此时需要哪些层。

（6）加载常用封装库：“Miscellaneous Connectors.IntLib”，“Miscellaneous Devices.IntLib”。在“Miscellaneous Devices.IntLib”封装库中选择电阻封装（AXIAL-0.3）、电容封装（RAD-0.1 和 RB.2/.4）、二极管封装（Diode-0.4）、三极管封装（TO-126）、连接器封装（SIP2）、可变电阻封装（VR1）、石英晶体封装（XTAL1）、集成电路元器件封装（DIP-8），把这些封装放置到电路板上。

（7）在 F 盘“AD10”文件夹中建立名为“555 电路.PrjPcb”的项目文件。

① 新建原理图文件，命名为“555 电路原理图.SchDoc”。

② 画出如图 2-97 所示电路原理图。

③ 新建 PCB 文件，命名为“555 电路 PCB 设计.PcbDoc”。

④ 印制电路板元器件移动的网格大小为 10mil，可视网格大小为 200mil，电路板尺寸为 1000mil×1000mil。

⑤ 制作 555 电路的 PCB（如图 2-98 所示），采用手工放置元器件，手动布局和布线。

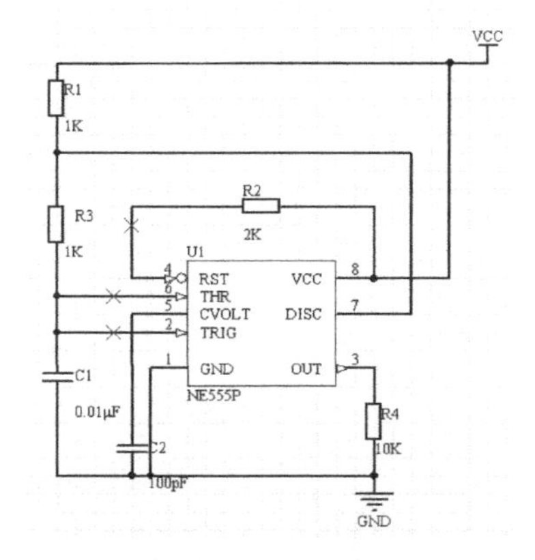

图 2-97　555 电路原理图

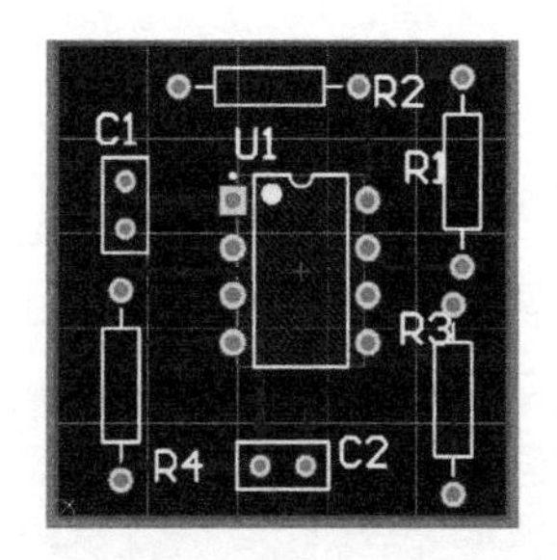

图 2-98　555 电路 PCB

元器件清单如表2-3所示。

表2-3 元器件清单

元器件名称	标 识 符	封 装
电阻	R1、R2、R3、R4	AXIAL-0.4
电容	C1、C2	RAD-0.1
555集成块	U1	DIP-8

⑥ 按要求完成文件的保存。

项目 3　*LED* 闪烁灯的原理图与 *PCB* 设计

本项目介绍的 LED 闪烁灯具有 10 个高亮度发光二极管，呈圆形均匀分布，轮流闪烁，非常动人，如图 3-1 所示。

LED 闪烁灯电路图如图 3-2 所示。

（1）555 时基振荡电路产生时基脉冲，作为 CD4017 计数输入信号，CD4017 依次输出高电平，使 10 个彩灯按排列顺序发光。

（2）改变 R2 大小可改变振荡周期，即灯组流动速度。当第一个脉冲到来时，Q0 输出高电平，D1 点亮，第二个脉冲到来时，Q1 输出高电平，D2 点亮……直到 Q9 输出高电平，D10 亮。完成一个循环输出，接着进行下一轮输出，D1 亮，D2 亮……

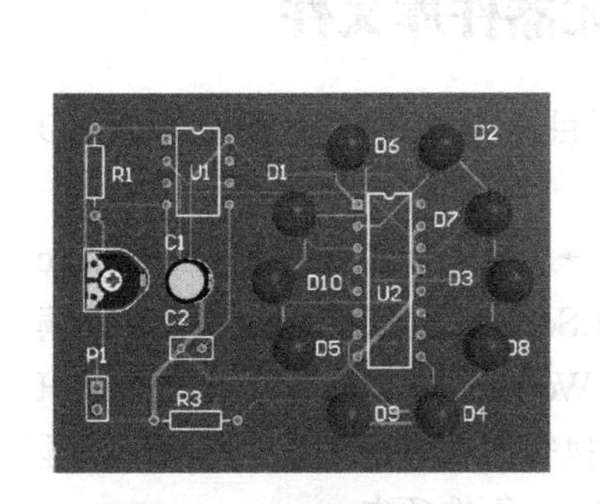

图 3-1　3D 仿真图

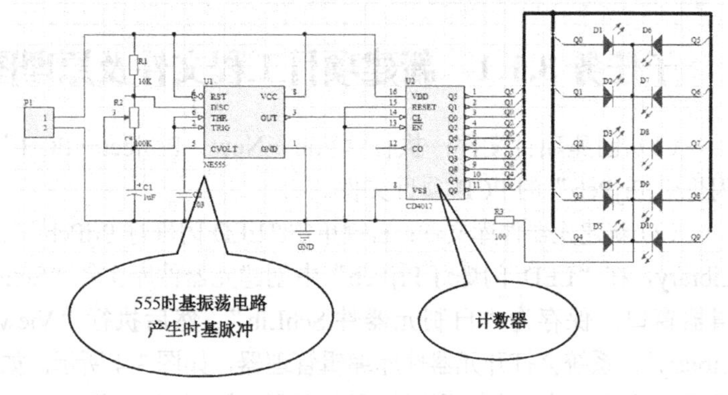

图 3-2　LED 闪烁灯电路图

本项目分为三个任务：

任务 3.1　创建原理图元器件库

任务 3.2　绘制 LED 闪烁灯电路原理图

任务 3.3　LED 闪烁灯电路 PCB 双面板设计

任务 3.1　创建原理图元器件库

当绘制原理图时，常常需要在放置元器件之前添加元器件所在的库。尽管 Altium Designer 10.0

内置的元器件库已经相当完整，但有时用户还是无法从这些元器件库中找到自己想要的所有元器件，比如某种很特殊的元器件或新出现的元器件。在这种情况下，就需要自行创建新的元器件及元器件库。Altium Designer 10.0 提供了一个完整的创建元器件库的工具，即元器件库编辑管理器（Library Editor），该任务要求使用元器件库编辑器来生成元器件和创建元器件库。

本任务要求新建 PCB 项目文件“LED 闪烁灯.PrjPcb”和原理图元器件库文件“自制元器件.SchLib”，根据图 3-3 自制元器件符号。

任务目标

知识目标：

➢ 了解原理图元器件库的特点。

➢ 了解原理图元器件库管理器。

技能目标：

➢ 会建立原理图元器件库。

➢ 会制作简单的元器件。

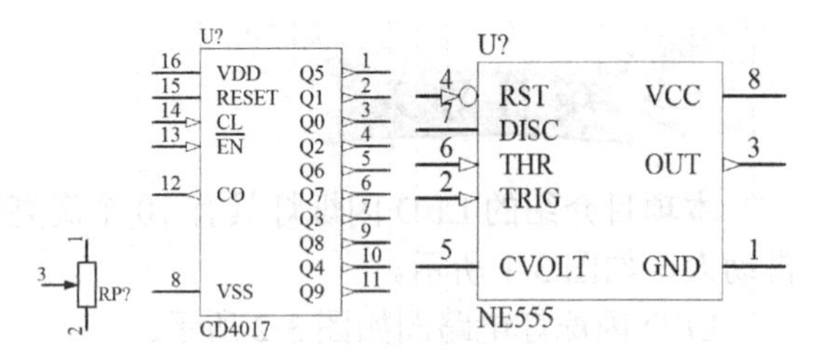

图 3-3　原理图中的自制元器件

任务实施过程

子任务 3.1.1　新建项目工程文件及原理图元器件库文件

（1）创建项目文件：执行“File→New→Project→PCB”项目命令，新建一个名为“LED 闪烁灯.PrjPcb”的 PCB 项目文件。

（2）新建元器件库文件：右键单击“LED 闪烁灯.PrjPcb”文件→Add new to Project→Schematic Library，在“LED 闪烁灯.PrjPcb”中创建元器件库文件“Schlib1.SchLib”，启动元器件库设计编辑器窗口。保存为“自制元器件.SchLib”，然后执行“View→Workspace Panels→SCH→SCH Library”，系统会打开元器件库编辑管理器，如图 3-4 所示。如果执行命令后，元器件库编辑管理器没有显示，则可以在项目管理器下面的状态栏处选择“SCH Library”选项卡。

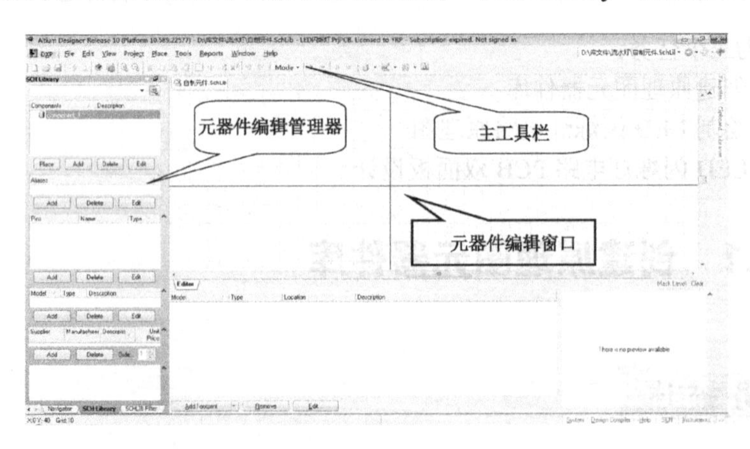

图 3-4　元器件库编辑管理器以及编辑界面

元器件库编辑管理器界面与原理图设计编辑器界面相似。主要由元器件库编辑管理器、主工具栏、菜单、实用工具栏、编辑区等组成。不同的是在编辑区有一个十字坐标轴，将编辑区划分为四个象限。一般在第四象限进行编辑工作。

说明：在 Altium Designer 10.0 中支持单独的封装库，也支持集成元器件库，它们的扩展名分别为“.SchLib”和“.IntLib”。系统提供的库文件基本上是以“.IntLib”为扩展名的文件。

子任务 3.1.2　创建新的元器件

虽然 Altium Designer 10.0 提供了丰富的元器件封装库资源，但是，在实际的电路设计中，由于电子元器件技术的不断更新，有些特定的元器件封装仍需要我们自行制作，例如本项目中的电位器、CD4017 和 NE555D 元器件。

一、元器件 1（电位器）制作

如图 3-5 所示，制作完毕保存在“自制元器件.SchLib”元器件库文件中。

注意：为了以后绘图好对齐，一般应把引脚放在网格线上。

（1）打开状态栏的“SCH→SCH Library”面板，可以看到元器件列表中已存在一个默认添加的名为“Component_1”的对像。首先执行“Tool→Rename Component”命令，打开“Rename Component”对话框，如图 3-6 所示，将元器件命名为“电位器”。

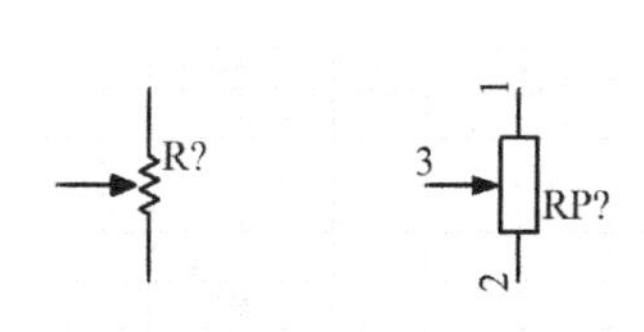

图 3-5　电位器符号

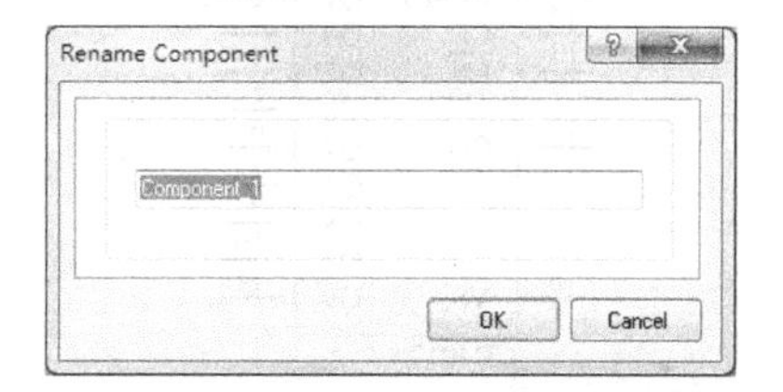

图 3-6　元器件重新命名对话框

（2）为使图形放到想要放的地方，执行菜单命令“Tool→Document Options”，如图 3-7 所示，在弹出的库编辑器工作台中，将栅格中的“Snap”（捕获栅格）设置为“2”或“1”。

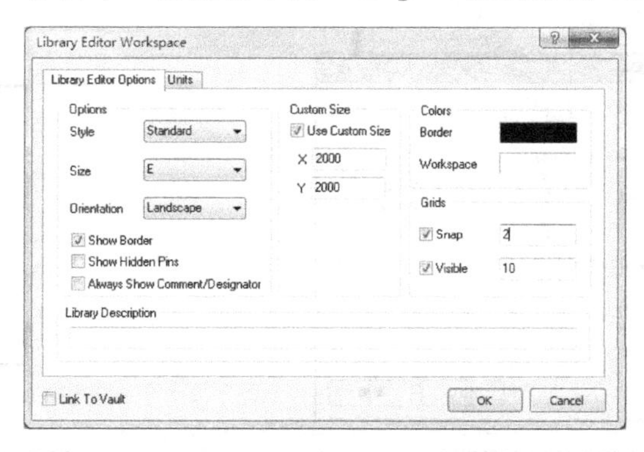

图 3-7　文档选项对话框

（3）执行菜单命令“Place→Pin”，或单击绘图工具栏中的按钮绘制引脚。此时引脚带有

小“×”的一端有电气特性，另一端无电气特性。引脚可通过按键盘上的空格键来旋转。每按一次旋转 90°。放置引脚时，将有电气特性的一端向外放置。

（4）根据表 3-1 设置引脚属性。

表 3-1　电位器引脚属性说明

引脚号码	引脚名称	引脚电气特性	引脚长度	引脚显示状态
1	1	Passive	10mil	显示
2	2	Passive	10mil	显示
3	3	Passive	10mil	显示

双击已放置引脚或在放置后按“Tab”键，打开引脚属性对话框进行属性设置。

（5）保存元器件。

二、元器件 2（CD4017）绘制

如图 3-8 所示，引脚的属性比电位器要复杂。

（1）新建元器件 CD4017。单击“Tool→New Component”命令，输入新建元器件的名字“CD4017”，如图 3-9 所示，单击“OK”。

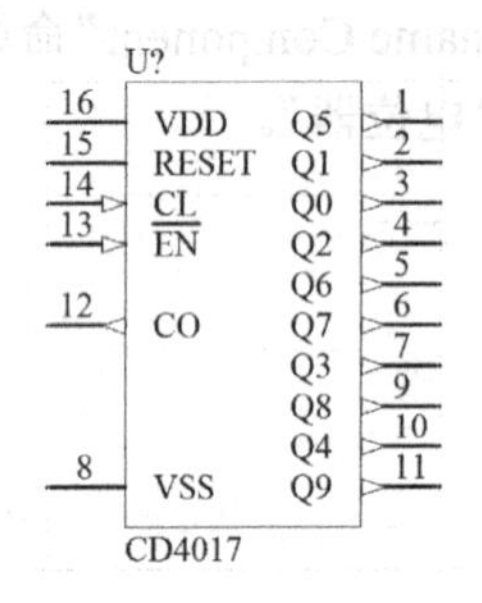

图 3-8　CD4017 元器件符号

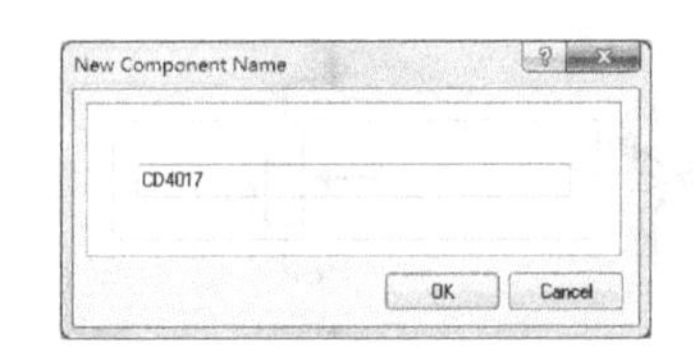

图 3-9　新建元器件 CD4017

（2）CD4017 的绘制。绘制矩形框，设置矩形框属性（图 3-10），边缘宽设置为“Small”，边缘色为“3”号色，其余为默认设置，如图 3-11 所示。

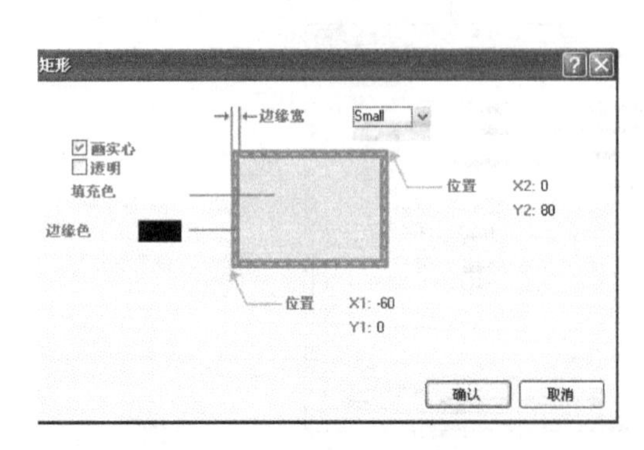

图 3-10　矩形框属性对话框

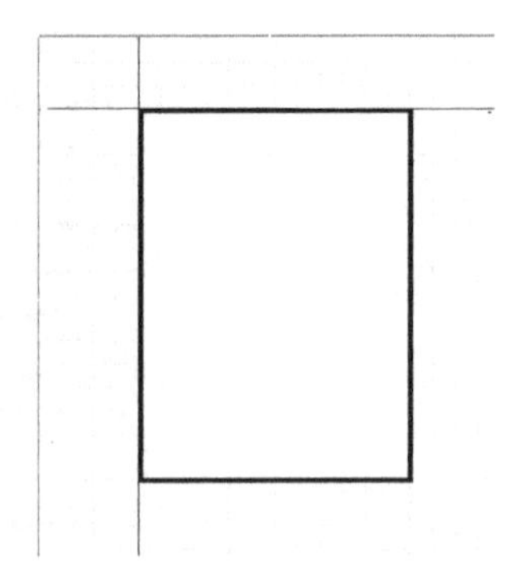

图 3-11　绘制的矩形框

（3）放置引脚，打开引脚属性对话框（图 3-12），引脚属性参照表 3-2。

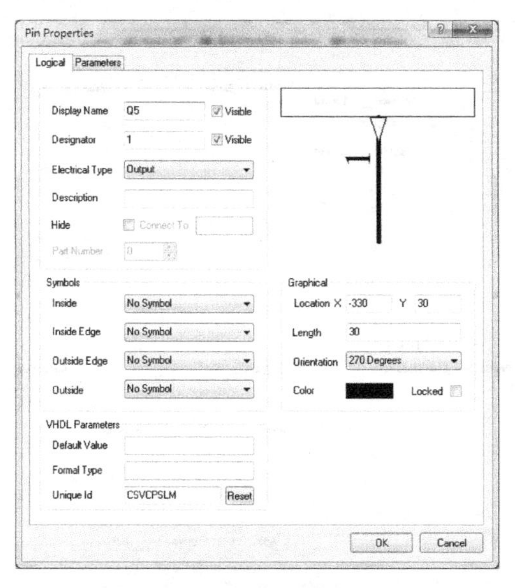

图 3-12　元器件引脚属性对话框

注意：$\overline{\text{EN}}$ 引脚名输入方法：在对话框中输入“E\N\”。

表 3-2　CD4017 引脚属性说明

引脚号码	引脚名称	引脚电气特性	引脚长度	引脚显示状态
1	Q5	Output	20mil	显示
2	Q1	Output	20mil	显示
3	Q0	Output	20mil	显示
4	Q2	Output	20mil	显示
5	Q6	Output	20mil	显示
6	Q7	Output	20mil	显示
8	VSS	Power	20mil	显示
9	Q8	Output	20mil	显示
10	Q4	Output	20mil	显示
11	Q9	Output	20mil	显示
12	CO	Output	20mil	显示
13	$\overline{\text{EN}}$	Input	20mil	显示
14	CL	Input	20mil	显示
15	RESET	Passive	20mil	显示
16	VDD	Power	20mil	显示

（4）编辑 CD4017 属性。在“Sch Library”工作面板中单击“Edit”按钮，打开如图 3-13 所示的对话框，编辑元器件属性。

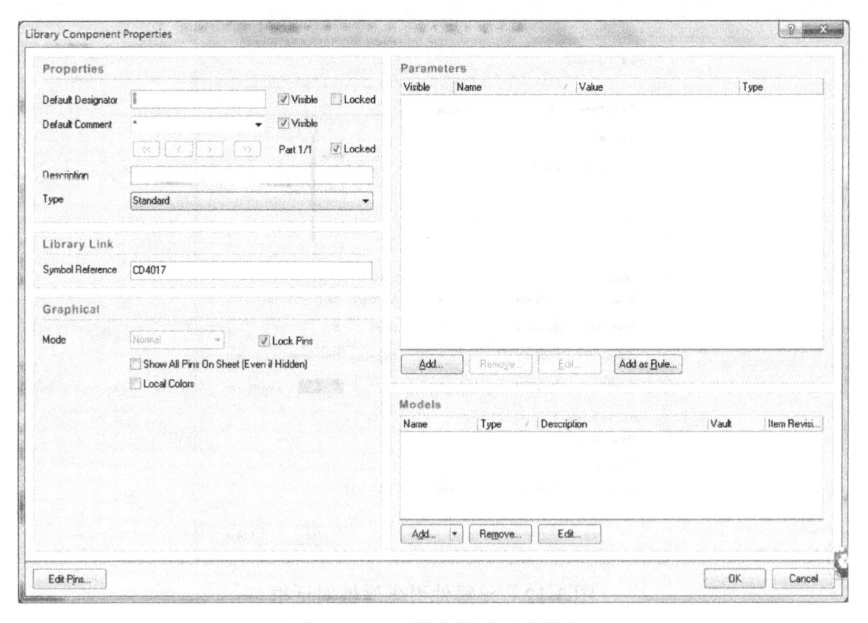

图 3-13　元器件属性对话框

（5）保存元器件 CD4017。

三、元器件 3（NE555D）绘制

借用库中现成元器件来创建一个新元器件（图 3-14）。

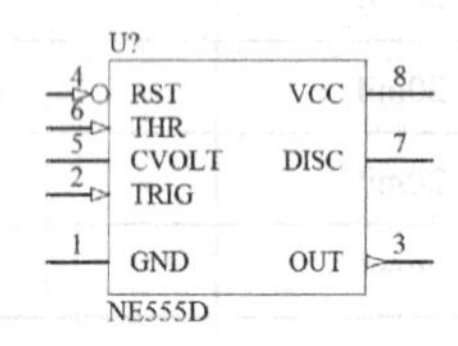

（a）元器件库中现成的符号

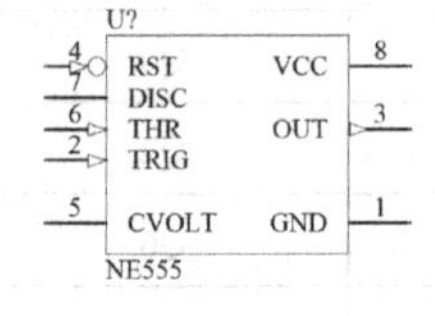

（b）新的元器件符号

图 3-14　绘制 NE555D

新元器件名称：NE555D，所在元器件库："D:\Altium Designer 10.0 安装\Library\Texas Instruments\TI Analog Timer Circuit.IntLib"。

（1）复制原元器件。按路径"D:\Altium Designer 10.0 安装\Library\Texas Instruments\"打开"TI Analog Timer Circuit.IntLib"元器件库→出现如图 3-15 所示对话框→单击第一个按钮→转到库编辑界面（图 3-16）→选择 NE555D 原理图符号→按"Ctrl+C"将其复制。

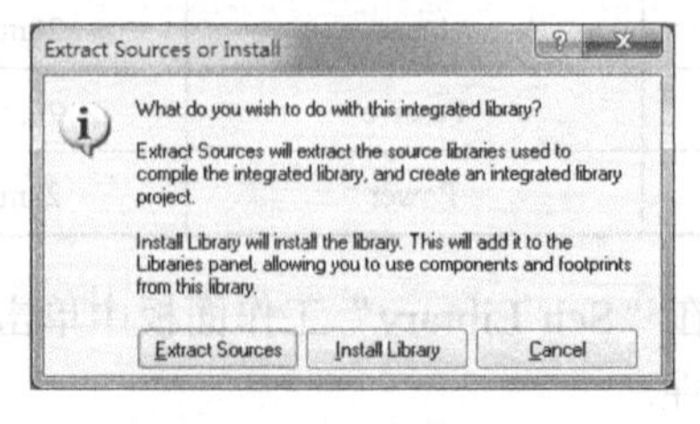

图 3-15　打开集成库文件

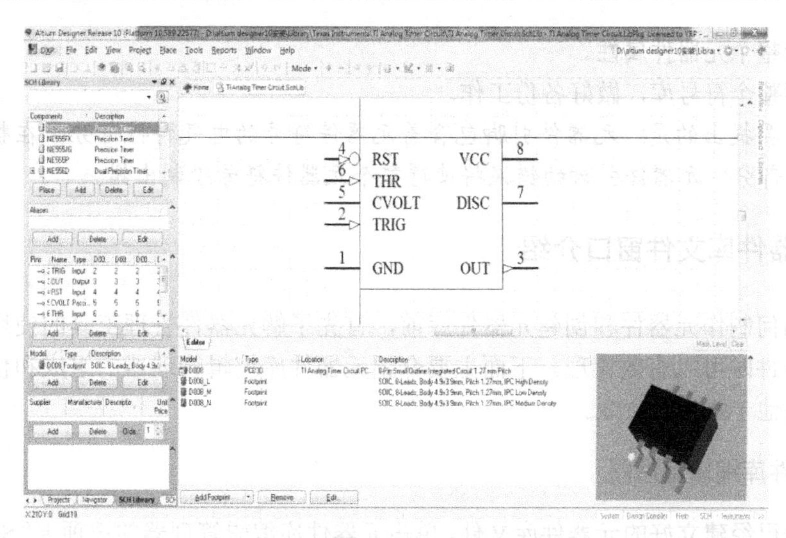

图 3-16　NE555D 符号编辑界面

（2）粘贴原元器件。在创建的“自制元器件.SchLib”中新建元器件→输入新建元器件名称“NE555D”→按“Ctrl+V”粘贴复制的符号。

（3）编辑原元器件。按住引脚移动到适当的位置。

（4）保存文件。

相关知识

一、元器件符号简介

元器件符号是元器件在原理图上的表现形式，在前两个项目中绘制原理图时摆放的就是元器件符号，元器件符号主要由元器件边框和引脚组成，其中引脚表示实际元器件的引脚，引脚可以建立电气连接，是元器件符号中最重要的组成部分。Altium Designer 10.0 中自带一些常用的元器件符号，如电阻器、电容器等，但是在设计中有一些需要的元器件符号并不在 Altium Designer 10.0 自带的元器件库中，需要设计者自行设计。Altium Designer 10.0 提供了强大的元器件符号绘制功能，能够帮助设计者轻松地实现这一目的，Altium Designer 10.0 对元器件符号采用元器件符号库来管理，使其能够在其他工程中引用，方便了大型电子设计工程的建立。

提示：元器件符号中引脚、元器件封装中的焊盘和元器件引脚是一一对应关系。

元器件符号绘制一般流程如下：

（1）新建/打开一个元器件符号库，设置符号库中图纸参数。

（2）查找芯片的数据手册（Datasheet），找出其中的元器件框图说明部分，根据各个引脚的说明统计元器件引脚数目和名称。

（3）新建元器件符号。

（4）为元器件符号绘制合适的边框。

（5）给元器件符号添加引脚，并编辑引脚属性。

（6）为元器件符号添加说明。

（7）编辑整个元器件属性。

（8）保存整个符号库，做好备份工作。

注意：需要提出的是，元器件引脚包含着元器件符号的电气特性部分，在整个绘制流程中是最重要的部分，元器件引脚的错误将使得整个元器件符号绘制出错。

二、元器件库文件窗口介绍

在讲述如何制作元器件和创建元器件库前，首先了解元器件管理工具的使用，以便在后面创建新元器件时可以有效管理。下面主要介绍元器件库编辑管理器的组成和使用方法，同时还将介绍其他一些相关命令。

1．元器件库编辑管理器

打开一个已经建立好的元器件库文件，单击元器件库编辑管理器的选项卡“SCH Library”，就可以看到如图 3-17 所示的元器件库编辑管理器。元器件库编辑管理器有四个区域：Components（元器件）、Aliases（别名）、Pins（引脚）、Model（模式）。

1）Components 区域

本区域主要功能是查找、选择及取用元器件。当打开一个元器件库时，元器件列表就会列出本元器件库内所有元器件的名称。要取用元器件，只要将光标移动到该元器件名称上，然后单击“Place”按钮即可。如果直接双击某个元器件名称，也可以取出该元器件。

（1）第一行为空白编辑框，用于筛选元器件。当在该编辑框输入元器件名的开头字符时，在列表中将会只显示以这些字符开头的元器件。

（2）“Place”按钮的功能是将所选元器件放置到原理图中。单击该按钮后，系统自动切换到原理图设计界面，同时原理图元器件库编辑器退到后台运行。

（3）“Add”按钮的功能是添加元器件。将指定的元器件名称添加到该元器件库中，单击该按钮后，会出现如图 3-18 所示的对话框。输入指定的元器件名称，单击“OK”按钮即可将指定元器件添加进元器件库。

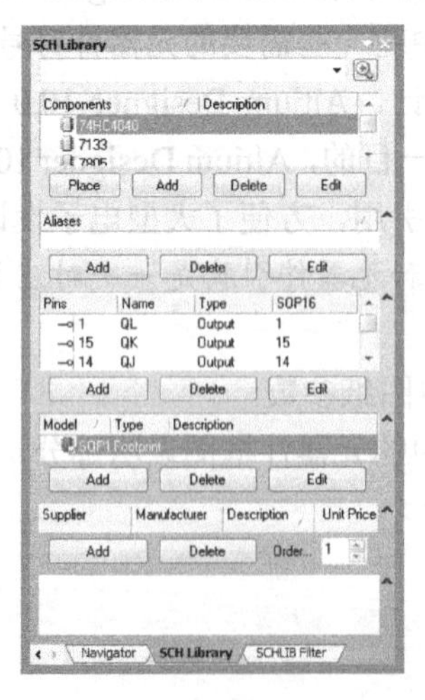

图 3-17　元器件库编辑管理器

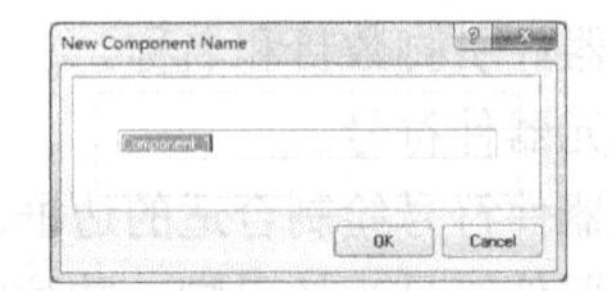

图 3-18　添加元器件对话框

（4）“Delete”按钮的功能是从元器件库删除元器件。

（5）“Edit”按钮：单击该按钮后系统将启动元器件属性对话框，如图 3-19 所示，此时可以设置元器件的相关属性。

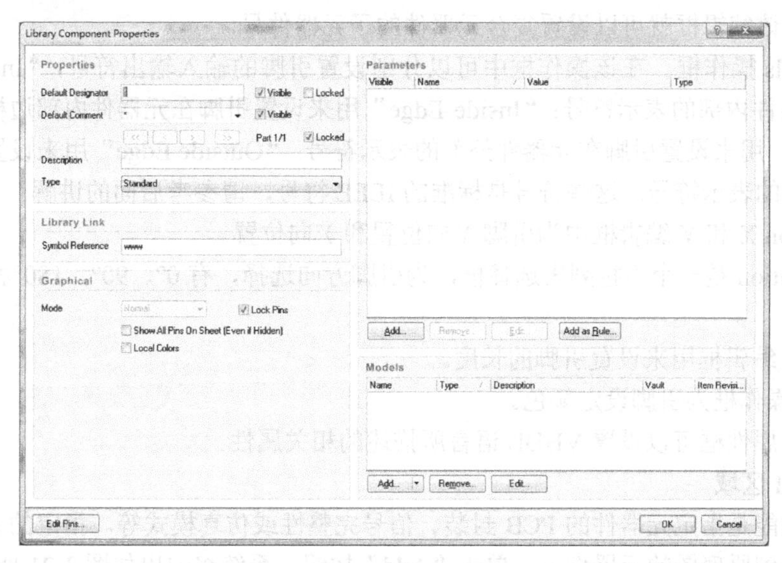

图 3-19　元器件属性对话框

2）Aliases 区域

本区域主要用来设置所选中元器件的别名。

3）Pins 区域

本区域主要功能是将当前工作区域中元器件引脚的名称及状态列于引脚列表中，引脚区域用于显示引脚信息。

（1）单击“Add”按钮可以向选中元器件添加新的引脚。

（2）单击“Delete”按钮可以从所选的元器件中删除引脚。

（3）单击“Edit”按钮，系统将会弹出如图 3-20 所示的引脚属性对话框。

引脚属性对话框中的各操作框的意义如下：

➢ Display Name 编辑框中为引脚名，是引脚左边的一个符号，用户可以进行修改。选择“Visible”复选框则显示该引脚名，否则不显示。

➢ Designator 编辑框中为引脚号，是引脚右边的一个符号，用户也可以进行修改。选择“Visible”复选框则显示该引脚号，否则不显示。

➢ Electrical Type 下拉列表选项用来设定该引脚的电气属性。元器件引脚的电气属性通常包括：Input（输入）、IO（输入输出）、Output（输出）、OpenCollector（开路集电极）、Passive（无源）、HiZ（高阻抗）、Emitter（发射极）和 Power（电源）。

➢ Description 编辑框可以设置引脚的描述属性。

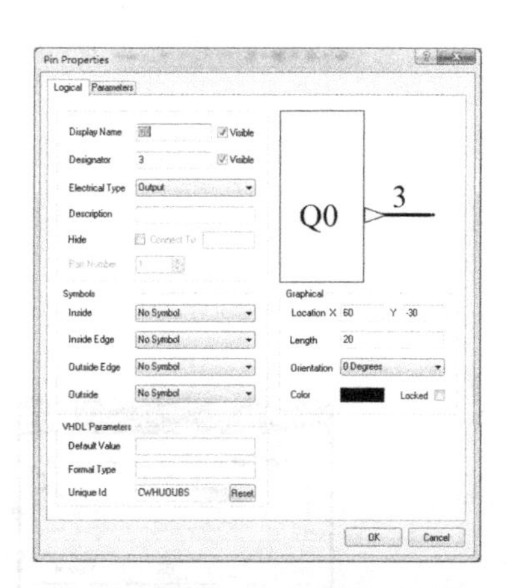

图 3-20　元器件引脚属性对话框

➢ Hide 复选框。选择该复选框，则隐藏该引脚，并且可以在“Connect To”编辑框中输入该引脚所连接的网络名称，如 GND 或 VCC 等。

➢ Part Number 编辑框。一个元器件可以包含多个子元器件，例如一个 74LS00 包含 4 个子元器件，在该编辑框就可以设置复合元器件的子元器件号。

➢ Symbols 操作框。在该操作框中可以分别设置引脚的输入输出符号，“Inside”用来设置引脚在元器件内部的表示符号；“Inside Edge”用来设置引脚在元器件内部边框上的表示符号；“Outside”用来设置引脚在元器件外部的表示符号；“Outside Edge”用来设置引脚在元器件外部边框上的表示符号。这些符号是标准的 IEEE 符号，请参考后面的讲解。

➢ Location X 和 Y 编辑框中为引脚 X 向位置和 Y 向位置。

➢ Orientation 是一个下拉列表选择框，为引脚方向选择，有 0°、90°、180°和 270°四种旋转角度。

➢ Length 编辑框用来设置引脚的长度。

➢ Color 操作框为引脚设定颜色。

➢ VHDL 属性框可以设置 VHDL 语言所描述的相关属性。

4）Model 区域

该区域功能是指定元器件的 PCB 封装、信号完整性或仿真模式等。指定的元器件模式可以连接和映射到原理图的元器件上。单击“Add”按钮，系统将弹出如图 3-21 所示的对话框，此时可以为元器件添加一个新的模式。然后在“Model”区域就会显示一个刚刚添加的新模式，使用鼠标双击该模式，或者选中该模式后单击“Edit”按钮，则可以对该模式进行编辑。

下面以添加一个 PCB 封装模式为例讲述一下具体操作过程。

（1）单击“Add”按钮，添加一个“Footprint”模式。

（2）单击图 3-21 中的“OK”按钮，系统将弹出如图 3-22 所示的“PCB Model”对话框，在该对话框中可以设置 PCB 封装的属性。在“Name”编辑框中可以输入封装名，“Description”编辑框中可以输入封装的描述。

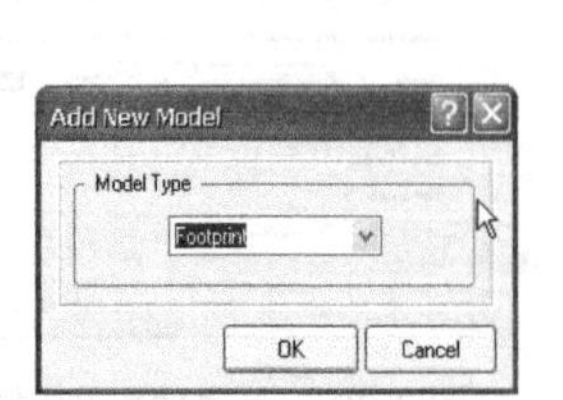

图 3-21　添加一个新的元器件模式

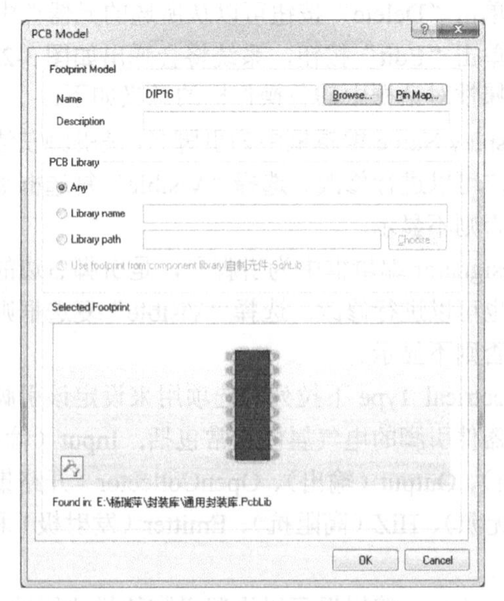

图 3-22　“PCB Model”对话框

其他模式的编辑操作过程与上面的过程类似，只是模式的属性不同。

2. 利用“Tools”菜单管理元器件

元器件库编辑管理器的功能也可以通过选择“Tools”菜单命令来实现，如图 3-23 所示。各命令说明如下：

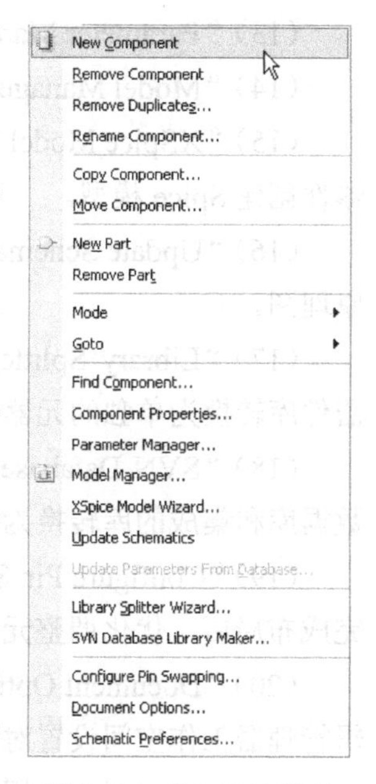

图 3-23　“Tools”菜单

（1）“New Component”的功能是添加元器件。

（2）“Remove Component”的功能是删除元器件库编辑管理器“Component”区域中指定的元器件。

（3）“Remove Duplicates”的功能是删除元器件库中重复的元器件。

（4）“Rename Component”的功能是修改元器件库编辑管理器“Component”区域中指定元器件的名称。

（5）“Copy Component”的功能是将该元器件复制到指定的元器件库中。单击此命令后，会弹出对话框，选择元器件库后按“OK”按钮即可将该复制到指定的元器件库中。

（6）“Move Component”的功能是将该元器件移到指定的元器件库中。单击此命令后，会出现对话框，选择元器件库后按“OK”按钮即可将该元器件移到指定的元器件库中。

（7）“New Part”的功能是在复合封装元器件中新增元器件。

（8）“Remove Part”的功能是删除复合封装元器件中的元器件。

（9）“Mode”菜单命令为元器件创建一个可代替的视图模式。这些视图模式可以包含元器件的不同图形表示，例如 IEEE 符号等。如果元器件的任何一个替代视图被添加，则通过“Mode”菜单命令选择替代模式，它们会显示在元器件库编辑管理器中。当元器件被放置在原理图中，视图模式也可以从元器件属性图形操作框的“Mode”下拉列表中选择。

单击“Mode”工具栏上的 + 或执行“Mode”菜单的“Add”命令可以为元器件添加一个替代视图。单击“Mode”工具栏上的 - 或执行“Mode”菜单的“Remove”命令可以从元器件移掉一个替代视图。还可以执行“Mode”菜单的“Previous”和“Next”命令查看前后的替代视图。

（10）“Goto”是一个子菜单，其中有如下命令：

- “Next Part”的功能是切换到复合封装元器件中的后一个元器件。
- “Prev Part”的功能是切换到复合封装元器件中的前一个元器件。
- “Next Component”的功能是切换到元器件的后一个元器件。
- “Prev Component”的功能是切换到元器件的前一个元器件。
- “First Component”的功能是切换到元器件库中的第一个元器件。
- “Last Component”的功能是切换到元器件库中的最后一个元器件。

（11）“Find Component”命令。执行该命令，将可以进行元器件的搜索操作，元器件搜索操作与项目二元器件搜索操作方法一样。

（12）“Component Properties”命令。执行此命令将打开元器件属性对话框，请参考前面关于编辑元器件属性的讲解。

（13）“Parameter Manager”命令可以使用该命令对元器件的属性参数进行修改。

（14）“Model Manager”命令。该命令用来对元器件的模型（比如仿真模型）进行管理。

（15）“XSpice Model Wizard”命令。该命令可以启动 Spice 模型创建向导，然后可以为元器件创建 Spice 模型。

（16）“Update Schematics”的功能是根据元器件库编辑管理器中所做的修改，更新打开的原理图。

（17）“Library Splitter Wizard”的功能是将原理图元器件库、PCB 元器件库和 PCB3D 元器件库转换为单独的元器件库。

（18）“SVN Database Library Maker”命令可以用于将原理图元器件库、PCB 元器件库、数据库和集成的库转换为 SVN 数据库。

（19）“Configure Pin Swapping”命令提供了封装引脚自定义交换优化的功能，可以在 PCB 完成布局后，优化调整元器件上同类型的管脚。

（20）“Document Options”命令。执行该命令后，系统将弹出如图 3-24 所示的元器件库编辑管理器工作空间设置对话框。

➢ “Style”下拉列表用来选择图纸的样式。

➢ “Size”下拉列表用来选择图纸的尺寸。

➢ “Orientation”下拉列表用来设置图纸的方向，包括横向（Landscape）和纵向（Portrait）两种。

➢ “Show Border”复选框，选中该复选框则在图纸上可以显示边框。

➢ “Show Hidden Pins”复选框，选中该复选框则可以显示隐藏的引脚。

➢ “Use Custom Size”复选框，选中该复选框则使用用户自定义的图纸尺寸，X 和 Y 编辑框分别用于输入图纸的宽度和高度。

➢ “Colors”操作框中的两个编辑选项分别定义图纸边框和工作空间的颜色。

➢ “Grids”操作框中的两个复选框分别设置栅距（Snap）和可见性（Visible）。前者设定的距离为鼠标在图纸上移动的最小可分辨距离。

（21）“Schematic Preferences”命令。执行该命令后，系统将弹出元器件图的参数设置对话框，该对话框的各项设置与原理图的参数设置对话框一致。

3．元器件绘图工具

前面讲述了元器件库编辑管理器的使用，现在讲解如何制作元器件。制作元器件可以利用绘图工具来进行，常用的绘图工具集成在实用工具栏中，包括一般绘图工具栏和 IEEE 工具栏。

如图 3-25 所示为元器件库编辑系统中的一般绘图工具栏。一般绘图工具栏的打开与关闭可以通过选取实用工具栏里的图标来实现。

一般绘图工具栏上的命令也对应“Place”菜单上的各命令，所以也可以从“Place”菜单上直接选取命令。一般绘图工具栏上各按钮的功能见表 3-3。

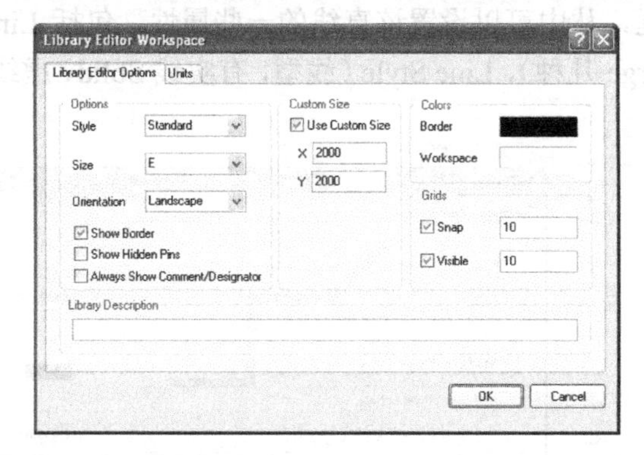

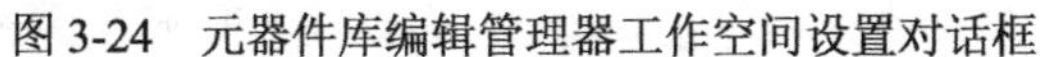
图 3-24　元器件库编辑管理器工作空间设置对话框

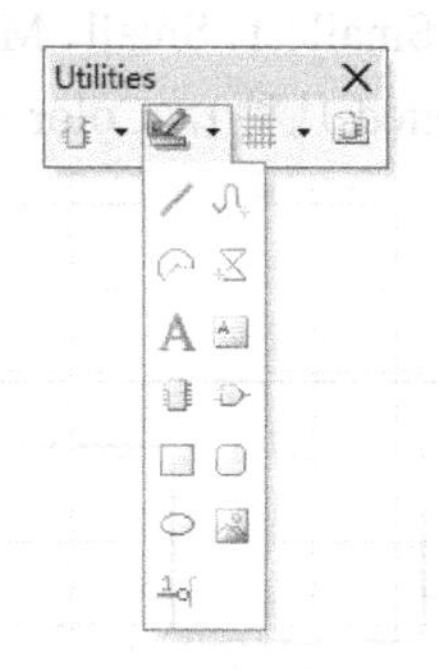

图 3-25　一般绘图工具栏

表 3-3　一般绘图工具栏按钮功能

按　钮	对应菜单命令	功　能
	Place→Line	绘制直线
	Place→Bezier	绘制贝塞尔曲线
	Place→Elliptical Arc	绘制椭圆弧线
	Place→Polygon	绘制多边形
	Place→Text String	插入文字
	Place→Text Frame	插入文本框
	Tools→New Component	插入新元器件
	Tools→New Part	添加新元器件至当前显示的元器件
	Place→Rectangle	绘制直角矩形
	Place→Round Rectangle	绘制圆角矩形
	Place→Ellipse	绘制椭圆形及圆形
	Place→Graphic	插入图片
	Place→Pin	绘制引脚

1）直线

直线（Line）在功能上完全不同于元器件间的导线（Wire）。导线具有电气意义，通常用来表现元器件间的物理连通性，而直线并不具备任何电气意义。

绘制直线可执行菜单命令“Place→Lines”，或单击工具栏上的按钮 ，将编辑模式切换到画直线模式，此时鼠标指针除了原先的空心箭头之外，还多出了一个大十字符号。在绘制直线模式下，将大十字指针符号移动到直线的起点，单击鼠标左键，然后移动鼠标，屏幕上会出现一条随鼠标指针移动的预拉线，每到一个拐弯点要单击一次左键（如图 3-26 所示）。单击鼠标右键一次或按“Esc”键一次，则返回到画直线模式，但并没有退出。如果还处于绘制直线模式下，则可以继续绘制下一条直线，直到双击鼠标右键或按两次“Esc”键退出绘制状态。

如果在绘制直线的过程中按下“Tab”键，或在已绘制好的直线上双击鼠标左键，即可打开如图 3-27 所示的“PolyLine”对话框，从中可以设置该直线的一些属性，包括 Line Width（线宽，有 Smallest、Small、Medium、Large 几种），Line Style（线型，有实线 Solid、虚线 Dashed 和点线 Dotted 几种），Color（颜色）。

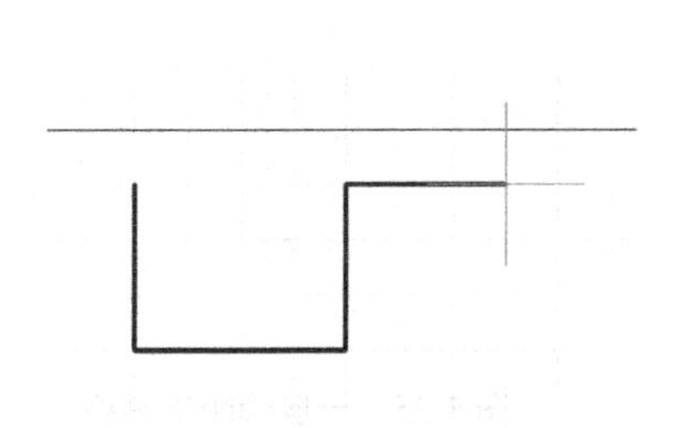

图 3-26　绘制直线

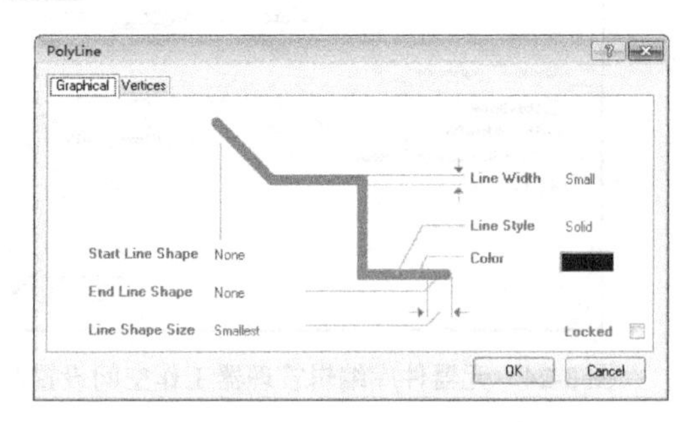

图 3-27　“PolyLine”对话框

2）绘制多边形

所谓多边形（Polygon）是指利用鼠标指针依次定义出图形的各个边角所形成的封闭区域。具体操作步骤：

① 执行绘制多边形命令。绘制多边形可通过执行菜单命令“Place→Polygon”，或单击工具栏上的按钮，将编辑状态切换到绘制多边形模式。

② 绘制多边形。执行此命令后，鼠标指针旁边会多出一个大十字符号。首先在待绘制图形的一个角单击鼠标左键，然后移动鼠标到第二个角顶点单击鼠标左键形成一条直线，然后再移动鼠标，这时会出现一个随鼠标指针移动的预拉封闭区域。现在依次移动鼠标到待绘制图形的其他角顶点单击左键。如果单击鼠标右键就会结束当前多边形的绘制，进入下一个绘制多边形的过程。如果要将编辑模式切换回待命模式，可再单击鼠标右键或按下“Esc”键。绘制的多边形如图 3-28 所示。

③ 编辑多边形属性。如果在绘制多边形的过程中按下“Tab”键，或是在已绘制好的多边形上双击鼠标左键，就会打开如图 3-29 所示的“Polygon”对话框，可从中设置该多边形的一些属性，如 Border Width（边框宽度，有 Smallest、Small、Medium、Large 几种）、Border Color（边框颜色）、Fill Color（填充颜色）、Draw Solid（设置为实心多边形）和 Transparent（透明，选中该选项后，双击多边形内部不会有响应，而只在边框上有效）。

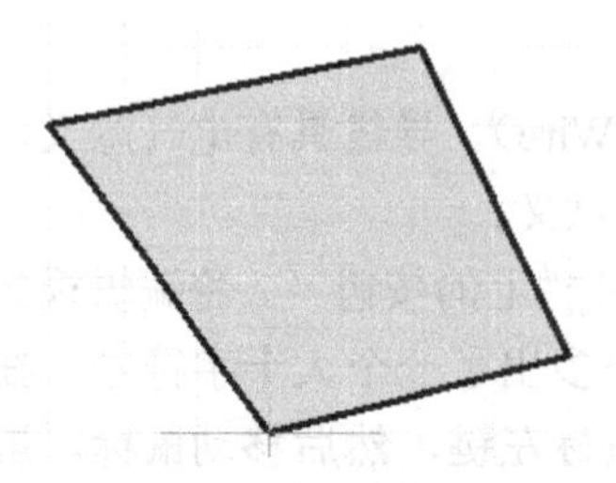

图 3-28　绘制的多边形

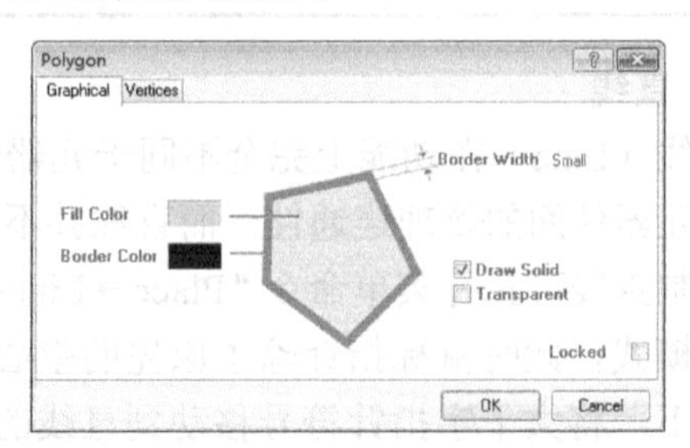

图 3-29　“Polygon”对话框

如果直接用鼠标左键单击已绘制好的多边形，即可使其进入选取状态，此时多边形的各个角顶点都会出现控制点，可以通过拖动这些控制点来调整该多边形的形状。此外，也可以直接拖动多边形本身来调整其位置。

3）绘制圆弧与椭圆弧

① 执行绘制圆弧与椭圆弧命令。绘制圆弧可执行菜单命令“Place→Arc”，将编辑模式切换到绘制圆弧模式。绘制椭圆弧可使用菜单命令“Place→Elliptic Arc”或单击工具栏上的按钮。

② 绘制圆弧步骤如图 3-30 所示，在线编辑修改如图 3-31 所示，属性对话框如图 3-32 所示。

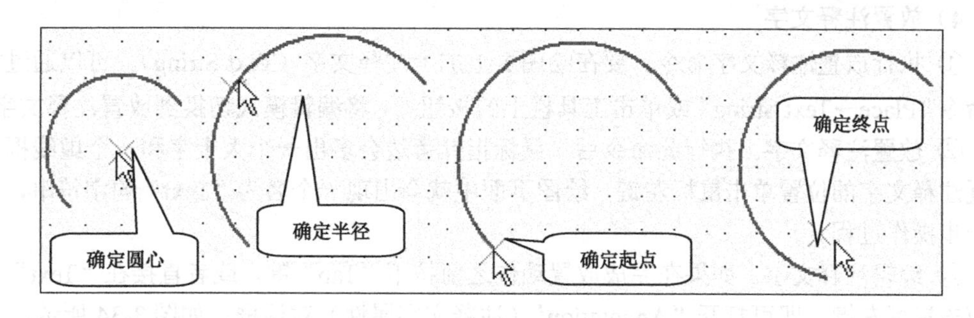

图 3-30　绘制圆弧

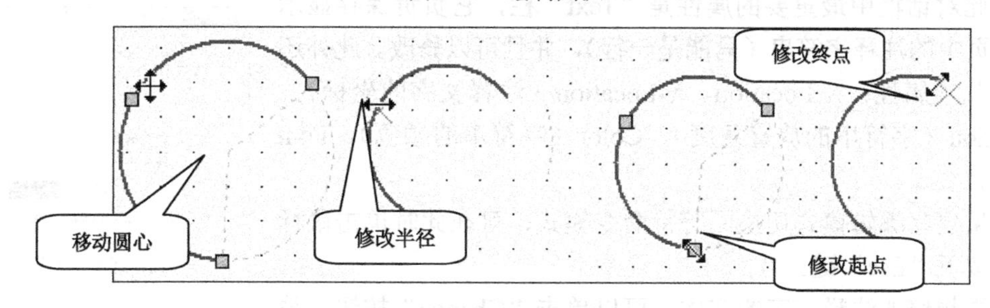

图 3-31　圆弧的在线编辑

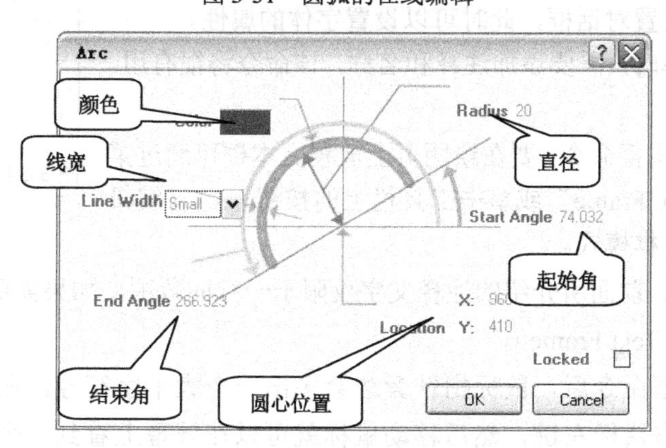

图 3-32　圆弧的属性编辑

绘制椭圆弧操作过程和绘制圆弧一样，先确定中心，再确定 X、Y 轴方向的半径，最后确定起点和终点。如图 3-33 所示为椭圆弧的在线编辑。

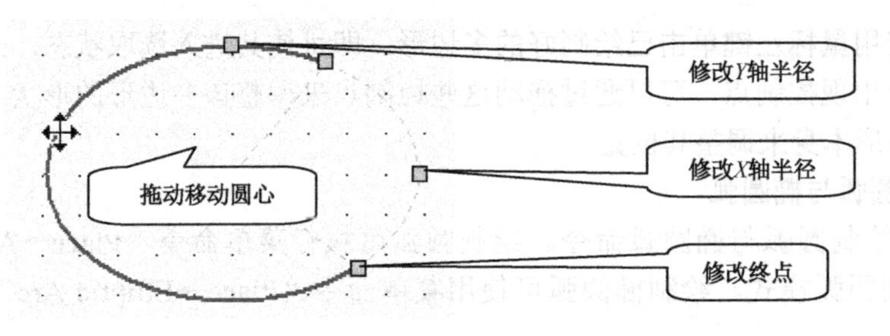

图 3-33 椭圆弧的在线编辑

4）放置注释文字

① 执行放置注释文字命令。要在绘图页上加上注释文字（Text String），可以通过执行菜单命令“Place→Text String”或单击工具栏上的按钮，将编辑模式切换到放置注释文字模式。

② 放置注释文字。执行此命令后，鼠标指针旁边会多出一个大十字和一个虚线框，在想放置注释文字的位置单击鼠标左键，绘图页面中就会出现一个名为“Text”的字符串，并进入下一步操作过程。

③ 编辑注释文字。如果在完成放置动作之前按下“Tab”键，或者直接在“Text”字符串上双击鼠标左键，即可打开“Annotation”（注释文字属性）对话框，如图 3-34 所示。

在此对话框中最重要的属性是“Text”栏，它负责保存显示在绘图页中的注释字符串（只能是一行），并且可以修改。此外还有其他几项属性：X-Location、Y-Location（注释文字的坐标），Orientation（字符串的放置角度），Color（字符串的颜色），Font（字体）。

如果要将编辑模式切换回等待命令模式，可在此时单击鼠标右键或按下“Esc”键。

如果想修改注释文字的字体，可以单击“Change”按钮，系统将弹出一个字体设置对话框，此时可以设置字体的属性。

当制作元器件库时，需要添加注释和名称，该命令将很有用。

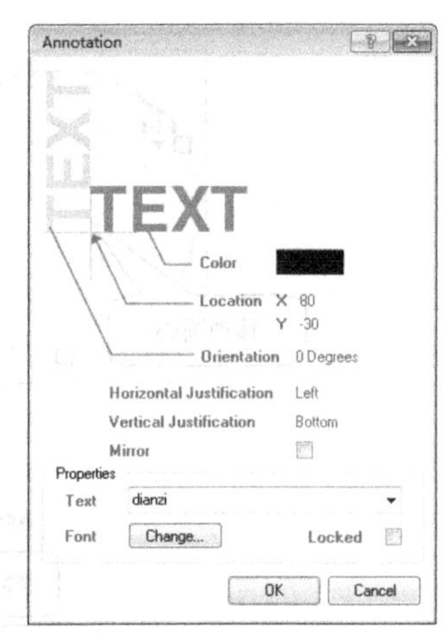

图 3-34 注释文字属性对话框

5）放置文本框

① 执行放置文本框命令。要在绘图页上放置文本框可通过菜单命令“Place→Text Frame”或单击工具栏上的按钮，将编辑状态切换到放置文本框模式。

② 放置文本框。前面所介绍的注释文字仅限于一行的范围，如果需要多行的注释文字，就必须使用文本框（Text Frame）。

执行放置文本框命令后，鼠标指针旁边会多出一个大十字符号，在需要放置文本框的一个边角顶点处单击鼠标左键，然后移动鼠标就可以在屏幕上看到一个虚线的预拉框，用鼠标左键单击该预拉框的对角位置，就结束了当前文本框的放置过程，并自动进入下一个放置过程。

③ 编辑文本框。如果在完成放置文本框的动作之前按下“Tab”键，或者直接用鼠标左键双击文本框，就会打开“Text Frame”属性对话框，如图 3-35 所示。

在这个对话框中最重要的选项是“Text”栏，它负责保存显示在绘图页中的注释文字串，但在此处并不局限于一行。单击“Text”栏右边的“Change”按钮可打开一个“Text Frame Text”窗口，这是一个文字编辑窗口，可以在该窗口编辑显示字串。

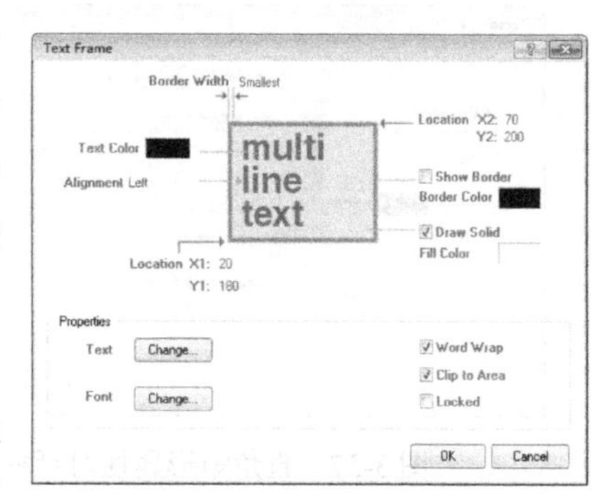

图 3-35　文本框属性对话框

在“Text Frame”对话框中还有其他一些选项，如：Location X1、Location Y1（文本框左下角坐标），Location X2、Location Y2（文本框右上角坐标），Border Width（边框宽度），Border Color（边框颜色），Fill Color（填充颜色），Text Color（文本颜色），Font（字体），Draw Solid（设置为实心多边形），Show Border（设置是否显示文本框边框），Alignment（文本框内文字对齐的方向），Word Wrap（设置字回绕），Clip To Area（当文字长度超出文本框宽度时，自动截去超出部分）。

如果直接用鼠标左键单击文本框，可使其进入选中状态，同时出现一个环绕整个文本框的虚线边框，此时可直接拖动文本框本身来改变其放置的位置。

6）绘制矩形

这里的矩形分为直角矩形（Rectangle）与圆角矩形（Round Rectangle），它们的差别在于矩形的四个边角是否由椭圆弧所构成。除此之外，这二者的绘制方式与属性均十分相似。具体操作步骤如下。

① 执行绘制矩形命令。绘制直角矩形可通过菜单命令“Place→Rectangle”或单击工具栏上的按钮□。绘制圆角矩形可通过菜单命令“Place→Round Rectangle”或单击工具栏上的按钮▢。

② 绘制矩形。执行绘制矩形命令后，鼠标指针旁边会多出一个大十字符号，然后在待绘制矩形的一个角顶点上单击鼠标左键，接着移动指针到矩形的对角顶点，再单击鼠标左键，即完成当前这个矩形的绘制过程，同时进入下一个矩形的绘制过程。

若要将编辑模式切换回等待命令模式，可在此时单击鼠标右键或按下“Esc”键。绘制的矩形和圆角矩形如图 3-36 所示。

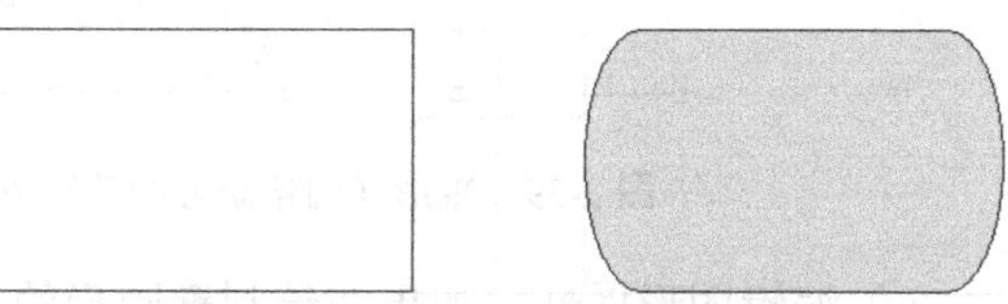

图 3-36　绘制的矩形和圆角矩形

③ 编辑修改矩形属性。在绘制矩形的过程中按下“Tab”键，或者直接用鼠标左键双击已绘制好的矩形，就会打开如图 3-37 或图 3-38 所示的对话框。

其中圆角矩形比直角矩形多两个属性：X-Radius 和 Y-Radius，它们是圆角矩形四个椭圆角的 X 轴与 Y 轴半径。除此之外，直角矩形与圆角矩形共有的属性包括：Location X1、Location Y1（矩形左下角坐标），Location X2、Location Y2（矩形右上角坐标），Border Width（边框宽度），Border Color（边框颜色），Fill Color（填充颜色）和 Draw Solid（设置为实心多边形）。

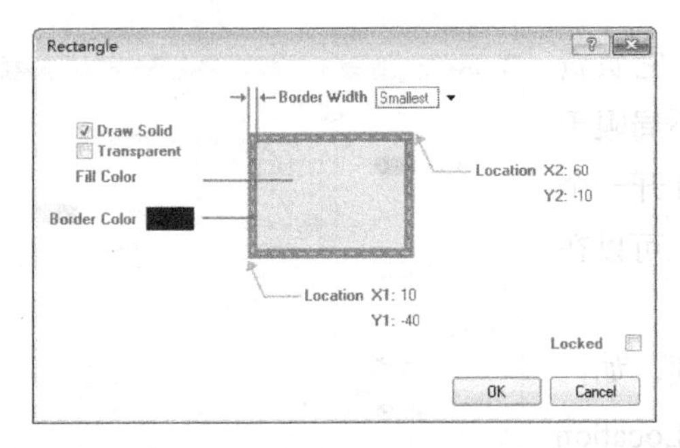

图 3-37　直角矩形属性对话框

图 3-38　圆角矩形属性对话框

如果直接用鼠标左键单击已绘制好的矩形，可使其进入选中状态，在此状态下可以通过移动矩形本身来调整其放置的位置。在选中状态下，直角矩形的四个角顶点和各边的中点都会出现控制点，可以通过拖动这些控制点来调整该直角矩形的形状。对于圆角矩形来说，除了上述控制点之外，在矩形的四个角内侧还会出现一个控制点，这是用来调整椭圆弧的半径的，如图 3-39 所示。

7）绘制圆与椭圆

① 执行绘制椭圆或圆命令。绘制椭圆（Ellipse），可通过菜单命令“Place→Ellipse”或单击工具栏上的按钮⬭，将编辑状态切换到绘制椭圆模式。由于圆就是 *X* 轴与 *Y* 轴半径一样大的椭圆，所以利用绘制椭圆的工具即可以绘制出标准的圆。

② 绘制圆或椭圆。执行绘制椭圆命令后，鼠标指针旁边会多出一个大十字符号，首先在待绘制图形的中心点处单击鼠标左键，然后移动鼠标会出现预拉椭圆形线，分别在适当的 *X* 轴半径处与 *Y* 轴半径处单击鼠标左键，即完成该椭圆形的绘制，同时进入下一次绘制过程。如果设置的 *X* 轴与 *Y* 轴的半径相等，则可以绘制圆。

此时如果希望将编辑模式切换回等待命令模式，可单击鼠标右键或按下键盘上的“Esc”键。绘制的图形如图 3-40 所示。

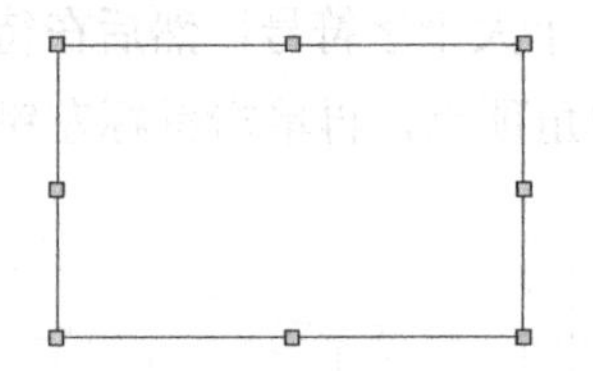

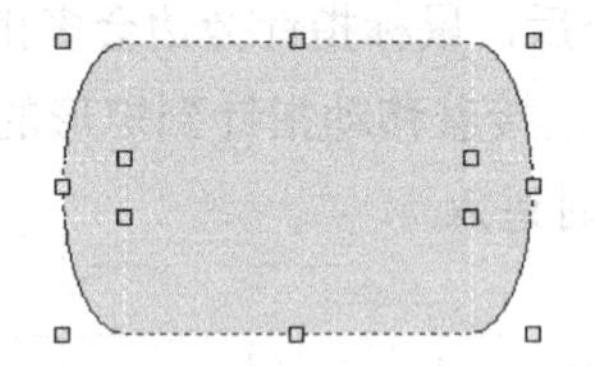

图 3-39　矩形和圆角矩形的控制点

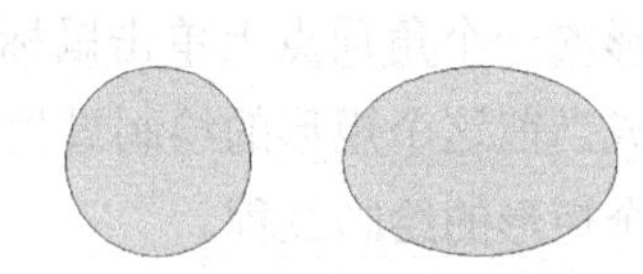

图 3-40　绘制的圆和椭圆

③ 编辑图形属性。如果在绘制椭圆形的过程中按下“Tab”键，或是直接用鼠标左键双击已绘制好的椭圆形，即可打开如图 3-41 所示的“Ellipse”对话框，可以在此对话框中设置该椭圆形的一些属性，如 X-Location、Y-Location（椭圆形的中心点坐标），X-Radius 和 Y-Radius（椭圆的 *X* 轴与 *Y* 轴半径），Border Width（边框宽度），Border Color（边框颜色），Fill Color（填充颜色），Draw Solid（设置为实心多边形）。

8）绘制饼图

① 执行绘制饼图命令。所谓饼图（Pie Charts）就是有缺口的圆形。若要绘制饼图，可通过菜单命令“Place→Pie Chart”或单击工具栏上的按钮◔，将编辑模式切换到绘制饼图模式。

② 绘制饼图。执行绘制饼图命令后，鼠标指针旁边会多出一个饼图图形，首先在待绘制图形的中心处单击鼠标左键，然后移动鼠标会出现饼图预拉线。调整好饼图半径后单击鼠标左键，鼠标指针会自动移到饼图缺口的一端，调整好其位置后单击鼠标左键，鼠标指针会自动移到饼图缺口的另一端，调整好其位置后再单击鼠标左键，即可结束该饼图的绘制，同时进入下一个饼图的绘制过程。此时如果单击鼠标右键或按下“Esc”键，可将编辑模式切换回等待命令模式。绘制的饼图如图 3-42 所示。

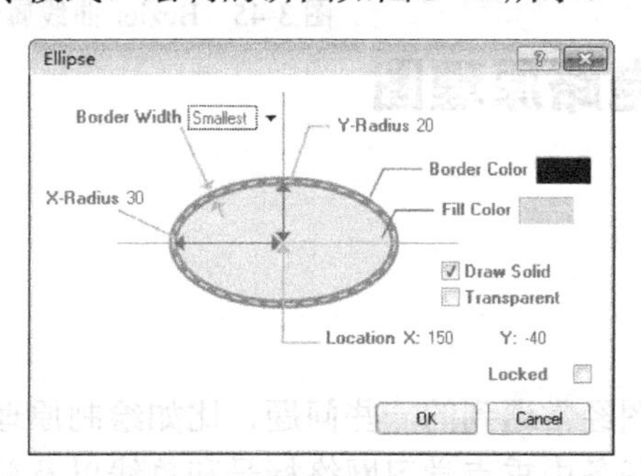

图 3-41　椭圆属性对话框

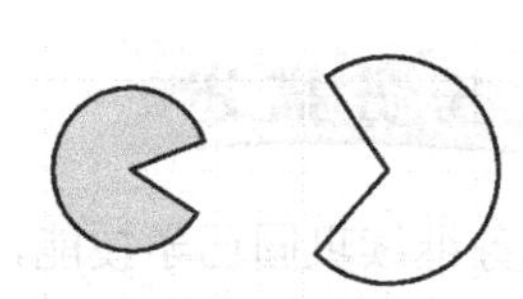

图 3-42　绘制的饼图

③ 编辑饼图。如果在绘制饼图过程中按下“Tab”键，或者直接用鼠标左键双击已绘制好的饼图，可打开如图 3-43 所示的“Pie Chart”对话框。在该对话框中可设置如下属性：Location X，Location Y（中心点的 *X* 轴、*Y* 轴坐标），Radius（半径），Border Width（边框宽度），Start Angle（缺口起始角度），End Angle（缺口结束角度），Border Color（边框颜色）Color（填充颜色），Draw Solid（设置为实心饼图）。

9）绘制 Bezier 曲线

① 执行绘制 Bezier 曲线命令。Bezier 曲线的绘制可以通过执行菜单命令“Place→Bezier”或单击绘图工具栏上的按钮。

② 绘制 Bezier 曲线。当激活该命令后，将在鼠标边上出现一个大十字，此时可以在图纸上绘制曲线，当确定第一点后，系统会要求确定第二点，确定的点数大于或等于 2，就可以生成曲线，当只有两点时，就生成了一直线。确定了第二点后，可以继续确定第三点，一直可以延续下去，直到用户单击鼠标右键结束。

如果选中 Bezier 曲线，则会显示绘制曲线时生成的控制点，这些控制点其实就是绘制曲线时确定的点，如图 3-44 所示。

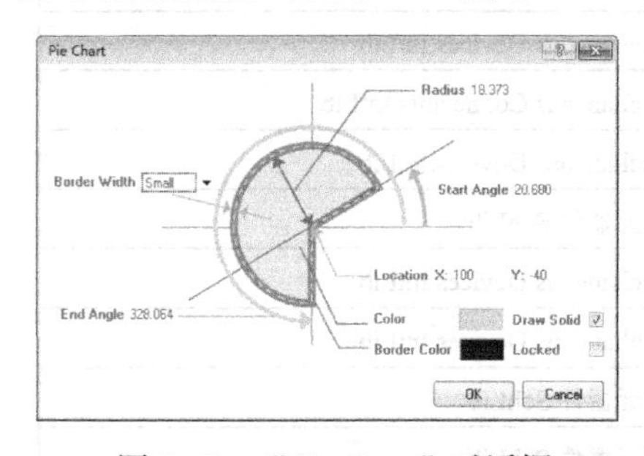

图 3-43　“Pie Chart”对话框

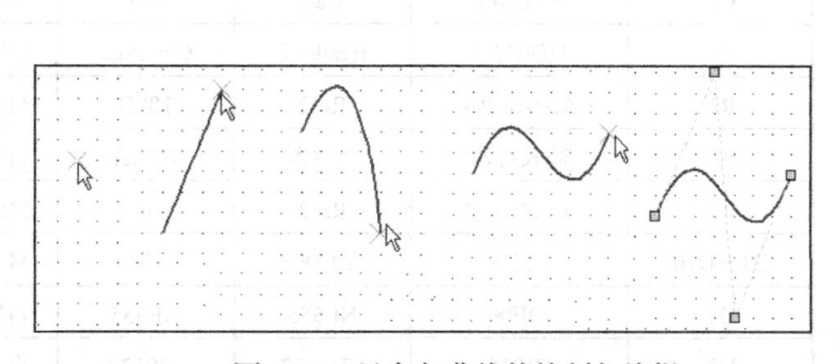

图 3-44　贝塞尔曲线的绘制与编辑

③ 编辑 Bezier 曲线。如果想编辑曲线的属性，则可以使用鼠标双击曲线，或选中曲线后单击鼠标右键，从快捷菜单中选取“Properties”命令，就可以进入 Bezier 曲线属性对话框，如图 3-45 所示。其中“Curve Width”下拉列表用来选择曲线的宽度，Color 编辑框用来设置曲线的颜色。

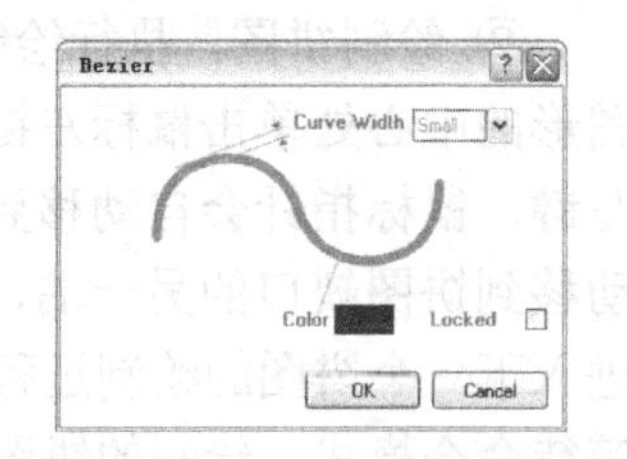

图 3-45　Bezier 曲线属性对话框

任务 3.2　绘制 LED 闪烁灯电路原理图

本任务继续巩固已学技能，并学习解决绘图经常遇到的一些问题，比如绘制原理图时，知道元器件位于哪个库，怎样加载库。但在本任务中重点学习网络标号和总线以及总线分支的放置方法。要求在已经建立的 PCB 项目文件“LED 闪烁灯.PrjPcb”中建立原理图文件“LED 闪烁灯原理图.SchDoc”，根据图 3-46 和表 3-4 所列的原理图元器件清单来绘制原理图。

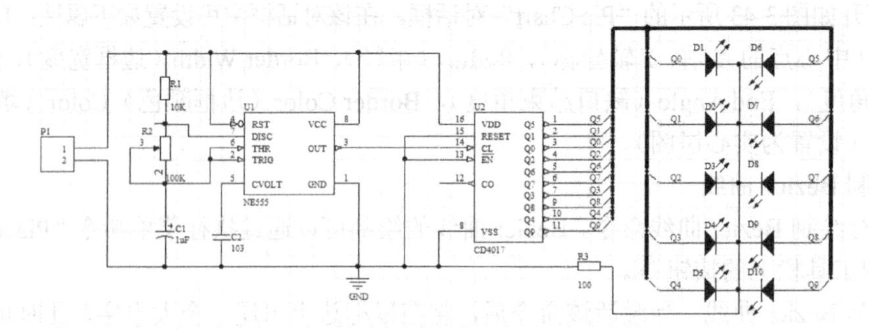

图 3-46　LED 闪烁灯电路图

表 3-4　LED 闪烁灯原理图元器件清单

序 号	封 装	名 称	注 释	元器件库名称
C1	RB.1/.2	Cap Pol1	1μF	Miscellaneous Devices.IntLib
C2	RAD-0.1	Cap	103	Miscellaneous Devices.IntLib
P1	HDR1X2	Header 2	Cap Pol2	Miscellaneous Connectors.IntLib
R1	AXIAL-0.4	Res2	10kΩ	Miscellaneous Devices.IntLib
R2	卧式可调	电位器	100kΩ	自制元器件.SchLib
R3	AXIAL-0.4	Res2	100	Miscellaneous Devices.IntLib
D1～D10	LED5	LED0	LED0	Miscellaneous Devices.IntLib
U1	DIP8	NE555	NE555	自制元器件.SchLib
U2	DIP16	CD4017	4017	自制元器件.SchLib

任务目标

知识目标：

➢ 理解原理图的一般设计流程。

➢ 知道原理图环境参数设置方法。

➢ 掌握网络标号、总线和总线分支放置方法。

技能目标：

➢ 会操作 Altium Designer 原理图网络标号、总线和总线入口的放置和属性设置。

➢ 能够进行电气规则检测与编译等操作。

任务实施过程

子任务 3.2.1　新建原理图文件

一、新建原理图文件

执行菜单命令“File→New→Schematic”或者用鼠标右键单击项目文件名，在弹出的菜单中选择“Add New to Project→Schematic”命令新建原理图文件。系统将在“LED 闪烁灯.PrjPcb”项目文件夹下建立原理图文件 Sheet1.SchDoc，我们将其保存为“LED 闪烁灯原理图.SchDoc”。

二、原理图图纸设置

单击菜单栏中的“Design→Document Options”命令，或在编辑窗口中右键单击，在弹出的右键快捷菜单中单击“Options→Document Options”命令，系统将弹出“Document Options”对话框，如图 3-47 所示。

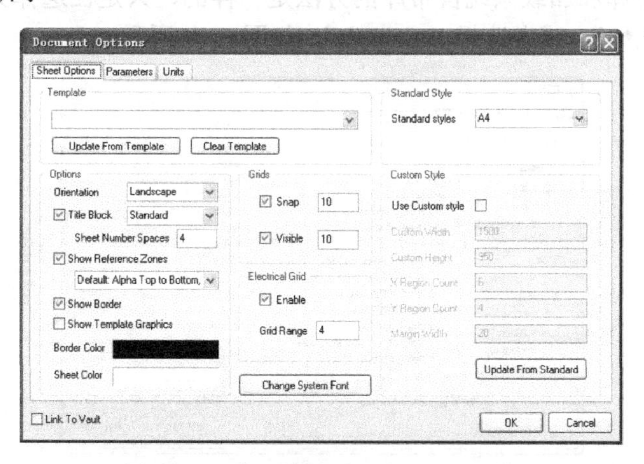

图 3-47　“Document Options”对话框

三、原理图工作环境设置

在 Altium Designer 10.0 中，原理图编辑器的工作环境设置是由原理图“Preferences”（优先设定）设定对话框来完成的。

执行“Tools→Schematic Preferences”菜单命令，或者在编辑窗口内单击鼠标右键，在弹出的右键快捷菜单中执行“Option→Schematic Preference”命令，将会打开原理图优先设定对话框，如图 3-48 所示。

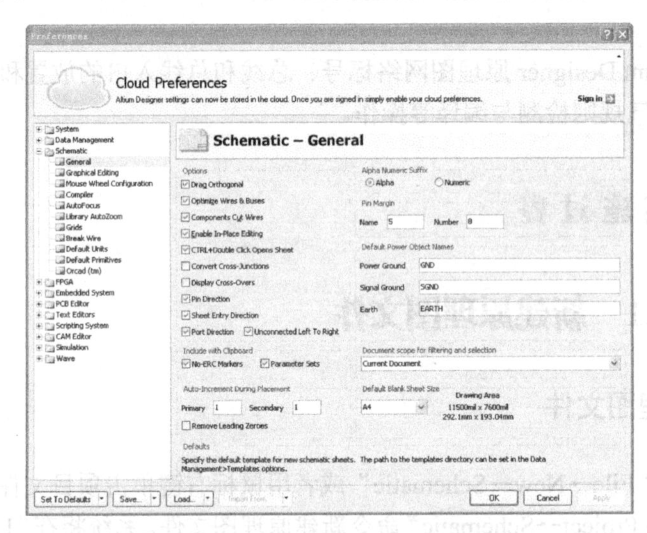

图 3-48　原理图的常规环境参数设置

子任务 3.2.2　加载和卸载元器件库

单击图中的“Libraries”按钮或执行“Design→Add/Remove Library”命令，系统将弹出加载/卸载元器件库对话框，通过此对话框就可以加载或卸载元器件库。

加载自己编辑的库和加载系统自带库的方法是一样的，只是在选择文件类型时，文件类型改为“All files（*.*）”，或者选择“.SchLib”，如图 3-49 所示。

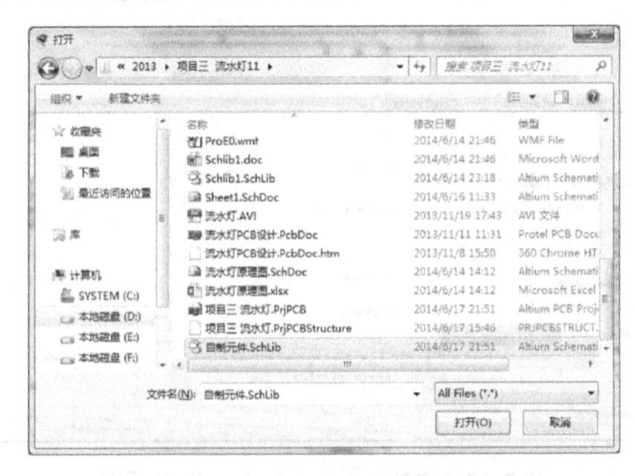

图 3-49　加载元器件库

子任务 3.2.3　绘制 LED 闪烁灯电路原理图

一、放置元器件

（1）通过元器件库控制面板放置元器件。

（2）通过输入元器件名放置元器件。

通过以上两种方法放置好所有的元器件，且修改好每个元器件的基本属性，如图 3-50 所示。

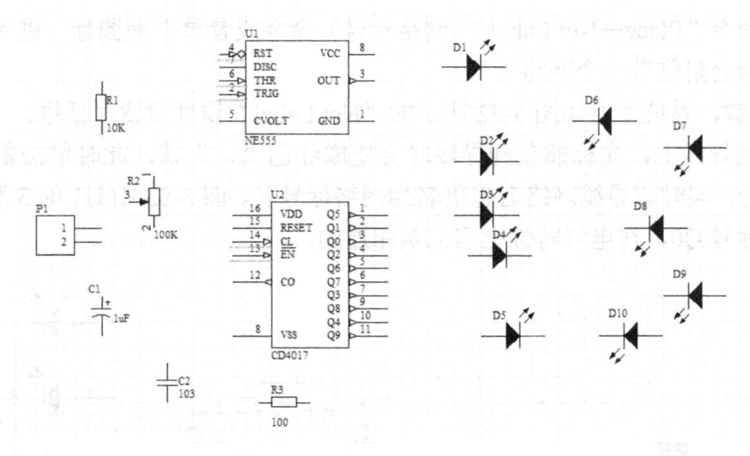

图 3-50　放置完的图形

二、元器件位置的调整及编辑

（1）选择对象。

（2）元器件的移动。

（3）元器件的旋转。

（4）元器件的删除。

（5）元器件的复制、剪切、粘贴。

（6）元器件的排列与对齐。

元器件位置调整好的图形如图 3-51 所示。

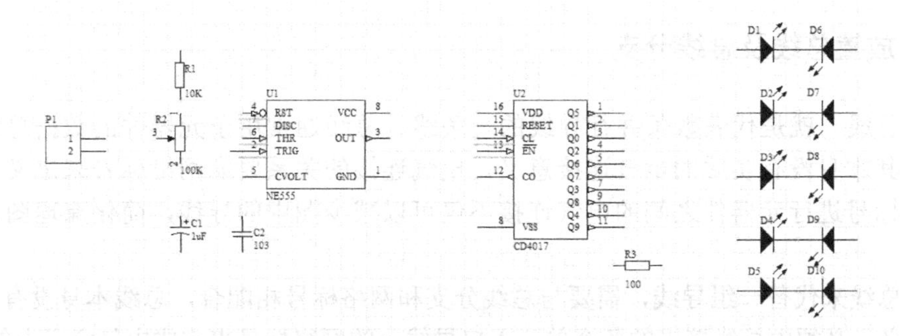

图 3-51　调整好位置后的电路图

三、放置导线和网络标号

（1）用导线把元器件连接起来。

（2）放置网络标号。

网络标号是一种“无线”的导线，具有相同的网络标号的电气节点在电气关系上是连接在一起的，不管它们之间是否有实际的导线连接。

在连接的线路比较远，或者线路过于复杂，而使走线比较困难时，使用网络标号代替实际走线可以大大简化原理图。

执行菜单命令“Place→Net Label”（网络标号）命令或者单击图标，进入网络标号放置状态。此时鼠标会附带着一个网络标号。

按“Tab”键，系统弹出如图 3-52 所示的“Net Label”属性设置对话框。

移动光标到导线上，光标捕获到导线时会变成红色“×”状，此时单击鼠标左键就成功放置了网络标号，同时该导线网络名也更名为网络标号名。图 3-53 中 U1 的 3 脚及 D1 的正向脚均标上网络标号 Q0，在电气特性上它们是相连的。

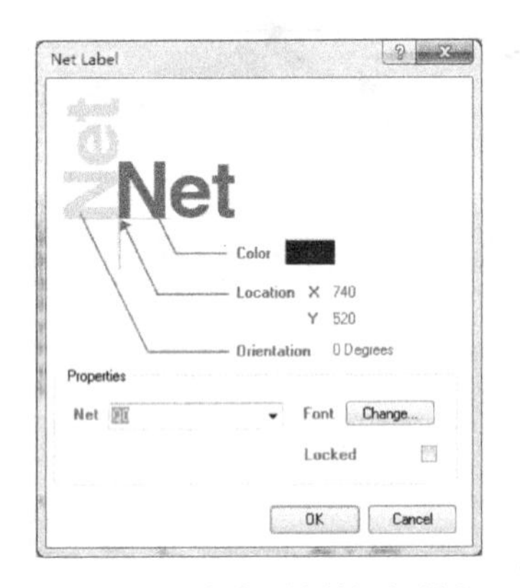

图 3-52　网络标号属性对话框

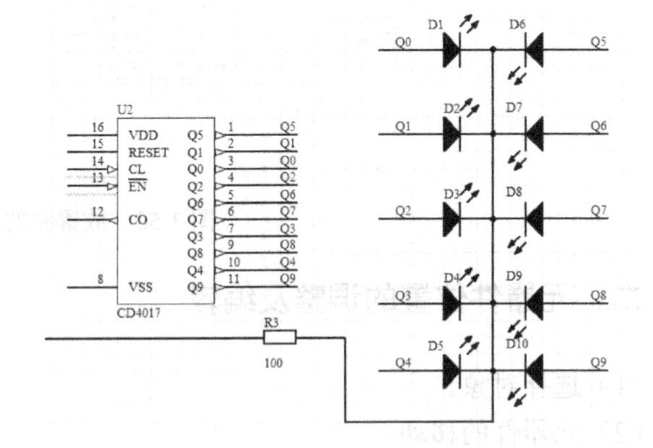

图 3-53　放置完网络标号的图形

注意：

➢ 网络标号不能直接放在元器件的引脚上，一定要放置在引脚的延长线上。

➢ 如果定义的网络标号最后一位是数字，在下一次放置时，网络标号的数字将自动加 1。

➢ 网络标号是有电气意义的，千万不能用任何字符串代替。

四、放置总线及总线分支

所谓总线，就是代表数条并行导线的一条线。总线通常用于元器件的数据总线或地址总线上，其本身没有实质的电气连接意义，电气连接的关系要靠网络标号来定义。利用总线和网络标号进行元器件之间的电气连接不仅可以减少图中的导线，简化原理图，而且清晰直观。

使用总线来代替一组导线，需要与总线分支和网络标号相配合，总线本身没有实质的电气连接意义，必须由总线接出的各个单一入口导线上的网络标号来完成电气意义上的连接。

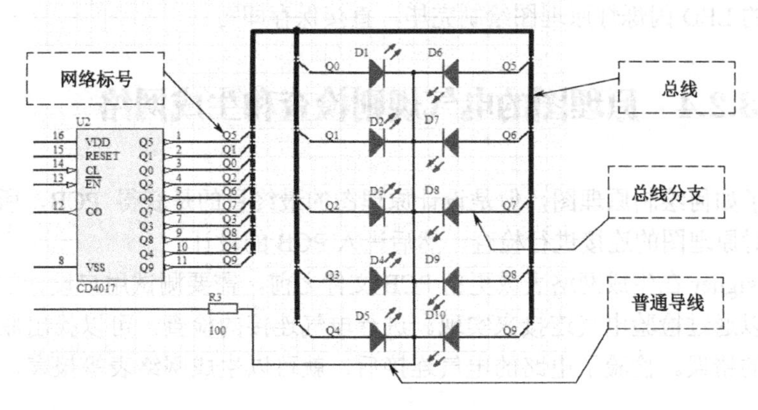

图 3-54　总线实例图

1）总线的绘制

单击画线工具栏中图标或单击“Place→Bus”菜单命令，这时鼠标变成十字形状。

将鼠标移动到想要放置总线的起点位置，单击鼠标左键确定总线的起点，然后拖动鼠标，单击左键确定多个固定点和终点，单击右键退出。

设置总线的属性：双击总线或者在鼠标处于放置总线的状态时按“Tab”键即可，打开总线的属性编辑对话框，如图 3-55 所示。

2）绘制总线分支线（Bus Entry）

总线分支线是单一导线与总线的连接线。与总线一样，总线分支线也不具有任何电气连接的意义。

单击画线工具栏中图标，或单击“Place→Bus Entry”菜单命令，这时鼠标变成十字形状。

在导线与总线之间单击鼠标左键，即可放置一段总线分支线。同时在该命令状态下，按空格键可以调整总线分支线的方向。

设置总线分支线的属性：双击总线分支线或者在鼠标处于放置总线分支线的状态时按“Tab”键即可打开总线分支线的属性编辑对话框，如图 3-56 所示。

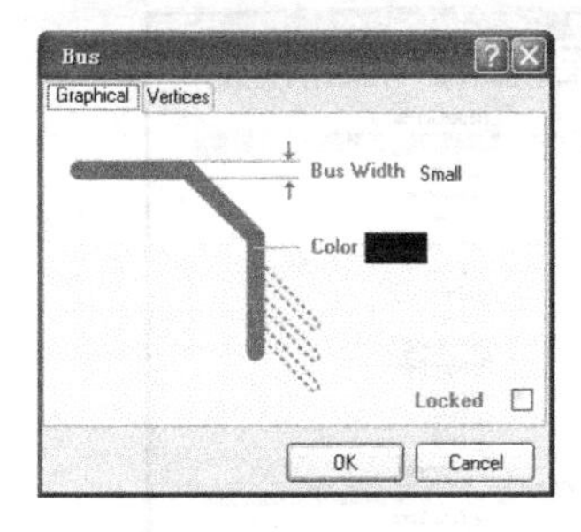

图 3-55　总线属性对话框

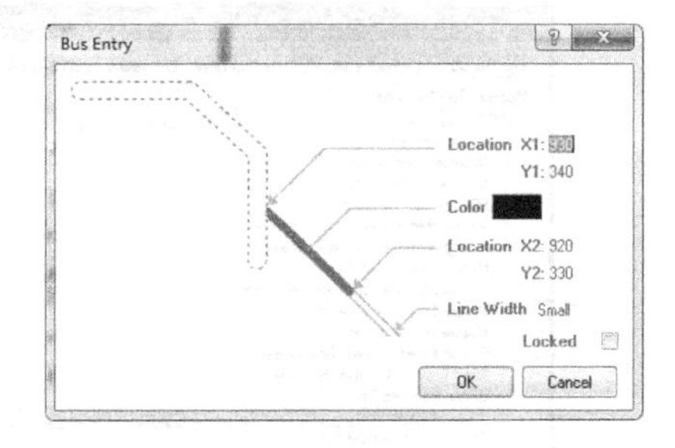

图 3-56　总线分支线属性对话框

五、放置电源和接地符号（Power Port）

执行菜单命令“Place→Power Port”或单击原理图布线工具栏上的按钮或来调用，这时编辑窗口中会有一个随鼠标指针移动的电源符号，按“Tab”键，将会出现“Power Port”对话框。详细操作见“子任务 1.2.4”。

到此完整的 LED 闪烁灯原理图绘制完毕，直接保存即可。

子任务 3.2.4　原理图的电气规则检查和生成网络

前面讲述了如何绘制原理图，但是设计原理图的最终目的是获得 PCB，所以在绘制原理图后，还需要对原理图的连接进行检查，然后进入 PCB 的设计。

Altium Designer 在生成网络表或更新 PCB 文件之前，需要测试用户设计的原理图连接的正确性，这可以通过检验电气连接来实现。进行电气连接的检查，可以找出原理图中的一些电气连接方面的错误。检验了电路的电气连接后，就可以生成网络表等报表，以便于后面的 PCB 制作。

电气连接检查可检查原理图中是否有电气特性不一致的情况。例如，某个输出引脚连接到另一个输出引脚就会造成信号冲突，未连接完整的网络标签会造成信号断线，重复的流水号会使系统无法区分出不同的元器件等。以上都是不合理的电气冲突现象，Altium Designer 会按照用户的设置以及问题的严重性分别以错误（Error）或警告（Warning）等信息来提醒用户注意。

一、检查原理图的电气规则

Altium Designer 设置电气连接检查规则是在项目选项设置中完成的。在原理图完成后，可以执行“Project→Project Options”菜单命令，系统打开“Options for PCB Project…”对话框，如图 3-57 所示。包含有 Error Reporting（错误报告）、Connection Matrix（连接检测）、Classes Generation（生成分类）、Comparator（比较）、ECO Generation（ECO 变更）、Options（选项）、Multi-Channel（多通道）、Default Prints（默认打印）、Search Paths（搜索路径）和 Parameters（参数）等选项卡，所有与项目有关的选项都可以在此对话框中设置。原理图的自动检测规则在图 3-57 中的“Error Reporting”和“Connection Matrix”选项卡中设置。

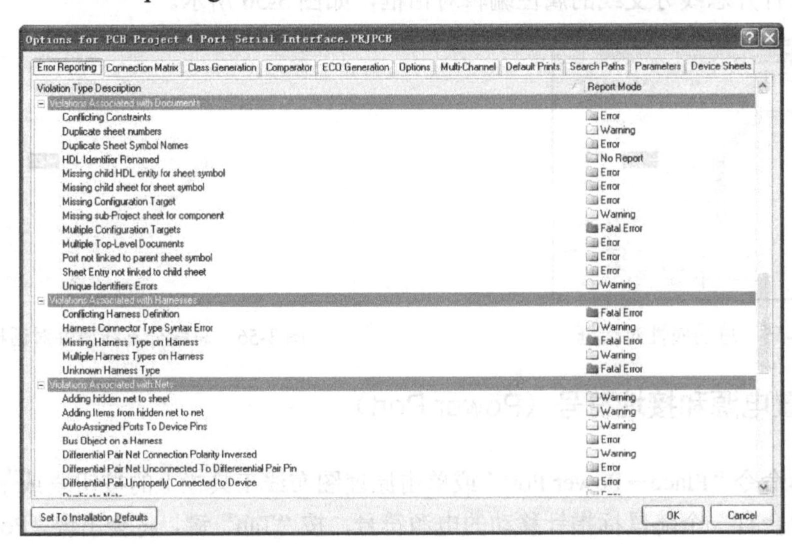

图 3-57　Error Reporting（错误报告）选项卡

1．设置错误报告

在“Options for PCB Project”对话框中切换到“Error Reporting”选项卡，在该选项卡中可以对各种电气连接错误的等级进行设置，如图 3-58 所示。可看到有 9 类电气规则检查，Violations Associated with Buses（Code Symbols\Components\Configuration Constraints\Documents\Harnesses\Nets\Others\Parameters），即总线（代码符号\元器件\配置\文件\线束\网络\其他\参数）。

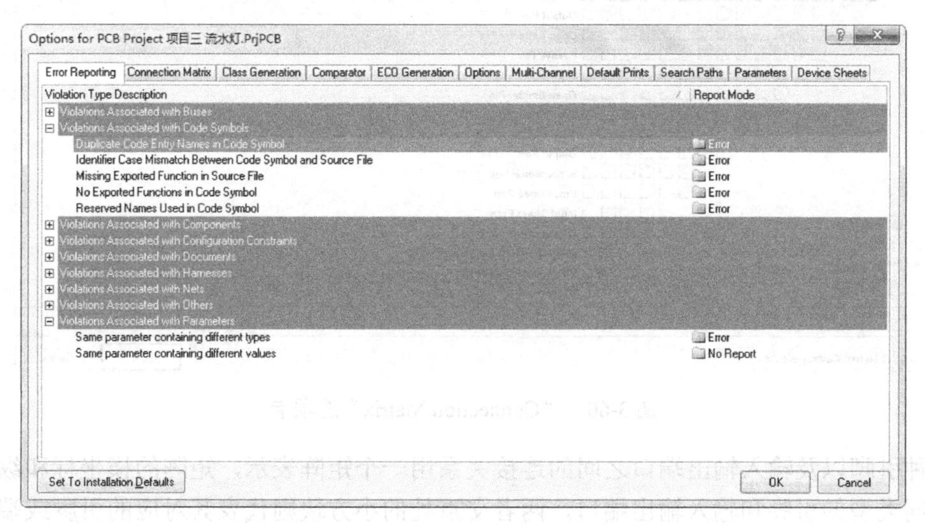

图 3-58　Error Reporting（错误报告）包含种类

（1）规则违反类型描述（Violation Type Description）表示设置规则的违反类型。

（2）报告模式（Report Mode）表明违反规则的严格程度。可以单击需要修改的违反规则对应的 Report Mode，并从下拉列表中选择严格程度进行修改，如图 3-59 所示。其中绿色为不产生错误报告，表示连接正确；黄色为警告提示，主要起提醒警示作用，设计者根据具体的设计要求和实际情况决定是否修改或忽略，如某些元器件的引脚没有连接，根据实际情况可能是正常的；橘黄色为错误提示，与原理图设计规则相违背的错误，如元器件编号重复等；红色为严重错误提示，一般为用户设定的绝对不容许出现的错误，出现该错误可能导致严重的后果。

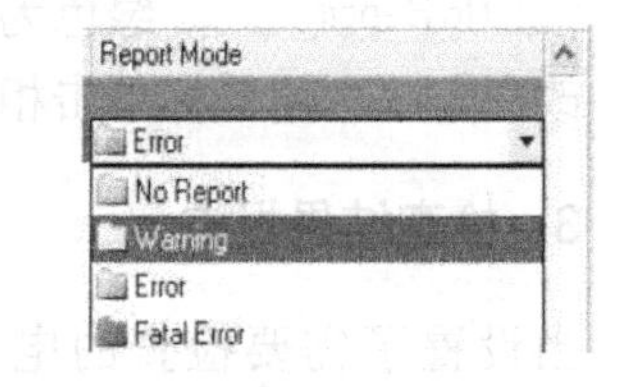

图 3-59　设置 Report Mode 下拉框

2．设置电气连接矩阵

“Options for PCB Project”（项目选项设置）对话框中的“Connection Matrix”（连接矩阵）选项卡（如图 3-60 所示）显示的是错误类型的严格性，在设计中运行错误报告以检查电气连接（如引脚间的连接、元器件和图纸输入）时产生。这个矩阵给出了在原理图中不同类型的连接点以及是否被允许的图表描述。

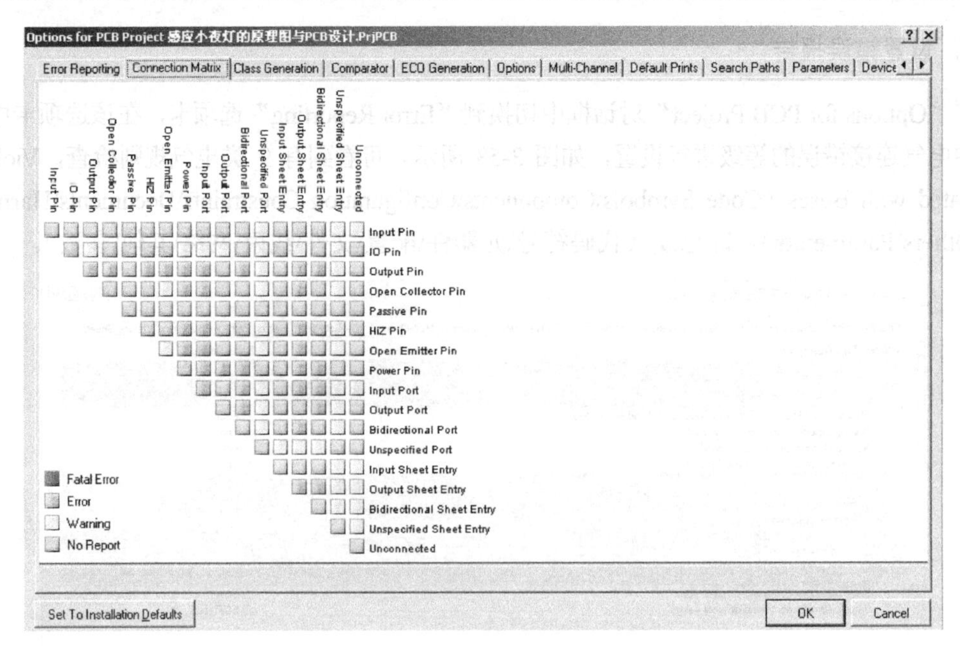

图 3-60 “Connection Matrix”选项卡

各种引脚以及输入输出端口之间的连接关系用一个矩阵表示，矩阵的横坐标和纵坐标代表着不同类型的引脚和输入输出端口，两者交点处的小方块则代表其对应的引脚或端口直接相连时系统的错误报告内容。错误报告有四种等级：

Fatal Error　红色则为严重错误提示。

Error　橘黄色为错误提示。

Warning　黄色为警告提示。

No Report　绿色为不产生错误报告。

改变方法：用鼠标单击相应的小方块，其颜色就会在红、橘黄、黄和绿色之间轮流变换。

3．检查结果报告

当设置了需要检查的电气连接以及检查规则后，就可以对原理图进行检查。Altium Designer 检查原理图是通过编译项目来实现的，编译的过程中会对原理图进行电气连接和规则检查。编译项目的操作步骤如下：

（1）打开需要编译的项目，然后执行“Project→Compile PCB Project”命令。

（2）执行“View→Workspace Panels→System→Message”命令显示该“Message”对话框。

如果报告给出错误，则需要检查电路并确认所有的导线和连接是否正确，如图 3-61 所示即为 LED 闪烁灯项目的编译检查结果。

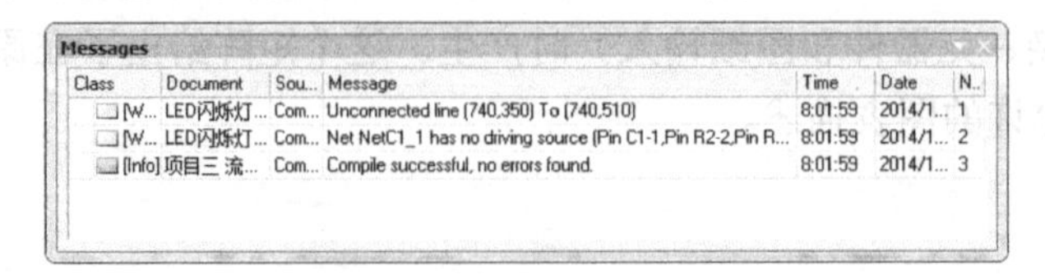

图 3-61 电气规则检查报告

根据检查报告结果，设计者就可以去检查、修正原理图的设计错误。例如第一项点（740,350）与点（740,510）之间没有连接，此时要想看看具体错误位置可对准该项双击，将出现如图 3-62 所示的情况，提示信息对应地方变亮，其余为灰色。该错误原因是属于同一束总线用了两条以上的总线连接，应在每一条总线上放置相同的网络标号，即 Q[0..9]。

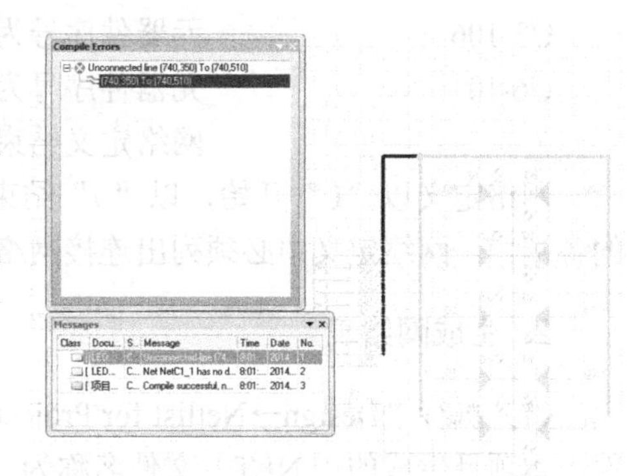

图 3-62　以反显的形式显示原理图中的错误

二、生成原理图的网络报表

1．网络表

在 Schematic 所产生的各种报表中，以网络表（Netlist）最为重要。绘制原理图的最主要目的就是为了由设计电路转换出一个有效的网络表，以供其他后续处理程序（例如 PCB 设计或仿真程序）使用。由于 Altium Designer 系统高度的集成性，可以在不离开绘图页编辑程序的情况下直接执行命令，生成当前原理图或整个项目的网络表。

在由原理图生成网络表时，使用的是逻辑的连通性原则，而非物理的连通性。也就是说，只要是通过网络标签所连接的网络就被视为有效的连接，并不需要真正地由连线（Wire）将网络各端点实际地连接在一起。

网络表有很多种格式，通常为 ASCII 码文本文件。网络表的内容主要为原理图中各元器件的数据（流水号、元器件类型与封装信息）以及元器件之间网络连接的数据。Altium Designer 中大部分的网络表格式都是将这两种数据分为不同的部分，分别记录在网络表中。

由于网络表是纯文本文件，所以用户可以利用一般的文本编辑程序自行创建或是修改已存在的网络表。当用手工方式编辑网络表时，在保存文件时必须以纯文本格式来保存。

Altium Designer 网络表格式：

标准的 Altium Designer 网络表文件是一个简单的 ASCII 码文本文件，在结构上大致可分为元器件描述和网络连接描述两部分。

① 元器件描述。格式如下：

[	声明开始
C1	序号
CC1608-0603	封装
0.1uf	注释
]	声明结束

元器件的声明以“[”开始，以“]”结束，将其内容包含在内。网络包含的每一个元器件都应有声明。

② 网络连接描述。格式如下：

(	网络定义开始
NetR18_1	网络名称
R18-1	元器件序号为 R18，引脚号为 1

U3-106	元器件序号为 U3，引脚号为 106
U6-10	元器件序号为 U6，引脚号为 10
)	网络定义结束

网络定义以“(”开始，以“)”结束，将其内容包含在内。网络定义首先要定义该网络的各端口。网络定义中必须列出连接网络的各个端口。

2．生成网络表

（1）执行“Design→Netlist for Project→Protel”命令，然后系统就会生成一个“.NET”文件，本项目生成的“.NET”文件名称为“LED 闪烁灯原理图.NET”。

（2）如图 3-63 所示，在项目面板中双击“LED 闪烁灯原理图.NET”文件，在右侧窗口可以看到此原理图的网络表文件。

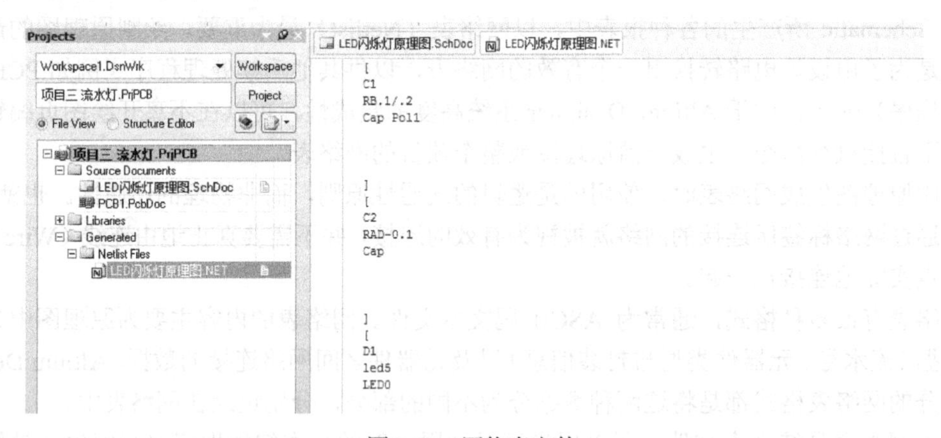

图 3-63　网络表文件

注意：*网络表是联系原理图和 PCB 的中间文件，PCB 布线需要网络表文件（.NET）。网络表文件不但可以从原理图获得，而且还可以按规则自己编写，同样可以用来创建 PCB。*

网络表不但包括上面举例说明的 PCB 网络表，而且还可以是 PADS、PCAD、VHDL、CPLD、EDIF 和 XSpice 等类型，这些文件表示的网络表不但 Altium Designer 可以调用，还可以为其他 EDA 软件所采用。

相关知识

一、电路图绘制

在完成放置工作并设置好元器件属性和位置后，可以开始绘制电路了。元器件的放置只是说明了电路图的组成部分，并没有建立起需要的电气连接。电路要工作需要建立正确的电气连接。因此，需要进行电路绘制，对于单张电路图，绘制包含的内容如下。

（1）导线/总线绘制。

（2）添加电源/接地。

（3）放置网络标号。

（4）放置输入/输出端口。

Altium Designer 10.0 提供了很方便的电路绘制操作。所有的电路绘制功能在如图 3-64 所示的菜单中都可以找到。

Altium Designer 还提供了工具栏。常用的工具栏有两个：画线工具栏和电源工具栏。

1．画线工具栏

画线工具栏如图 3-65 所示，该工具栏提供导线绘制、端口放置等操作。

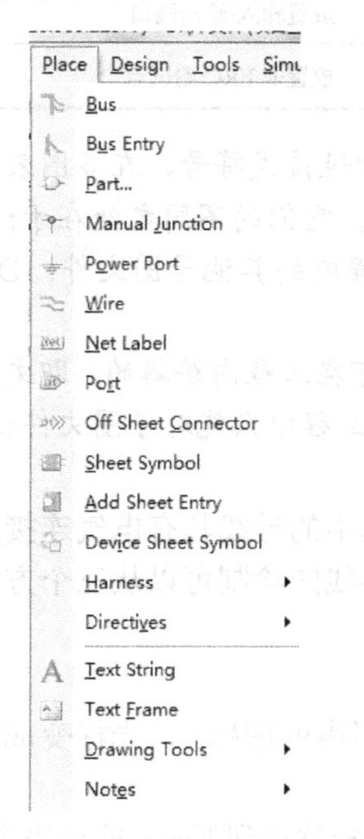

图 3-64　电路绘制菜单

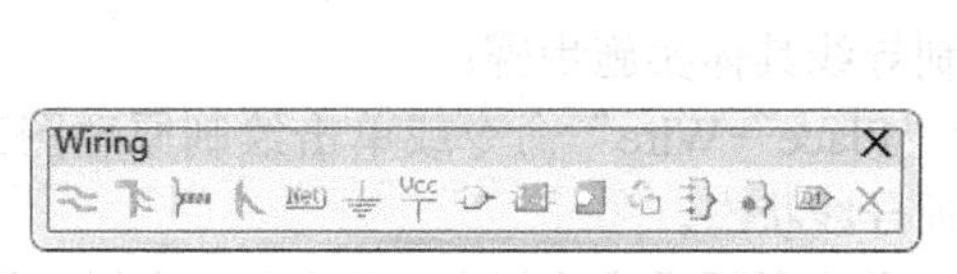

图 3-65　画线工具栏

工具栏中各按钮的功能如表 3-5 所示。

表 3-5　按钮的功能

按　钮	对应菜单命令	功　能
	Place→Wire	绘制导线
	Place→ Bus	绘制总线
	Place→ Signal Harness	放置连接器的线束信号
	Place→ Bus Entry	放置总线出入端口
Net	Place→ Net Label	设置网络标号
	Place→ Power Port	放置接地
VCC	无	放置电源
	Place→ Part...	放置元器件
	Place→ Sheet Symbol	放置电路方块图

续表

按　钮	对应菜单命令	功　　能
	Place→ Add Sheet Entry	放置电路方块图出入端口
	Place→ Device Sheet Symbol	放置链接式符号
	Place→ Harness Connector	放置线束连接器
	Place→ Harness Entry	放置线束连接器信号出入端口
	Place→ Port	放置输入/输出端口
	Place→ NO ERC	放置非 ERC 测试点

注意：Device Sheet Symbol 与 Sheet Symbol 都是一种链接式符号，在多图表设计中对子图进行抽象，使上层子图和系统结构看起来更加简洁明晰。它们的不同之处在于：

（1）Sheet Symbol 链接的文件必须是已经存在于工程内的其他子图文件；Device Sheet Symbol 链接的文件是存放在指定路径下的子图文件。

（2）Sheet Symbol 链接的文件是在工程内的，一般是可在工程内编辑的，即文件是可读写的；Device Sheet Symbol 链接的文件可设置为只读，这样在工程中只能对子图文件链接和查看，避免了对子图的误修改。

导线是原理图中最重要的图元之一。绘制原理图工具中的导线具有电气连接意义，它不同于画图工具中的画线工具，后者没有电气连接意义。导线的绘制可以从三个方面来理解，即导线的绘制，导线属性的设置，导线的操作。

（1）绘制导线具体实施步骤：

➢ 执行“Place→Wire”命令或单击绘制原理图工具栏内的图标≈，光标变成十字状，表示系统处于画导线状态。

➢ 将光标移到所画导线的起点，单击鼠标左键，再将光标移动到下一点或导线终点，再单击一下鼠标左键，即可绘制出一条导线。以该点为新的起点，继续移动光标，绘制第二条导线。

注意：当光标移动到一个元器件管脚上时，鼠标指针上的叉标记将变成红色，这样可以提醒设计者已经连接到了管脚上。此时可以单击鼠标左键，完成这段导线的绘制。

➢ 如果要绘制不连续的导线，则可以在完成前一条导线后，单击鼠标右键或按“ESC”键，然后将光标移动到新导线的起点，单击鼠标左键，再按前面的步骤绘制另一条导线。

➢ 画完所有导线后，连续单击鼠标右键两次，即可结束画导线状态，光标由十字形状变成箭头形状。

注意：导线将两个管脚连接起来后，则这两个管脚具有电气连接，任意一个建立起来的电气连接将被称为一个网络，每一个网络都有自己唯一的名称。在导线绘制过程中，在连接管脚时，因为有其他元器件相隔或者电路绘制美观的需要，有时候绘制导线需要转折，此时在转折处单击鼠标左键即可确定转折点。每一次转折需要单击鼠标左键一次。转折后，可以继续向目标元器件管脚绘制导线。如图 3-66 所示为绘制包含转折的导线过程。

在绘制原理图的过程中，按空格键+Shift 键可以切换画导线模式。Altium Designer 中提供三种画导线方式，分别是直角走线、45°走线、任意角度走线。

（2）导线属性对话框的设置：在画导线状态下，按“Tab”键，即可打开导线属性对话框，进而进行导线设置，如图 3-67 所示。其中有几项设置，分别介绍如下。

➢ 导线宽度设置："Wire Width" 项用于设置导线的宽度，单击 "Wire Width" 项右边的下拉式箭头则可打开一下拉式列表，列表中有四项选择，即 Smallest、Small、Medium 和 Large，分别对应最细、细、中和粗导线。

➢ 颜色设置："Color" 项用于设置导线的颜色。单击 "Color" 项右边的色块后，屏幕会出现颜色设置对话框，它提供 240 种预设颜色。选择所要的颜色，单击 "OK" 按钮，即可完成导线颜色的设置。用户也可以单击颜色设置对话框的 "Custom" 按钮，选择自定义颜色。

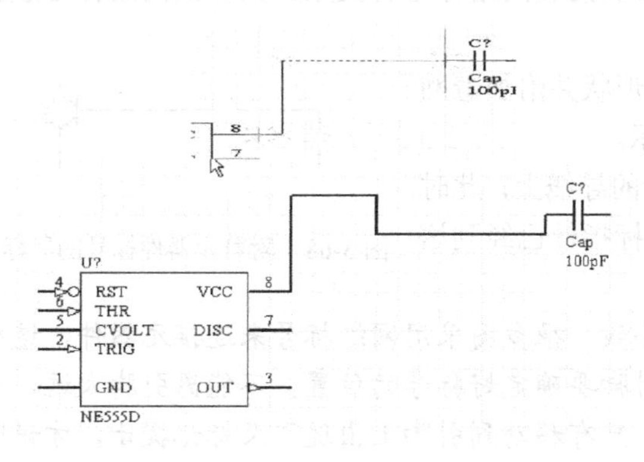

图 3-66　绘制转折导线

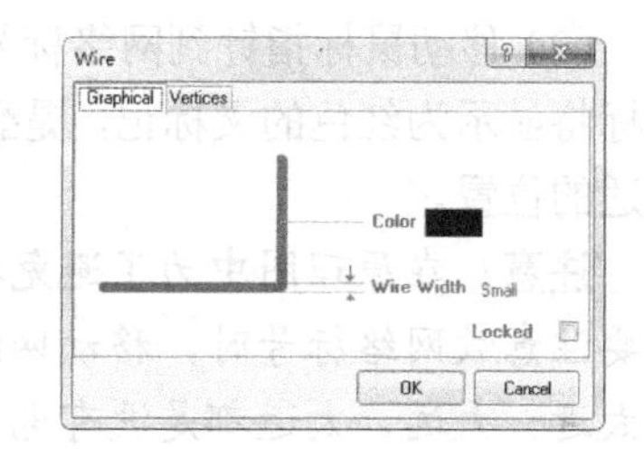

图 3-67　导线属性对话框

2．绘制总线和总线分支

所谓总线（Bus）是指一组具有相关性的信号线。Schematic 使用较粗的线条代表总线。

在 Schematic 中，总线只是为了迎合人们绘制原理图的习惯，其目的仅是为了简化连线的表现方式。总线本身并没有任何实质上的电气意义。也就是说，尽管在绘制总线时会出现热点，而且在拖动操作时总线也会维持其原先的连接状态，但这并不表明总线就真的具有电气意义。

总线与总线分支的示意如图 3-54 所示。习惯上，连线应该使用总线分支（Bus Entry）符号来表示与总线的连接。但是，总线分支同样也不具备实际的电气意义。所以当通过 "Edit→Select→Net" 菜单命令来选取网络时，总线与总线分支并不亮显。

在总线中，真正代表实际电气意义的是通过线路网络标号与输入输出端口来表示的逻辑连通性。通常，线路网络标号名称应该包括全部总线中网络的名称，例如 A[0..10]就代表名称为 A0、A1、A2 直到 A10 的网络。假如总线连接到输入输出端口，这个总线就必须在输入输出端口的结束点上终止才行。

绘制总线和总线分支的具体操作参考子任务 3.2.3 的 "四、放置总线及总线分支"。

3．放置网络标号

在 Altium Designer 10.0 中除了通过在元器件管脚之间连接导线表示电气连接之外，还可以通过放置网络标号来建立管脚之间的电气连接。

在原理图上，网络标号将被附加在元器件的管脚、导线、电源/地符号等具有电气特性的对象上，用于说明被附加对象所在的网络。具有相同网络标号的对象被认为具有电气连接，它们连接的管脚被认为处于同一个网络中，而且网络的名称即为网络标号名。在绘制大规模电路原理图时，网络标号是相当重要的，具体的网络标号应用环境为：

➢ 在单张原理图中，通过设置网络标号可以避免复杂的连线。

➢ 在层次性原理图中，通过设置网络标号可以建立跨原理图图纸的电气连接。

下面以放置电源网络标号为例来讲述具体的网络标号设置过程。因为网络标号也可用于建立电气连接，在放置网络标号前需要删除电源/地符号以及电源/地符号的连线。

1）放置网络标号

通常情况下，为了原理图的美观，将网络标号附加在和管脚相连的导线上。在导线上标注了网络标号后，和导线相连接的管脚也被认为和网络标号有关系。具体的网络标号放置步骤如下：

（1）单击 Net 按钮，鼠标指针将变成十字形状并附加着网络标号显示为在工作窗口中，如图 3-68 所示。

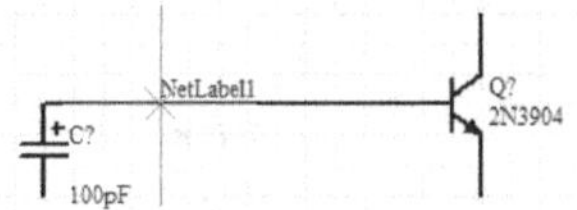

图 3-68　附着元器件标号的鼠标指针

（2）移动鼠标指针到网络标号所要指示的导线上，此时鼠标将显示为红色的叉标记，提醒设计者鼠标指针已经到达合适的位置。

注意：*在原理图中为了避免很多连接导线，很多图采用网络标号来连接元器件，这个时候要注意放网络标号时，移动网络标号到引脚要确定好标号的位置，不能离引脚太远，也不能太近，太远、太近都是没有电气特性的，只有移动到引脚上出现了叉标记提示，才说明已经连接成功。*

（3）单击鼠标左键，网络标号将出现在导线上方名称为网络标号名的网络中。

（4）重复步骤（2）、（3），为其他本网络中的元器件管脚设置网络标号。

（5）在完成一个网络设置后，单击鼠标右键或者按“Esc”键即可退出网络标号放置的操作。

如果网络标号放置了两次，两次网络标号的名称不相同，读者可能已经注意到，两次放置的两个标号递增，Altium Designer 10.0 自动提供了数字的递增功能。这样的网络标号因为不能同名，所以并不能建立起电气连接。

2）设置网络标号的属性

双击网络标号，即可进入网络标号属性编辑对话框，如图 3-69 所示。

在该对话框中网络标号包含如下的属性：

➢ 颜色：该网络标号的颜色。此栏中通常保持默认设置。

➢ 位置：该网络标号的位置。

➢ 方向：该网络标号的旋转角度。

➢ 网络：该网络标号所在的网络。这是网络标号最重要的属性，它确定了该标号的电气特性。具有相同“Net”属性值的网络标号，它们相关联的管脚被认为属同一网络，有电气连接特性。这里将网络标号设置为“+12V”。

4．放置输入输出端口

在设计原理图时，一个网络与另外一个网络的连接可以通过实际导线连接，也可以通过放置网络标号使两个网络具有相互连接的电气意义。放置输入输出端口，同样可实现两个网络的连接，相同名称的输入输出端口，可以认为在电气意义上是连接的。输入输出端口也是层次图设计不可缺少的组件。

1）放置输入输出端口

在执行输入输出端口命令“Place→Port”或单击绘制原理图工具栏里的图标后，光标变成十字状，并且在其上面出现一个输入输出端口的图标，如图 3-70 所示。在合适的位置，光标上会出现一个圆点，表示此处有电气连接点。单击鼠标即可定位输入输出端口的一端，移动鼠标使输入输出端口的大小合适，再单击鼠标，即可完成一个输入输出端口的放置。单击鼠标右键，即可结束放置输入输出端口状态。

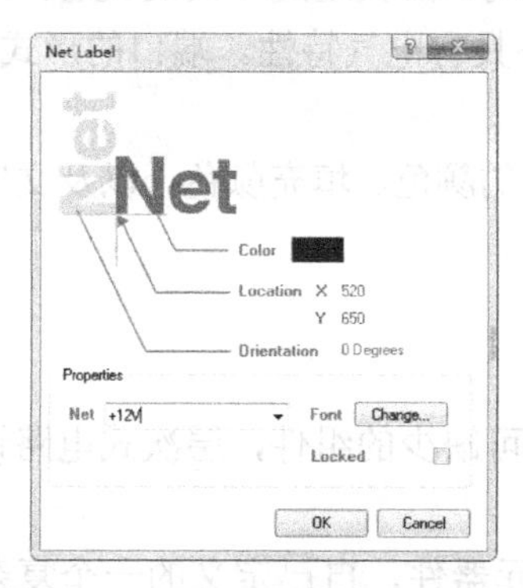

图 3-69　网络标号属性对话框

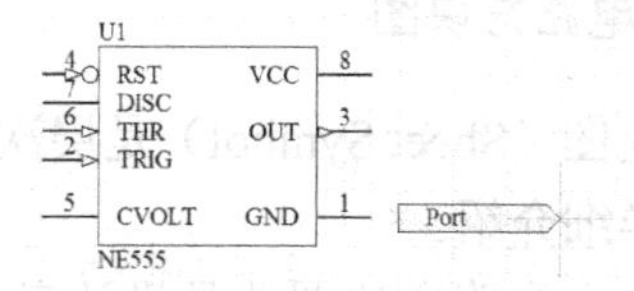

图 3-70　绘制输入输出端口

2）设置输入输出端口属性

在放置输入输出端口状态下，按“Tab”键，即可开启如图 3-71 所示对话框。对话框中共有 10 个设置项，下面介绍几个主要选项的内容。

（1）“Name”编辑框定义 I/O 端口的名称，具有相同名称的 I/O 端口的线路在电气上是连接在一起的。图中的名称默认值为“Port”。

（2）端口外形的设定（Style），I/O 端口的外形一共有 8 种，如图 3-72 所示。本实例中设定为“Left&Right”。

（3）设置端口的电气特性（I/O Type），也就是对端口的 I/O 类型设置，它会为电气法则测试（ERC）提供依据。例如，当两个同属“Input”输入类型的端口连接在一起的时候，电气法则测试时会产生错误报告。端口的类型设置有以下四种：

➢ Unspecified：未指明或不确定。

➢ Output：输出端口型。

➢ Input：输入端口型。

➢ Bidirectional：双向型。

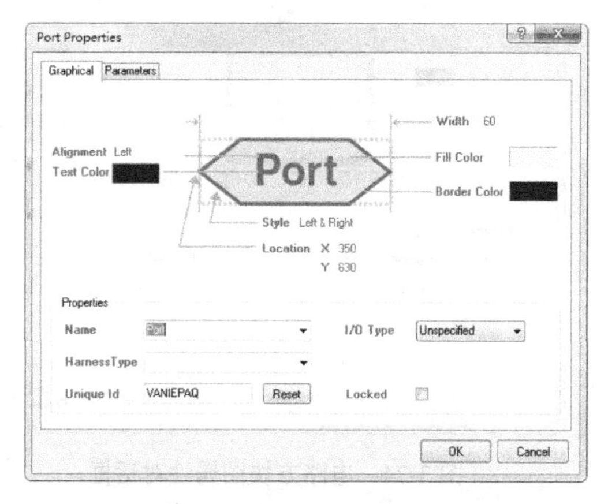

图 3-71　端口属性对话框

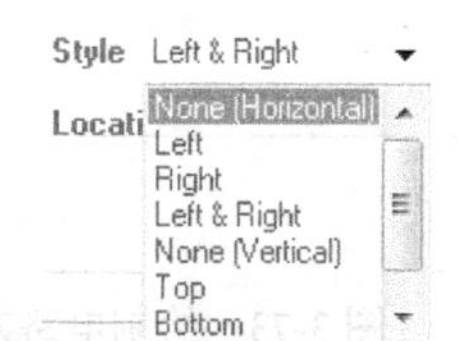

图 3-72　端口外形

（4）线束类型（Harness Type）。当一个端口连接到和线束连接器相连的信号线束时，则该连接器的线束类型会自动显示。在如图 3-71 所示对话框中是不可操作的，因为该端口没有连接到线束连接器。注意，一个端口也可以直接连接到线束连接器。

（5）设置端口的形式（Alignment）。端口的形式与端口的类型是不同的概念，端口的形式仅用来确定 I/O 端口的名称在端口符号中的位置，而不具有电气特性。端口的形式共有三种：Center、Left 和 Right。

其他项目的设置包括 I/O 端口的宽度、位置、边线的颜色、填充颜色，以及文字标注的颜色等。用户可以根据自己的要求来设置。

5. 放置电路方块图

电路方块图（Sheet Symbol）是层次式电路设计不可缺少的组件，层次式电路设计将在以后的章节里详细介绍。

简单地说，电路方块图就是设计者通过组合其他元器件，自己定义的一个复杂元器件。这个复杂元器件在图纸上用简单的方块图来表示，至于这个复杂元器件由哪些部件组成、内部的接线又如何，可以由另外一张原理图来详细描述。因此，元器件、自定义元器件、电路方块图没有本质上的区别，大致可以将它们等同看待。下面介绍放置电路方块图的方法。

1）放置电路方块图

执行放置电路方块图命令“Place→Sheet Symbol”或使用鼠标单击绘制原理图工具栏里的图标后，光标变成十字状，在电路方块图一角单击左键，再将光标移到方块图的另一角，即可展开一个区域，再单击左键，即可完成该方块图的放置。单击鼠标右键，即可退出放置电路方块图状态。绘制的电路方块图如图 3-73 所示。

2）编辑电路方块图属性

在放置电路方块图状态下按“Tab”键，或者放置了电路方块图后，使用鼠标双击元器件，或者选中元器件再单击鼠标右键，从弹出的快捷菜单中选择“Properties”命令，即可打开如图 3-74 所示的电路方块图属性对话框。

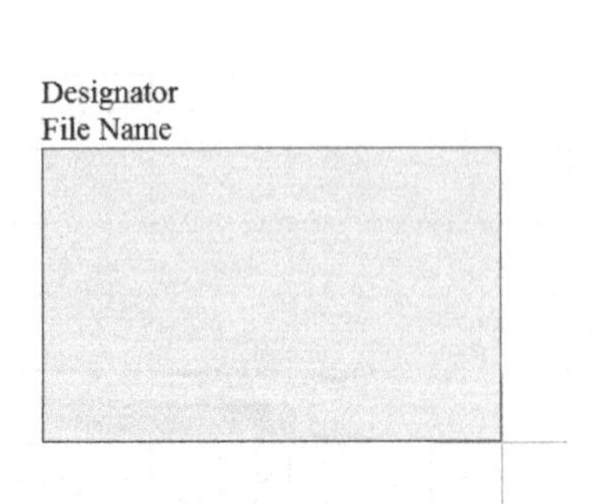

图 3-73　绘制电路方块图

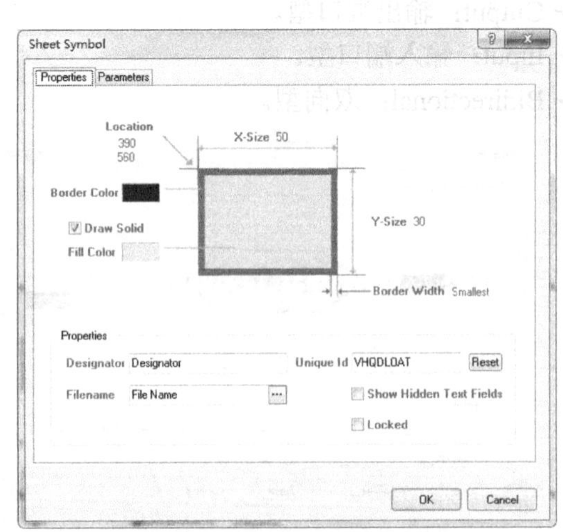

图 3-74　电路方块图属性对话框

对话框中共有 12 个设置项，其中“X Location”、“Y Location”和“Fill Color”设置项与设置网络名称属性对话框的相应选项操作一样。下面将介绍剩下的 9 个设置项。

（1）“Border Width”选择项的功能是选择电路方块图边框的宽度。在“Border Width”选择项右侧的下拉式按钮中，共有四种边线的宽度，即最细（Smallest）、细（Small）、中（Medium）和粗（Large）。

（2）“X-Size”设置项的功能是设置电路方块图的宽度。

（3）“Y-Size”设置项的功能是设置电路方块图的高度。

（4）“Border Color”设置项的功能是设置电路方块图的边框颜色。

（5）“Draw Solid”复选框的功能是设置电路方块图内是否填入“Fill Color”所设置的颜色。

（6）“Designator”设置项的功能是设置电路方块图的名称。

（7）“Show Hidden Text Fields”复选框选中后，可以显示关于方块图的辅助文本信息。

（8）“Filename”设置项的功能是设置电路方块图所对应的文件名称。

（9）“Unique Id”编辑框可以输入方块图的唯一识别标志，单击“Reset”按钮可以随机设定该标志位。

6．放置电路方块图的端口

绘制了电路方块图后，还需要在其上面绘制表示电气连接的端口，才能有效表示方块电路的物理意义。放置电路方块图端口的操作过程如下：

（1）执行放置方块电路端口的命令，方法是用鼠标左键单击“Wiring”工具栏中的按钮或者执行菜单命令“Place→Sheet Entry”。

（2）执行该命令后，光标变为十字状，然后在需要放置端口的电路方块图上单击鼠标左键，此时光标处就带着电路方块图的端口符号，如图 3-75 所示。

注意：当在需要放置端口的电路方块图上单击鼠标左键，光标处出现方块电路的端口符号后，光标就只能在该电路方块图内部移动，直到放置了端口并结束该步操作后，光标才能在绘图区域自由移动。

在此命令状态下，按“Tab”键，或者用鼠标左键双击方块电路的端口，系统会弹出如图 3-76 所示的方块电路端口属性设置对话框。

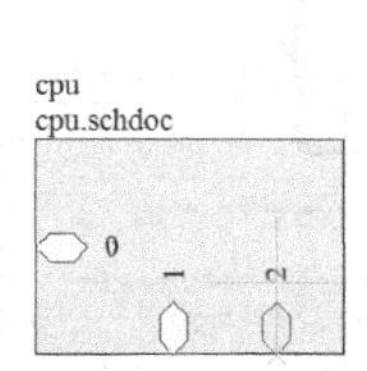

图 3-75　放置电路方块图 I/O 端口的状态

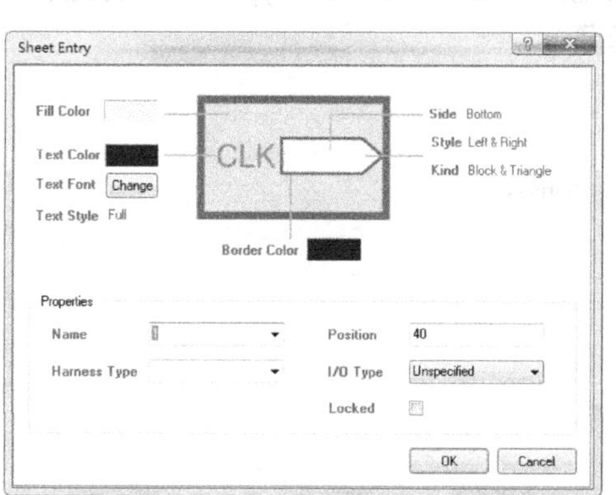

图 3-76　方块电路端口属性设置对话框

在对话框中，将“Name”选项设置为“WR”，即设定端口名。“I/O Type”选项有不指定

（Unspecified）、输出（Output）、输入（Input）和双向（Bidirectional）四种，在此设置为“Output”，即将端口设置为输出。

“Style”选择列表用来设置端口的形状，用户可以根据设计需要来设置；“Side”选择列表用来设定端口的位置，即放在电路方块图的哪一边。

线束类型（Harness Type）：当一个方块电路端口连接到与线束连接器相连的信号线束时，则该连接器的线束类型会自动显示。在如图 3-76 所示对话框中是不可操作的，因为该端口没有连接到线束连接器。

“Text Color”编辑框用来设定端口名的文字颜色；“Border Color”编辑框用来设定端口边框的颜色；其他选项可参考前面电路方块图属性设置的讲解。

（3）设置完属性后，将光标移动到适当的位置，单击鼠标左键将其定位。

7. 放置线束连接器

线束连接器常常用于快速接口中，在 Altium Designer 的原理图设计模块提供了使用线束连接器的功能。放置线束连接器的操作过程如下。

（1）执行放置线束连接器的命令。使用鼠标左键单击“Wiring”工具栏中的按钮或者执行菜单命令“Place→Harness→Harness Connector”，如图 3-77 所示。

（2）执行该命令后，光标变为十字状，此时光标处就带着线束连接器符号。然后在需要放置线束连接器的位置单击鼠标左键，再将光标移到线束连接器的另一角，即产生一个线束连接器形状，然后再单击鼠标，即可完成该线束连接器的放置，如图 3-78 所示。

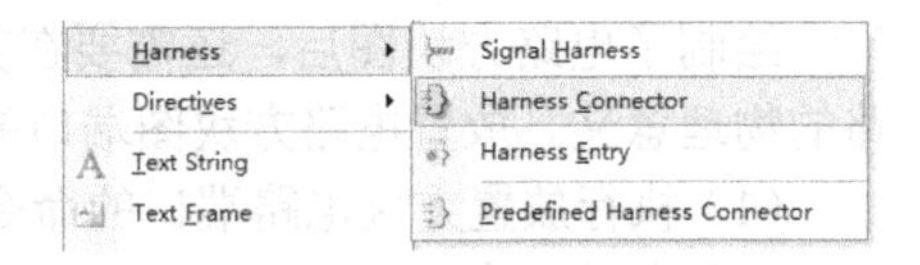

图 3-77　“Harness”子菜单

（3）放置了线束连接器后，在线束连接器上双击鼠标左键，或者在放置线束连接器时按“Tab”键，就可以进入如图 3-79 所示的线束连接器属性设置对话框。此时就可以设置线束连接器的属性。

在“Harness Type”（线束类型）属性编辑框中可以输入线束类型字符串，用来识别该线束连接器。线束连接器的出入端口通过线束类型和指定的线束连接器相连接。一个信号线束具有一个相对应的线束类型。

如果选择“Hide Harness Type”（隐藏线束类型）复选框，则线束连接器的线束类型字符串会被隐藏。

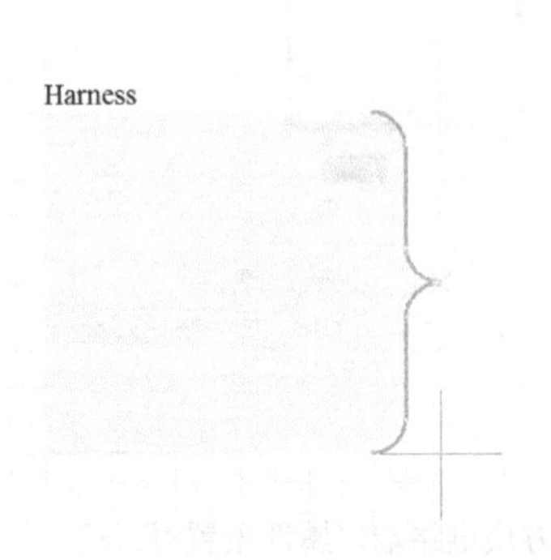

图 3-78　放置的线束连接器

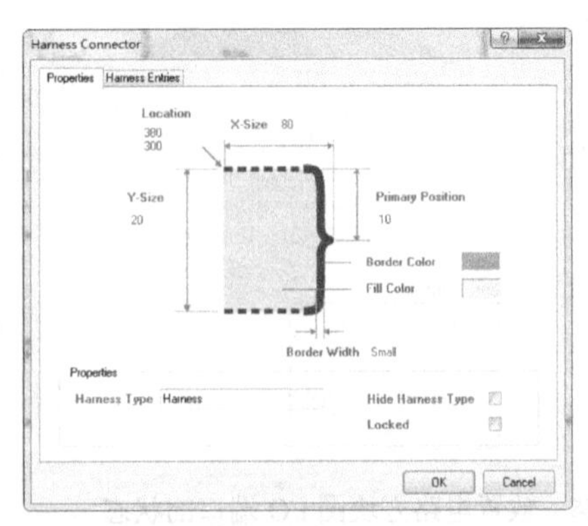

图 3-79　线束连接器属性设置对话框

8. 放置线束连接器端口

在原理图上放置了线束连接器后，就可以在线束连接器内部区域放置线束连接器的端口。

放置线束连接器端口操作步骤：

（1）执行放置线束连接器端口的命令。使用鼠标左键单击“Wiring”工具栏中的按钮 或者执行菜单命令“Place→Harness→Harness Entry”，见图 3-77。

（2）执行该命令后，光标变成十字状，此时光标处就带着线束连接器端口符号，线束连接器出入端口是灰色的。然后将光标移到线束连接器区域，端口符号就变为亮显，如图 3-80（a）所示。此时就可以在线束连接器内部有效位置放置出入端口。单击鼠标左键，即可完成该线束连接器端口的放置，如图 3-80（b）所示即为放置了多个出入端口的线束连接器。

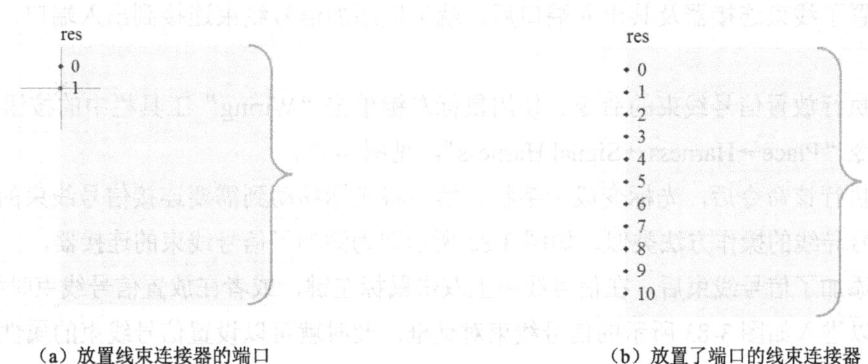

（a）放置线束连接器的端口　　（b）放置了端口的线束连接器

图 3-80　放置端口

（3）放置了线束连接器端口后，在线束连接器的某个端口上双击鼠标左键，或者在放置线束连接器端口时按“Tab”键，就可以进入如图 3-81（a）所示的线束连接器出入端口对话框，此时就可以设置线束连接器端口的属性。

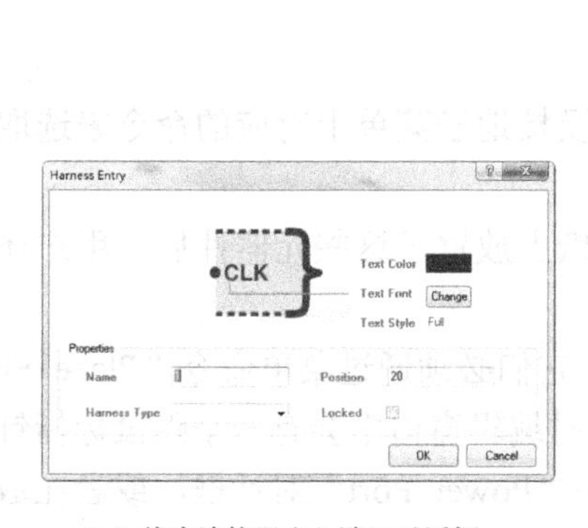

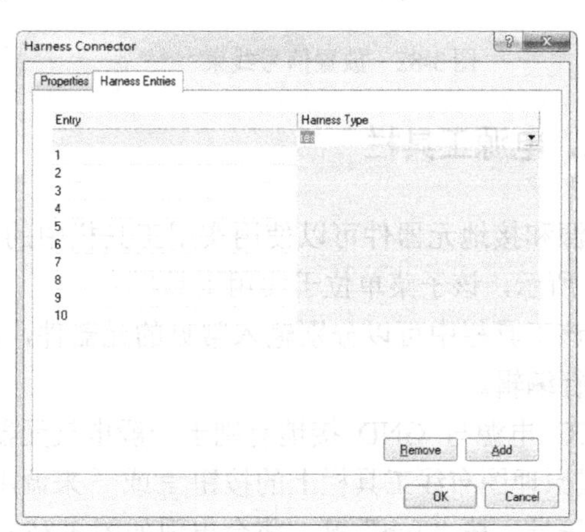

（a）线束连接器出入端口对话框　　（b）线束出入端口选项卡

图 3-81　线束连接器出入端口设置

在“Harness Type”（线束类型）属性选择框中，可以从列表中为该线束出入端口选择线束类型。如果定义了线束连接器出入端口的线束类型，就可以在列表中进行选择。

9. 设置线束连接器端口的类型

放置了线束连接器和其出入端口后，可以为出入端口定义线束类型。可以双击线束连接器，然后从弹出的对话框中选择线束出入端口选项卡，如图 3-81（b）所示。然后就可以在“Harness Type”列表中定义出入端口的线束类型。通常可以定义的线束类型应该是已经在当前原理图中存在的线束类型。然后就可以连接信号线束到线束连接器出入端口，与某个端口相连接的信号线束也具有与该端口相同的线束类型。

10. 放置信号线束

当放置了线束连接器及其出入端口后，就可以添加信号线束连接到出入端口，具体操作如下。

（1）执行放置信号线束的命令。使用鼠标左键单击“Wiring”工具栏中的按钮或者执行菜单命令“Place→Harness→Signal Harness”，见图 3-77。

（2）执行该命令后，光标变成十字状。然后将光标移动到需要连接信号线束的端口处，与连接信号导线的操作方法类似。如图 3-82 所示即为添加了信号线束的连接器。

（3）添加了信号线束后，在信号线束上双击鼠标左键，或者在放置信号线束时按“Tab”键，就可以进入如图 3-83 所示的信号线束对话框。此时就可以设置信号线束的属性。

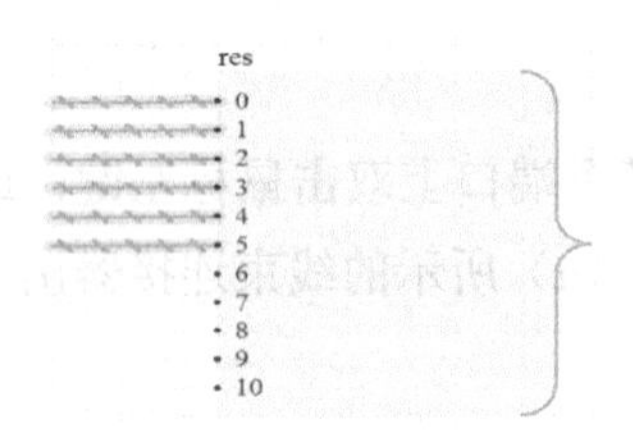

图 3-82　放置信号线束

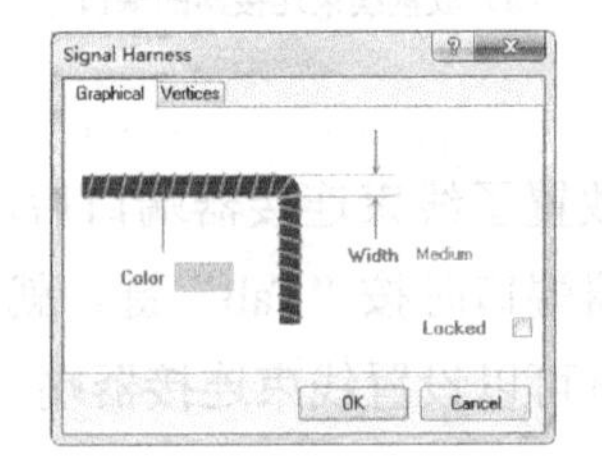

图 3-83　信号线束对话框

二、电源工具栏

电源和接地元器件可以使用实用工具栏中的电源及接地子菜单上对应的命令来选取，如图 3-84 所示，该子菜单位于实用工具栏中。

从该工具栏中可以分别输入常见的元器件，在图纸上放置了这些元器件后，用户还可以对其进行编辑。

VCC 电源与 GND 接地有别于一般电气元器件。它们必须通过菜单命令“Place→Power Port”或原理图布线工具栏上的按钮或来调用，这时编辑窗口中会有一个随鼠标指针移动的电源符号，按“Tab”键，将会出现如图 3-85 所示的“Power Port”对话框，或者在放置了电源元器件的图形上，电源元器件或使用快捷菜单的“Properties”命令，也可以弹出“Power Port”对话框。

在对话框中可以编辑电源属性，在“Net”编辑框中可修改电源符号的网络名称；当前符号的放置角度为 270 Degrees（就是 270°），这可以在“Orientation”（方位）编辑框中修改，这和一般绘制原理图的习惯不太一样，因此在实际应用中常把电源对象旋转 90°放置，而接地对象通常旋转 270°放置；在“Location”编辑框中可以设置电源的精确位置；在“Style”栏中可选择电源类型，双击电源与接地符号在“Style”下拉列表框中有多种类型可供选择，如图 3-86 所示。

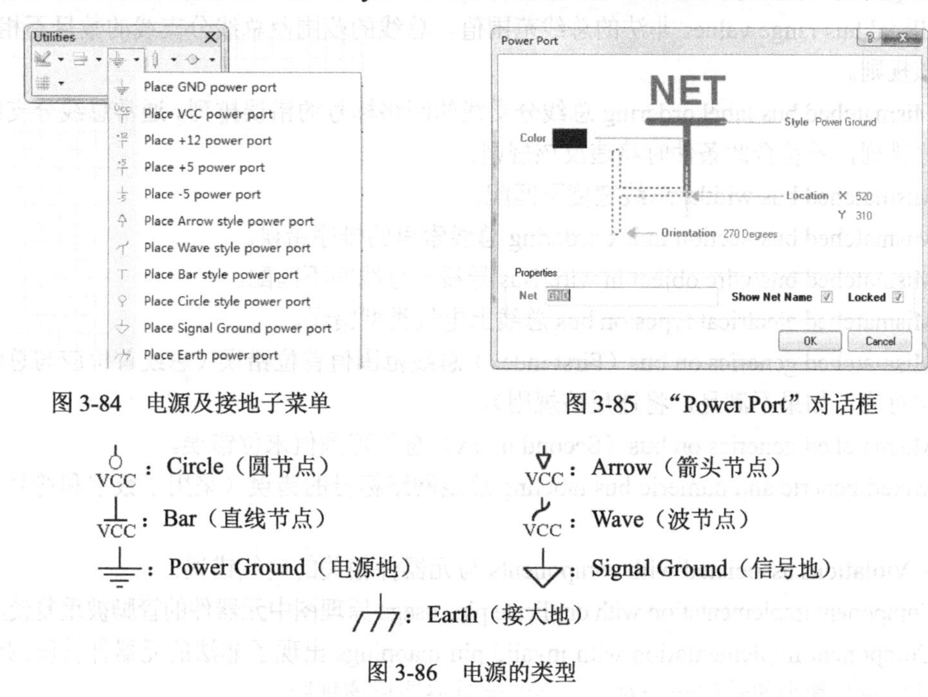

图 3-84　电源及接地子菜单　　图 3-85　“Power Port”对话框

图 3-86　电源的类型

三、原理图的电气规则检测

Altium Designer 10 可以对原理图的电气连接特性进行自动检测，检测后的错误信息将在“Messages”工作面板中列出，同时也在原理图标注出来。用户可以对检测规则进行设置，然后根据面板中所列出的错误信息回过来对原理图进行修改。

1. 原理图的电气规则自动检测设置

Altium Designer 设置电气连接检查规则是在项目选项设置中完成的。在原理图完成后，可以执行“Project→Project Options”菜单命令，系统打开“Options for PCB Project…”（PCB 项目选项）对话框，如图 3-57 所示。

在该对话框中的各项设置与原理图电气规则有关的主要指“Error Reporting”（错误报告）选项卡和“Connection Matrix”（连接检测）选项卡。当对项目进行编译操作时，系统会根据该对话框中的设置进行原理图的检测，系统检测出的错误信息将在“Messages”工作面板中列出。

1）“Error Reporting”选项卡的设置

切换到该选项卡中，可以对各种电气连接错误的等级进行设置。该选项卡的电气错误类型检查主要分为以下 6 类：

（1）Violations associated with buses（与总线有关的错误）：

➢ Bus indices out of range 总线分支索引超出范围。总线和总线分支线共同完成电气连接，每个总线分支线都有自己的索引，当分支线索引超出了总线的索引范围时，将违反该规则。

➢ Bus range syntax errors 总线范围的语法错误。总线的命名通常是由系统默认设置的，但用户也可以自己命名总线，当用户的命名违反总线的命名规则时，将违反该规则。

➢ Illegal bus definition 非法的总线定义。例如，总线与导线相连时，将违反该规则。

➢ Illegal bus range values 非法的总线范围值。总线的范围及总线分支线的数目不相等时，将违反该规则。

➢ Mismatched bus label ordering 总线分支线的网络标号的错误排列。通常总线分支线按升序或降序排列，不符合此条件时将违反该规则。

➢ Mismatched bus widths 总线宽度不匹配。

➢ Mismatched bus-section index ordering 总线索引的排序错误。

➢ Mismatched bus/wire object in wire/Bus 导线与总线间不匹配。

➢ Mismatched electrical types on bus 总线上电气类型错误。

➢ Mismatched generics on bus（First index）总线范围值首位错误（总线首位应与总线分支线的首位对应，如果不满足，将违反该规则）。

➢ Mismatched generics on bus（Second index）总线范围值末位错误。

➢ Mixed generic and numeric bus labeling 总线网络标号的错误（采用了数字和符号的混合编号）。

（2）Violations associated with components 与元器件相关的电气错误：

➢ Component implementation with duplicate pins usage 原理图中元器件的管脚被重复使用了。

➢ Component implementation with invalid pin mappings 出现了非法的元器件管脚封装。元器件的管脚应与管脚的封装一一对应，不匹配时将违反该规则。

➢ Component implementation with missing pins in sequence 元器件管脚序号丢失。元器件管脚的命名出现不连贯的序号，将违反该规则。

➢ Component containing duplicate sub-parts 元器件中包含了重复的子元器件。

➢ Component with duplicate implementations 在一个原理图中元器件被重复使用了，该错误通常出现在层次原理图的设计中。

➢ Component with duplicate pins 元器件中出现了重复的管脚。

➢ Duplicate component models 一个元器件被定义多种重复模型。

➢ Duplicate part designator 存在重复的元器件标号。

➢ Errors in component model parameters 元器件模型中出现参数错误。

➢ Extra pin found in component display mode 元器件显示模型中出现多余的管脚。

➢ Mismatched hidden pin connections 隐藏管脚的电气连接错误。

➢ Mismatched pin visibility 管脚的显示与用户的设置不匹配。

➢ Missing component model parameters 元器件模型参数丢失。

➢ Missing component models 元器件模型丢失。

➢ Missing component models in model files 元器件模型在模型文件中找不到。

➢ Missing pin found in component display mode 元器件的显示中缺少某一管脚。

➢ Models found in different model locations 元器件模型在另一路径而不是在指定路径中找到。

➢ Sheet symbol with duplicate entries 方块电路图中出现了重复的端口。为防止该规则被违反，建议用户在进行层次原理图的设计时，在单张原理图上采用网络标号的形式建立电气连接，而不同的原理图间采用端口建立电气连接。

➢ Un-designated parts requiring annotation 未被标号的元器件需要自动标号。

➢ Unused sub-part in component 集成元器件的某一部分在原理图中未被使用。通常对未被使用的部分采用管脚悬空的方法，即不进行任何的电气连接。

（3）Violations associated with documents 与文档相关的错误

➢ Conflicting constraints 互相矛盾的制约属性。

➢ Duplicate sheet numbers 重复的图纸编号。

➢ Duplicate sheet symbol names 层次原理图中出现了重复的方块电路图。

➢ Missing child sheet for sheet symbol 方块电路图中缺少对应的子原理图。

➢ Missing configuration target 缺少任务配置。

➢ Missing sub-project sheet for component 元器件丢失子项目。有些元器件可以定义子项目，当定义的子项目在固定的路径中找不到时将违反该规则。

➢ Multiple configuration targets 出现多重任务配置。

➢ Multiple top-level documents 多重一级文档。

➢ Port not linked to parent sheet symbol 子原理图中电路端口与主方块电路中端口间的电气连接错误。

➢ Sheet entry not linked child sheet 电路端口与子原理图间存在电气连接错误。

（4）Violations associated with nets 与网络电气连接错误类型有关：

➢ Adding hidden net to sheet 原理图中出现隐藏的网络。

➢ Adding items from hidden net to net 从隐藏网络中添加对象到已有网络中。

➢ Auto-assigned ports to device pins 自动分配元器件引脚。

➢ Duplicate nets 原理图中出现了重复的网络。

➢ Floating net labels 原理图中出现了悬空的网络标号。

➢ Floating power objects 原理图中出现了悬空的电源符号。

➢ Global power-object scope changes 全局的电源符号错误。

➢ Net parameters with no name 网络属性中缺少名字。

➢ Net parameters with no value 网络属性中缺少赋值。

➢ Nets containing floating input pins 网络中包含悬空的输入管脚。

➢ Nets with multiple names 同一个网络被附加多个网络名。

➢ Nets with no driving source 网络中没有驱动源。

➢ Nets with only one pin 一个网络只存在一个管脚。

➢ Nets with possible connection problems 网络中存在连接错误。

➢ Sheets containing duplicate ports 原理图中包含重复的端口。

➢ Signals with multiple drivers 信号存在多个驱动源。

➢ Signals with no driver 信号没有驱动源。

➢ Signals with no load 信号缺少负载。

➢ Unconnected objects in net 网络中的元器件出现未连接的对象。

➢ Unconnected wires 原理图中存在没有电气连接的导线。

（5）Violations Associated with Others 其他的电气对接错误：

➢ No Error 没有连接错误。

➢ Object not completely within sheet boundaries 对象超出了原理图的范围（可以通过改变图纸大小的设置来解决）。

➢ Off-grid object（0.05grid）对象没有处在格点的位置上（使元器件处在格点的位置有利于元器件电气连接特性的完成）。

（6）Violations Associated with Parameters 参数错误类型：

➢ Same parameter containing different types 相同的参数被设置了不同的类型。

➢ Same parameter containing different values 相同的参数被设置了不同的值。

“Error Reporting”选项卡的设置一般采用系统的默认设置。但针对一些特殊的设计，用户则应对以上各项的含义有一个清楚的了解。如果想改变系统的设置，则应单击每栏右侧的“Report Mode”项进行选择，这里有 4 种选择：NO Report（不显示错误）、Warning（警告）、Error（错误）和 Fatal Error（严重错误）。系统出现错误时是不能导入网络表的，用户可以在这里设置忽略一些检测规则。

2）“Connection Matrix”（连接检测）选项卡

规则项设置详见子任务 3.2.4。

2. 原理图电气规则检测

对原理图各种电气错误等级设置完毕后，用户便可以对原理图进行编译操作，随即进入原理图调试阶段。单击执行“Project→Compile PCB Project”菜单命令即可进行文件的编译。

文件编译后，系统的自动检测结果将出现在“Messages”面板中。

打开“Messages”面板有以下 3 种方法。

（1）单击执行“View→Workspace Panels→System→Messages”菜单命令。

（2）单击工作窗口右下角的“System”标签，然后选择“Messages”菜单项。

（3）在工作窗口中单击鼠标右键，在弹出的快捷菜单中选择“Workspace Panels→System→Messages”菜单项。

3. 原理图的修正

当原理图绘制无误时，“Messages”面板中将为空。当出现错误的等级为“Error”（错误）或者“Fatal Error”（致命错误）时，“Messages”面板将自动弹出。错误等级为“Warning”（警告）时，用户需要自己打开“Messages”面板对错误进行修改。

下面以“LED 闪烁灯原理图.SchDoc”为例，介绍原理图的修正操作步骤。在 LED 闪烁灯原理图中制造两个错误，如图 3-87 所示。

具体操作步骤如下：

（1）执行“Project→Compile Document LED 闪烁灯原理图.SchDoc”菜单命令，对该原理图进行编译。用以上 3 种方法中的一种打开“Messages”面板，如图 3-88 所示。

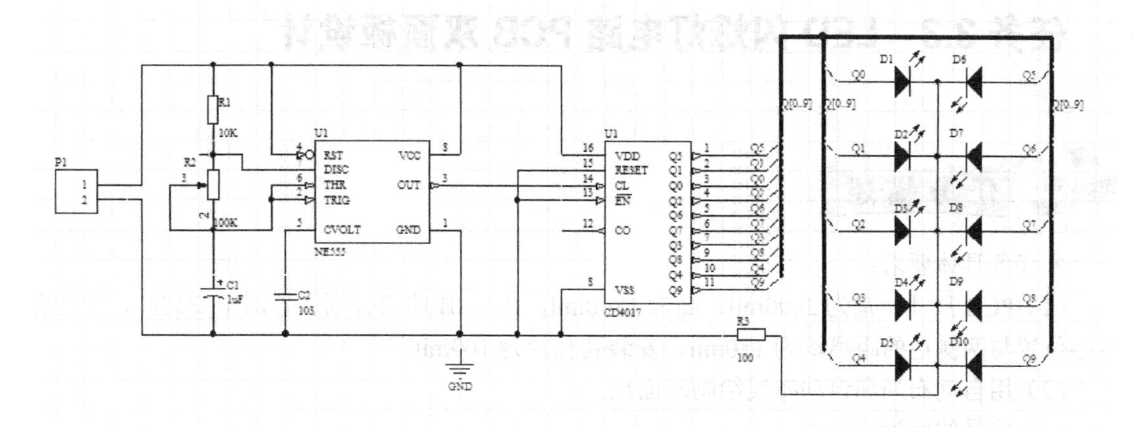

图 3-87　存在错误的 LED 闪烁灯原理图

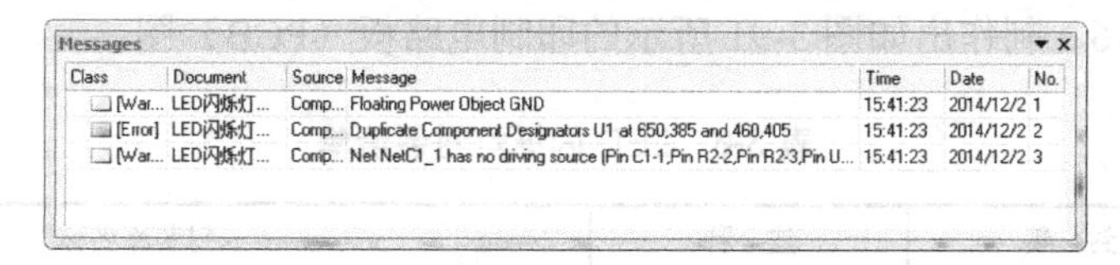

图 3-88　编译后的“Messages”面板

（2）在“Messages”面板中双击错误选项将弹出“Compile Errors”（编译错误）面板，如图 3-89 所示，列出了该项错误的详细信息。同时，工作窗口将跳转到该对象上。除了该对象外，其他所有对象处于掩盖状态，跳转后只有该对象可以进行编辑。

（3）双击“U1”打开对应的属性对话框，在对话框中将“U1”改为“U2”；第一项是电源地独立于原理图之外悬空，将电源地移动和对应的导线相连；第三项在输入引脚处无驱动电源，电路本身就无驱动源，因此本条可忽略，如果不想显示出该提示信息，可在对应输入加上忽略 ERC 检测的标记符。

（4）修正好后重新对原理图进行编译，检查是否还有别的错误，直到出现如图 3-90 所示的“Messages”面板，表示成功修正好原理图。

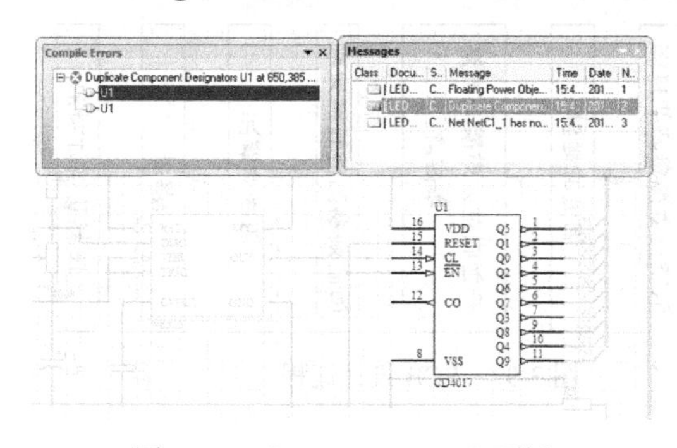

图 3-89　“Compile Errors”面板

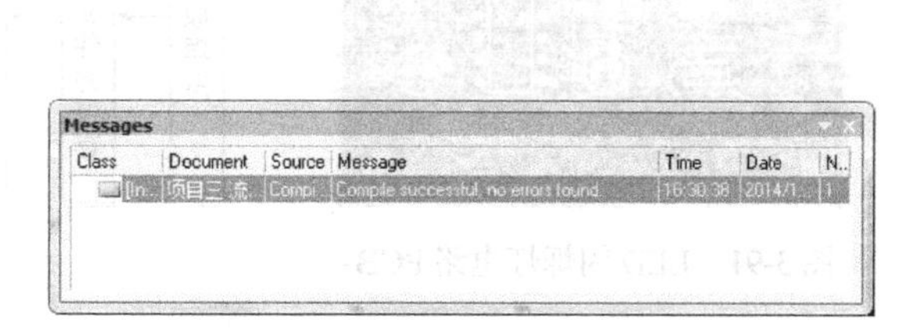

图 3-90　编译后无误的“Messages”面板

任务 3.3　LED 闪烁灯电路 PCB 双面板设计

本任务具体要求：

（1）PCB 尺寸：宽为 2400mil、高为 1800mil，在 PCB 四角分别放置四个安装孔，安装孔中心位置与两侧边的距离均为 150mil，安装孔孔径为 100mil。

（2）用自动布局和自动布线绘制双面板。

（3）信号线宽为 10mil。

（4）接地网络线宽为 20mil。

（5）根据表 3-6，制作出如图 3-91 所示的印制电路板（PCB）图。

表 3-6　LED 闪烁灯封装清单

序　号	封　装	注　释	封装库名称
C1	RB.1/.2	1μF	通用封装库.PcbLib
C2	RAD-0.1	103	通用封装库.PcbLib
P1	HDR1X2	Header 2	Miscellaneous Connectors.IntLib
R1	AXIAL-0.4	10kΩ	Miscellaneous Devices.IntLib
R2	卧式可调	100kΩ	通用封装库.PcbLib
R3	AXIAL-0.4	100	Miscellaneous Devices.IntLib
D1～D10	LED5	LED0	LEDS.PcbLib
U1	DIP8	NE555	通用封装库.PcbLib
U2	DIP16	4017	通用封装库.PcbLib

本任务制作 PCB 采用手工规划电路板和自动布线的方法，操作步骤如图 3-92 所示。

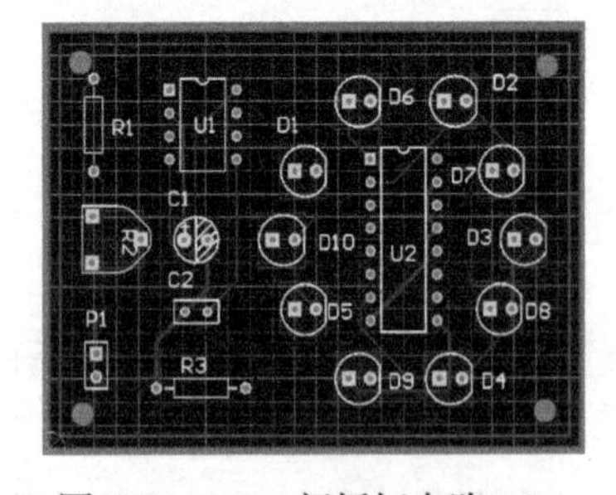

图 3-91　LED 闪烁灯电路 PCB

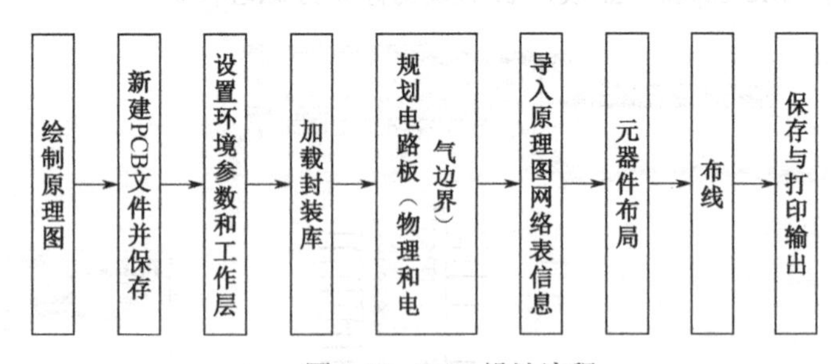

图 3-92　PCB 设计流程

知识目标：

➢ 熟悉制作 PCB 的流程。

➢ 装入网络表及元器件封装时，会处理网络表导入时出现的错误。
➢ 了解 PCB 参数的高级设置方法。
➢ 自动布局与布线、手动调整生成电路 PCB 图。

技能目标：

➢ 会规划电路板。
➢ 学会用自动设计的方法制作双面板。

任务实施过程

子任务 3.3.1　新建 PCB 文件

创建新的 PCB 文件不但可以使用 PCB 向导，还可以直接执行“New→PCB”命令。

新建印制电路板文件：选择“Filest→创建→PCB Files”命令，将印制电路板保存为“LED 闪烁灯双面板设计.PCBDOC”。若建立的 PCB 文件为自由文件，应该在项目管理器中直接使用鼠标将新创建的 PCB 文件拖入到当前打开的项目中去。

子任务 3.3.2　设置电路板工作层面及环境参数

1．设置工作层及其颜色

双面板工作层包括以下内容：

➢ 顶层（Top Layer）：放置元器件并布线。
➢ 底层（Bottom Layer）：布线并进行焊接。
➢ 机械层（Mechanical Layer）：用于确定电路板的物理边界，也就是电路板的实际边框。
➢ 禁止布线层（Keep-out Layer）：用于确定电路板的电气边界，也就是电路板上的元器件布局和布线的范围。
➢ 顶层丝印层（Top Overlay）：放置元器件的轮廓、标注及一些说明文字。
➢ 多层（Multi-layer）：用于显示焊盘和过孔。

2．PCB 文件选项设置

执行菜单命令“Design→Board Options”（PCB 板选择项），弹出如图 3-93 所示的对话框，在此对话框中可设置图纸单位、各种栅格、图纸大小和捕获选项等。

3．设置 PCB 文件工作环境参数

执行菜单“Tools→Preferences”，弹出 PCB 优化设定对话框，如图 3-94 所示。

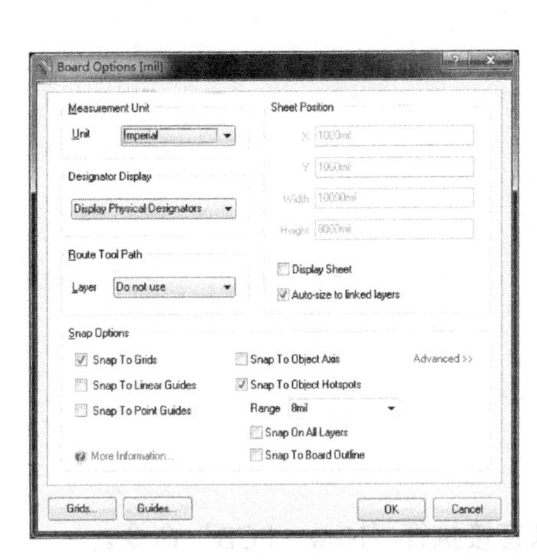

图 3-93 “Board Options”对话框

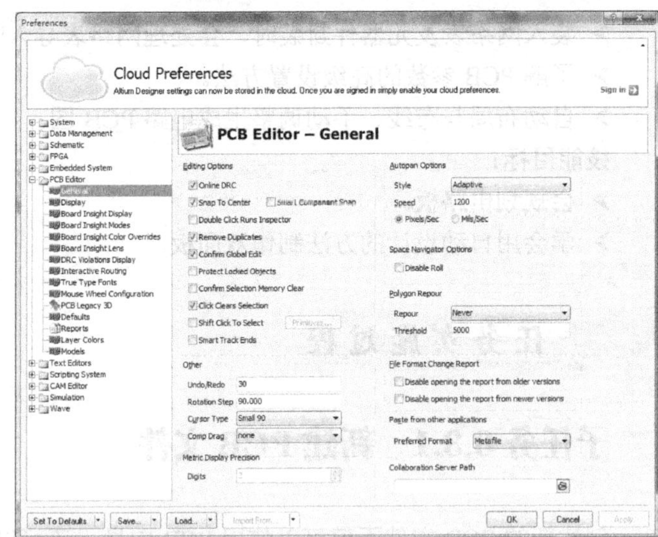

图 3-94 “Preferences”对话框

技巧：工作层的选择也可直接使用鼠标单击图纸屏幕上的标签，如图 3-95 所示。

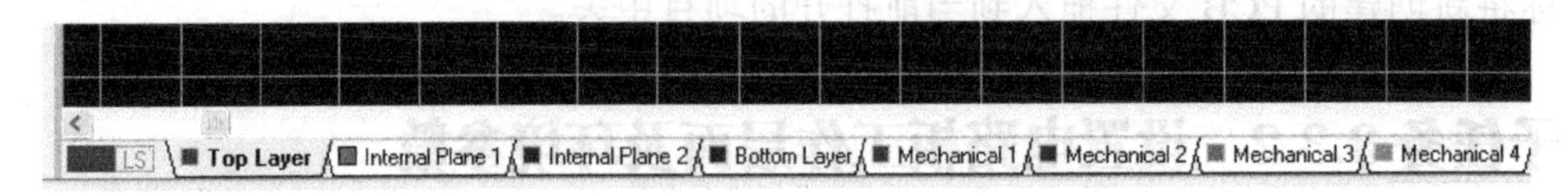

图 3-95 工作层选择标签

子任务 3.3.3 加载封装库

在放置封装之前，要先装载封装所在的库。如果使用集成库，在设计原理图时已经装载，就不需要再重复操作，常用的集成库有“Miscellaneous Device.IntLib”和“Miscellaneous Connectors.IntLib”，如要安装封装库（.PcbLib），操作方法与加载集成库方法一样，执行菜单命令“Design→Add/Remove Library…”，或单击控制面板上的“Libraries”标签，打开元器件库浏览器，再单击“Libraries”按钮，即可弹出“Availalble Library”对话框。单击安装按钮，出现加载封装的对话框，找到需要所加载库的位置，单击打开按钮即可。本项目的封装形式在“Miscellaneous Device.IntLib”、“Miscellaneous Connectors.IntLib”、“LEDS.PcbLib”和“通用封装库.PcbLib”中。

子任务 3.3.4 规划电路板

步骤一：执行菜单命令“Design→Board Shape”。

在该子菜单中，各项命令的操作意义如下：

- Redefine Board Shape：重新定义电路板外形尺寸。
- Move Board Vertices：移动电路板的顶点以改变电路板的外形。

- Move Board Shape：移动整个电路板，用来把电路板移到图纸中央，便于编辑。
- Define from selection objects：从所选对象中定义电路板外形。
- Auto-Position Sheet：自动定位图纸。

步骤二：直接在PCB文件的第一机械层中绘制电路板外形，这种方法的灵活性更大一些。先把 PCB 编辑器切换到“Mechanical 1”中，然后执行菜单命令“Design→Board Shape→Redefine Board Shape”。

步骤三：在规划好印制电路板的物理边界后，还需要规划印制电路板的电气边界。印制电路板的电气边界用来限定 PCB 工作区中有效放置对象的范围，必须在 PCB 编辑器的“Keep-out Layer”中设置，只有设置了印制电路板的电气边界才能进行下一步的工作。

子任务3.3.5　在PCB文件中导入原理图网络表信息

加载元器件库以后，就可以装入网络与元器件了。网络与元器件的装入过程实际上是将原理图设计的数据装入到PCB的过程。

如果确定所需元器件库已经装入，那么用户就可以按照下面的步骤将原理图的网络与元器件装入到PCB中。

一、编译设计项目

在装入原理图的网络与元器件之前，设计人员应该先编译设计项目，根据编译信息检查项目的原理图是否存在错误，如果有错误，应及时修正，否则装入时会产生错误，而导致装载失败。

二、装入网络与元器件

（1）打开已经创建的PCB文件。

（2）执行“Design→Import Changes From LED闪烁灯的原理图与PCB设计.PrjPCB”命令，系统会弹出如图3-96所示的对话框。

技巧：除了在PCB编辑环境下可执行“Design→Import Changes From…”命令进行装入以外，还可以在原理图编辑环境下执行“Design→Update PCB Design PcbDoc”命令，同样可以实现装入操作。

注意：“Update PCB Document...”命令只能在工程项目中才能使用，必须将原理图文件和PCB文件保存到同一个项目中，且在执行该命令前必须先保存PCB文件。

（3）用鼠标拖动右边的滚动条到底部，此时会看到系统将会添加几个ROOM（元器件集合），如果选中这几个添加项，则将会把不同文件加载的元器件组合起来形成相应的元器件集合。这里取消这些添加项。然后单击如图3-96所示对话框中的“Validate Changes”按钮，系统将自动检查各项变化是否正确有效，所有正确的更新对象在检查栏内显示“√”符号，不正确的显示“×”符号，如图3-97所示。

Engineering Change Order

Modifications				Status	
Action	Affected Object		Affected Document	Check	Done
Add Components(18)					
Add	C1	To	LED闪烁灯.PCBDOC		
Add	C2	To	LED闪烁灯.PCBDOC		
Add	D1	To	LED闪烁灯.PCBDOC		
Add	D2	To	LED闪烁灯.PCBDOC		
Add	D3	To	LED闪烁灯.PCBDOC		
Add	D4	To	LED闪烁灯.PCBDOC		
Add	D5	To	LED闪烁灯.PCBDOC		
Add	D6	To	LED闪烁灯.PCBDOC		
Add	D7	To	LED闪烁灯.PCBDOC		
Add	D8	To	LED闪烁灯.PCBDOC		
Add	D9	To	LED闪烁灯.PCBDOC		
Add	D10	To	LED闪烁灯.PCBDOC		
Add	P1	To	LED闪烁灯.PCBDOC		
Add	R1	To	LED闪烁灯.PCBDOC		
Add	R2	To	LED闪烁灯.PCBDOC		
Add	R3	To	LED闪烁灯.PCBDOC		
Add	U2	To	LED闪烁灯.PCBDOC		
Add	U3	To	LED闪烁灯.PCBDOC		
Add Nets(17)					
Add	GND	To	LED闪烁灯.PCBDOC		

Validate Changes | Execute Changes | Report Changes... | Close

图 3-96　工程改变顺序对话框

Engineering Change Order

Modifications					Status		
Enable	Action	Affected Object		Affected Document	Check	Done	Message
Add Components(18)							
✔	Add	C1	To	理想pcb.PcbDoc			Footprint Not Found RB.1/.2
✔	Add	C2	To	理想pcb.PcbDoc			
✔	Add	D1	To	理想pcb.PcbDoc			Footprint Not Found led5
✔	Add	D2	To	理想pcb.PcbDoc			Footprint Not Found led5
✔	Add	D3	To	理想pcb.PcbDoc			Footprint Not Found led5
✔	Add	D4	To	理想pcb.PcbDoc			Footprint Not Found led5
✔	Add	D5	To	理想pcb.PcbDoc			Footprint Not Found led5
✔	Add	D6	To	理想pcb.PcbDoc			Footprint Not Found led5
✔	Add	D7	To	理想pcb.PcbDoc			Footprint Not Found led5
✔	Add	D8	To	理想pcb.PcbDoc			Footprint Not Found led5
✔	Add	D9	To	理想pcb.PcbDoc			Footprint Not Found led5
✔	Add	D10	To	理想pcb.PcbDoc			Footprint Not Found led5
✔	Add	P1	To	理想pcb.PcbDoc			
✔	Add	R1	To	理想pcb.PcbDoc			
✔	Add	R2	To	理想pcb.PcbDoc			Footprint Not Found 卧式可调
✔	Add	R3	To	理想pcb.PcbDoc			
✔	Add	U1	To	理想pcb.PcbDoc			Footprint Not Found DIP8
✔	Add	U2	To	理想pcb.PcbDoc			Footprint Not Found DIP16
Add Pins To Nets(56)							
✔	Add	C1-1 to NetC1_1	In	理想pcb.PcbDoc			Unknown Pin: Pin C1-1
✔	Add	C1-2 to GND	In	理想pcb.PcbDoc			Unknown Pin: Pin C1-2
✔	Add	C2-1 to GND	In	理想pcb.PcbDoc			Unknown Pin: Pin C2-1
✔	Add	C2-2 to NetC2_2	In	理想pcb.PcbDoc			Unknown Pin: Pin C2-2

Validate Changes | Execute Changes | Report Changes... | Only Show Errors | Close

图 3-97　执行“Validate Changes”功能后的对话框

从图中可以看出存在错误信息，D1 到 D10 的错误是“Footprint Not Found LED5”，说明封装 LED5 未找到，原因是该封装所在的库“LEDS.PcbLib”未加载为当前库，可在元器件库面板中将该库加载为当前库。同样 C1、R2 以及 U1、U2 也出现了错误，它们所在库（通用封装库.PcbLib）也没加载上。

重新加载库后，重新执行菜单命令“Design→Update PCB DocumentLED 闪烁灯 PCB 设计.PcbDoc”，屏幕弹出“Engineering Change Order”对话框，单击“Validate Changes”按钮，更新检查信息，从图 3-98 中可以看出“Footprint Not Found leds”等的错误提示消失，说明对应封装已经匹配上。

（4）单击“Execute Changes”按钮，接受工程变化顺序，将封装和网络添加到 PCB 编辑器中。如果 ECO 存在错误，即检查时存在错误，则装载不能成功；如果没有装入封装库，即找不到所需的封装库，也无法成功，成功后，出现如图 3-99 所示对话框。

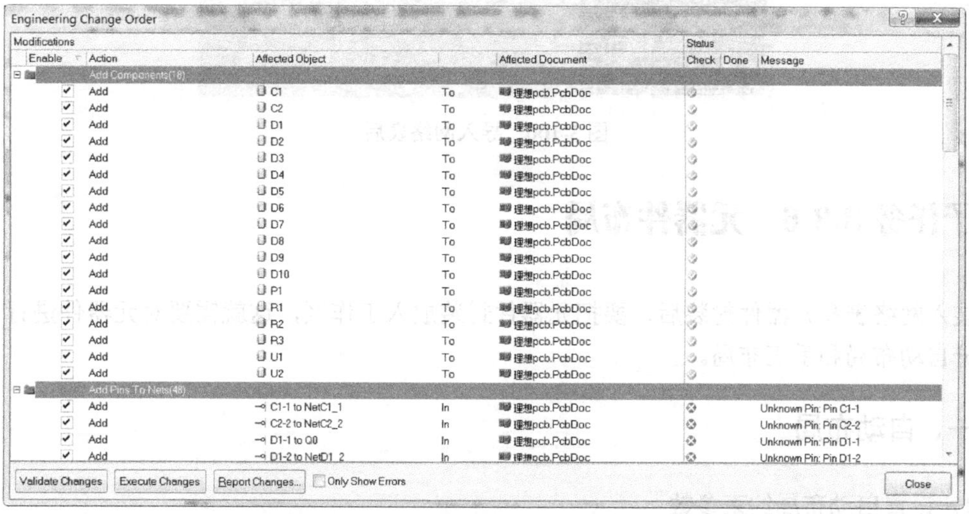

Engineering Change Order

Enable	Action	Affected Object		Affected Document	Check	Done	Message
	Add Components(18)						
✔	Add	C1	To	理想pcb.PcbDoc			
✔	Add	C2	To	理想pcb.PcbDoc			
✔	Add	D1	To	理想pcb.PcbDoc			
✔	Add	D2	To	理想pcb.PcbDoc			
✔	Add	D3	To	理想pcb.PcbDoc			
✔	Add	D4	To	理想pcb.PcbDoc			
✔	Add	D5	To	理想pcb.PcbDoc			
✔	Add	D6	To	理想pcb.PcbDoc			
✔	Add	D7	To	理想pcb.PcbDoc			
✔	Add	D8	To	理想pcb.PcbDoc			
✔	Add	D9	To	理想pcb.PcbDoc			
✔	Add	D10	To	理想pcb.PcbDoc			
✔	Add	P1	To	理想pcb.PcbDoc			
✔	Add	R1	To	理想pcb.PcbDoc			
✔	Add	R2	To	理想pcb.PcbDoc			
✔	Add	R3	To	理想pcb.PcbDoc			
✔	Add	U1	To	理想pcb.PcbDoc			
✔	Add	U2	To	理想pcb.PcbDoc			
	Add Pins To Nets(48)						
✔	Add	C1-1 to NetC1_1	In	理想pcb.PcbDoc			Unknown Pin: Pin C1-1
✔	Add	C2-2 to NetC2_2	In	理想pcb.PcbDoc			Unknown Pin: Pin C2-2
✔	Add	D1-1 to Q0	In	理想pcb.PcbDoc			Unknown Pin: Pin D1-1
✔	Add	D1-2 to NetD1_2	In	理想pcb.PcbDoc			Unknown Pin: Pin D1-2

Validate Changes　Execute Changes　Report Changes...　Only Show Errors　Close

图 3-98　执行“Validate Changes”功能后的对话框

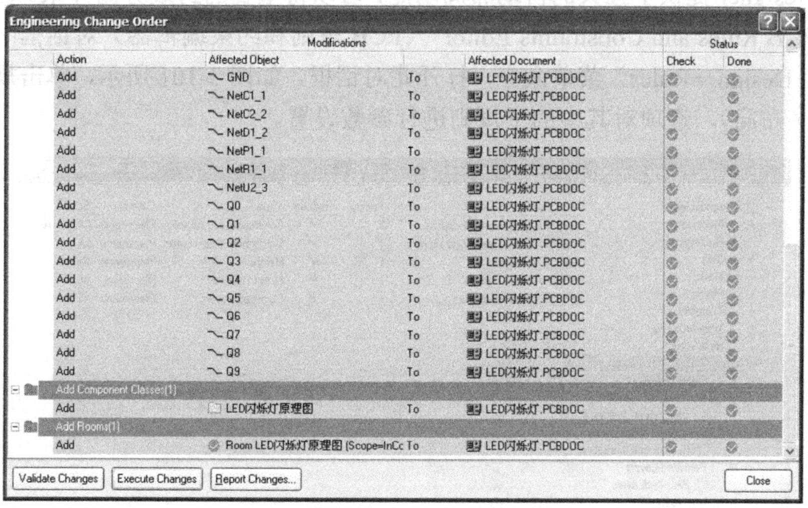

Engineering Change Order

Action	Affected Object		Affected Document	Check	Done
Add	GND	To	LED闪烁灯.PCBDOC		
Add	NetC1_1	To	LED闪烁灯.PCBDOC		
Add	NetC2_2	To	LED闪烁灯.PCBDOC		
Add	NetD1_2	To	LED闪烁灯.PCBDOC		
Add	NetP1_1	To	LED闪烁灯.PCBDOC		
Add	NetR1_1	To	LED闪烁灯.PCBDOC		
Add	NetU2_3	To	LED闪烁灯.PCBDOC		
Add	Q0	To	LED闪烁灯.PCBDOC		
Add	Q1	To	LED闪烁灯.PCBDOC		
Add	Q2	To	LED闪烁灯.PCBDOC		
Add	Q3	To	LED闪烁灯.PCBDOC		
Add	Q4	To	LED闪烁灯.PCBDOC		
Add	Q5	To	LED闪烁灯.PCBDOC		
Add	Q6	To	LED闪烁灯.PCBDOC		
Add	Q7	To	LED闪烁灯.PCBDOC		
Add	Q8	To	LED闪烁灯.PCBDOC		
Add	Q9	To	LED闪烁灯.PCBDOC		
Add Component Classes(1)					
Add	LED闪烁灯原理图	To	LED闪烁灯.PCBDOC		
Add Rooms(1)					
Add	Room LED闪烁灯原理图 (Scope=InCc	To	LED闪烁灯.PCBDOC		

Validate Changes　Execute Changes　Report Changes...　Close

图 3-99　执行变更命令成功对话框

注意：每个元器件必须具有引脚的封装形式，对于原理图中从元器件库中装载的元器件，一般均具有封装形式，但是如果是用户自己创建的元器件库或从“Digital Tools”工具栏上选择装入的元器件，则应该设定其封装形式（即属性“Footprint”项）。如果没有设定封装形式，或者封装形式不匹配，则在装入网络时，会在列表框中显示某些宏是错误的，这将导致不能正确装载该元器件。用户应该返回原理图，修改该元器件的属性或电路连接，再重新生成网络表，然后切换到 PCB 文件中进行操作。

（5）单击“Close”按钮，完成装入。

注意：用户需要注意的是，导入网络表时，原理图中的元器件并不直接导入到用户绘制的布线框中，而是位于布线框的外面，如图 3-100 所示。通过之后的自动布局操作，系统会自动将元器件放置在布线框内。当然，用户也可以手工拖动元器件到布线框内。

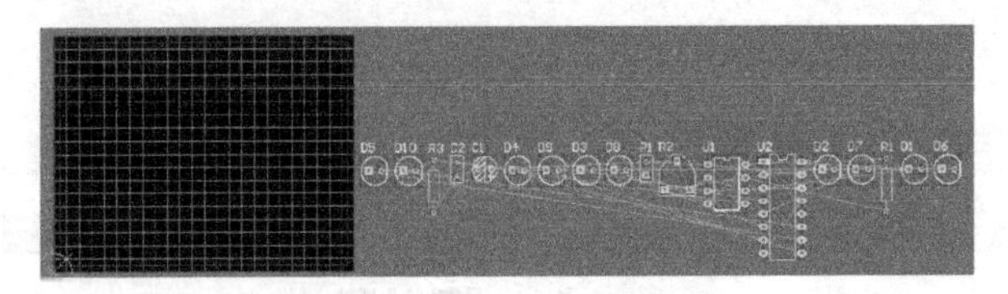

图 3-100　导入网络表后

子任务 3.3.6　元器件布局

装入网络表和元器件封装后，要把元器件封装放入工作区，这就需要对元器件进行布局，布局分自动布局和手工布局。

一、自动布局

1．设置自动布局约束参数

Altium Designer 提供了强大的自动布局功能，可以将重叠的封装分离开来。自动布局的参数设计在“PCB Rules and Constraints Editor”（PCB 规则和约束编辑器）对话框中进行。在主菜单中执行“Design→Rules”菜单命令，打开此对话框，如图 3-101 所示，单击规则列表中的“Placement”（布局），逐项对其中的子规则进行参数设置。

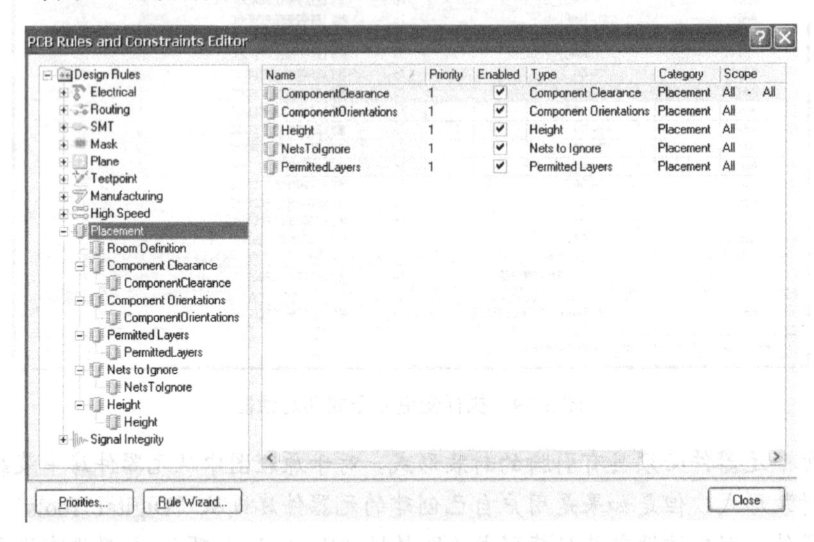

图 3-101　PCB 规则编辑对话框

（1）设置“Room Definition”参数，如图 3-102 所示。

“Name”：用来设置该参数的规则名。

“Where the first object matches”：在该框设置该约束参数作用的范围。All 表示该参数作用于所有的区域，Net 表示该参数作用于选择的网络，Net Class 表示该参数作用于选择的网络类，Layer 表示该参数作用于选择的电路板层。

“Constraints”：在该框中，x1，y1，x2，y2 表示 Room 空间的对角坐标。

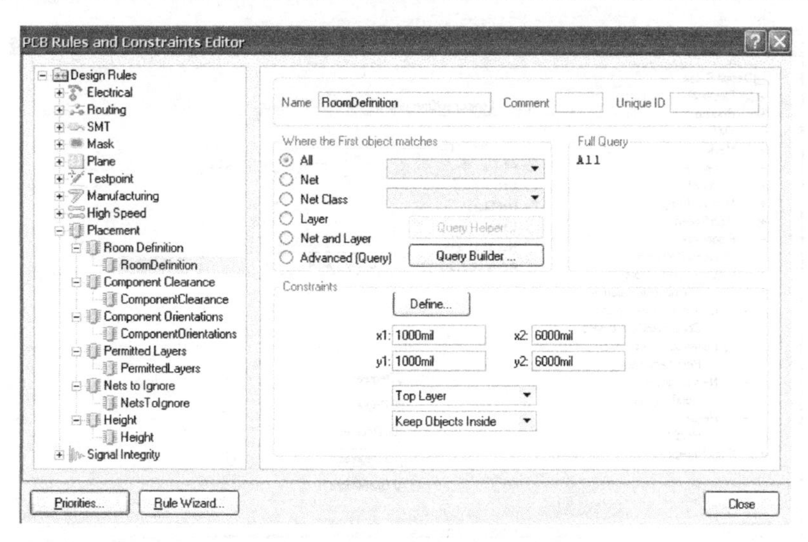

图 3-102　“Room Definition”标签页

（2）设置“Component Clearance”参数，如图 3-103 所示。

在“Constraints”框中：

“Grap”：用来设置印制电路板上元器件摆放的间距，默认为 10mil。

“Check Mode”：用来设置元器件规则检查方式。

“Quick Check”：仅仅根据元器件的外形尺寸来布局。

“Multi Layer Check”：根据元器件的外形尺寸和焊盘位置来布局。

“Full Check”：根据元器件的真实外形来布局。

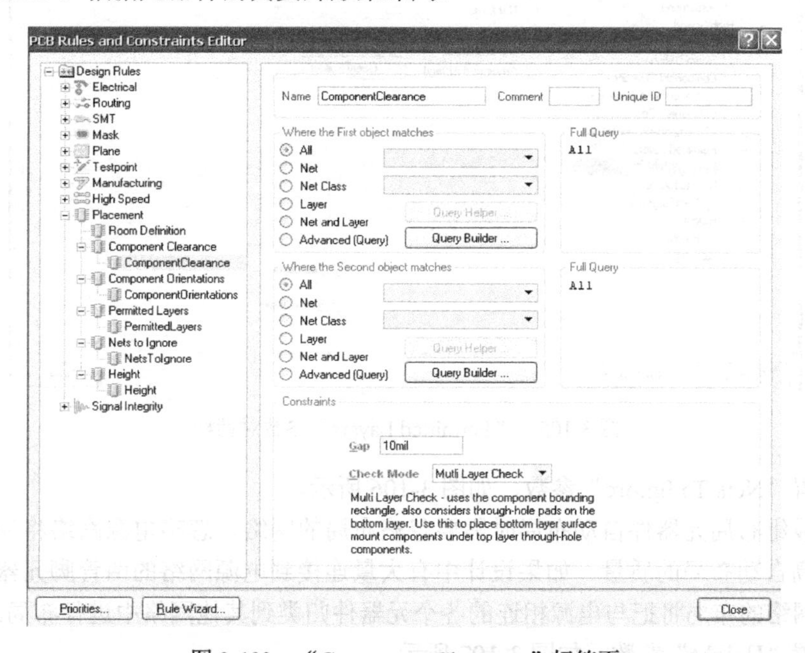

图 3-103　“Component Clearance”标签页

（3）设置“Component Orientations”参数，如图 3-104 所示。

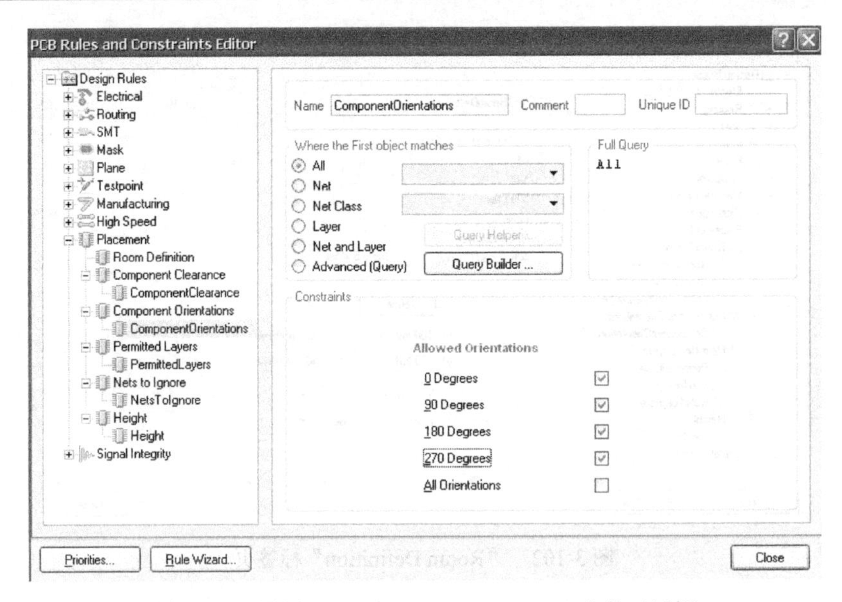

图 3-104　设置“Component Orientations”参数对话框

（4）设置“Permitted Layers”参数，如图 3-105 所示。

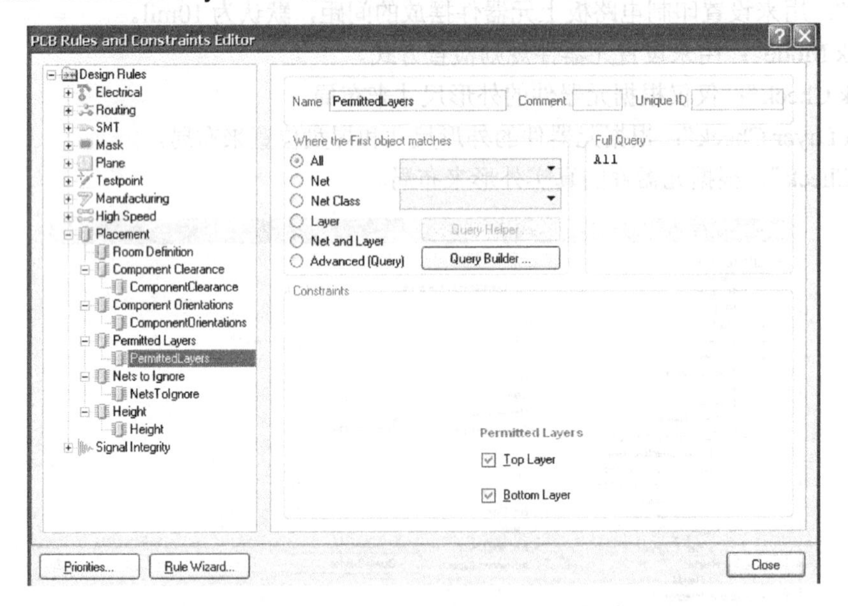

图 3-105　“Permitted Layers”参数对话框

（5）设置“Nets To Ignore”参数，如图 3-106 所示。

设置在成组布局元器件自动布局时需要忽略布局的网络。忽略电源网络将加快自动布局的速度，提高自动布局的质量。如果设计中有大量连接到电源网络的两管脚元器件的话，那么忽略电源网络的布局将把与电源相连的各个元器件归类到其他网络中进行布局。

（6）设置“Height”参数，如图 3-107 所示。

“Component Clearance”（元器件间距限制规则）：设置元器件间距，可以影响到元器件的布局。

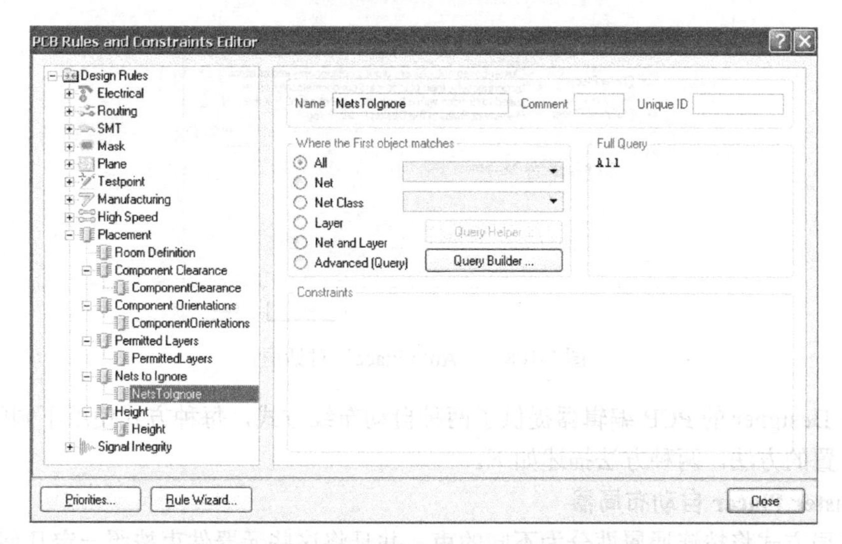

图 3-106　“Nets To Ignore”参数对话框

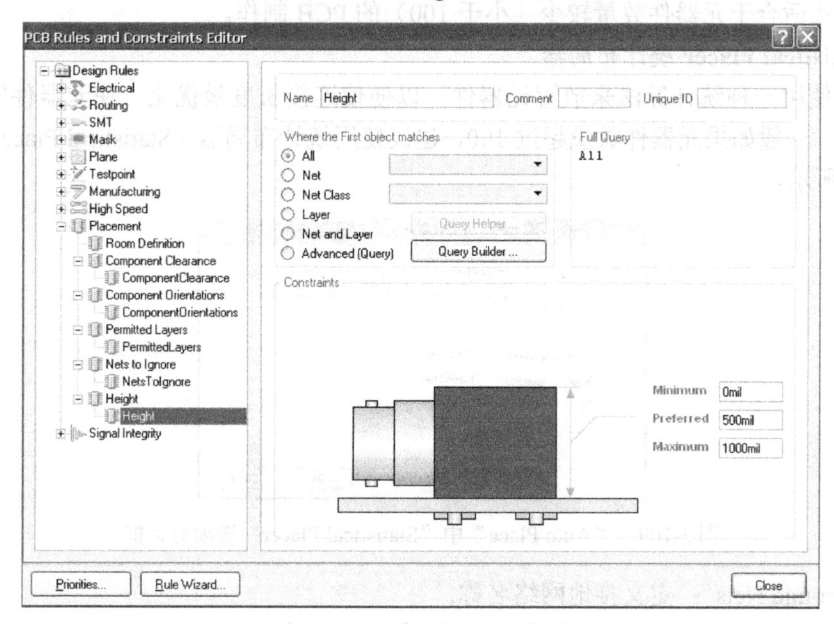

图 3-107　“Height”参数对话框

“Height”（高度规则）：定义元器件的高度。在一些特殊的电路板进行布局操作时，电路板的某一区域元器件的高度要求可能会很严格，这时候就需要设置此项规则。

元器件布局的参数设置完毕后，单击“OK”按钮，保存规则设置，返回 PCB 编辑环境，就可以采用系统提供的自动布局功能进行 PCB 板的自动布局了。

2．自动布局的操作步骤

执行命令“Tools→Component Placement→Auto Place…”，系统会出现如图 3-108 所示的对话框。

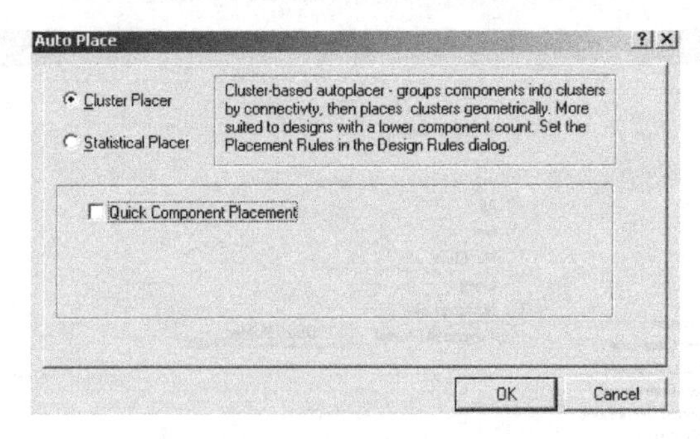

图 3-108　“Auto Place”对话框

Altium Designer 的 PCB 编辑器提供了两种自动布线方式，每种方式使用不同的计算和优化元器件位置的方法，两种方法描述如下。

1）Cluster Placer 自动布局器

这种布局方式将按连通属性分为不同的束，并且将这些元器件束按照一定几何位置布局。这种布局方式适合于元器件数量较少（小于 100）的 PCB 制作。

2）Statistical Placer 统计布局器

布局器使用一种统计算法来放置元器件，以便使连接长度最优化，使元器件间用最短的导线来连接。一般如果元器件数量超过 100，建议使用统计布局器（Statistical Placer），其选项如图 3-109 所示。

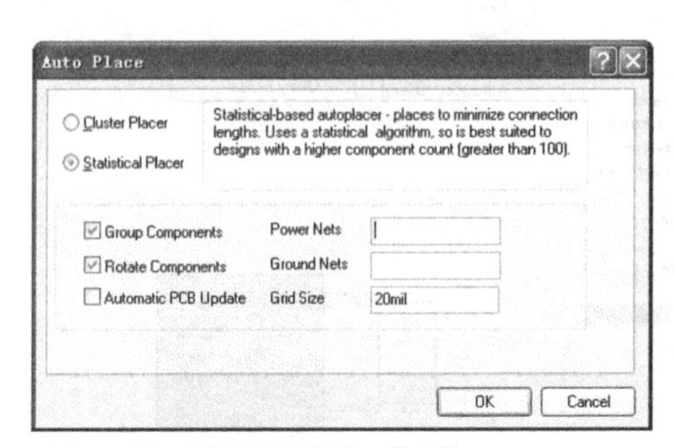

图 3-109　“Auto Place”中“Statistical Placer”选项对话框

➢ “Ground Nets”：定义接地网络名称。

➢ “Grid Size”：设置元器件自动布局时的栅格间距大小。

系统出现如图 3-110 所示的画面，即自动布局完成后的状态。从图中可以看出，所有封装均被布置到电路板的电气边界之内了。

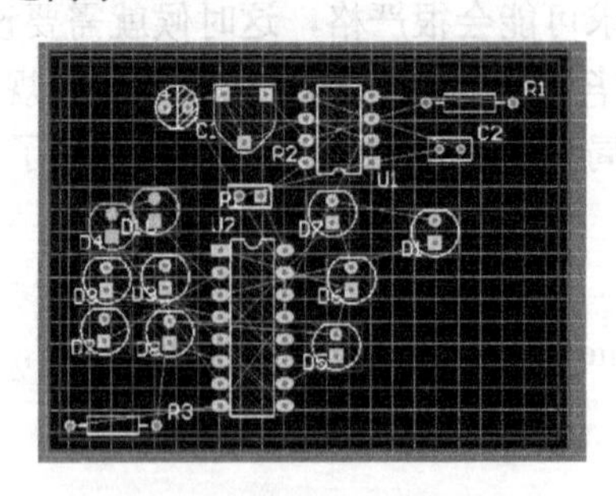

图 3-110　元器件自动布局状态

注意：在执行自动布局前，应该将当前原点设置为系统默认的绝对原点位置（可以执行“Edit→Origin→Reset”命令），因为自动布局使用绝对原点为参考点。

二、手动布局

系统对自动布局一般以寻找最短布线路径为目标，因此自动布局效果往往不太理想，需要用户手工调整。以图 3-102 为例，元器件虽然已经布置好了，但元器件的位置还不够整齐，因此必须重新调整某些元器件的位置。进行位置调整，实际上就是对元器件进行排列、移动和旋转等操作。

回顾对元器件进行操作的各种常用命令：

（1）选取。选取对象，执行“Edit→Select”子菜单命令。

（2）旋转。执行“Edit→Select→Inside all”命令，然后拖动鼠标选中需要旋转的元器件。也可以直接拖动鼠标选中对象，然后执行“Edit→Move→Rotate Selection”命令，在出现的对话框中设定角度（例如 90°），单击“OK”按钮，系统将提示用户在图纸上选取旋转基准点。当用户用鼠标在图纸上选定了一个旋转基准点后，选中的元器件就实现了旋转。

注：在旋转时，也可选中元器件，然后单击空格键（Space）来实现旋转。

（3）移动。执行“Edit→Move”命令，然后单击元器件，可移动元器件到任意位置。

（4）排列。排列元器件可以执行“Edit→Align”子菜单的相关命令来实现。

手动调整之后的 PCB 板图如图 3-111 所示。

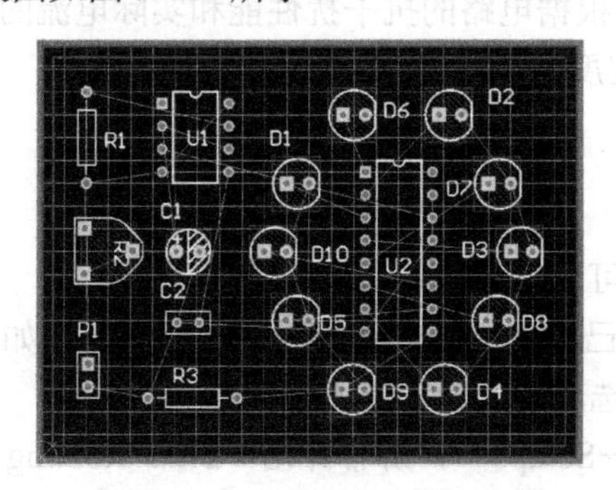

图 3-111　手动调整后的 PCB 布局

子任务 3.3.7　电路板的布线

在印制电路板布局结束后，便进入电路板的布线阶段。一般来说，用户先是对电路板布线提出某些要求，然后按照这些要求来预置布线设计规则。

一、布线基本知识回顾

1. 工作层

➢ 信号层（Signal Layer）：对于双面板而言，信号层要求必须有两个，即顶层（Top Layer）

和底层（Bottom Layer），这两个工作层必须设置为打开状态，而信号层的其他层面均可以处于关闭状态。

➢ 丝印层（Silkscreen Layer）：对于双面板而言，只打开顶层丝印层即可。

➢ 其他层面（Others）：根据实际需要，还需要打开禁止布线层（Keep-out Layer）和多层（Multi-layer）。它们主要用于放置电路板边界和文字标注等。

2．布线规则

➢ 安全间距允许值（Clearance Constraint）：在布线之前，需要定义同一个层面上两个图元之间所允许的最小间距，即安全间距。根据经验结合本例的具体情况，可以设置为 10mil。

➢ 布线拐角模式。根据电路板的需要，将电路板上的布线拐角模式设置为 45°角模式。

➢ 布线层的确定。对双面板而言，一般将顶层布线设置为沿垂直方向，将底层布线设置为沿水平方向。

➢ 布线优先级（Routing Priority）。在这里布线优先级设置为 2。

➢ 布线拓扑原则（Routing Topology）。一般来说，确定一个网络的走线方式以布线的总线长最短作为设计原则。

➢ 过孔的类型（Routing Via Style）。对于过孔类型，应该与电源/接地线以及信号线区别对待，在这里设置为通孔（Through Hole）。对电源/接地线的过孔，要求的孔径参数：孔径（Hole Size）为 20mil，宽度（Width）为 50mil。一般信号类型的过孔则孔径为 20mil，宽度为 40mil。

➢ 对走线宽度的要求。根据电路的抗干扰性能和实际电流的大小，将电源和接地的线宽确定为 20mil，其他的走线宽度为 10mil。

二、预布线

需要预先布置的导线，可用手动的方法放置好。

有些电路在自动布线前已经针对某些网络进行了预布线，如果要在自动布线时保留这些预布线，可以在自动布线器选项中设置锁定所有预布线。

执行菜单“Auto Route→Setup…”，屏幕弹出“Situs Routing Strategies”对话框，选中对话框下方的“Lock All Pre-routes”复选框，锁定全部预布线，单击“OK”按钮退出设置状态。

三、布线设计规则的设置

Altium Designer 为用户提供了自动布线的功能，除可以用来进行自动布线外，也可以进行手动交互布线。在布线之前，必须先进行其参数的设置，本任务需要设置项为：安全间距规则设置：8mil，适用于全部对象；导线宽度限制规则：GND 的线宽为 20mil，信号线的线宽为 10mil，优先级依次降低；布线层规则：双面布线；布线转角规则：45°拐弯；其他规则选择默认。

执行命令“Design→Rules”，在弹出的“Rules”设置对话框中选择电气规则安全间距，如图 3-112 所示。在此对话框中可以设置安全间距为 8mil。

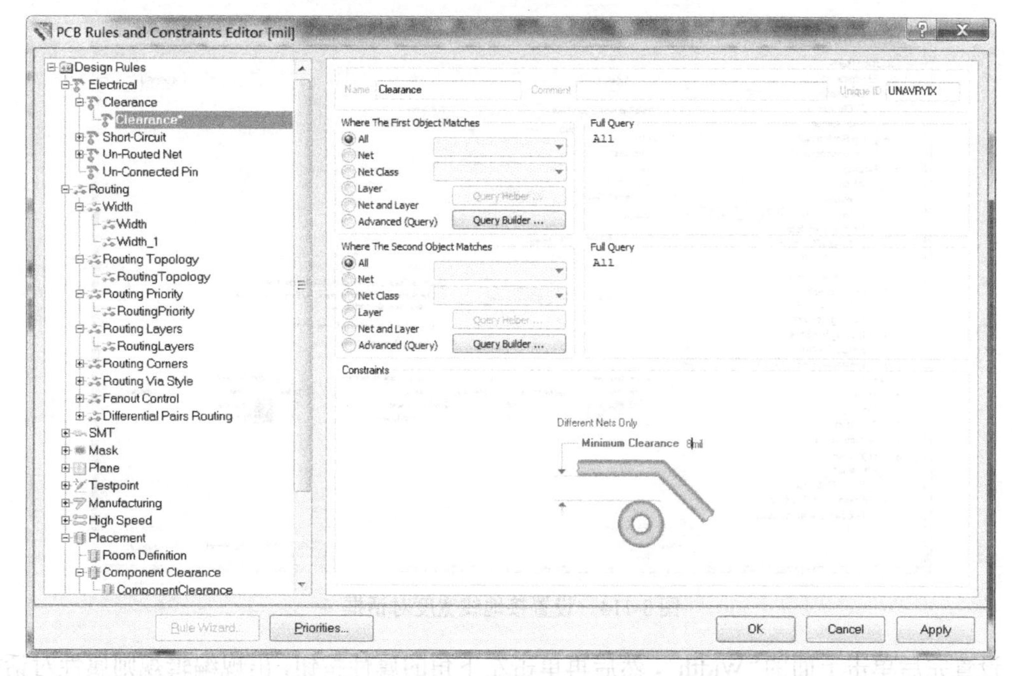

图 3-112　“Clearance”规则

选择“Width”设置线宽，对全部对象设置线宽为“10mil”，如图 3-113 所示；添加新规则，对接地线的线宽设置为“20mil”，如图 3-114 所示。

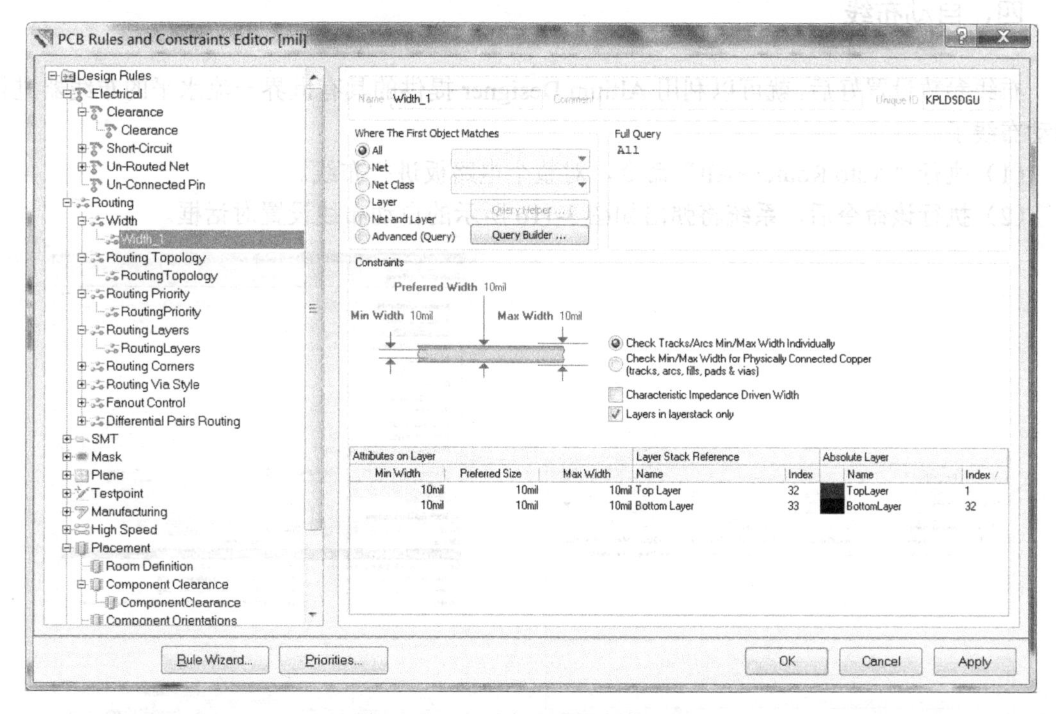

图 3-113　设置全部导线宽度对话框

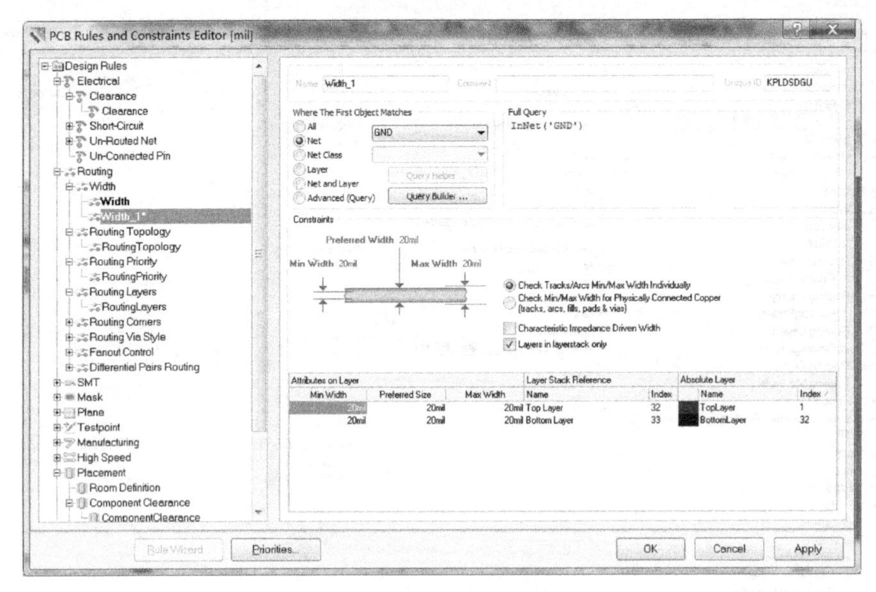

图 3-114　设置接地线宽度对话框

设置完后单击上面的"Width"，然后再单击左下角的属性按钮，出现编辑规则属性对话框，如图 3-115 所示，可以通过增加或减少优先权，使得地线为"1"，优先权最高。

其余项均与默认值一样，不再一一设置了。

四、自动布线

布线参数设置好后，就可以利用 Altium Designer 提供的具有世界一流水平的布线器进行自动布线了。

（1）执行"Auto Route→All"命令，对整个电路板进行布线。

（2）执行该命令后，系统将弹出如图 3-116 所示的自动布线设置对话框。

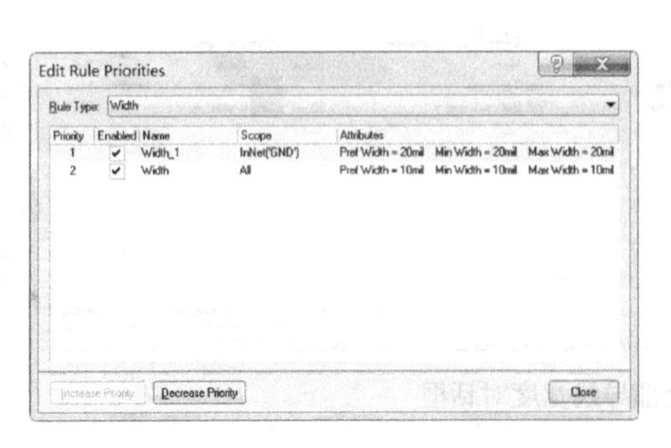

图 3-115　规则编辑对话框

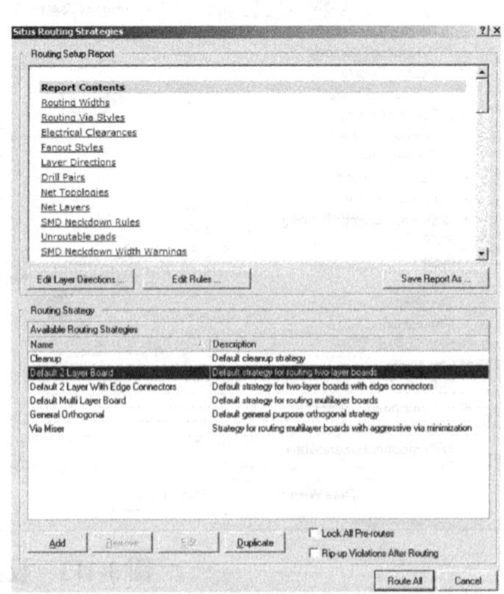

图 3-116　自动布线设置对话框

在该对话框中，单击“Edit Rules”按钮可以设置布线规则。

如果单击“Edit Layer Directions”按钮，则可以编辑层的方向。如可以设置顶层主导为水平走线方向，设置底层主导为垂直走线方向。

在“Routing Strategy”列表框中，可以选择布线策略。如可以选择双层板的布线策略，如果是多层板，可以选择多层板的布线策略。

如果需要锁定已布好的走线，则可以选中“Lock All Pre-route”复选框，这样新布线时就不会删除已布好的走线。

如果选择“Rip-up Violations After Routing”复选框，则自动布线器会忽略违反规则的走线，例如短路等。当选择该选项后，那些违反规则的走线会保留在电路板上。取消该选项，则那些违反规则的走线不会布在电路板上，而是以飞线保持连接。

单击“Route All”按钮，程序就开始对电路板进行自动布线。最后系统会弹出一个布线信息框，如图 3-117 所示，用户可以通过其了解到布线的情况。完成后的布线结果如图 3-118 所示。如果电路图比较大，则可以执行“View→Area”命令局部放大某些部分。

Messages

Class	Document	Source	Message	Time	Date	No.
Situs Ev...	理想pcb .PcbDoc	Situs	Routing Started	11:02:36	2017/4/10	1
Routing ...	理想pcb .PcbDoc	Situs	Creating topology map	11:02:37	2017/4/10	2
Situs Ev...	理想pcb .PcbDoc	Situs	Starting Fan out to Plane	11:02:37	2017/4/10	3
Situs Ev...	理想pcb .PcbDoc	Situs	Completed Fan out to Plane in 0 Seconds	11:02:37	2017/4/10	4
Situs Ev...	理想pcb .PcbDoc	Situs	Starting Memory	11:02:37	2017/4/10	5
Situs Ev...	理想pcb .PcbDoc	Situs	Completed Memory in 0 Seconds	11:02:37	2017/4/10	6
Situs Ev...	理想pcb .PcbDoc	Situs	Starting Layer Patterns	11:02:37	2017/4/10	7
Routing ...	理想pcb .PcbDoc	Situs	Calculating Board Density	11:02:37	2017/4/10	8
Situs Ev...	理想pcb .PcbDoc	Situs	Completed Layer Patterns in 0 Seconds	11:02:37	2017/4/10	9
Situs Ev...	理想pcb .PcbDoc	Situs	Starting Main	11:02:37	2017/4/10	10
Routing ...	理想pcb .PcbDoc	Situs	Calculating Board Density	11:02:37	2017/4/10	11
Situs Ev...	理想pcb .PcbDoc	Situs	Completed Main in 0 Seconds	11:02:37	2017/4/10	12
Situs Ev...	理想pcb .PcbDoc	Situs	Starting Completion	11:02:37	2017/4/10	13
Situs Ev...	理想pcb .PcbDoc	Situs	Completed Completion in 0 Seconds	11:02:37	2017/4/10	14
Situs Ev...	理想pcb .PcbDoc	Situs	Starting Straighten	11:02:37	2017/4/10	15
Routing ...	理想pcb .PcbDoc	Situs	38 of 38 connections routed (100.00%) in 1 Second	11:02:38	2017/4/10	16
Situs Ev...	理想pcb .PcbDoc	Situs	Completed Straighten in 0 Seconds	11:02:38	2017/4/10	17
Routing ...	理想pcb .PcbDoc	Situs	38 of 38 connections routed (100.00%) in 1 Second	11:02:38	2017/4/10	18
Situs Ev...	理想pcb .PcbDoc	Situs	Routing finished with 0 contentions(s). Failed to complete 0 connection(s) in 1 S...	11:02:38	2017/4/10	19

图 3-117　自动布线

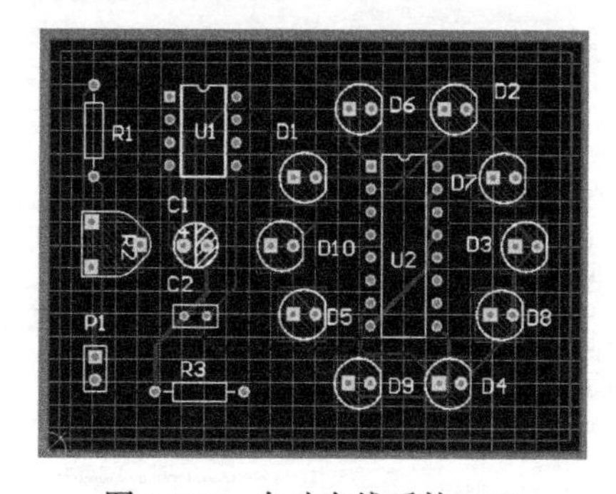

图 3-118　自动布线后的 PCB

五、电路板手动布线

Altium Designer 的自动布线功能虽然非常强大，但是自动布线时多少会存在一些令人不满意的地方，而一个设计美观的印制电路板往往都须要在自动布线的基础上进行多次修改，才能将其设计得尽可能完善。

在“Tools→Un-Route”菜单下提供了几个常用于手工调整布线的命令，这些命令可以分别用来进行不同方式的布线调整。

- All：拆除所有布线，进行手动调整。
- Net：拆除所选布线网络，进行手动调整。
- Connection：拆除所选的一条连线，进行手动调整。
- Component：拆除与所选元器件相连的导线，进行手动调整。

用户可对上图自动布线所得的 PCB 图进行手动调整。

子任务 3.3.8　添加安装孔

电路板布线完成后，就可以开始着手添加安装孔。安装孔可采用过孔或焊盘形式，并和接地网络连接，以便于后期的调试工作。

在电路板四个角距离边沿 150mil 处放置焊盘或过孔，并设置属性，焊盘或过孔所属网络为 GND，以放置四个焊盘为例，设置焊盘属性，使过孔直径和焊盘直径大小都为 100mil，如图 3-119 所示。

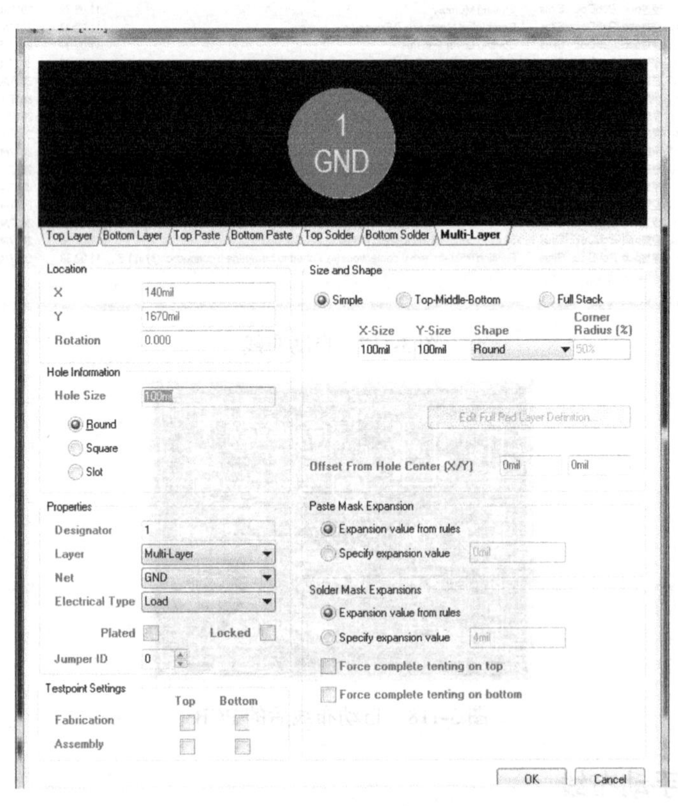

图 3-119　焊盘属性对话框

设置完毕后单击“OK”按钮即可放置一个焊盘，此时光标仍然处于放置焊盘状态，可继续在其他位置放置安装孔。

选择自动布线中的网络命令，光标变成十字形，单击其中一个连接安装孔的飞线，自动布线，如图 3-120 所示。

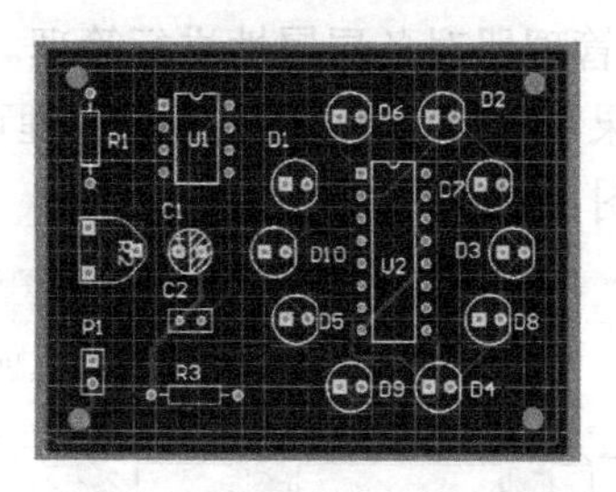

图 3-120　放置完安装孔的电路板

子任务 3.3.9　印制电路板的 3D 显示

Altium Designer 具有 PCB 的 3D 显示功能。使用该功能可以显示 PCB 的清晰的三维立体效果，不用附加高度信息，元器件、丝网、铜箔均可以被隐藏，并且用户可以随意旋转、缩放、改变背景颜色等。PCB 的 3D 显示可以通过执行“View→Board in 3D”命令来实现，如图 3-121 所示即为本项目制作的 PCB 的三维效果图。

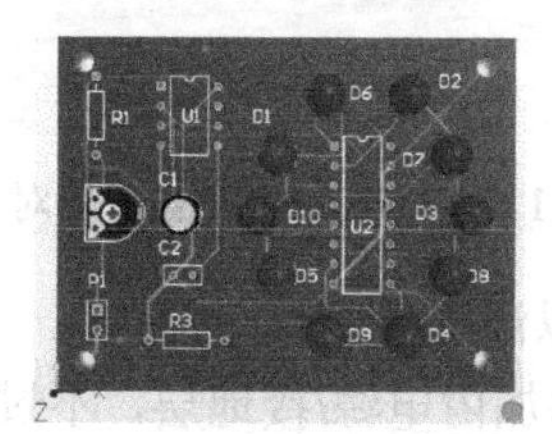

图 3-121　PCB 的三维效果图

子任务 3.3.10　保存及打印输出

PCB 设计完毕后，就可以将其源文件、制作文件和各种报表文件按需要进行存档、打印、输出等。例如，将 PCB 文件打印作为焊接装配指导，将元器件报表打印作为采购清单，生成胶片文件送交加工单位进行 PCB 加工，当然也可直接将 PCB 文件交给加工单位用以加工 PCB。

相关知识

一、设置电路板工作层

1．层的管理

Altium Designer 可以设置 74 个板层，包含 32 层 Signal（信号走线层）、16 层 Mechanical（机械层）；16 层 Internal Plane（内电源层）、2 层 Solder Mask（阻焊层）、2 层 Paste Mask（助

焊层，即锡膏层）、2 层 Silkscreen（丝印层）、2 层钻孔层（钻孔引导和钻孔冲压）、1 层 Keep Out（禁止层）和 1 层 Multi-layer（横跨所有的信号板层）。

Altium Designer 提供层堆栈管理器对各层属性进行管理。在层堆栈管理器，用户可定义层的结构，看到层堆栈的立体效果。对电路板工作层的管理可以执行“Design→Layer Stack Manager”命令，系统将弹出如图 3-122 所示的对话框。

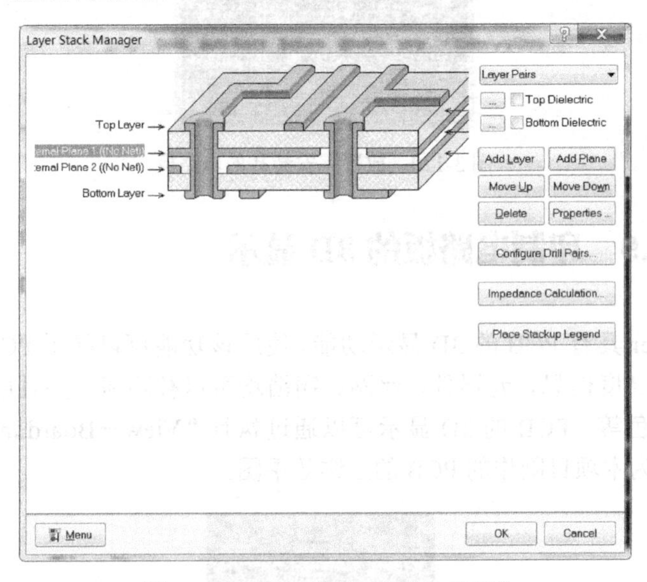

图 3-122　PCB 层堆栈管理器对话框

➢ 单击“Add Layer”按钮可以添加中间信号层。

➢ 单击“Add Plane”按钮可添加内电源/接地层，不过添加信号层前，应该首先使用鼠标单击信号层添加位置处，然后再设置。

➢ 如果选中“Top Dielectric”复选框则在顶层添加绝缘层，单击其左边的按钮，打开如图 3-123 所示的对话框，可以设置绝缘层的属性。

➢ 如果选中“Bottom Dielectric”复选框则在底层添加绝缘层。

➢ 如果用户想要设置中间层的厚度，则可以在“Core”处编辑设定厚度。

➢ 如果用户想重新排列中间的信号层，可以使用“Move Up”和“Move Down”按钮来操作。

➢ 如果用户想要设置某一层的厚度，则可以选中该层，然后单击“Properties”按钮，系统将弹出如图 3-124 所示的对话框，可以设置信号层的厚度、层名、网络名以及用于设置内层铜膜和过孔铜膜不相交时的缩进值（Pullback）。

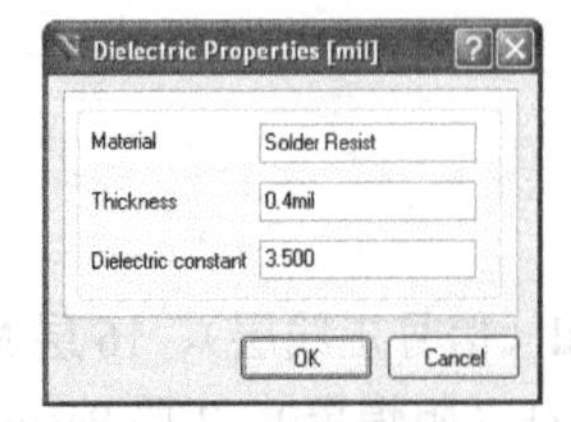

图 3-123　绝缘层属性对话框

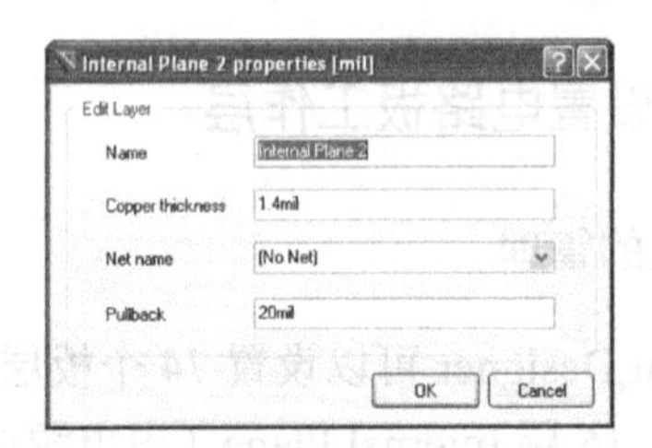

图 3-124　内部电源层属性设置对话框

2．设置内部电源层的属性

当使用内部电源层时，可以大大提高电路板的抗干扰特性。通常内部电源层是一层很薄的铜箔，可以起到对信号的干扰隔离作用。通常使用内部电源层后，需要定义内部电源层的属性。

首先选中想要设置属性的内部电源层，然后单击鼠标右键，选择“Properties”选项。系统将弹出如图 3-124 所示的内部电源层属性设置对话框。此时可以设置内部电源层的名称、铜箔的厚度、该电源层所连接的网络以及电源层离边界的距离。

➢ Name 编辑框：用于给该层指定一个名字，在这里设置为“Power”，表示布置的是电源层。

➢ Copper thickness 编辑框：用于设置内层铜膜的厚度。

➢ Net Name 下拉列表：用于指定层所对应的网络名。

➢ Pullback 编辑框：用于设置内层铜膜和过孔铜膜不相交时的缩进值。

3．定义层和设置层的颜色

如果查看 PCB 工作区的底部，会看见一系列层标签。PCB 编辑器是一个多层环境，设计人员所做的大多数编辑工作都将在一个特殊层上。通过“Board Layers & Colors”对话框可以显示、添加、删除、重命名及设置层的颜色。

用户还可以在“System Colors”操作框中设置 PCB 设计系统的颜色，各选项如下：

➢ Connections and From Tos：用于设置是否显示飞线，在绝大多数情况下都要显示飞线。

➢ DRC Error Markers：用于设置是否显示自动布线检查错误标记。

➢ Pad Holes：用于设置是否显示焊盘通孔。

➢ Via Holes：用于设置是否显示过孔的通孔。

➢ Visible Grid1：用于设置是否显示第一组栅格。

➢ Visible Grid2：用于设置是否显示第二组栅格。

说明：一般地，系统默认的 PCB 内部（Board Area）的颜色为黑色，设计人员可以根据自己的习惯设置此颜色，本书将其设置为浅黄色（颜色号为 214）。

二、印制电路板电路参数设置

设置系统参数是电路板设计过程中非常重要的一步。系统参数包括光标显示、层颜色、系统默认设置、PCB 设置等。许多系统参数应符合用户的个人习惯，因此一旦设定，将成为用户个性化的设计环境。

执行“Tools→Preferences”命令，系统将弹出如图 3-125 所示的“Preferences”对话框。它包括以下选项卡：“General”、“Display”、“Board Insight Display”、“Board Insight Modes”、“Board Insight Lens”、“Interactive Routing”、“Defaults”、“True Type Fonts”、“Mouse Wheel Configuration”、“Layers Colors”。下面就具体讲述部分选项卡的设置。

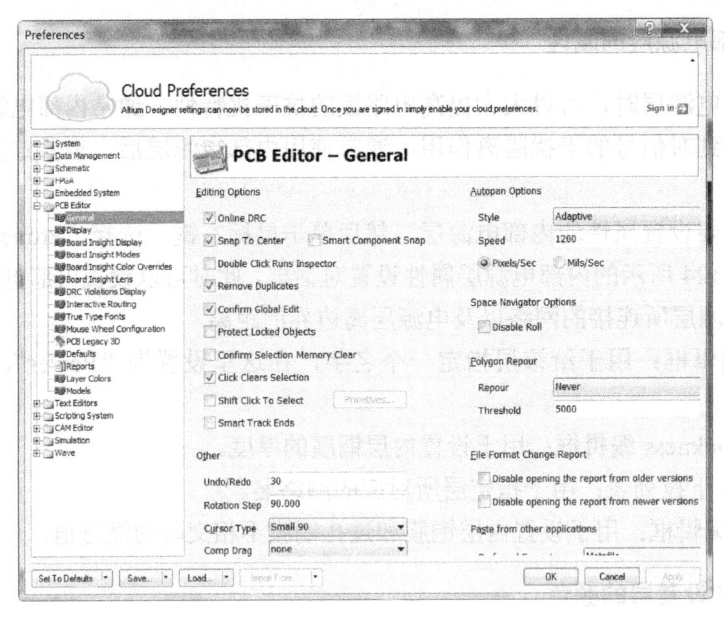

图 3-125 Preferences 对话框

1．“General”选项卡的设置

“General”选项卡用于设置一些常用的的功能，包括 Editing Options（编辑选项）、Autopan Options（自动摇景选项）、Polygon Repour（多边形推挤）、Interactive Routing（交互布线）和 Other（其他）设置等。如图 3-125 所示。

（1）Editing Options（编辑选项）用于设置编辑操作时的一些特性。包括如下设置：

➢ Online DRC 用于设置在线设计规则检查。

➢ Snap To Center 用于设置当移动元器件封装或字符串时，光标是否自动移动到元器件封装或字符串参考点。系统默认选中此项。

➢ Smart Component Snap。选择该复选框后，当用户双击选取一个元器件时，光标会出现在相应元器件最近的焊盘上。

➢ Double Click Runs Inspector。选中该选项后，如果使用鼠标左键双击元器件或引脚，将会弹出如图 3-126 所示的“PCB Inspector”（PCB 检查器）窗口，此窗口会显示所检查元器件的信息。

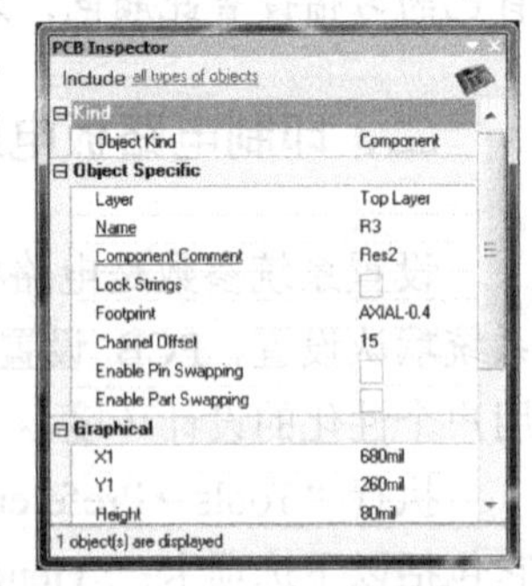

图 3-126 PCB 检查器窗口

➢ Remove Duplicates 用于设置系统是否自动删除重复的组件。系统默认选中此项。

➢ Confirm Global Edit 用于设置在进行整体修改时，系统是否出现整体修改结果提示对话框。系统默认选中此项。

➢ Protect Locked Objects 用于保护锁定的对象。

➢ Confirm Selection Memory Clear。选择集存储空间可以保存一组对象的选择状态。为了防止一个选择集存储空间被覆盖，应该选择该选项。

➢ Click Clears Selection 用于设置当选取电路板组件时，是否取消原来选取的组件。选中

此项，系统不会取消原来选取的组件，将连同新选取的组件一起处于选取状态。系统默认选中此项。

➢ Shift Click To Select。当选择该选项后，必须使用“Shift”键，同时使用鼠标才能选中对象。

➢ Smart Track Ends。选择该选项后，可以允许网络分析器将连接线附着到导线的端点。例如，如果从一个焊盘开始走线，然后停止走线（将导线端处于自由空间），则网络分析器就会将连接线附着在导线端。

（2）Autopan Options 区域用于设置自动移动功能。Style 用于设置移动模式，系统共提供了 7 种移动模式，具体如下：

➢ Adaptive 为自适应模式。系统将会根据当前图形的位置自动选择移动方式。

➢ Disable 模式，取消移动功能。

➢ Re-center 模式。当光标移到编辑区边缘时，系统将光标所在的位置设置新的编辑区中心。

➢ Fixed Size Jump 模式。当光标移到编辑区边缘时，系统将以“Step Size”项的设定值为移动量向未显示的部分移动；当按下“Shift”键后，系统将以“Shift Step”项的设定值为移动量向未显示的部分移动。

注意：当选中此模式时，相应对话框中才会显示“Step Size”和“Shift Step”操作项。

➢ Shift Accelerate 模式。当光标移到编辑区边缘时，如果“Shift Step”项的设定值比“Step Size”项的设定值大的话，系统将以“Step Size”项的设定值为移动量向未显示的部分移动；当按下“Shift”键后，系统将以“Shift Step”项的设定值为移动量向未显示的部分移动。如果“Shift Step”项的设定值比“Step Size”项的设定值小的话，不管按不按“Shift”键，系统都将以“Shift Step”项的设定值为移动量向未显示的部分移动。

注意：当选中本模式时，相应对话框中才会显示 Step Size 和 Shift Step 操作项。

➢ Shift Decelerate 模式。当光标移到编辑区边缘时，如果 Shift Step 项的设定值比 Step Size 项的设定值小的话，系统将以 Shift Step 项的设定值为移动量向未显示的部分移动；当按下 Shift 键后，系统将以 Step Size 项的设定值为移动量向未显示的部分移动。如果 Shift Step 项的设定值比 Step Size 项的设定值大的话，不管按不按 Shift 键，系统都将以 Shift Step 项的设定值为移动量向未显示的部分移动。

注意：当选中本模式时，相应对话框中才会显示“Step Size”和“Shift Step”操作项。

➢ Ballistic 模式。当光标移到编辑区边缘时，越往编辑区边缘移动，移动速度越快。

系统默认移动模式为 Fixed Size Jump 模式。

Speed 用于设置移动的速度；Pixels/Sec 为每秒多少像素；Mils/Sec 为每秒多少英寸。

（3）Space Navigation Options。在该区域可以设置是否使能空间导航器选项。如果选中“Disable Roll”复选框，则系统允许使用 3D 运动，此时 PCB 可以绕 *Z* 轴转动，而不是一般的旋转。

（4）Polygon Repour 区域用于设置交互布线中的避免障碍和推挤布线方式。每当一个多边形被移动时，它可以自动或者根据设置被调整，以避免产生障碍。

如果 Repour 中选为“Always”，则可以在已敷铜的 PCB 中修改走线，敷铜会自动重敷；如果选择“Never”，则不采用任何推挤布线方式；如果选择“Threshold”，则设置一个避免障碍的门槛值，此时仅当超过了该值后，多边形才被推挤。

（5）Other（其他）选项设置。包括如下内容：

➢ Rotation Step 用于设置旋转角度。在放置组件时，按一次空格键，组件会旋转一个角度，这个旋转角度就是在此设置的。系统默认值为 90°，即按一次空格键，组件会旋转 90°。

➢ Cursor Type 用于设置光标类型。系统提供了三种光标类型，即 Small 90（小的 90°光标）、Large 90（大的 90°光标）、Small 45（小的 45°光标）。

➢ Undo/Redo 用于设置撤销操作/重复操作的步数。

➢ Comp Drag 区域的下拉列表框中共有两个选项，即“Component Tracks”和“None”。选择“Component Tracks”项，在使用命令“Edit→Move→Drag”移动组件时，与组件连接的铜膜导线会随着组件一起伸缩，不会和组件断开；选择“None”项，在使用命令“Edit→Move→Drag”移动组件时，与组件连接的铜膜导线会和组件断开，此时使用命令“Edit→Move→Drag”和“Edit→Move→Move”没有区别。

（6）File Format Change Report 区域可以设置文件格式修改报告。如果选择“Disable Opening the report for older versions”选项，则在打开旧格式文件时，不会打开一个文件格式修改报告；如果选择“Disable Opening the report for newer versions”选项，则在打开新格式文件时，不会打开一个文件格式修改报告。

（7）Paste from other applications 区域可以设置从其他应用程序复制对象到 Altium Designer。可以在“Preferred Format”选择列表中选择所使用的格式，如 Metafile 格式或文本格式。

（8）Metric Display Precision 区域可设置公制单位显示精度。通常该操作项是不可操作的。如果需要设置，则应关闭所有 PCB 文档和 PCB 库，然后重新启动 Altium Designer 才能进行设置。

（9）Internal Planes 区域可以设置是否使能多线程平面重建。如果用户计算机具有多个 CPU 核，那么可以使能该选项。

2．“Display”选项卡的设置

如图 3-127 所示，Display 选项卡用于设置屏幕显示和元器件显示模式，其中主要可以设置如下一些选项。

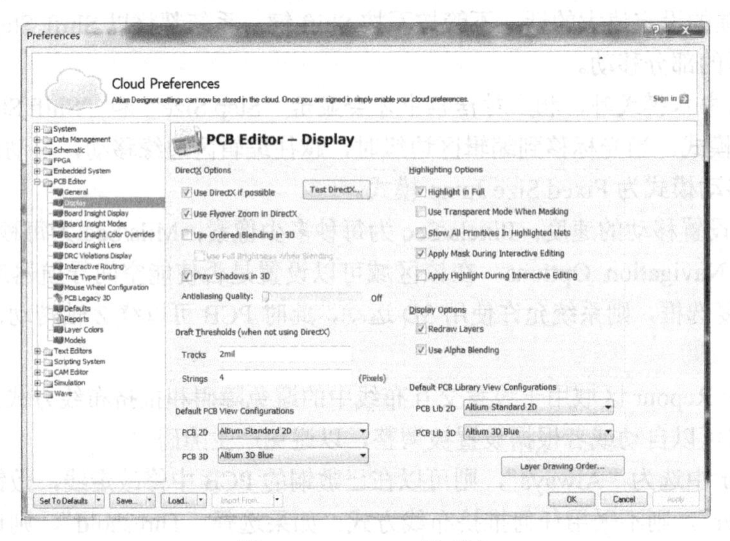

图 3-127　Display 选项卡

（1）DierctX Options 设置区可以设置如何使用 Microsoft DirectX 进行显示操作。

➢ Use DirectX if possible：尽可能使用 Microsoft DirectX 进行图形渲染。

➢ Use Flyover Zoom in DirectX：使用平滑动态的缩放模式。

➢ Use Ordered Blending in 3D：使位于其他对象前面或顶部的对象透明，使其看起来就在其他对象的前面或顶部。

➢ Use Ordered Blending in 3D：选中后“Use Full Brightness When Blending”复选框也可操作。此时如果选择“Use Full Brightness When Blending”，则可以使透明层颜色在透明层模式下处于一般亮度。

➢ Draw Shadows in 3D：在 3D 模式下对象具有阴影效果。

（2）Highlight Options（亮显选项）设置。亮显可以通过 Highlight Options 区域的选项设置。

➢ Highlight in Full：被选中的对象完全以当前选择集颜色亮显显示；否则选择的对象仅仅以当前选择集颜色显示外形。

➢ Use Net Color For Highlight：对于选中的网络，可用于设置是否仍然使用网络的颜色，还是一律采用黄色。

➢ Use Transparent Mode When Masking：当对象被屏蔽时变为透明，此时可以看到被屏蔽对象下面的层对象。

➢ Show All Primitives In Highlighted Nets：可以显示隐藏层上的所有图元（当在单层模式下）和显示当前层亮显网络的图元。如果不选择该选项，则只显示当前层上的亮显网络图元（在单层模式下），或者所有层的亮显网络图元（在多层模式下）。

➢ Apply Mask During Interactive Editing：在交互编辑时会应用屏蔽模式。

➢ Apply Highlight During Interactive Editing：在交互编辑时应用亮显模式。

（3）Draft thresholds（草图显示极限）区域用于设置图形显示极限，“Tracks”框设置导线显示极限，大于该值的导线以实际轮廓显示，否则只以简单直线显示；“Strings”框设置字符显示极限，像素大于该值的字符以文本显示，否则只以框显示。

（4）Display Options（显示选项）区域的操作。

➢ Redraw Layers：设置当重画电路板时，系统将一层一层地重画。当前的层最后才会重画，所以最清晰。

➢ Use Alpha Blending：在 PCB 上拖动对象到一个存在的对象上方时，该对象就表现为半透明状态。

（5）Default PCB View Configurations（默认的 PCB 视图配置）区域的操作，可以分别设定 PCB 的 2D 和 3D 视图模式。

（6）Default PCB Library View Configurations（默认的 PCB 库视图配置）区域的操作，可以分别设定 PCB 库的 2D 和 3D 视图模式。

（7）3D Bodies 区域的操作，可以分别设定是否显示简单的 3D 元器件或显示 STEP 模型。

（8）Layer Drawing Order（层绘制次序）设置。如果单击此按钮，则系统会打开如图 3-128 所示的对话框，此时就可以设置层的绘制次序。单击“Promote”提高其绘制次序，“Demote”则降低其次序。

3. "Board Insight Display"选项卡的设置

"Board Insight Display"选项卡可以设置板的过孔和焊盘的显示模式，如单层显示模式以及高亮显示模式等。如图 3-129 所示。

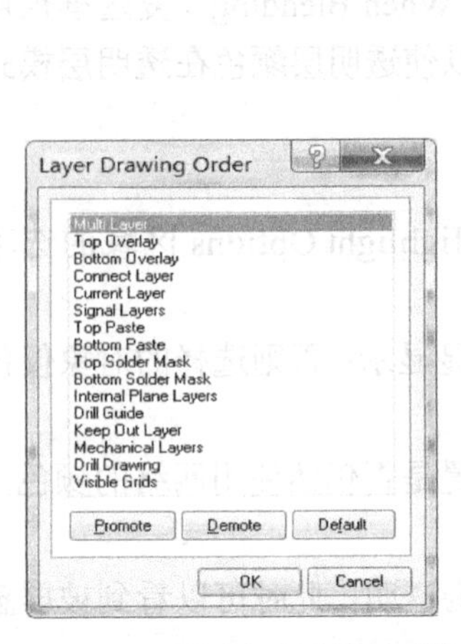

图 3-128 层绘制次序设置对话框

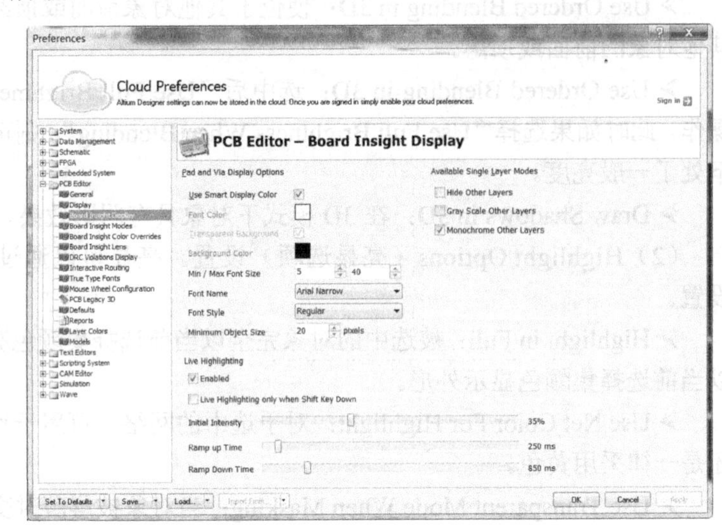

图 3-129 "Board Insight Display"选项卡

（1）焊盘和过孔显示选项设置。在 Pad and Via Display Options 区域可以设置焊盘和过孔显示。可以设置显示颜色、字体的大小以及字体的类型，以及最小对象尺寸。

（2）单层模式。在 Available Single Layer Modes 区域可以设置单层模式。如果选择 Hide Other Layers 则会隐藏其他层。如果选择 Gray Scale Other Layers，则灰度显示其他层的图元。如果选择 Monochrome Other Layers，则以相同的灰色阴影显示其他层的图元。

（3）实时亮显设置。在 Live Highlighting 区域可以设置为实时的亮显模式。

（4）在 Show Locked Texture on Objects 区域可以设置如何显示锁定在对象上的文本。

4. "Board Insight Modes"选项卡的设置

"Board Insight Modes"选项卡可以设置板的仰视显示模式。使用仰视显示模式，可以把光标对象的重要信息和状态直接显示在设计人员面前，仰视信息范围覆盖了从上次单击位置的微小移动距离到当前光标下组件、网络等的详细信息。"Board Insight Modes"选项卡如图 3-130 所示，在该对话框中，可以设置是否显示仰视信息、字体大小、颜色、仰视信息的不透明度以及可见的信息内容，以及其他仰视显示选项。

5. "Board Insight Lens"选项卡的设置

"Board Insight Lens"选项卡（如图 3-131 所示）可以设置透镜模式。使用透镜显示模式，可以把光标所在的对象使用透镜放大模式进行显示。Insight Len 工作起来就像一个放大镜，可以显示板卡上某区域的放大视图。不过它不仅仅是一个简单的放大镜，因为可以使用这个工具辅助很多细节工作：

➢ 放大或缩小视图，无须改变当前板卡的缩放级别（Alt+滚动滚轮）。

- ➢ 对单层模式来回切换（Shift+Ctrl+S）。
- ➢ 切换透镜中的当前层（Shift+Ctrl+滚动滚轮）。
- ➢ 把透镜停靠在工作空间某处，然后重新使用（Shift+N）。
- ➢ 将其停在光标中间（Shift+Ctrl+N）。
- ➢ 再次关闭（Shift+M）。

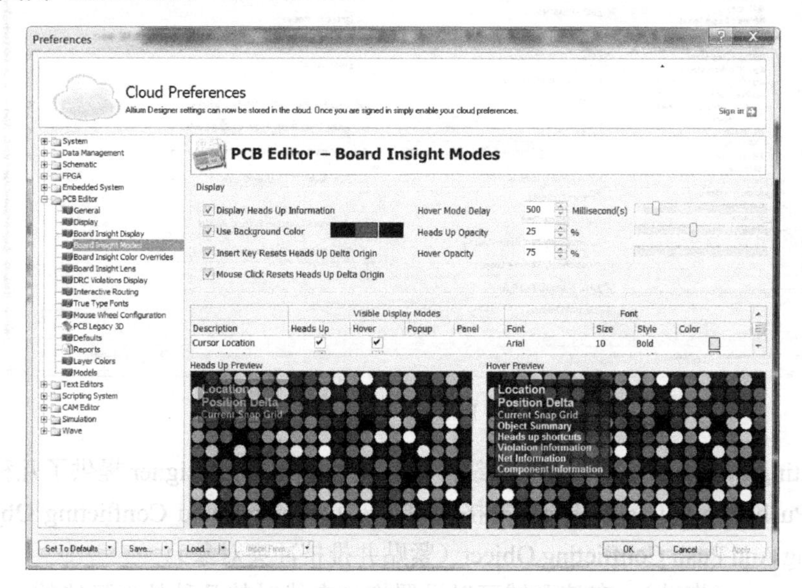

图 3-130　“Board Insight Modes”选项卡

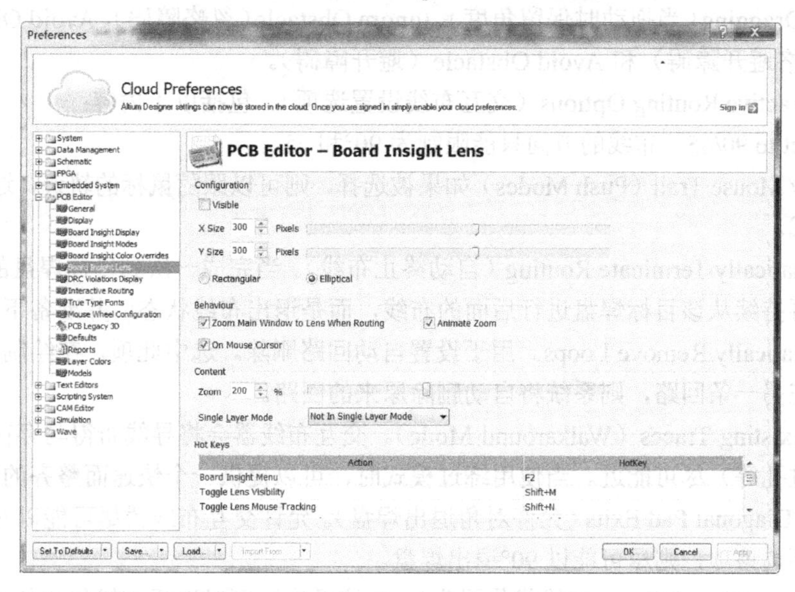

图 3-131　“Board Insight Lens”选项卡

6．“Interactive Routing”选项卡的设置

“Interactive Routing”选项卡（如图 3-132 所示）用来设置交互布线模式。可以设置布线冲突的解决方式、交互布线的基本规则以及其他与交互布线相关的模式。

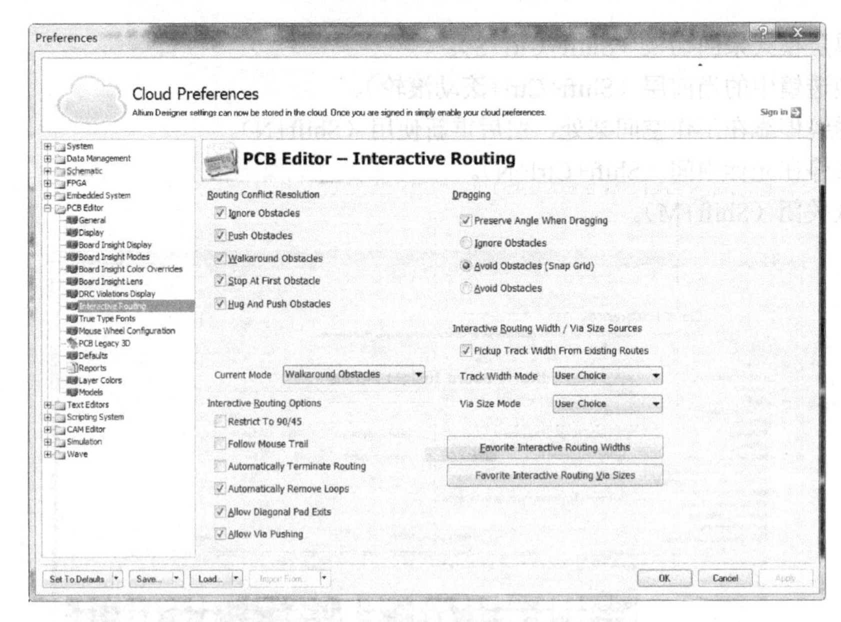

图 3-132　Interactive Routing 选项卡

（1）Routing Conflict Resolution（布线冲突解决）。Altium Designer 提供了几种布线冲突解决方式，即 Push Conflicting Object（推挤冲突对象）、Walkaround Conflicting Object（绕过冲突对象）、Hug And Push Conflicting Object（紧贴并推挤冲突对象）。

（2）Dragging（拖动）。在该区域可以设置拖动布线时的几种处理障碍的方式：Preserve Angle When Dragging（当拖动时保留角度）、Ignore Obstacle（忽略障碍）、Avoid Obstacle（Snap Grid）（按栅格避开障碍）和 Avoid Obstacle（避开障碍）。

（3）Interactive Routing Options（交互布线设置选项）。包括以下内容：

➢ Restrict to 90/45。布线的方向只能限制为 90°和 45°。

➢ Follow Mouse Trail（Push Modes）如果被选择，则可以跟随鼠标的轨迹，这样的工作模式为推挤模式。

➢ Automatically Terminate Routing（自动终止布线）。当完成一次到目标焊盘的布线时，布线工具不会再持续从该目标焊盘进行后面的布线，而是退出布线状态，并准备下一次的布线。

➢ Automatically Remove Loops。用于设置自动回路删除。选中此项，在绘制一条导线后，如果发现存在另一条回路，则系统将自动删除原来的回路。

➢ Hug Existing Traces（Walkaround Mode）。交互布线器会将导线布得与存在的障碍（导线、焊盘、过孔等）尽可能近。当使用绕过模式时，可以提供一个快速而整齐的布线方式。

➢ Allow Diagonal Pad Exits（允许对角退出焊盘）。允许交互布线器尽可能以对角方式退出焊盘。如果不选该项，则尽可能以 90°退出焊盘。

（4）Routing Gloss Effort（布线优化强度）。在该操作区可以选择布线优化的强度，即指定在布了一条导线后，立刻进行优化清理的量。如果选择“Weak”，则对导线上已布的铜减少最小；如果选择“Strong”，则对导线上已布的铜减少最多。

（5）Interactive Routing Width/Via Size Sources 区域可以设置交互布线的导线宽度和过孔的大小。

如果选择“Pickup Track Width From Existing Routes”复选框，则当从一个已经布线的导线开始时，会选择该导线宽度作为布线宽度。

在“Track Width Mode”下拉列表中可以选择导线宽度模式。如果选择“User Choice”（用户选择），则在布线时可以按“Shift+W”键，系统会弹出选择宽度对话框，然后用户可以选择导线宽度；如果选择“Rule Minimum”选项，则使用设计规则定义的最小宽度；如果选择“Rule Preferred”选项，则使用设计规则定义的首选宽度；如果选择“Rule Maximum”选项，则使用设计规则定义的最大宽度。

在“Via Size Mode”下拉列表中可以选择过孔大小模式。如果选择“User Choice”，则在布线时可以按“Shift+W”键，系统会弹出选择过孔大小对话框，如果选择“Rule Minimum”选项，则使用设计规则定义的最小过孔大小；如果选择“Rule Preferred”选项，则使用设计规则定义的首选过孔大小；如果选择“Rule Maximum”选项，则使用设计规则定义的最大过孔大小。

如果单击“Favorite Interactive Routing Widths”按钮，则系统会打开常用的交互布线宽度对话框（如图 3-133 所示），通过该对话框，可以添加更多的布线宽度。

如果单击“Favorite Interactive Routing Via Size”按钮，则系统会打开常用的交互布线过孔大小对话框（如图 3-134 所示），通过该对话框，可以添加更多的过孔大小。

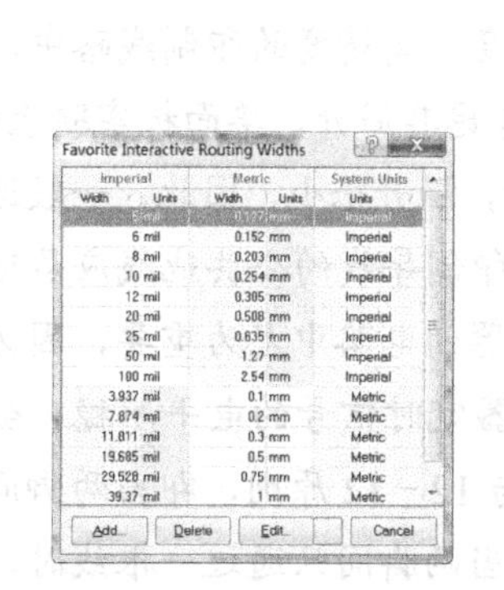

图 3-133　常用的交互布线宽度对话框

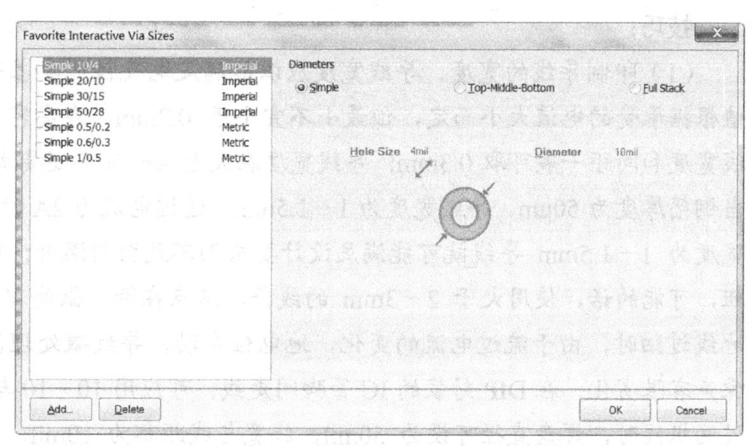

图 3-134　常用的交互布线过孔大小对话框

7．“Defaults”选项卡的设置

如图 3-135 所示，“Defaults”选项卡用于设置各个组件的系统默认设置。各个组件包括 Arc（圆弧）、Component（元器件封装）、Coordinate（坐标）、Dimension（尺寸）、Fill（金属填充）、Pad（焊盘）、Polygon（敷铜）、String（字符串）、Track（铜膜导线）、Via（过孔）等。

要将系统设置为默认设置的话，在如图 3-135 所示的对话框中，选中组件，双击该项即可进入选中对象的属性对话框，如图 3-136 所示。

假设选中了导线元器件，则单击“Edit Values”按钮即可进入导线属性编辑对话框，如图 3-136 所示。各项的修改会在放置导线时反映出来。

在参数设置对话框中，通常还可以设置“True Type”字体、鼠标滚轮、PCB 三维显示、图层颜色等，这些都相对简单，在此不一一介绍。

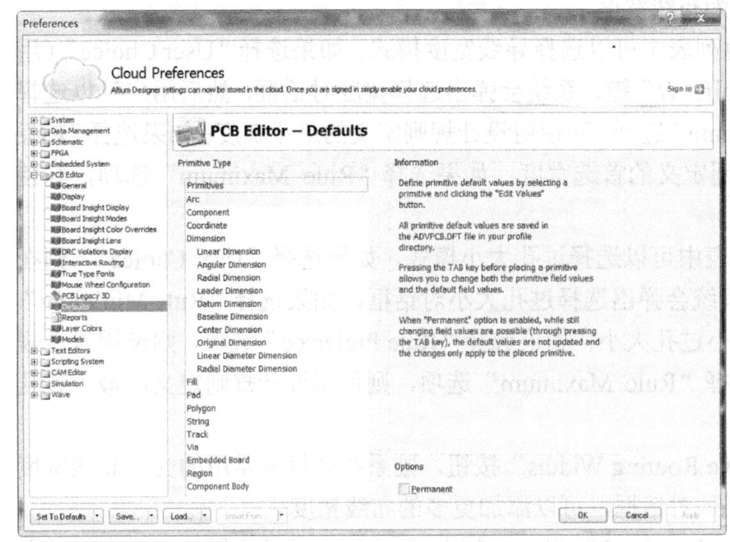

图 3-135 “Defaults”选项卡

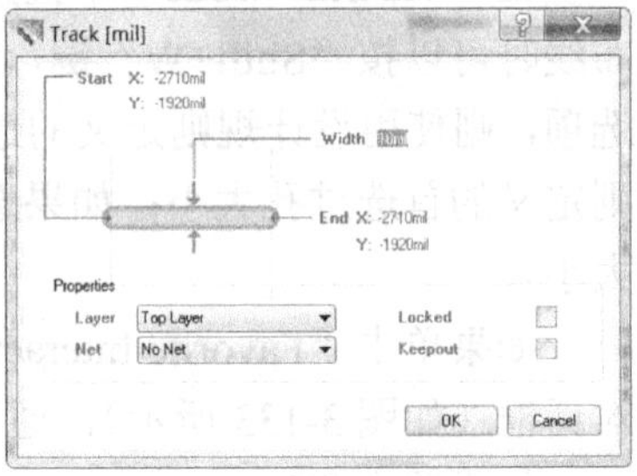

图 3-136 选中对象的属性对话框

技巧：

（1）印制导线的宽度。导线宽度应以能满足电气性能要求而又便于生产为宜，它的最小值根据承受的电流大小而定，但最小不宜小于 0.2mm，在高密度、高精度的印制线路中，导线宽度和间距一般可取 0.3mm；导线宽度在大电流情况下还要考虑其温升，单面板实验表明，当铜箔厚度为 50μm、导线宽度为 1～1.5mm、通过电流为 2A 时，温升很小，因此，一般选用宽度为 1～1.5mm 导线就可能满足设计要求而不致引起温升；印制导线的公共地线应尽可能粗，可能的话，使用大于 2～3mm 的线条，这点在带有微处理器的电路中尤为重要，因为当地线过细时，由于流过电流的变化，地电位变动，导致微处理器定时信号的电平不稳，会使噪声容限劣化；在 DIP 封装的 IC 管脚间走线，可应用 10－10 与 12－12 原则，即当两脚间通过两根线时，焊盘直径可设为 50mil，线宽与线距都为 10mil，当两脚间只通过一根线时，焊盘直径可设为 64mil，线宽与线距都为 12mil。

（2）焊盘的直径和内孔尺寸。焊盘的内孔尺寸必须从元器件引线直径和公差尺寸以及焊锡层厚度、孔径公差、孔的金属化电镀层厚度等方面考虑。焊盘的内孔直径一般不小于 0.6mm，因为小于 0.6mm 的孔开模冲孔时不易加工，通常情况下以金属引脚直径值加上 0.2mm 作为焊盘内孔直径，如电阻的金属引脚直径为 0.5mm 时，其焊盘内孔直径对应为 0.7mm，焊盘直径取决于内孔直径，如表 3-7 所示。

对于超出上表范围的焊盘直径可用下列公式选取：

直径小于 0.4mm 的孔：D/d=0.5～3

直径大于 2mm 的孔：D/d=1.5～2

式中 D 为焊盘直径，d 为内孔直径。

表 3-7　孔直径与焊盘直径对照

孔直径/mm	焊盘直径/mm
0.4	1.5
0.5	1.5
0.6	2
0.8	2.5
1.0	3.0
1.2	3.5
1.6	4
2.0	5

(3) 大面积的敷铜。印制电路板上的大面积敷铜有两种作用：一种是散热，另一种是用于屏蔽以减小干扰。初学者设计印制电路板时常犯的一个错误是大面积敷铜上没有开窗口，由于印制电路板板材的基板与铜箔间的黏合剂在浸焊或长时间受热时，会产生挥发性气体无法排除，热量不易散发，以致产生铜箔膨胀、脱落现象。因此在使用大面积的敷铜时，应将其开窗口，设计成网状。

(4) 印制电路板的厚度。应根据印制电路板的功能及所装元器件的重量、印制电路板插座规格、印制电路板的外形尺寸和所承受的机械负荷来决定。多层印制电路板的总厚度及各层间厚度的分配应根据电气和结构性能的需要以及板的标准规格来选取。常见的印制电路板厚度有 0.5mm、1mm、1.5mm、2mm 等。

项目评价

项目评价单	项目名称		项目承接人	编号
	LED 闪烁灯的原理图与 PCB 设计			
项目评价内容	标准分值	自我评价（20%）	小组评价（30%）	教师评价（50%）
一、项目分析评价（10 分）				
(1) 是否正确分析问题、确定问题和解决问题	3			
(2) 查找任务相关知识，确定方案编写计划	5			
(3) 是否考虑了安全措施	2			
二、项目实施评价（60 分）				
(1) 知道为什么要自制元器件符号	2			
(2) 知道创建原理图元器件的几种方法	1			
(3) 知道怎样加载自制元器件库	2			

续表

项目评价单	项目名称		项目承接人	编号
	LED闪烁灯的原理图与PCB设计			
项目评价内容	标准分值	自我评价（20%）	小组评价（30%）	教师评价（50%）
二、项目实施评价（60分）				
（4）新建和保存项目文件、原理图文件和PCB文件	5			
（5）正确绘制带有总线及网络标号的原理图	15			
（6）知道自动布线规则设置	5			
（7）知道自动布线流程	5			
（8）正确使用自动方法设计电路板	20			
（9）电路板整体正确、美观、符合设计要求	5			
三、项目操作规范评价（10分）				
（1）衣冠整洁、大方，遵守纪律，座位保持整洁干净	2			
（2）学习认真细致、一丝不苟	3			
（3）小组能密切协调与合作	3			
（4）严格遵守操作规范，符合安全文明操作要求	2			
四、项目效果评价（20分）				
（1）学习态度、出勤率	10			
（2）项目实施是否独立完成	4			
（3）是否按要求按时完成项目	4			
（4）是否能如实填写项目单	2			
总分（满分100分）				
项目综合评价：				

技能训练

1．启动Altium Designer 10.0软件，建立项目文件“单声道功率放大器.PrjPcb”，在项目文件中建立一个原理图元器件库文档，命名为“sheech1.SchLib”。在该文档中创建名为“LM386”的新元器件，图形如图3-137所示。

2．在上面建立的项目文件中，建立名为“单声道功率放大器原理图.SchDoc”的原理图文件，并进入原理图设计窗口。进行如下操作。

（1）设置原理图的图纸尺寸为A4，去掉标题栏，去掉图纸模板复制到剪切板功能（Add Template to Clipboard）；把光标设置成小45°，设置光标移动到图纸边沿图纸不移动；设置图纸边框的颜色为红色，如图3-138所示。

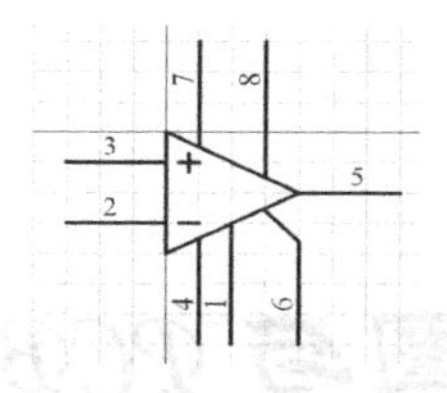

图 3-137　LM386

图　名	原理图	院　系	
设　计		班　级	
审　核		学　号	

图 3-138　原理图标题栏

（2）试画如图 3-139 所示的原理图电路。将电路图粘贴到文字处理软件（Word）中（只粘贴电路原理图）。

（3）每一个原理图元器件选择常用的正确的封装，原理图应进行 ERC 检查，然后再形成网络表。

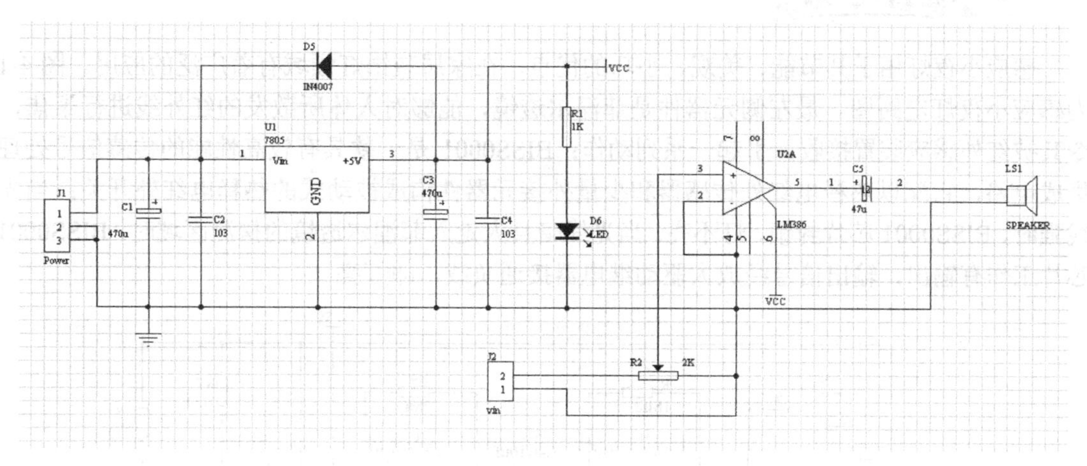

图 3-139　单声道功率放大器原理图

（4）建立 PCB 文件，命名为“单声道功率放大器 PCB.PcbDoc”，要求如下：

① PCB 电气边界合适，使用双面板，采用插针式元器件。

② 设置捕捉显示栅格为 20mil，第二显示栅格为 100mil。

③ 在电气板框左下角设置原点并显示。

④ 最小铜膜线走线宽度为 15mil，电源地线的铜膜线宽度为 30mil。

⑤ 自动布局布线，手工调整布局布线，进行 ERC 检查。最后的 PCB 图如图 3-140 所示。

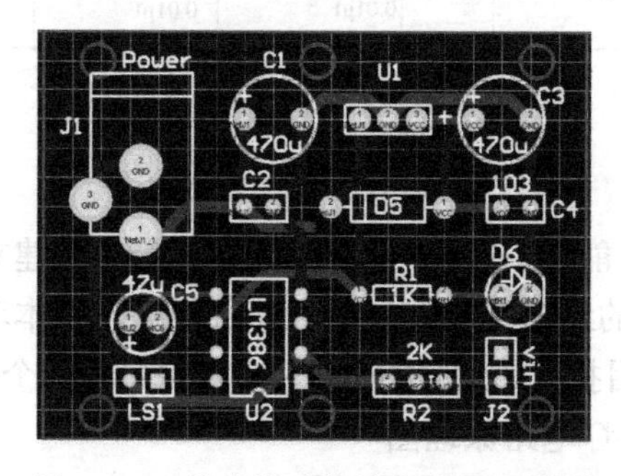

图 3-140　单声道功率放大器 PCB 设计

项目 4　感应小夜灯的原理图与 PCB 设计

感应小夜灯由于其节能、美观、小巧的优点，在家居装饰灯领域有着广泛的应用。图 4-1 为感应小夜灯电路图。最左侧元器件是菲涅尔透镜，能够对人体所散发的红外线进行聚焦，令其被红外感应装置接收，引起一系列动作；BISS0001 是一款具有较高性能的传感信号处理集成电路，它配以热释电红外传感器和少量外接元器件构成被动式的热释电红外开关；当光线强时，BISS0001 芯片封锁，灯不亮。当光线暗且人走入菲涅尔透镜的探测区域时，BISS0001 芯片工作有输出，输出信号经放大驱动继电器接通负载，即灯亮。

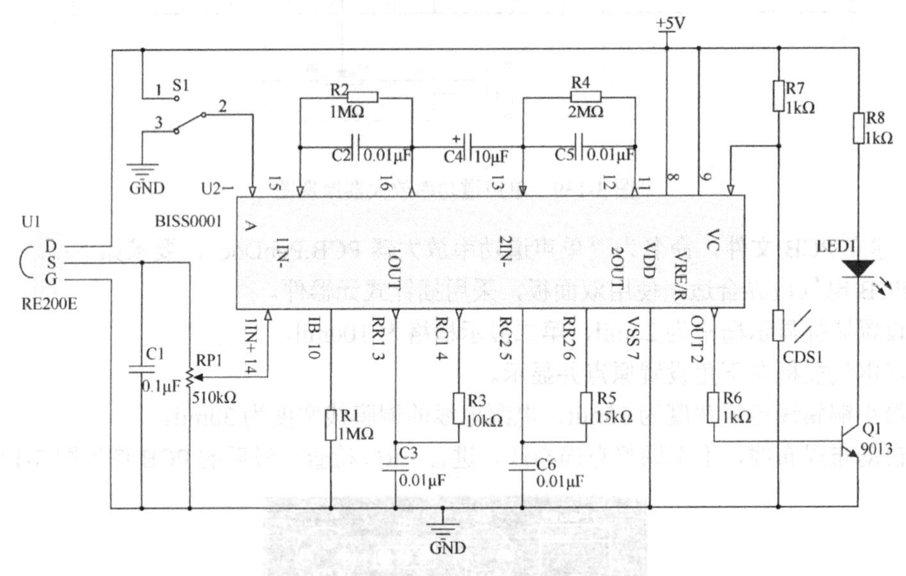

图 4-1　感应小夜灯电路图

通过本项目的学习使读者能熟练地绘制电路原理图，能熟练建立自己的原理图库，并能对封装库中元器件进行 PCB 封装的绘制，并制作 PCB 双面板。学完本项目后能够独立完成单面板和双面板的 PCB 设计。根据项目执行的逻辑顺序，将本项目分为 3 个任务来分阶段执行，分别是：

任务 4.1　绘制感应小夜灯电路原理图

任务 4.2　创建 PCB 元器件库及元器件封装

任务 4.3　感应小夜灯 PCB 双面板设计

图 4-2 为 PCB 设计图。

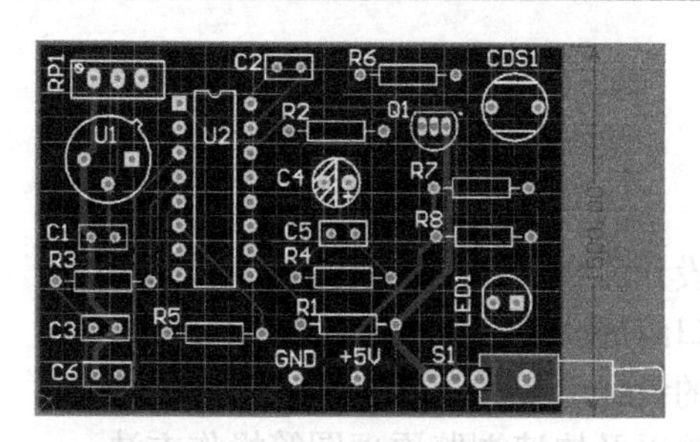

图 4-2　感应小夜灯 PCB 图

任务 4.1　绘制感应小夜灯电路原理图

通过前面三个项目的学习，我们已经对绘制原理图的步骤有了深刻的理解，也能够根据电路要求新建原理图库，本任务要求能够利用所学知识绘制感应小夜灯的原理图，根据图 4-1 及表 4-1 来绘制原理图。

表 4-1　感应小夜灯原理图元器件清单

序号	注释	值	封装	名称	元器件库名称
C1	Cap	0.1μF	RAD-0.1	Cap	Miscellaneous Devices.IntLib
C2	Cap	0.01μF	RAD-0.1	Cap	Miscellaneous Devices.IntLib
C3	Cap	0.01μF	RAD-0.1	Cap	Miscellaneous Devices.IntLib
C4	Cap Pol2	10μF	RB.1/.2	Cap Pol2	Miscellaneous Devices.IntLib
C5	Cap	0.01μF	RAD-0.1	Cap	Miscellaneous Devices.IntLib
C6	Cap	0.01μF	RAD-0.1	Cap	Miscellaneous Devices.IntLib
CDS1	CDS		CDS	CDS	自制元器件库.SchLib
LED1	LED3		LED5	LED3	Miscellaneous Devices.IntLib
Q1	9013		TO-92A	2N3904	Miscellaneous Devices.IntLib
R1	Res2	1MΩ	AXIAL-0.4	Res2	Miscellaneous Devices.IntLib
R2	Res2	1MΩ	AXIAL-0.4	Res2	Miscellaneous Devices.IntLib
R3	Res2	10kΩ	AXIAL-0.4	Res2	Miscellaneous Devices.IntLib
R4	Res2	2MΩ	AXIAL-0.4	Res2	Miscellaneous Devices.IntLib
R5	Res2	15kΩ	AXIAL-0.4	Res2	Miscellaneous Devices.IntLib
R6	Res2	1kΩ	AXIAL-0.4	Res2	Miscellaneous Devices.IntLib
R7	Res2	1kΩ	AXIAL-0.4	Res2	Miscellaneous Devices.IntLib
R8	Res2	1kΩ	AXIAL-0.4	Res2	Miscellaneous Devices.IntLib
RP1	RPot	510kΩ	3296	RPot	Miscellaneous Devices.IntLib
S1	SW-SPDT		TL36WW15050	SW-SPDT	Miscellaneous Devices.IntLib
U1	RE200E		RE200E	RE	自制元器件库.SchLib
U2	BISS0001		DIP16	BISS0001	自制元器件库.SchLib

任务目标

知识目标：

- 理解原理图的一般设计流程。
- 了解原理图工作窗口组成。
- 理解新建原理图库的设计流程。
- 掌握生成元器件清单以及快速浏览原理图等操作方法。

技能目标：

- 掌握原理图元器件的放置、位置调整、属性设置等操作方法。
- 掌握原理图元器件的连线方法，节点、电源和接地符号放置方法。
- 学会原理图的后续处理以及出现不符合规则的情况时如何修改。

任务实施过程

子任务 4.1.1　新建项目工程文件、原理图文件

执行菜单命令“File→New→Project→PCB Project”，系统自动建立一个名为“PCB_Project1.PrjPcb”的项目文件。然后在此文件名上单击鼠标右键，在弹出的菜单中选择“Save Project”，弹出一个保存工程的对话框，在对话框中选择保存文件的路径“D:\项目化课程\源文件”，将工程文件命名为“感应小夜灯原理图与 PCB 设计.PrjPcb”，并保存在指定文件夹下。如图 4-3 所示。

建立工程文件后，要在工程文件中建立一个原理图文件，用户可以直接在工程文件上新建。

执行菜单命令“File→New→Schematic”或者用鼠标右键单击项目文件名，在弹出的菜单中选择“Add New to Project→Schematic”新建原理图文件。系统在“感应小夜灯原理图与 PCB 设计”项目文件夹下建立了原理图文件“Sheet1.SchDoc”并进入原理图设计界面。

用鼠标右键单击原理图文件“Sheet1.SchDoc”，在弹出的菜单中选择“Save”，屏幕弹出一个对话框，将文件改名为“感应小夜灯原理图. SchDoc”并保存在与项目文件相同的文件夹下。如图 4-4 所示。

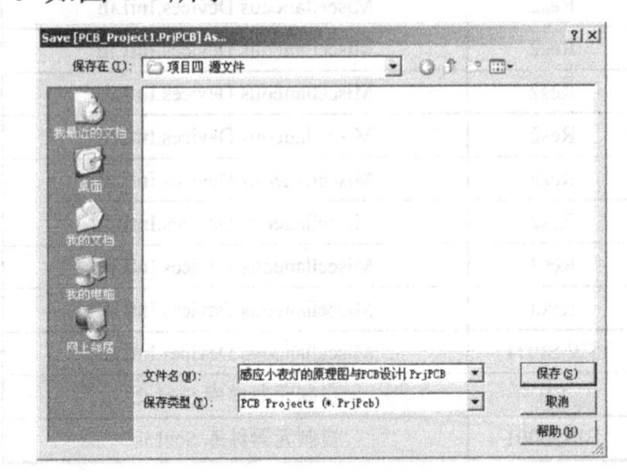

图 4-3　保存项目文件

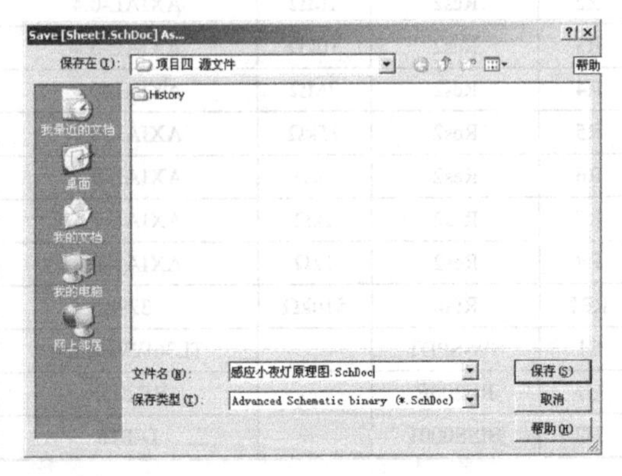

图 4-4　保存原理图对话框

子任务 4.1.2　原理图工作环境设置

一、原理图图纸设置

设计绘制原理图前，必须根据实际电路的复杂程度来设置图纸的大小。设置图纸的过程实际上是一个建立工作平面的过程，用户可以设置图纸的大小、方向、网格大小以及标题栏等。

可选择“Design→Document Options”命令，系统将弹出“Document Options”对话框，在其中选择“Sheet Options”选项卡进行设置，详细操作见项目 2 中的“子任务 2.1.2 原理图图纸设置”。

本任务要求自定义图纸大小，图纸宽度为 1500mil、高度为 1000mil，如图 4-5 所示。

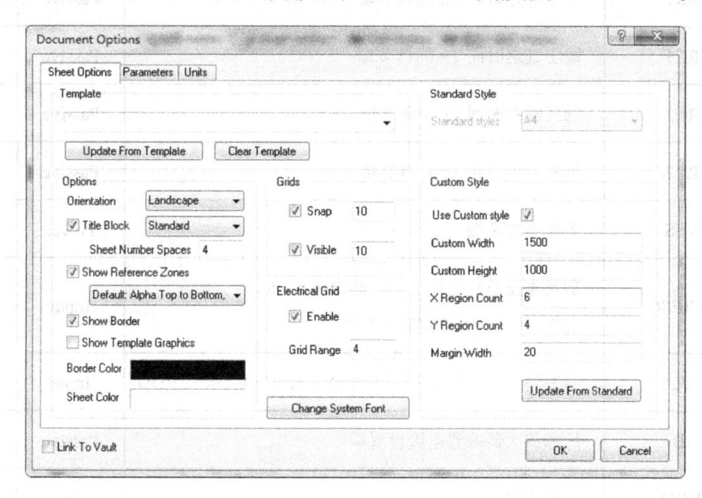

图 4-5　自定义图纸大小设置对话框

二、原理图环境参数设置

一张原理图绘制的效率和正确性，常常与环境参数设置有重要的关系。设置原理图的环境参数可以通过执行“Tools→Schematic Preferences”命令来实现，执行该命令后，系统将弹出参数设置对话框。通过该对话框可以分别设置原理图环境、图形编辑环境以及默认基本单元等，这些分别可以通过 Schematic 中的“Graphical Editing”和“Compiler”等选项卡实现。

子任务 4.1.3　绘制原理图中的库元器件

依据表 4-1 可知，在绘制感应小夜灯原理图之前首先应确认元器件库“Miscellaneous Devices.IntLib”和“Miscellaneous Connectors.IntLib”已经加载上，还有几个元器件在“自制元器件库.SchLib”，需要我们自行制作。如热释电元器件 BISS0001，光敏电阻和菲涅尔透镜（此图中只画探头）都需要自行绘制。

表 4-2　热释电元器件 BISS0001 引脚清单

引脚号码	引脚名称	功能	引脚电气特性	引脚长度	引脚显示状态
1	A	可重复触发和不可重复触发选择端。当 A 为“1”时，允许重复触发；反之，不可重复触发	Input	20mil	显示
2	Vo	控制信号输出端。由 VS 的上跳前沿触发，使 Vo 输出从低电平跳变到高电平时视为有效触发。在输出延迟时间 Tx 之外和无 VS 的上跳变时，Vo 保持低电平状态	Output	20mil	显示
3	RR1	输出延迟时间 Tx 的调节端	Passive	20mil	显示
4	RC1	输出延迟时间 Tx 的调节端	Passive	20mil	显示
5	RC2	触发封锁时间 Ti 的调节端	Passive	20mil	显示
6	RR2	触发封锁时间 Ti 的调节端	Passive	20mil	显示
7	VSS	工作电源负端	Power		
8	VRF/R	参考电压及复位输入端。通常接 VDD，当接“0”时可使定时器复位	Input	20mil	显示
9	VC	触发禁止端。当 Vc＞VR 时允许触发（VR≈0.2VDD）	Input	20mil	显示
10	IB	运算放大器偏置电流设置端	Passive	20mil	显示
11	VDD	工作电源正端	Power	20mil	显示
12	2OUT	第二级运算放大器的输出端	Output	20mil	显示
13	2IN-	第二级运算放大器的反相输入端	Input	20mil	显示
14	1IN+	第一级运算放大器的同相输入端	Input	20mil	显示
15	1IN-	第一级运算放大器的反相输入端	Input	20mil	显示
16	1OUT	第一级运算放大器的输出端	Output	20mil	显示

一、热释电元器件 BISS0001 的绘制

（1）执行“File→New→Library→Schematic Library”命令，新建原理图库文件并保存为“自制元器件库.SchLib”，如图 4-6 所示。

（2）打开原理图库面板 SCH Library，单击“Tools→Rename Component”，对原理图库元器件“Component_1”进行重命名，出现“Rename Component”对话框，将元器件名改为“BISS0001”，如图 4-7 所示。

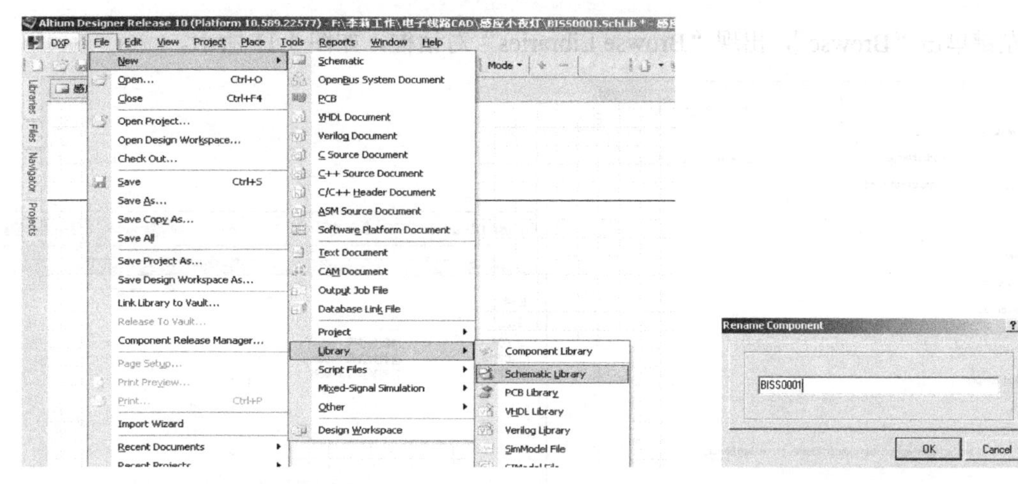

图 4-6　新建原理图库文件　　　　图 4-7　“Rename Component”对话框

（3）工作区出现四个象限，在第四象限靠近原点处绘制元器件。右键单击工作区，出现快捷菜单，放置所需要的图形和引脚，如图 4-8 所示。

（4）打开原理图库面板 SCH Library，双击元器件名“BISS0001”，打开元器件属性对话框，如图 4-9 所示，或者是单击编辑按钮，对元器件序号及封装进行编辑。

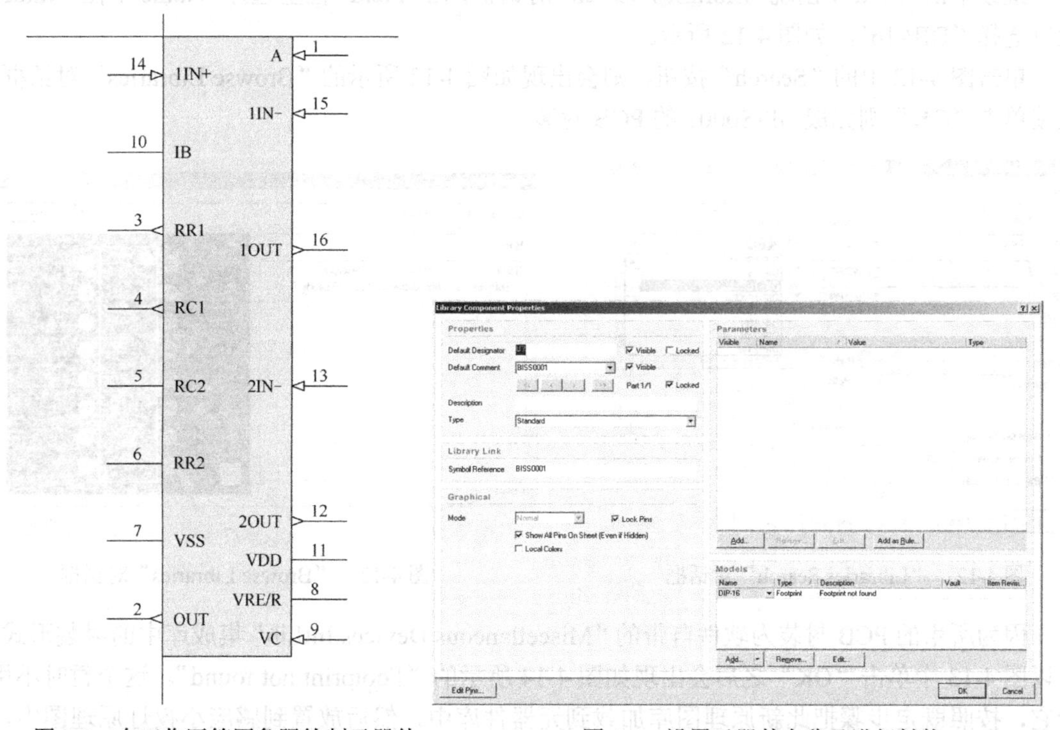

图 4-8　在工作区第四象限绘制元器件　　　　图 4-9　设置元器件名称及进行封装

添加元器件封装，单击图 4-9 的“Add”按钮，出现封装模型对话框，单击“OK”出现如图 4-10 所示的对话框。

左键单击“Browse”，出现“Browse Libraries”对话框，如图 4-11 所示。

图 4-10 “PCB Model”对话框

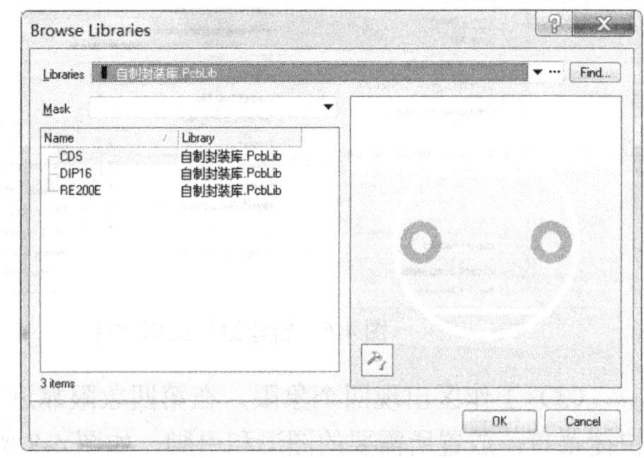

图 4-11 “Browse Libraries”对话框

继续单击“Find”，出现“Libraries Search”对话框，在“Field”栏里选择“Name”，在“Value”栏里选择“DIP-16”，如图 4-12 所示。

单击图 4-12 中的“Search”按钮，则会出现如图 4-13 所示的“Browse Libraries”对话框，继续单击“OK”则完成 BISS0001 的 PCB 封装。

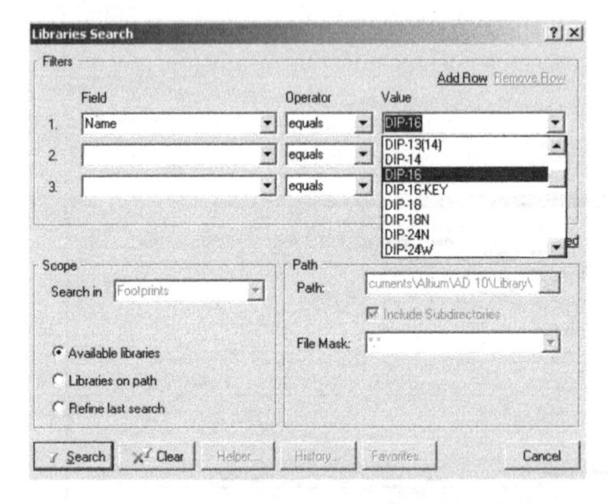

图 4-12 “Libraries Search”对话框

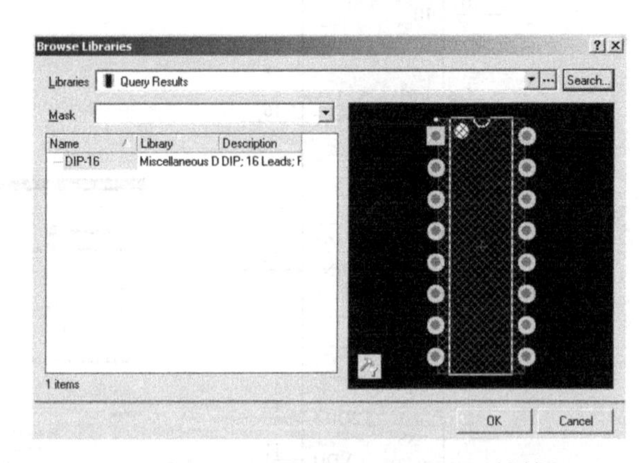

图 4-13 “Browse Libraries”对话框

因为所用的 PCB 封装为软件自带的“Miscellaneous Devices.IntLib”集成库中的封装形式，所以图 4-13 中单击“OK”之后会出现如图 4-14 所示的“Footprint not found”。这个暂时不用管它，按照既定步骤把此新原理图库加载到元器件库中，然后放置到感应小夜灯原理图中，双击此 BISS0001 元器件，在其属性对话框中双击“Model”对话框中的封装形式，则显示有 BISS0001 的 PCB 封装，如图 4-15 所示。

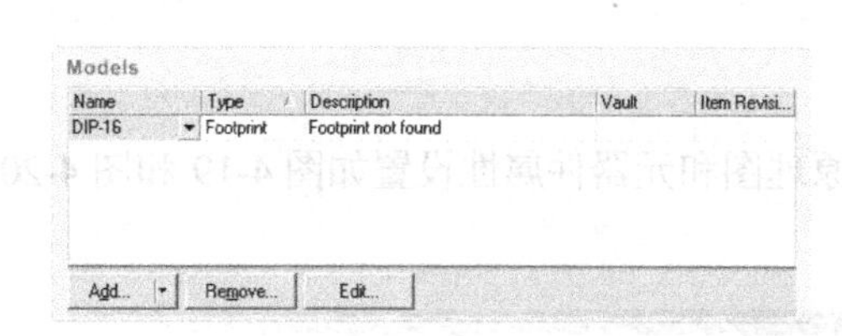

图 4-14　在原理图库中完成 BISS0001 的封装

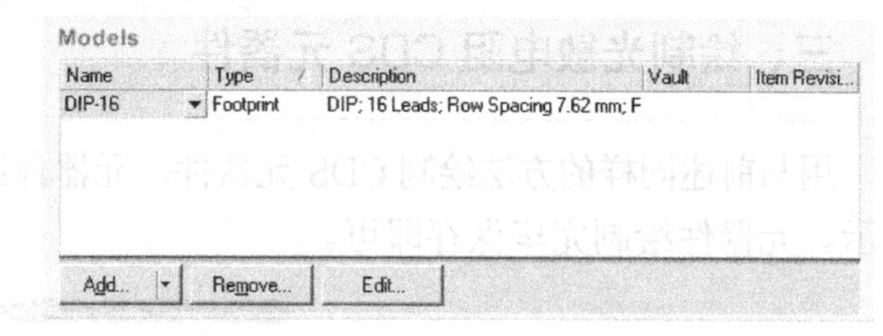

图 4-15　原理图中显示的 BISS0001 的 PCB 封装

这是对新建原理图库元器件进行 PCB 封装的第一种方式，适合于初学者。对元器件进行 PCB 封装的第二种方式是自己在 PCB Libraries 中绘制 PCB 封装图，在任务二中我们会给大家详细讲解。

二、绘制菲涅尔透镜 RE200E

在刚才新建的感应小夜灯原理图库中，打开“SCH Library”面板，单击“Component”对话框下面的“ADD”按钮，则出现“New Component Name”对话框，输入“RE200E”，如图 4-16 所示。然后在后面的空白工作区绘制 RE200E 元器件，绘制方法同 BISS0001 元器件类似，不再详细讲述。绘制完成的元器件如图 4-17 所示。

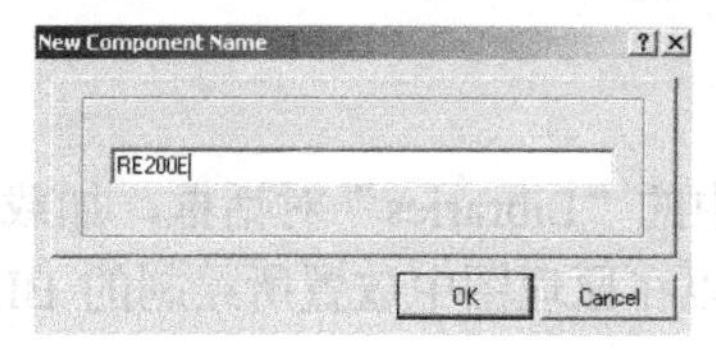

图 4-16　New Component Name 对话框

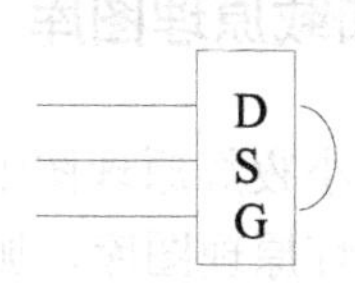

图 4-17　RE200E 元器件

对元器件 RE200E 进行属性设置，如图 4-18 所示。这里要注意，Altium Designer 10.0 软件中并无菲涅尔透镜 RE200E 的 PCB 封装形式，需要自己进行绘制，我们会在任务 2 中给大家讲解 PCB 封装形式的绘制。

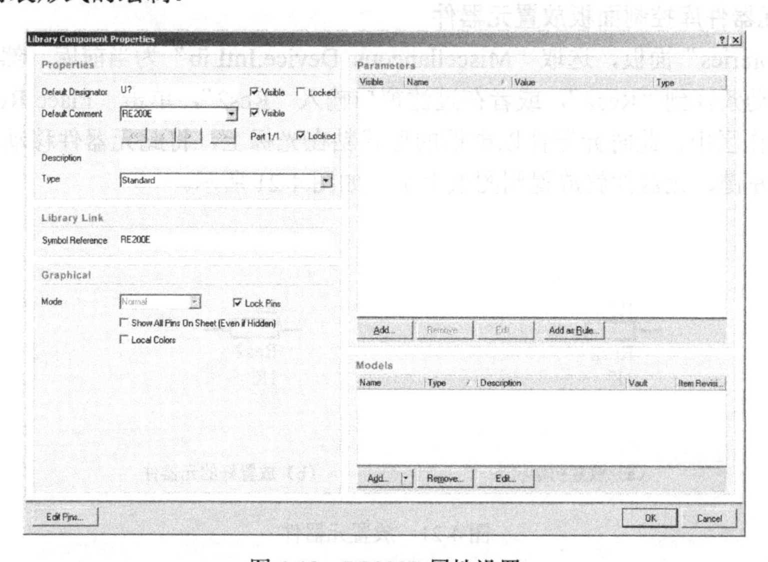

图 4-18　RE200E 属性设置

三、绘制光敏电阻 CDS 元器件

用与前述同样的方法绘制 CDS 元器件。元器件原理图和元器件属性设置如图 4-19 和图 4-20 所示。元器件绘制完毕保存即可。

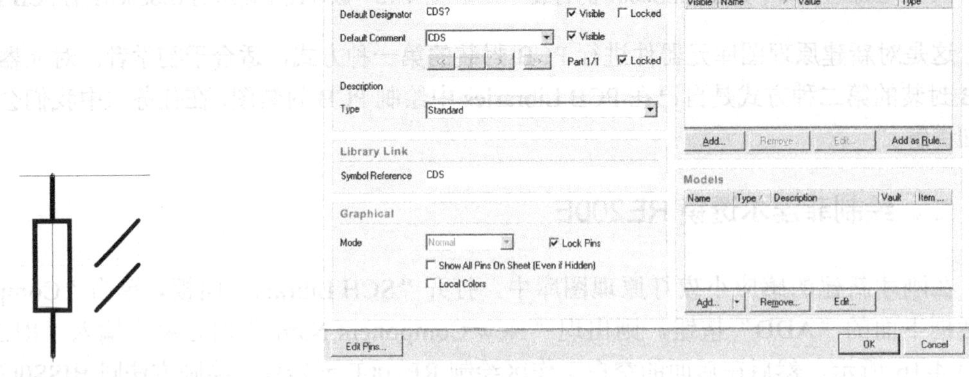

图 4-19　光敏电阻 CDS　　　　图 4-20　CDS 属性设置对话框

四、加载原理图库

在感应小夜灯原理图中，单击“Libraries”面板中的“Libraries”对话框，加载前面绘制的感应小夜灯原理图库，加载原理图库成功之后就可以在原理图中放置所绘制的 BISS0001、RE200E 和 CDS 了。

子任务 4.1.4　绘制感应小夜灯电路原理图

1）通过元器件库控制面板放置元器件

打开“Libraries”面板，选取“Miscellaneous Device.IntLib”为当前库，然后在元器件列表框中使用滚动条找到“Res2”，或者在过滤窗口输入“Res2”，单击“Place Res2”按钮，将光标移动到工作区中，此时元器件以虚框的形式粘在光标上，将此元器件移动到合适位置，再次单击鼠标左键，元器件就放置到图纸上了，如图 4-21 所示。

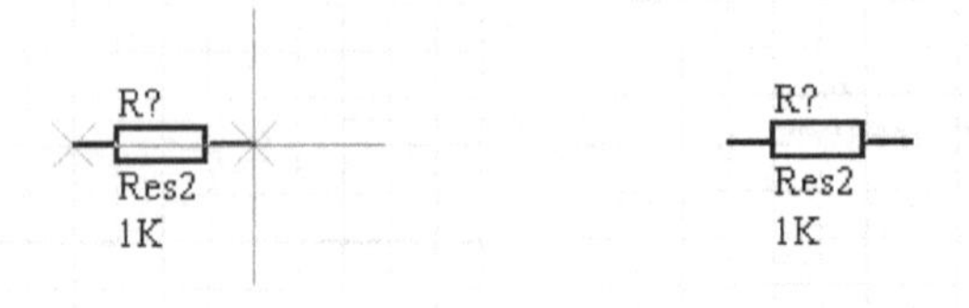

（a）放置初始状态　　　　（b）放置好的元器件

图 4-21　放置元器件

2）通过输入名称放置元器件

执行菜单命令“Place→Part”，系统弹出如图 4-22 所示对话框，在该对话框中，可以设置放置元器件的有关属性。

直接单击布线工具栏上的按钮或使用快捷键“P+P”，都可打开如图 4-22 所示对话框。

知道元器件符号名称直接输入即可，若不知道可以单击如图 4-22 所示对话框中“Physical Component”栏后面的“Choose”图标，系统弹出如图 4-23 所示的选择元器件对话框，在元器件库中选择“Res2”元器件。单击“OK”按钮，对话框中将显示选中的内容。其余项的设置参考项目 1 中的任务 2。

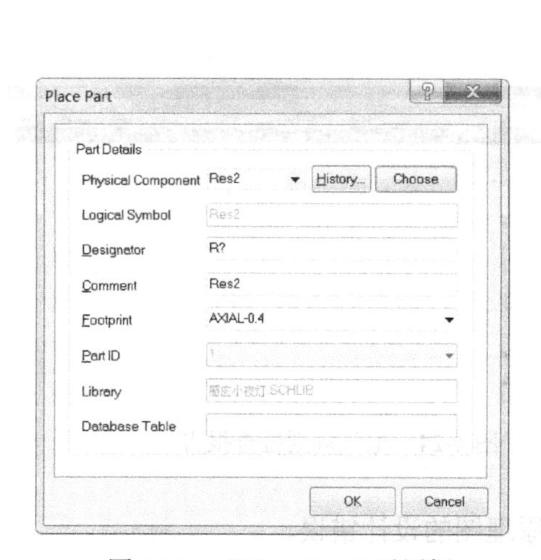

图 4-22　“Place Part”对话框

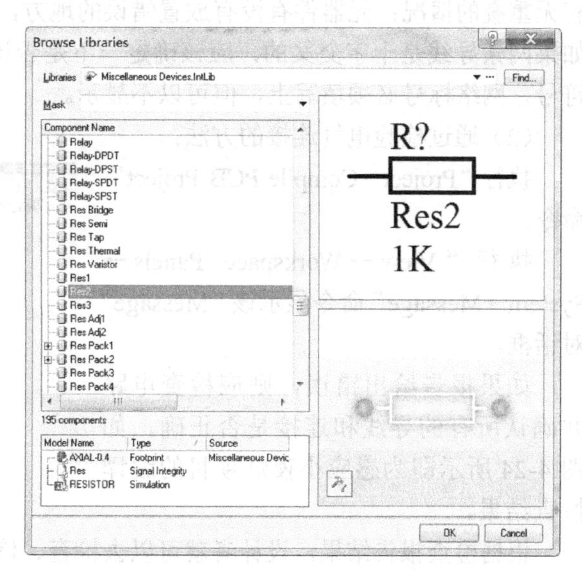

图 4-23　“Browse Libraries”对话框

完成放置一个元器件的动作之后，系统会再次弹出“Place Part”对话框，等待输入新的元器件编号。假如现在还要继续放置相同形式的元器件，就直接单击按钮，新出现的元器件符号会依照元器件封装自动地增加流水序号。如果不再放置新的元器件，可直接单击“Cancel”按钮关闭对话框。

本例感应小夜灯的原理图绘制中需要多个电阻，须多次放置。后续操步如下。

- 元器件的旋转
- 元器件属性编辑
- 元器件位置的调整
- 放置电源和接地符号
- 连接
- 手动放置节点
- 更新元器件流水号

绘制完原理图后，有时候需要将原理图中的元器件进行重新编号，即设置元器件流水号，这可以通过执行“Tools→Annotate Schematic”命令来实现，这项工作由系统自动进行。最终完成感应小夜灯原理图的绘制，保存。

子任务 4.1.5 原理图的电气规则检查和生成网络表

一、连接检测

Altium Designer 在生成网络表或更新 PCB 文件之前，需要对用户设计的原理图连接进行检测，具体方法有两种。

（1）观察法：主要检测原理图有没有多放置的对象；导线与导线之间或导线与引脚之间有无重叠的情况；元器件有没有放置错误的地方，特别对于有极性的元器件，极性是否有误；如果两条导线是十字交叉的，应该确定一下是否该有节点；还有一种情况就是对于电源或地符号，网络标号必须填写上，但可以不显示。

（2）通过检验电气连接的方法：

执行“Project→Compile PCB Project”命令。

执行“View→Workspace Panels→System→Message”命令显示该“Message”对话框。

如果报告给出错误，则应检查电路并确认所有的导线和连接是否正确，如图 4-24 所示即为感应小夜灯项目的编译检查结果。

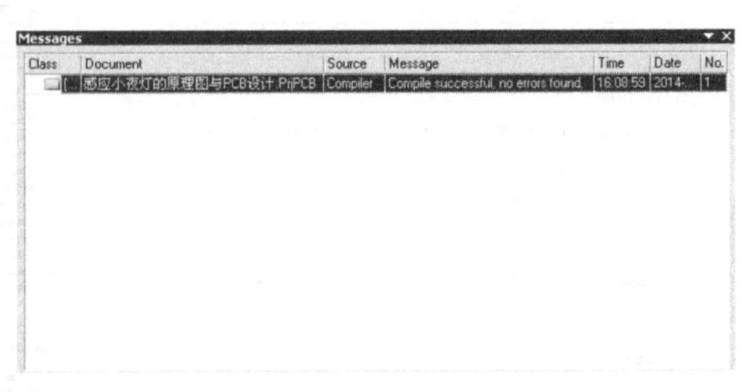

图 4-24 电气规则检查报告

根据检查报告结果，设计者就可以去检查、修正原理图的设计错误。

二、生成原理图的网络报表

执行“Design→Netlist for Project→Protel”命令，然后系统就会生成一个“.NET”文件，若项目下的原理图为感应小夜灯原理图，则生成的文件名称为“感应小夜灯原理图.NET”。

双击此文件，在右侧窗口可以看到此原理图的网络表文件，如图 4-25 所示。

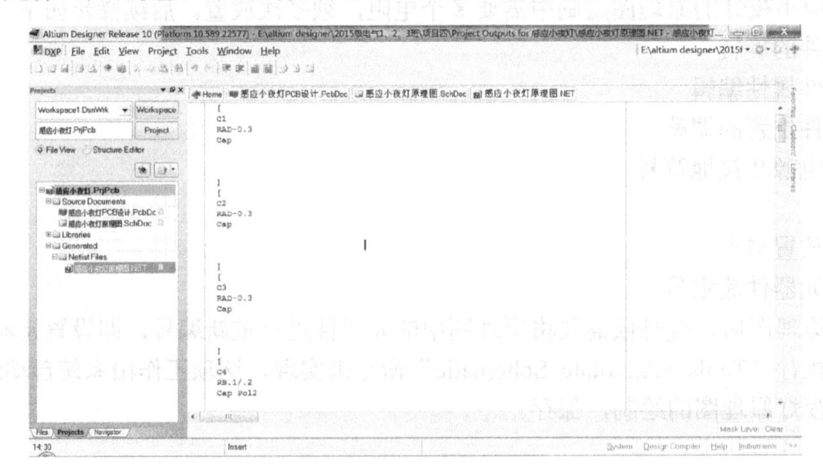

图 4-25 网络表文件

任务 4.2　创建 PCB 元器件库及元器件封装

任务描述

在前面介绍元器件封装时，都是使用 Altium Designer 系统自带的元器件封装。但是对于经常使用而封装库里又找不到的元器件封装，或者系统元器件库没有的其他封装，就要使用元器件封装编辑器来制作一个新的元器件封装。

本任务要求在项目文件“感应小夜灯原理图与 PCB 设计.PrjPcb”中新建元器件封装库文件“自制封装库.PcbLib”，根据图 4-26、图 4-27 和图 4-28 所示自制封装。

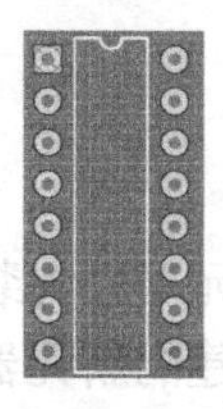

图 4-26　DIP16 元器件封装

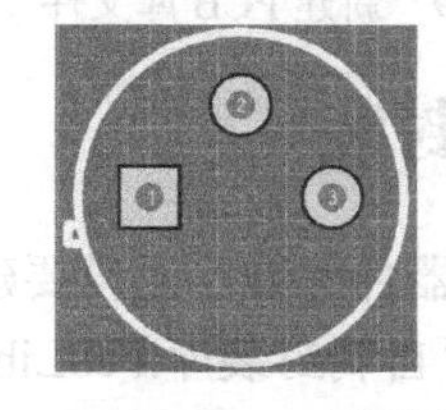

图 4-27　RE200E 元器件封装

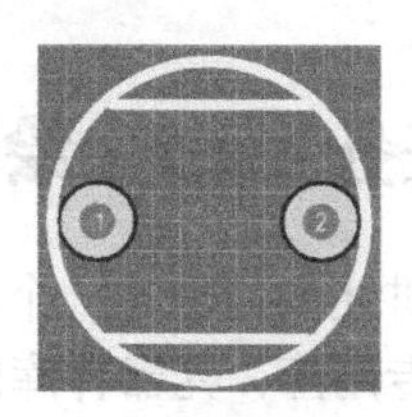

图 4-28　CDS 元器件封装

任务目标

知识目标：

➢ 熟悉封装库的概念。

➢ 了解 PCB 图封装库管理器。

➢ 熟悉创建 PCB 元器件库的步骤。

技能目标：

➢ 会建立 PCB 图元器件封装库文件。

➢ 能够根据实际元器件的封装形式，自己绘制元器件封装。

任务实施过程

子任务 4.2.1　新建元器件封装库文件

执行“File→New→Library→PCB Library”，即可打开 PCB 库编辑环境，并新建一空白 PCB 库文件，或者对准“感应小夜灯原理图与 PCB 设计.PrjPcb”单击右键，选择“Add New to Project→PCB Library”命令，同样也可建立 PCB 库文件，如图 4-29 所示。

系统默认的文件名为“PcbLib1.PcbLib”，保存并更改名称为“自制封装库.PcbLib”。

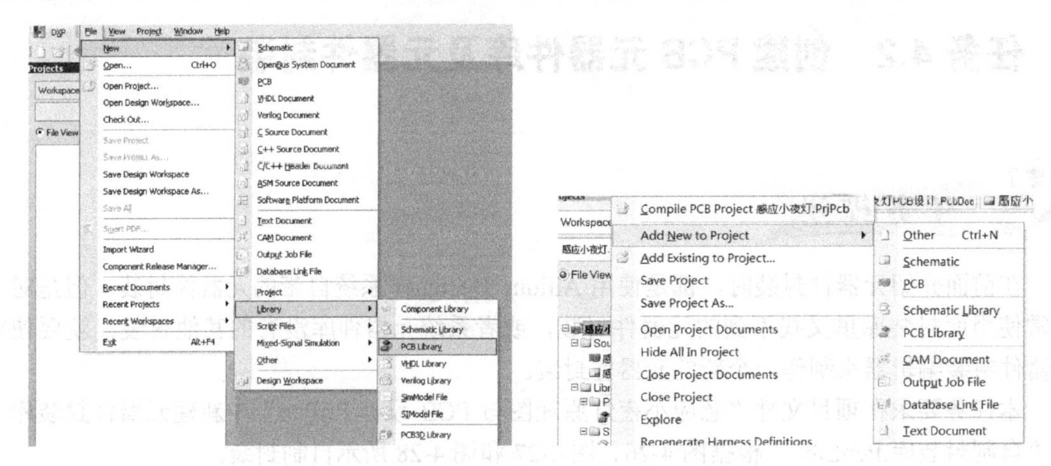

图 4-29　新建 PCB 库文件

子任务 4.2.2　绘制元器件封装

下面讲述如何创建一个新的 PCB 元器件封装。假设要建立一个新的元器件封装库作为用户自己的专用库，元器件库的文件名为“自制封装库.PcbLib”，并将要创建的新元器件封装放置到该元器件库中。

在本任务中，主要介绍使用 PcbLib 制作元器件封装的两种方法，即手工方法和利用向导（Wizard）方法。

一、用 PCB 向导创建 PCB 元器件封装

创建 BISS001 元器件封装（图 4-26）：双列直插式 16 引脚，焊盘大小内孔为 0.8mm，外径为 1.6mm。焊盘之间的间距为 2.54mm（100mil），两列焊盘之间的间距为 7.62mm（300mil）。

（1）在 PCB 库编辑器环境下，执行“Tools→Component Wizard”命令，弹出对话框如图 4-30 所示。

（2）单击“Next”按钮，进入元器件封装模式，如图 4-31 所示，选择“Dual In-line Packages（DIP）”，单位选择“Metric（mm）”。

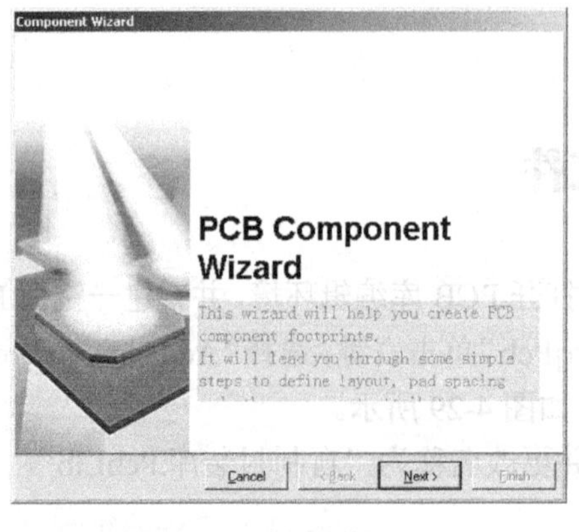

图 4-30　向导面板

图 4-31　元器件封装模式选择

（3）单击“Next”按钮，选择焊盘尺寸，如图 4-32 所示。

（4）单击“Next”按钮，进行焊盘间距设置，如图 4-33 所示。

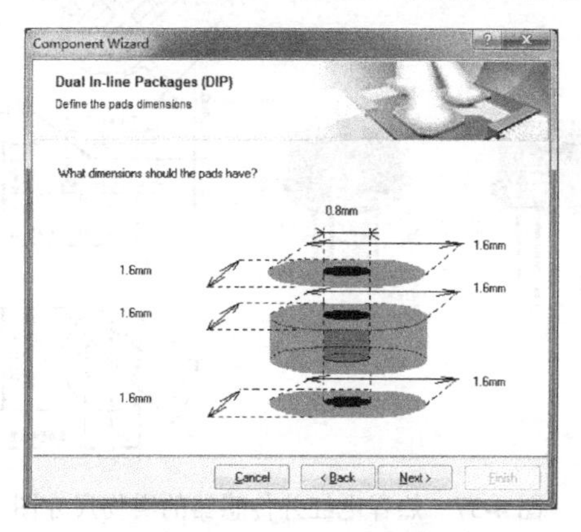

图 4-32　焊盘尺寸设置

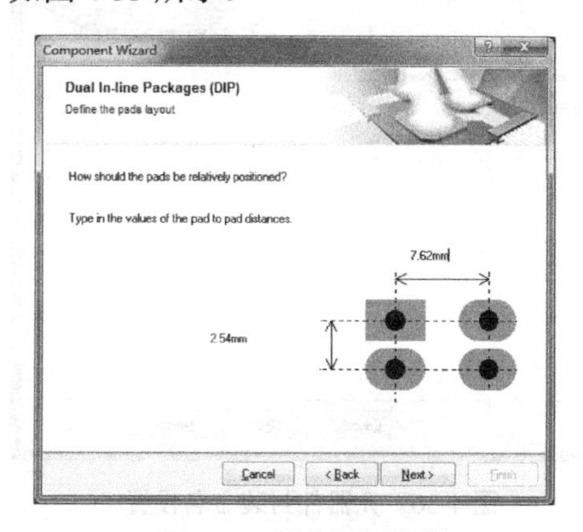

图 4-33　焊盘间距设置

（5）单击“Next”按钮，进入轮廓宽度设置画面，如图 4-34 所示。

（6）单击“Next”按钮，进行焊盘数目设置，如图 4-35 所示。

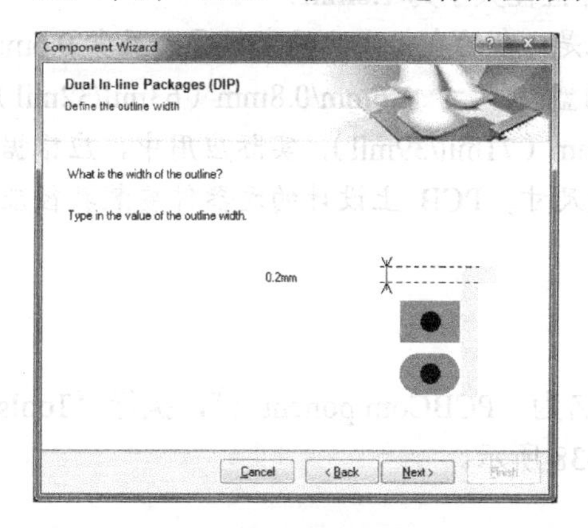

图 4-34　轮廓宽度设置

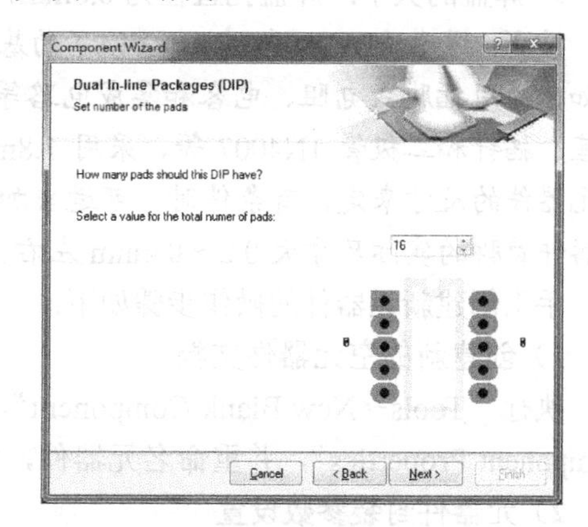

图 4-35　焊盘数目设置

（7）单击“Next”按钮，对封装进行命名，如图 4-36 所示。

（8）单击“Next”按钮，完成封装的绘制，如图 4-26 所示。

二、手工创建不规则 PCB 封装

1. 创建菲涅尔透镜 RE200E 元器件封装

如图 4-27 所示。

绘制如图 4-37 所示元器件实物的封装，元器件实物相关尺寸可参考图中的标注，并将其命名为“RE200E”，图中单位为毫米（mm）。

由图 4-37 可知封装参数，从中选出绘制 PCB 封装的关键参数。

➢ 元器件的轮廓：外形轮廓为圆，半径大小为 4.55mm，在逆时针 135°处有个小凸起，凸起宽度为 0.8mm。

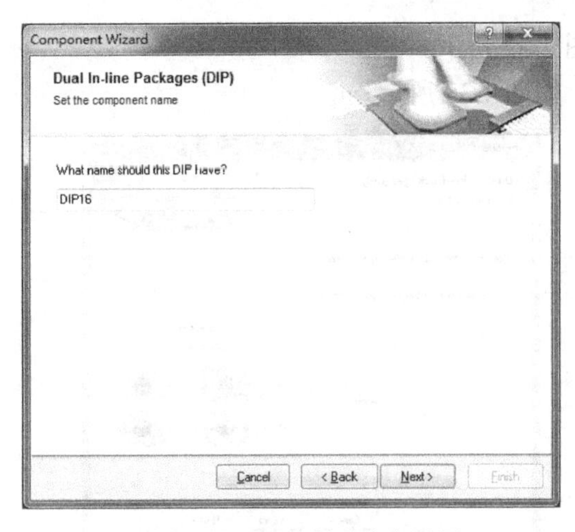

图 4-36　元器件封装命名设置

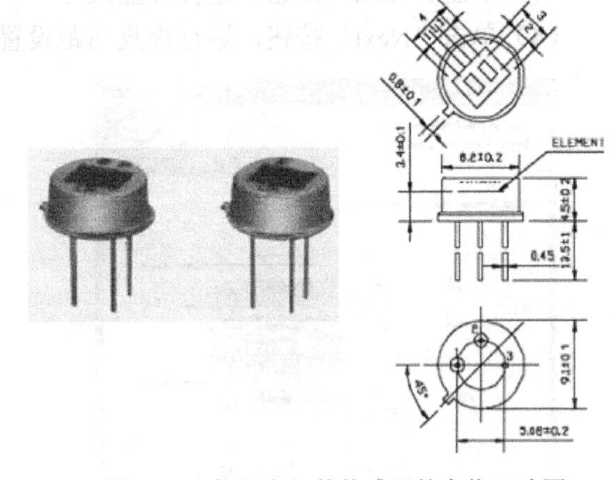

图 4-37　热释电红外传感器的实物尺寸图

➢ 焊盘的位置：三个焊盘同在直径为 5.08mm 的圆上，该圆和外轮廓圆同心，1 号和 3 号焊盘中心同在一直径上，2 号盘中心在 1、3 号盘的连线的中垂线上，高度为 2.54mm。

➢ 焊盘的大小：焊盘孔直径为 0.8mm，焊盘外直径大小为 1.6mm。

技巧：焊盘（PAD）与过孔（VIA）的基本要求是：盘的直径比孔的直径要大至少 0.6mm；例如，通用插脚式电阻、电容和集成电路等，采用盘/孔尺寸 1.6mm/0.8mm（63mil/32mil），插座、插针和二极管 1N4007 等，采用 1.8mm/1.0mm（71mil/39mil）。实际应用中，应根据实际元器件的尺寸来定，有条件时，可适当加大焊盘尺寸；PCB 上设计的元器件安装孔径应比元器件管脚的实际尺寸大 0.2～0.4mm 左右。

手工创建新元器件的操作步骤如下：

1）创建新的空元器件文档

执行“Tools→New Blank Component”，默认名为“PCBCom ponent_1”，执行“Tools→Component Properties”，并重命名元器件，如图 4-38 所示。

2）元器件封装参数设置

当新建一个 PCB 元器件封装库文件前，一般需要先设置一些基本参数，例如度量单位、过孔的内孔层、设置鼠标移动的最小间距等，但是创建元器件封装不需要设置布局区域，因为系统会自动开辟一个区域供用户使用。

（1）板面参数设置。执行“Tools→Library Options”命令，系统将弹出如图 4-39 所示的板面选项设置对话框。

➢ Measurement Unit（度量单位）用于设置系统度量单位，系统提供了两种度量单位，即 Imperial（英制）和 Metric（公制），系统默认为英制。

➢ 栅格的设置包括移动栅格（Snap Grid）的设置和可视栅格（Visible Grid）的设置。移动栅格主要用于控制工作空间中的对象移动时的栅格间距，是不可见的。光标移动的间距由在“Snap Grid”编辑框输入的尺寸确定，用户可以分别设置 X、Y 方向的栅格间距。

➢ Visible Grid 用于设置可视栅格的类型和栅距。系统提供了两种栅格类型，即 Lines（线状）和 Dots（点状），“Grid1”设置为“10mil”，“Grid2”设置为“100mil”。

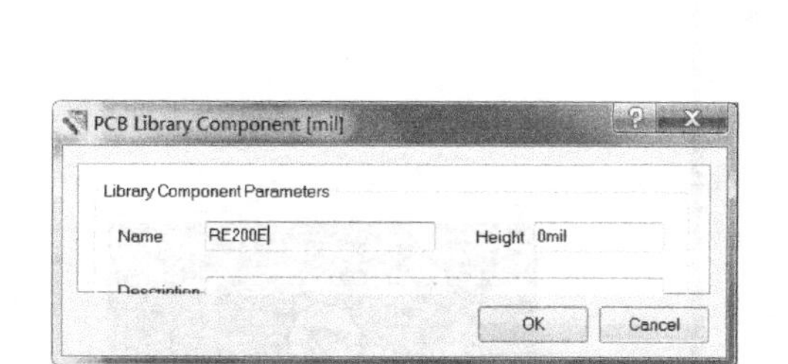

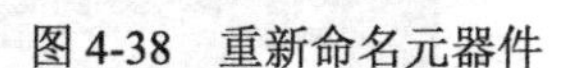
图 4-38　重新命名元器件

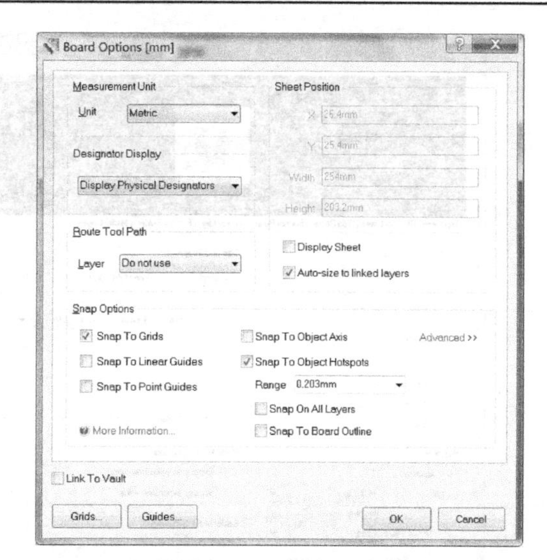

图 4-39　板面选项设置对话框

（2）系统参数设置。首先执行“Tools→Preferences”命令，系统将弹出“Preferences”设置对话框。元器件封装编辑器系统参数的设置与 PCB 编辑器参数设置一样，这里不再详述。

（3）层的管理：

➢ 制作 PCB 元器件时，同样需要进行层的设置和管理，其操作与 PCB 编辑管理器的层操作一样。

➢ 对元器件封装工作层的管理可以执行“Tools→Layer Stack Manager”命令，系统将弹出层管理器对话框。

➢ 定义板层和设置层的颜色：PCB 元器件封装编辑器也是一个多层环境，设计人员所做的大多数编辑工作都将在一个特殊层上。使用“Board Layers & Colors”对话框可以来显示、添加、删除、重命名及设置层的颜色。执行“Tools→Layers & Colors”命令可以打开此对话框，可以直接采用系统的默认设置。

3）设置编辑位置

选择“Edit→Set Reference→Location”命令，光标变成十字形，移到适当的位置后单击左键，确定原点位置，即（0,0）。

4）放置焊盘

在“Top-layer”层执行“Place→Pad”命令，光标变成十字状，中间带有一个焊盘，随着光标的移动，焊盘跟着移动，移动到合适的位置后，单击鼠标将其定位。

在放置焊盘时，先按“Tab”键进入焊盘属性对话框，设置焊盘的属性。本实例焊盘的属性设置如图 4-40 所示。方形焊盘和圆形焊盘可以在“Shape”下拉列表中选定。其他参数选项根据要求设定。

在 PCB 的元器件封装设计时，最重要的就是焊盘，因为将来使用该元器件封装时，焊盘是其主要电气连接点，可以根据要求放置焊盘，1 号焊盘位置为（-2.54,0），2 号焊盘位置为（0,2.54），三号焊盘的位置为（2.54,0）如图 4-41 所示。

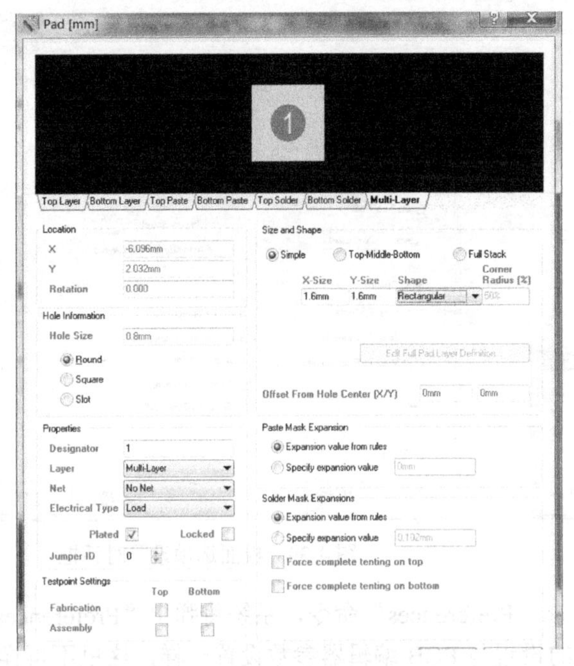

图 4-40 “Pad”属性对话框

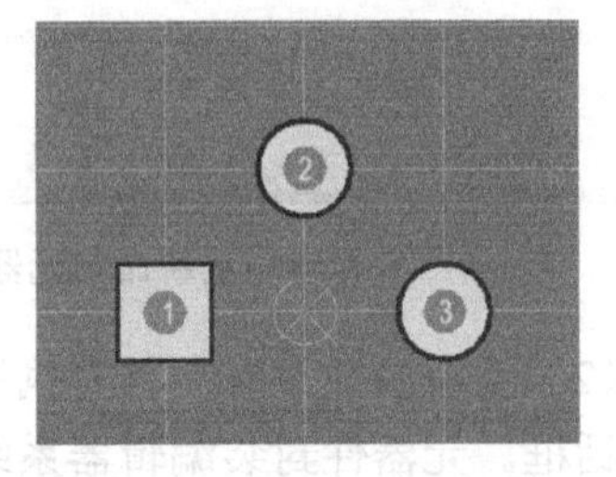

图 4-41 放置的三个焊盘

5）绘制轮廓线

➢ 将工作层面切换到顶层丝印层，即 Top Overlay 层。

➢ 执行菜单命令“Place→Arc”，在外形轮廓线上绘制圆弧，圆弧的参数为半径 4.55mm，圆心位置为（0,0），起始角为 235°，终止角为 225°。执行命令后，光标变成十字状，将光标移动到合适的位置后，先单击鼠标左键确定圆弧的中心，然后移动鼠标，单击左键确定圆弧的半径，最后确定圆弧的起点和终点，绘制完的图形如图 4-42 所示，这段圆弧的精确坐标和尺寸可以在绘制了圆弧后，双击弧形打开弧形属性对话框再设置，如图 4-43 所示。

➢ 执行“Place→Line”命令，光标变成十字状，将光标移动到适当的位置后，单击鼠标左键确定元器件封装外形轮廓线的起点，移动鼠标到适当的位置，再单击左键确定拐弯点，绘制好小凸起。整个封装绘制完成，如图 4-44 所示。

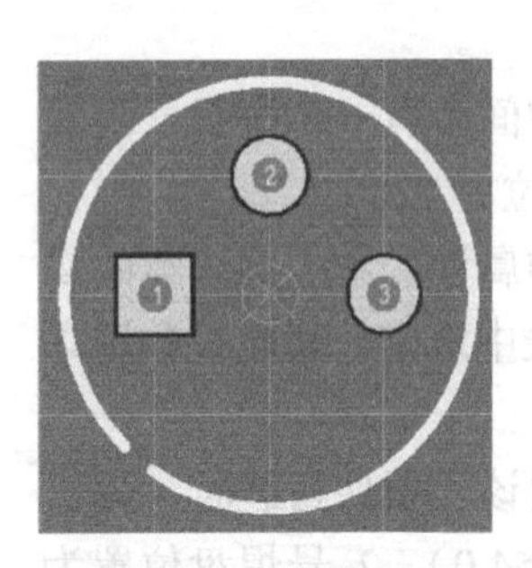

图 4-42 放置弧形后

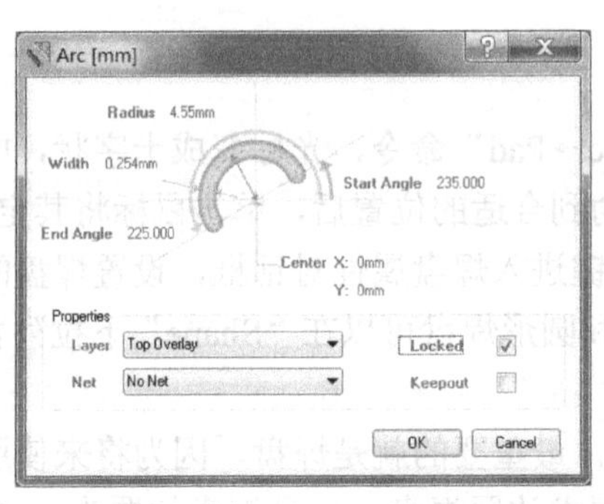

图 4-43 弧形属性设置对话框

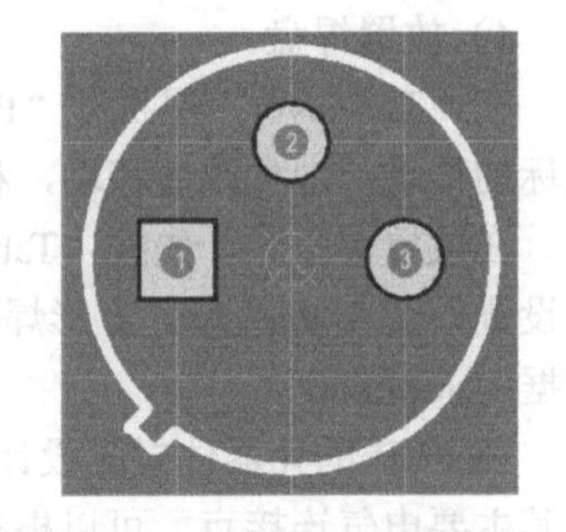

图 4-44 菲涅尔透镜 RE200E 元器件封装图

2. 绘制光敏电阻 CDS 封装

封装之后的元器件如图 4-28 所示，该元器件手册尺寸图如 4-45 所示。

绘制如图 4-45 所示元器件实物的封装，元器件实物相关尺寸可参考图中的标注，并将其命名为“CDS”，图中单位为毫米（mm）。

由图 4-45 可知封装参数，从中选出绘制 PCB 封装的关键参数。

➢ 元器件的轮廓：外形轮廓为圆，半径大小为 3.5mm，在距离圆心 3mm 处绘制两直线。

➢ 焊盘的位置：两个焊盘在同一直线上，位于离圆心 2.5mm 处。

➢ 焊盘的大小：焊盘孔直径为 0.8mm，焊盘外径大小为 1.6mm。

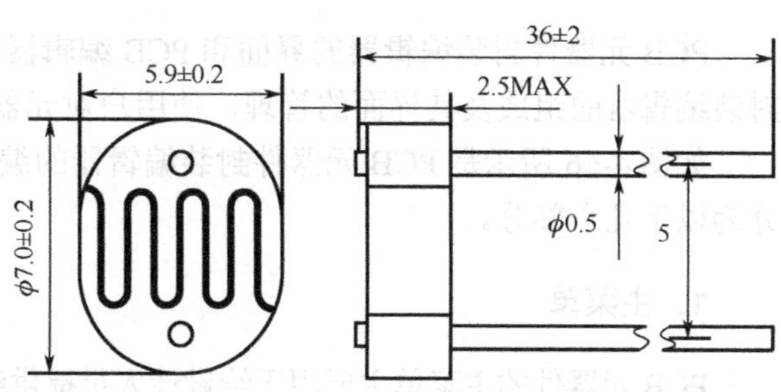

图 4-45　光敏电阻 CDS 的实物尺寸图

绘制该封装的过程和 RE200E 是一样的，先执行“Tools→New Blank Component”，创建一个新元器件封装，并重命名为“CDS”。放置焊盘并修改其属性，最后绘制外轮廓，完成的元器件封装如图 4-28 所示。

相关知识

一、元器件封装编辑器

执行菜单命令“File→New→Library→PCB Library”，就可以启动元器件封装编辑器，如图 4-46 所示。

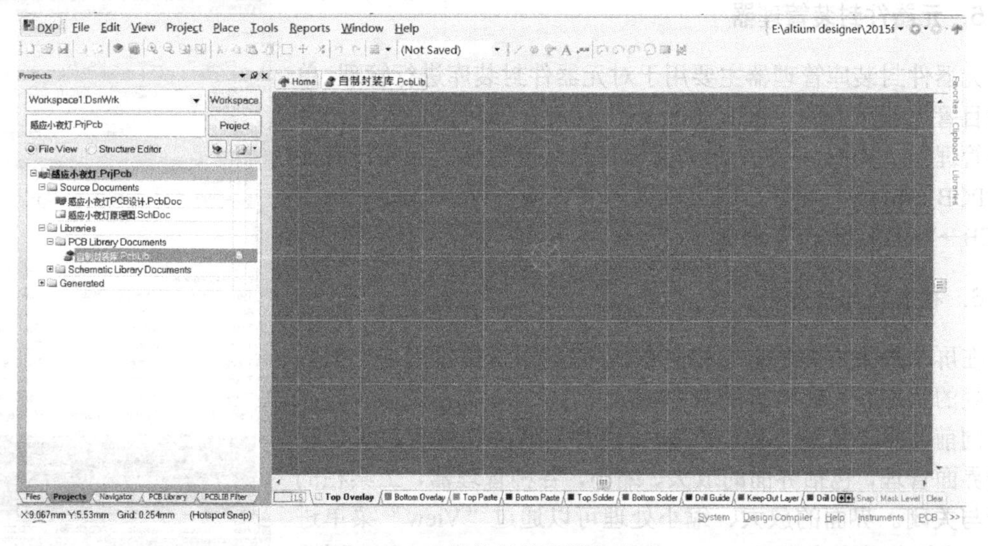

图 4-46　元器件封装编辑器界面

将元器件封装库保存起来，元器件封装库文件的后缀名为“.PcbLib”，系统默认的文件名为“PcbLib1.PcbLib”，保存时可以换名保存。然后就可以进行元器件封装的编辑制作。

二、元器件库文件窗口介绍

PCB 元器件封装编辑器的界面和 PCB 编辑器比较类似。下面简单地介绍一下 PCB 元器件封装编辑器的组成及其界面的管理，使用户对元器件封装编辑器有一个简单的了解。

如图 4-46 所示是 PCB 元器件封装编辑器的编辑界面，从图中可以看出，整个编辑器可以分为以下几个部分。

1．主菜单

PCB 元器件的主菜单主要用于给设计人员提供编辑、绘图命令，以便于创建一个新元器件。

2．元器件编辑界面（Components Editor Panel）

元器件编辑界面主要用于创建一个新元器件，将元器件放置到 PCB 工作平面上，用于更新 PCB 元器件库、添加或删除元器件库中的元器件等各项操作。

3．PCB Lib 标准工具栏

PCB Lib 标准工具栏为用户提供了各种图标操作方式，可以让用户方便、快捷地执行命令和各项功能，如打印、存盘等。

4．PCB Lib 放置工具栏（PCB Lib Placement Tools）

这是 PCB 元器件封装编辑器提供的绘图工具，同以往所接触到的绘图工具是一样的，它的作用类似于菜单命令“Place”，即在工作平面上放置各种图元，如焊盘、线段、圆弧等。

5．元器件封装管理器

元器件封装库管理器主要用于对元器件封装库进行管理。单击项目管理器下面的“PCB Library”标签，即可以进入元器件封装管理器，如图 4-47 所示为元器件封装管理器。如果没有显示“PCB Library”标签，则可以选择“View→Workspace Panels→PCB→PCB Library”命令。

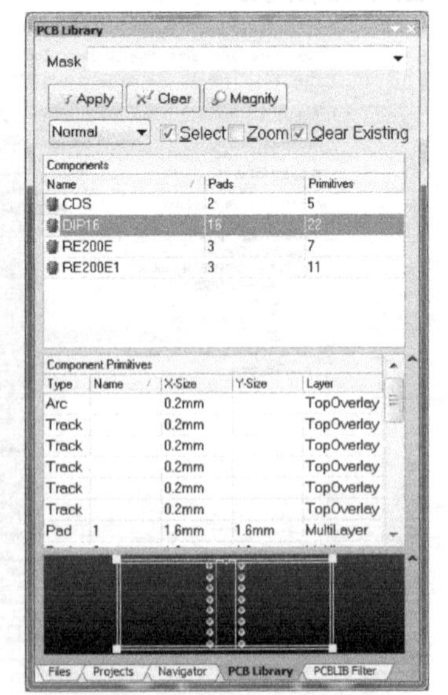

图 4-47　元器件封装管理器

6．状态栏与命令行

在屏幕最下方为状态栏和命令行，它们用于提示用户当前系统所处的状态和正在执行的命令。

同前面章节所述一样，PCB 元器件封装编辑器也提供了相同的界面管理，包括界面的放大、缩小，各种管理器、工具栏的打开与关闭。界面的放大、缩小处理可以通过“View”菜单进行，如选择菜单命令“View→Zoom In”、“View→Zoom Out”等，用户也可以通过选择主工具栏上的放大和缩小按钮，来实现画面的放大与缩小。

三、元器件封装尺寸

创建元器件封装前应了解封装信息，一般元器件生产厂家提供的用户手册中都有元器件的封装信息。如果手头上没有所需要元器件的用户手册，可以上网或到图书馆去查阅。首选是该器件的供应商网站，如果无法访问，还可以求助于搜索引擎，或者到一些专业的 IC 网站搜索（例如 www.2lic.com 和 www.ic37.com）。如果有些元器件找不到相关资料，则只能依靠实际测量，一般要配备游标卡尺，测量要尽量精确。

1. 元器件封装尺寸

（1）元器件封装设计时必须注意元器件的轮廓设计，元器件的外形轮廓一般放在丝印层上，要求要与实际元器件的轮廓大小一致。如果元器件的外形轮廓画得太大，则浪费空间；如果画得太小，元器件可能无法安装。

（2）元器件引脚粗细和相对位置也是必须考虑的问题。

（3）注意元器件外形和焊盘位置之间的相对位置。因为常常有这种情况：器件外形容易量，焊盘分布也容易量，可是这两者的相对位置却难以准确测量。

（4）元器件封装设计时还要注意引脚焊盘的设计。直插式焊盘放在多层，贴片式焊盘放在顶层。

➢ 设计直插式焊盘的重要尺寸有：焊盘的内径、外径、横向及纵向间距。

➢ 设计贴片式焊盘的重要尺寸有：焊盘的长、宽、横向及纵向间距。

2. 实际元器件封装到 PCB 元器件封装的转换

➢ 焊盘内孔径取值：内孔径比引脚大 0.2～0.3mm，引脚直径为 0.5mm，所以焊盘内径取 0.7～0.8mm。

➢ 焊盘外孔径取值：焊盘外孔径取内孔径的两倍左右，取 1.4～1.6mm。

➢ 焊盘之间的间距和实际封装的间距一样。

任务 4.3　感应小夜灯 PCB 双面板设计

本项目已经完成感应小夜灯的原理图绘制，本任务要求利用 AD10 软件完成感应小夜灯 PCB 双面板设计，并且会利用自制元器件封装设计印制电路板。在项目文件“感应小夜灯.PrjPcb”下，新建一个“感应小夜灯 PCB 设计.PcbDoc”。规划电路板：将板的大小定为 2200mil ×1500mil。装入网络表，自动布局加手动布局、双层自动布线，完成 PCB 图。将完成的 PCB 图进行检查然后将 PCB 图导出。

根据表 4-3 完成以上任务要求，制作出感应小夜灯印制电路板（PCB）图。

表 4-3　感应小夜灯元器件封装清单

序　号	注　释	值	封　装	库文件名称
C1	Cap	0.1μF	RAD-0.1	Miscellaneous Devices.IntLib
C2 C3 C5 C6	Cap	0.01μF	RAD-0.1	Miscellaneous Devices.IntLib
C4	Cap Pol2	10μF	RB.1/.2	通用封装库.PcbLib
CDS1	CDS		CDS	自制封装库.PcbLib
LED1	LED3		LED5	LEDS.PcbLib
Q1	9013		TO-92A	Miscellaneous Devices.IntLib
R1 R2	Res2	1MΩ	AXIAL-0.4	Miscellaneous Devices.IntLib
R3	Res2	10kΩ	AXIAL-0.4	Miscellaneous Devices.IntLib
R4	Res2	2MΩ	AXIAL-0.4	Miscellaneous Devices.IntLib
R5	Res2	15kΩ	AXIAL-0.4	Miscellaneous Devices.IntLib
R6 R7 R8	Res2	1kΩ	AXIAL-0.4	Miscellaneous Devices.IntLib
RP1	RPot	510kΩ	3296	通用封装库.PcbLib
S1	SW-SPDT		TL36WW15050	Miscellaneous Devices.IntLib
U1	RE200E		RE200E	自制封装库.PcbLib
U2	BISS0001		DIP16	自制封装库.PcbLib

任务目标

知识目标：

- 熟练掌握 PCB 设计流程。
- 了解自制封装库文件的加载。
- 熟练掌握自动布线规则设置。
- 掌握加泪滴、敷铜的方法。

技能目标：

- 会用两种不同的方法布局元器件。
- 会根据实际情况用不同的方法布线。

任务实施过程

步骤一　新建 PCB 文件

执行“File→New→PCB”命令，将印制电路板保存为“感应小夜灯 PCB 双面板设计.PcbDoc”。

步骤二　设置电路板工作环境参数

（1）电路板可视栅格 1 为 10mil，可视栅格 2 为 100mil。

（2）电路板工作层包括 10 层：Top Layer、Top Overlay、Top Paste、Top Solder、Bottom Layer、Bottom Paste、Bottom Solder、Keep-out Layer、Multi-layer、Mechanical 1。

步骤三　规划电路板

（1）绘制尺寸为 2200mil×1500mil，保存当前印制电路板文件。

（2）设置实际电路板的左下角点为原点，电气边界四个顶点的坐标分别是：（0,0）、（0,1500）、（2200,1500）、（2200,0），把当前层转到 Keep-out Layer，绘制电气边界，如图 4-48 所示。

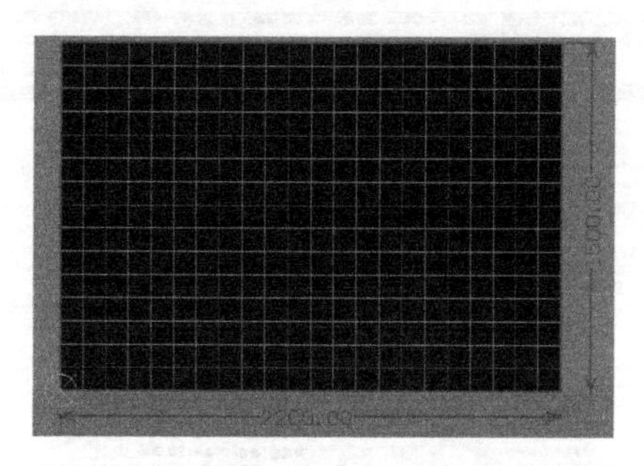

图 4-48　绘制完成的电路板电气边界

步骤四　加载封装库

在“Libraries”控制面板中，将自己创建的 PCB 元器件封装库载入到“Libraries”中，如图 4-49 所示。

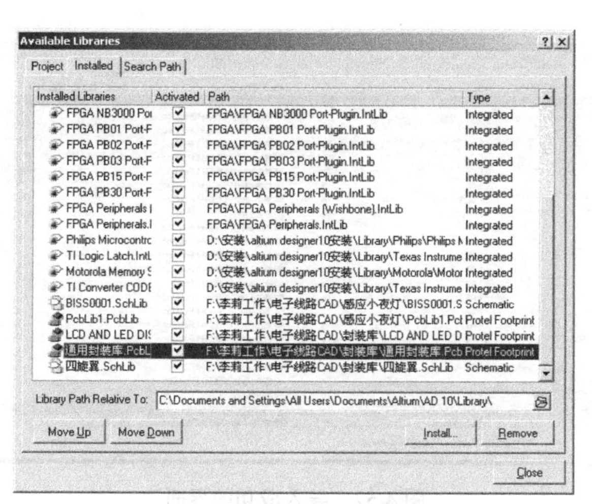

图 4-49　加载 PCB 元器件封装库

步骤五　导入原理图网络表信息

（1）在 PCB 环境下，执行“Design→Import Changes From 感应小夜灯.PrjPcb，将原理图网络表信息导入到 PCB 文件中，如图 4-50 所示。

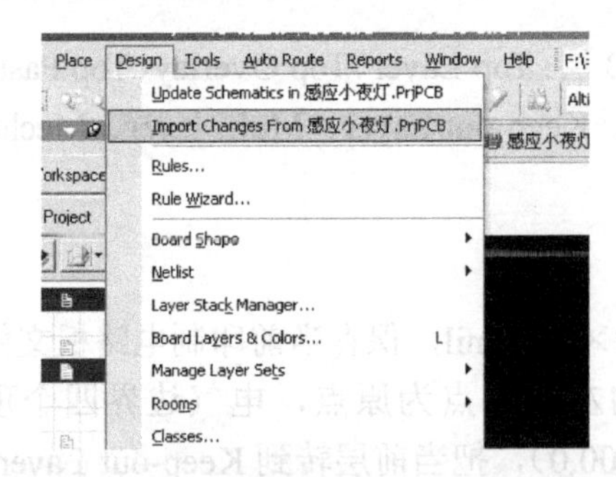

图 4-50　将网络表信息导入到 PCB 文件中

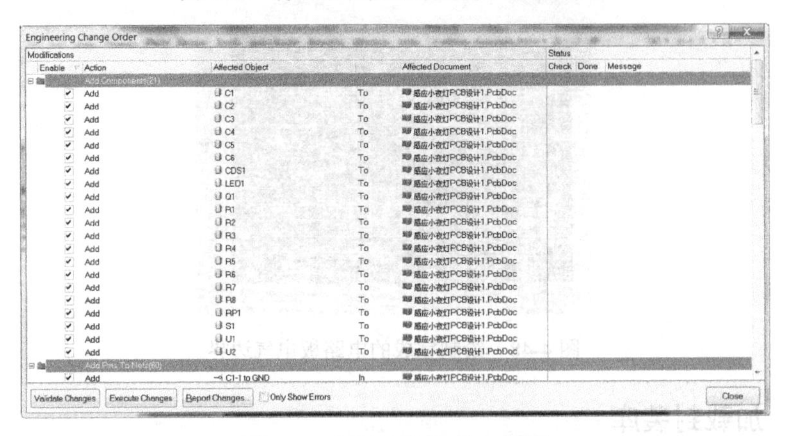

图 4-51　网络表信息导入界面

（2）依次执行“Validate Changes”和“Excute Changes”，若无错误，则出现如图 4-52 所示界面。

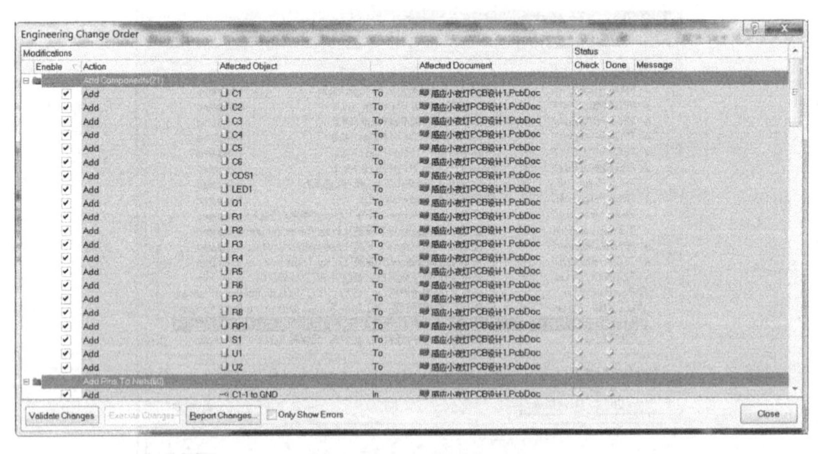

图 4-52　导入成功的界面

步骤六　元器件布局

（1）网络表信息导入成功，则将原理图中所有元器件均以 PCB 封装形式导入到 PCB 文件中。

（2）先删除 Room，将元器件拖动到电路板中，并采用手动布局和自动布局的形式。

（3）根据元器件封装位置和飞线的指示，调整各个元器件封装的方向，尽量使飞线连线简单；再调整与元器件封装对应的元器件组件的位置与方向，完成布局后的电路板如图 4-53 所示。

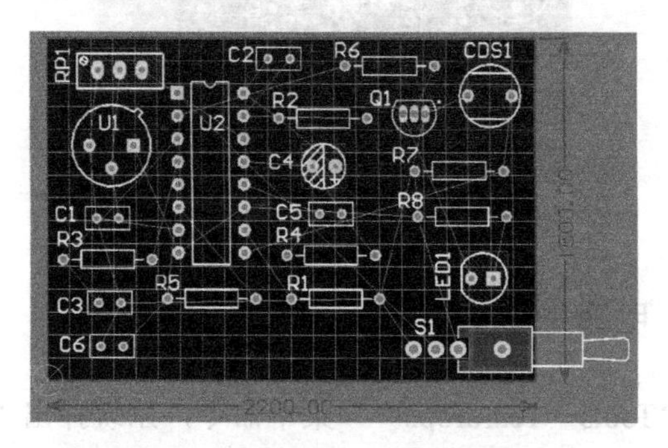

图 4-53　完成布局的印制电路板文件

步骤七　添加接地、电源焊盘

放置一个焊盘，双击焊盘调出焊盘属性对话框，单击此对话框中的“Properties”选项区中“Net”选项的右边下拉按钮，在弹出的下拉菜单中选择“GND”或“Power”即可，如图 4-54 所示。添加好的接地或电源焊盘，其焊盘处自动出现与印制电路板文件中相应网络相连的飞线。把当前层转到“Top Overlay”，放置“+5V”和“GND”字符串。

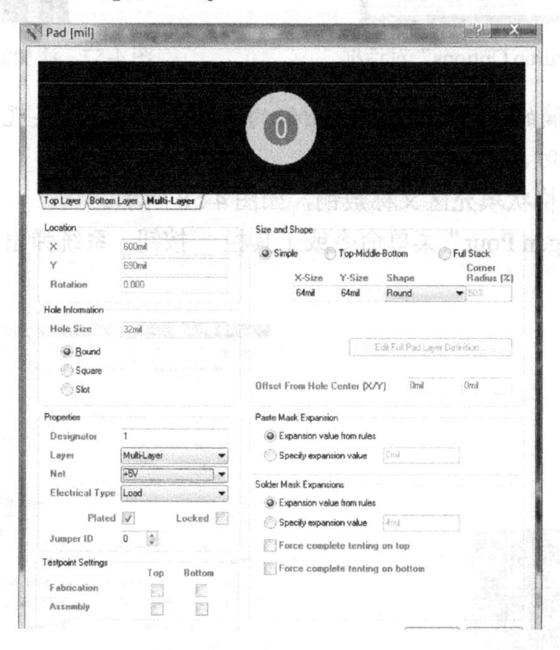

图 4-54　焊盘属性对话框

步骤八　布线

（1）布线规则设置：电源线为 20mil，地线为 30mil，一般线为 10mil。

（2）执行自动布线命令进行布线，完成后如图 4-55 所示。

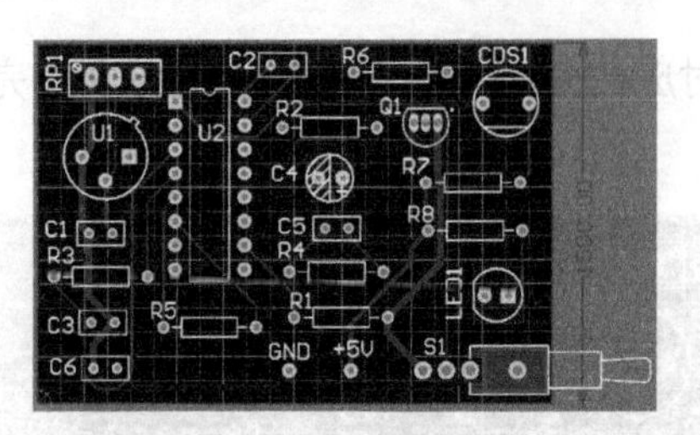

图 4-55　感应小夜灯 PCB 双面板

步骤九　补泪滴、电路板敷铜

（1）补泪滴。单击“Tools→Teardrops…”菜单命令，系统弹出“Teardrop Options”对话框，如图 4-56 所示。

单击“OK”按钮对焊盘/过孔添加泪滴，添加泪滴前后的焊盘如图 4-57 所示。

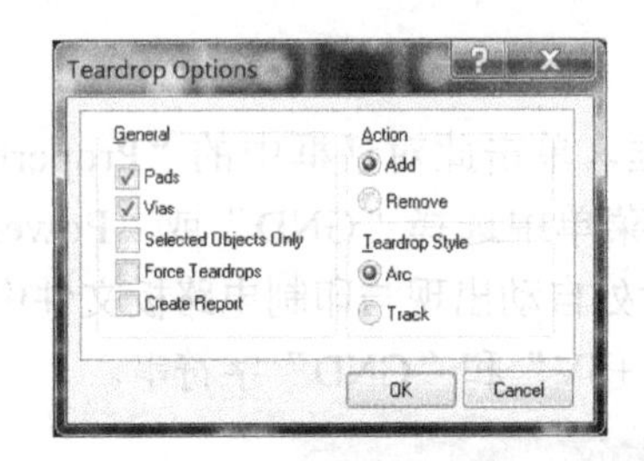

图 4-56　“Teardrop Options”对话框

图 4-57　添加泪滴前后的焊盘对比

注意：我们添加泪滴的原因，一是为了图纸的焊盘看起来较为美观，二是因为在制作 PCB 时，有个泪滴，在钻孔时，不会将焊盘损坏。

（2）添加敷铜。网格状填充区又称敷铜，如图 4-58 所示。

单击“Place→Polygon Pour”菜单命令或工具栏按钮，系统弹出敷铜对话框，如图 4-59 所示。

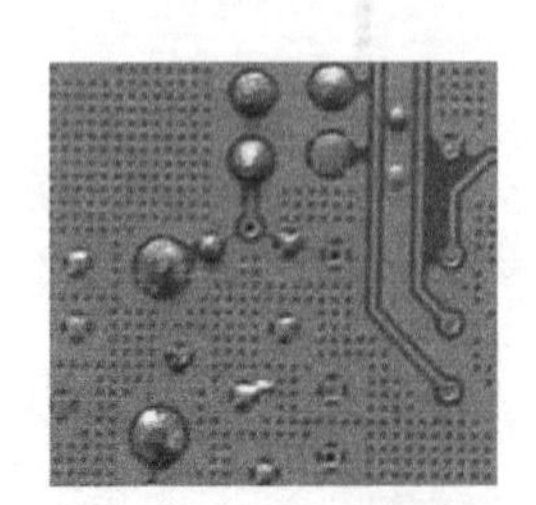

图 4-58　电路板中的敷铜

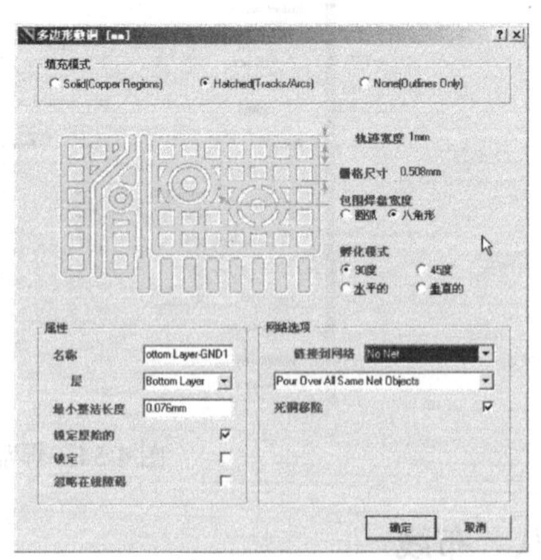

图 4-59　敷铜对话框

单击按钮后，光标将变成十字形状，连续单击鼠标左键确定多边形顶点，然后单击右键，系统将在所指定多边形区域内放置敷铜，效果如图 4-60 所示。

（3）添加矩形填充。如图 4-61 所示。

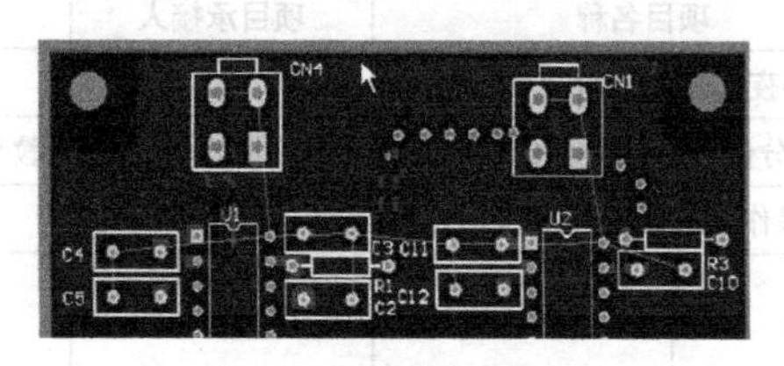

图 4-60　放置敷铜后的效果

图 4-61　电路板上的矩形填充

单击“Place→Fill”菜单命令或工具栏按钮，此时光标将变成十字形状，在工作窗口中单击鼠标左键确定矩形的左上角位置，最后单击鼠标左键确定右下角坐标并放置矩形填充，如图 4-62 所示。矩形填充可以通过旋转、组合形成各种形状。

感应小夜灯电路板在顶层完成敷铜，如图 4-63 所示。

图 4-62　放置矩形填充后的效果

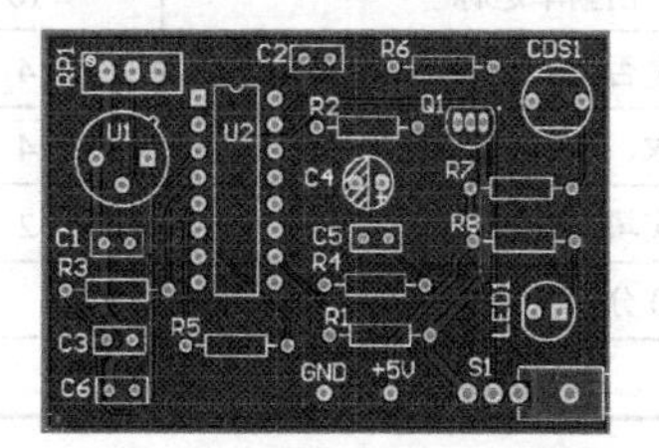

图 4-63　电路板在顶层敷铜的效果

项目评价

项目评价单	项目名称		项目承接人	编号
	感应小夜灯的原理图与 PCB 设计			
项目评价内容	标准分值	自我评价（20%）	小组评价（30%）	教师评价（50%）
一、项目分析评价（10 分）				
（1）是否正确分析问题、确定问题和解决问题	3			
（2）查找任务相关知识、确定方案编写计划	5			
（3）是否考虑了安全措施	2			
二、项目实施评价（60 分）				
（1）新建和保存项目文件、原理图文件和 PCB 文件	2			
（2）设置工作环境参数	1			
（3）正确绘制简单原理图	2			
（4）自制元器件封装的设计	10			
（5）印制电路板中元器件布局	10			
（6）PCB 设计规则	5			
（7）自动布线与手动布线结果	20			
（8）添加焊盘、敷铜等辅助功能	5			
（9）PCB 设计规则检查并修改	5			

续表

项目评价单	项目名称		项目承接人	编号
	感应小夜灯的原理图与 PCB 设计			
项目评价内容	标准分值	自我评价（20%）	小组评价（30%）	教师评价（50%）
三、项目操作规范评价（10 分）				
（1）衣冠整洁、大方，遵守纪律，座位保持整洁干净	2			
（2）学习认真细致、一丝不苟	3			
（3）小组能密切协调与合作	3			
（4）严格遵守操作规范，符合安全文明操作要求	2			
四、项目效果评价（20 分）				
（1）学习态度、出勤率达标	10			
（2）项目实施是否独立完成	4			
（3）是否按要求、按时完成项目	4			
（4）是否能如实填写项目单	2			
总分（满分 100 分）				
项目综合评价：				

技能训练

1. 创建项目文件及原理图文件

在 F 盘“AD10”文件下创建项目文件，有效文件名为“音乐播放器.PrjPcb”，并在该项目文件中创建原理图文件，有效文件名为“音乐播放器.SchDoc”。

2. 创建原理图元器件

建立一个用户原理图元器件库，其文件名为“My.SchLib”，根据图 4-64 所示元器件图形，在该库内创建两个原理图元器件，一个名为“LM386”，另一个为“H5X2”，网格参数为：Visible＝10。

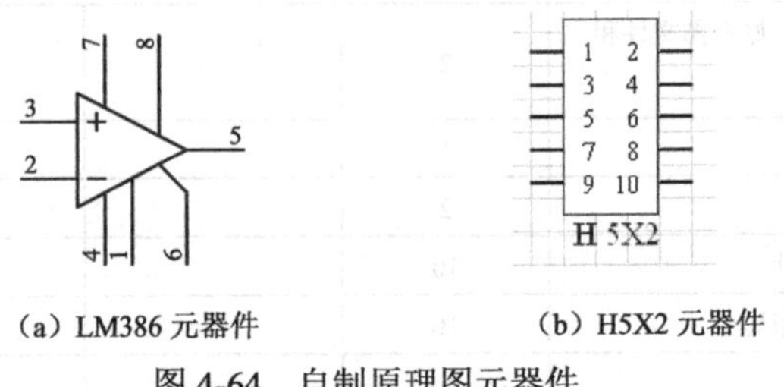

（a）LM386 元器件　　（b）H5X2 元器件

图 4-64　自制原理图元器件

3. 绘制原理图

（1）根据图 4-65 所示的电路原理图，在文件“音乐播放器.SchDoc”中设计电路原理图，

原理图统一采用 A4 图纸尺寸，横向放置。

（2）按默认设置进行电气规则检测（ERC）。

（3）生成材料清单及网络表。

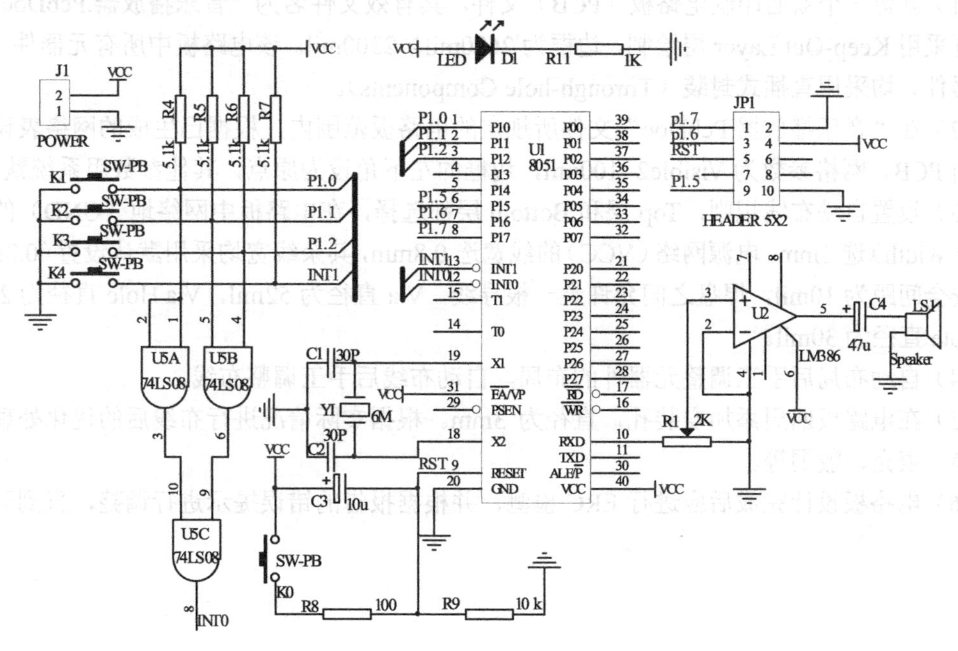

图 4-65　音乐播放器原理图

4．创建 PCB 元器件封装

创建一个用户 PCB 元器件封装库，其文件名为“MYPCB.PcbLib”，在该库内根据图 4-66 所示，共创建四个元器件封装，分别为发光二极管封装 CLED，SW-PB 小按键的封装 SW，10U、47U 电解电容的封装 RB.1/.2，可调电位器的封装 POT2。图中网格参数为 Visible2=100mil，各焊盘（Pad）尺寸均采用默认设置，焊盘形状、编号及间距以图示为准，以上各封装均为直插形式。焊盘参数一致为：X-SIZE=Y-SIZE=80mil，Hole-size =30mil。

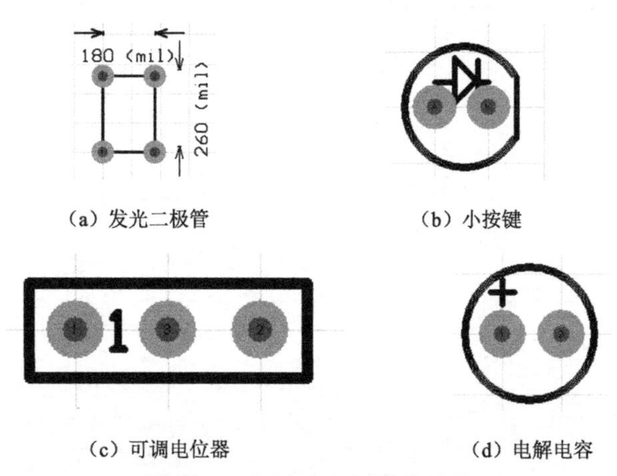

（a）发光二极管　（b）小按键

（c）可调电位器　（d）电解电容

图 4-66　自制 PCB 元器件封装

5. 创建 PCB 文件

PCB 绘制的基本要求：

（1）创建一个双面印制电路板（PCB）文件，其有效文件名为“音乐播放器.PcbDoc”。图中边框采用 Keep-Out Layer 层绘制，边框为 2600mil×2300mil。该电路板中所有元器件（含自制元器件）均采用直插式封装（Through-hole Components）。

（2）在“音乐播放器.PcbDoc”文件所规定的电路板范围内，根据已生成的网络表设计一块双面 PCB，网格参数为 Visible2=100mil，边框的左下角设为原点，其他参数用系统默认值。

（3）设置自动布线规则，Top 层和 Bottom 层都选择，在电路板中网络地（GND）的线宽（Track Width）选 1mm，电源网络（VCC）的线宽选 0.8mm，其余线宽均采用默认设置（0.3mm）。最小安全间距为 10mil，焊盘之间允许走一根导线，Via 直径为 52mil，Via Hole 直径为 28mil，Pad Hole 直径为 30mil。

（4）自动布局后手工调整元器件的布局，自动布线后手工调整布线。

（5）在电路板四周添加安装孔，直径为 3mm。根据实际情况进行布线后的优化处理：如补泪滴、填充、敷铜等。

（6）电路板设计完成后应进行 ERC 检测，并根据报告的错误提示进行调整，直到无错误为止。

项目 5　印制电路板制作工艺

通常电子产品中的印制电路板均由专业生产厂家制作，但是在科研、产品试制或课程设计、毕业设计等情况下，也可能需要制作少量的印制电路板，如果委托专业厂家制作，不仅费用高，而且周期长，当设计的印制电路板出现问题时还不便于修改。因此，我们应该掌握一些手工自制印制电路板的方法和技能，根据前 4 个项目 PCB 设计的情况，本项目分两个任务：

任务 5.1　制作直流稳压电源电路板

任务 5.2　制作 LED 闪烁灯电路板

任务 5.1　制作直流稳压电源电路板

由于是第一次制作印制电路板，所用电子元器件数量少，印制电路板线路也比较简单，因此要求采用工艺比较简单、制作成本比较低的热转印方法制作，且只要求制作出电路板即可，不需要制作丝印层和阻焊层。

具体工艺流程如下：

线路底片制作→抛光→图形转移→腐蚀→钻孔→检验

任务目标

知识目标：

- ➢ 会从 Altium Designer 10.0 中产生 Gerber 文件。
- ➢ 掌握热转印印制电路板制作工艺流程。

技能目标：

- ➢ 能正确用热转印工艺制作单面电路板。

任务实施过程

子任务 5.1.1　生成 Gerber 文件

Gerber 文件是一种光绘文件，生成光绘文件其实包括两个方面，如图 5-1 所示。

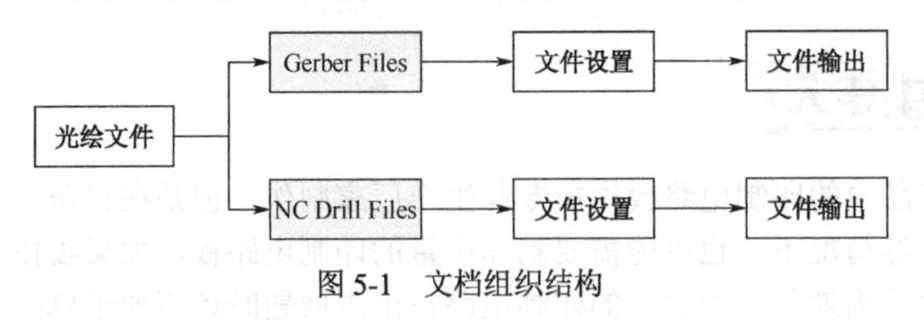

图 5-1　文档组织结构

生成 Gerber 文件具体操作步骤如下。

1．设置原点

原点设置为 PCB 左下角。

2．Gerber 文件导出

（1）执行命令"File→Fabrication Outputs→Gerber Files"。出现如图 5-2 所示对话框。在"General"标签页选择"Units"（单位）为"Inches"，"Format"（格式）为"2∶5"。

（2）在 Layers 标签页选择需要用的 Layer（层），如图 5-3 所示，单面板包含：GTO，GTL，GBL，GBS，GKO（5 个）。右边选项不要勾选，镜像层选择"All Off"。其余三个选项保持默认设置。

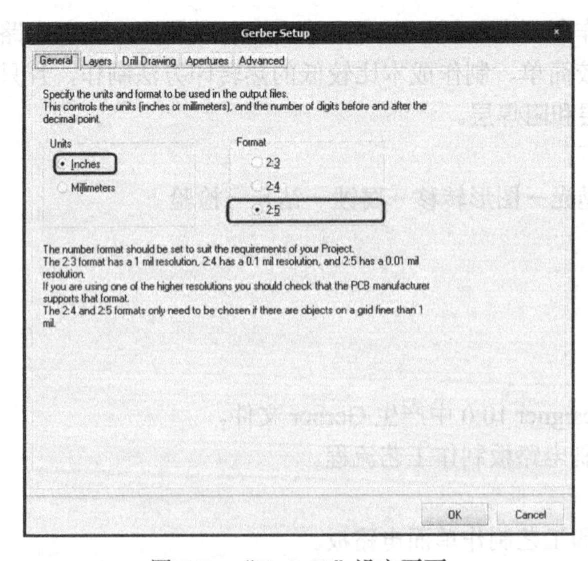

图 5-2　"General"设定页面

图 5-3　“Layers”设定页面

（3）单击“OK”按钮，将会输出 Gerber 文件（PCB 文件建立在 PCB 工程下面，将会自动保存到输出文件夹），如图 5-4 所示。

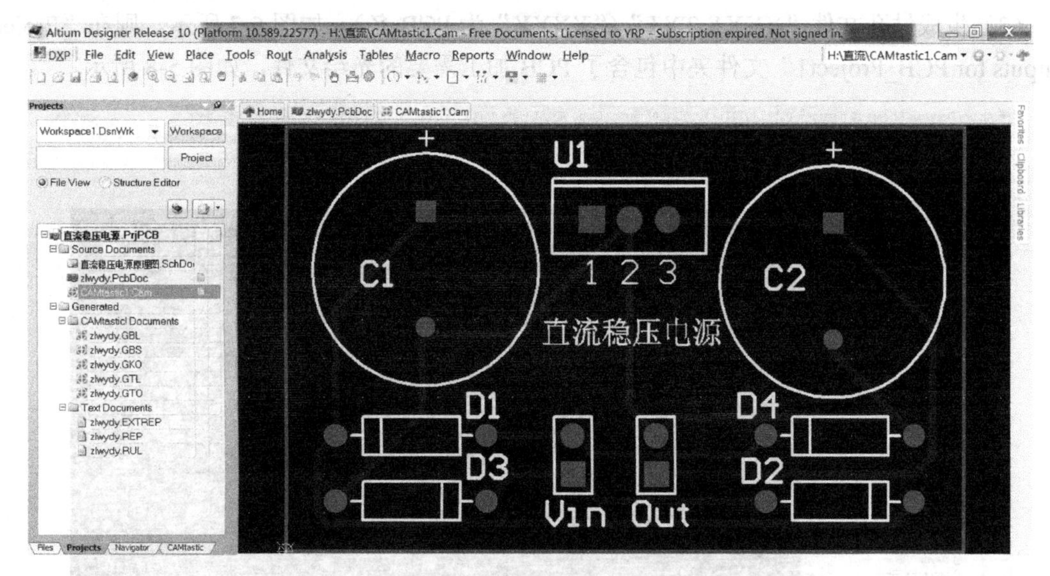

图 5-4　生成的 Gerber 文件

3. 钻孔文件导出

（1）执行命令“File→Fabrication Outputs→NC Drill Drawing”，出现如图 5-5 所示对话框，根据图示进行钻孔文件选项设置，设置完毕后单击“OK”。

（2）出现如图 5-6 所示对话框，确认圈中区域内的格式设置，单击“OK”。

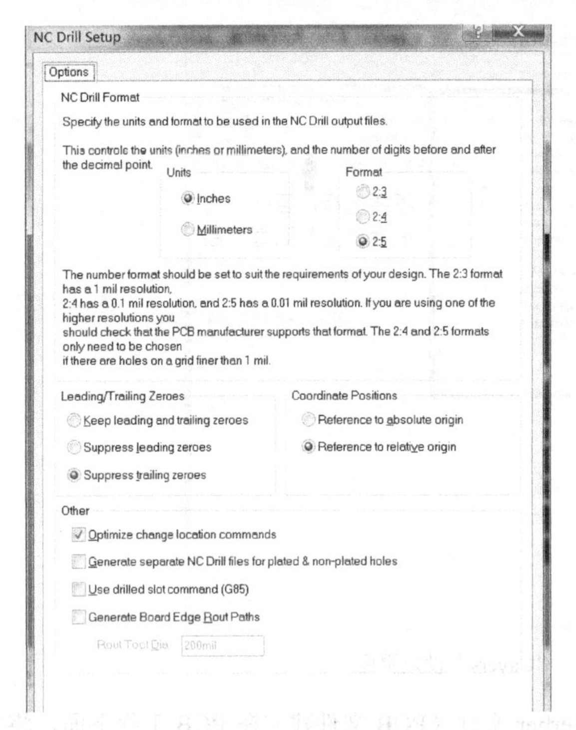

图 5-5　钻孔文件选项设置

图 5-6　格式设置

（3）生成钻孔文件“XXXX.TXT”（“XXXX”为 PCB 名），如图 5-7 所示。则在“Project Outputs for PCB_Project1”文件夹中包含了 PCB 加工需要的光绘文件，如图 5-8 所示。

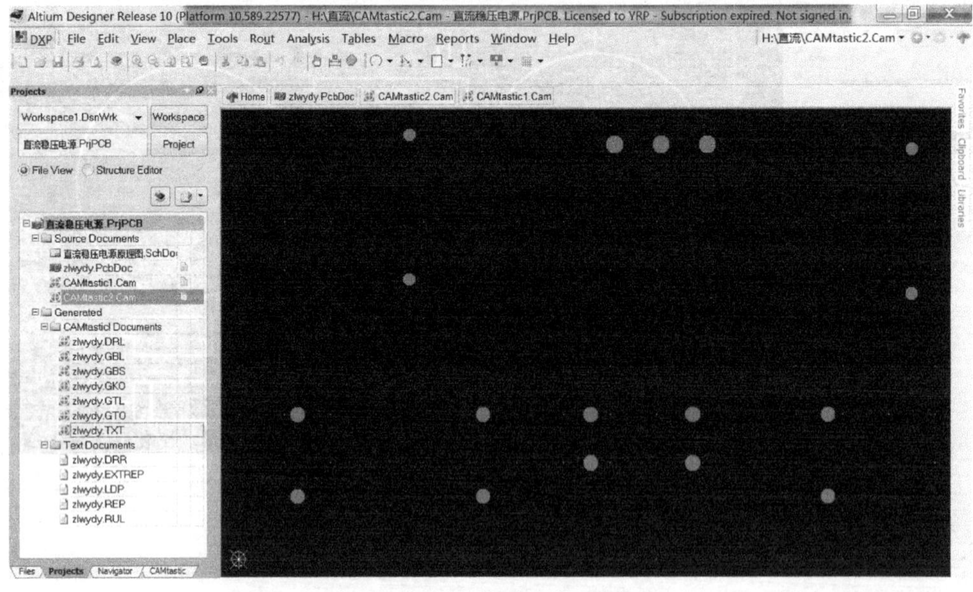

图 5-7　钻孔文件

图 5-8　光绘文件的输出

子任务 5.1.2　打印热转印纸

利用 CAM350 打印热转印纸，具体操作步骤如下。

（1）导入 Gerber 文件。执行“File→Import→Gerber Data”命令，出现如图 5-9 所示对话框。单击“1”出现要打开 Gerber 文件的对话框，找到并选中扩展名为 GTO,GTL,GBL,GBS,GKO 的文件，如图 5-10 所示，单击“Open”按钮，进入到如图 5-11 所示界面，单击“OK”即可。

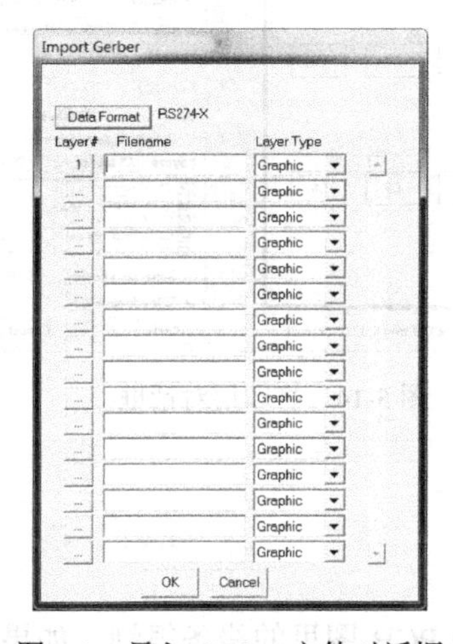

图 5-9　导入 Gerber 文件对话框

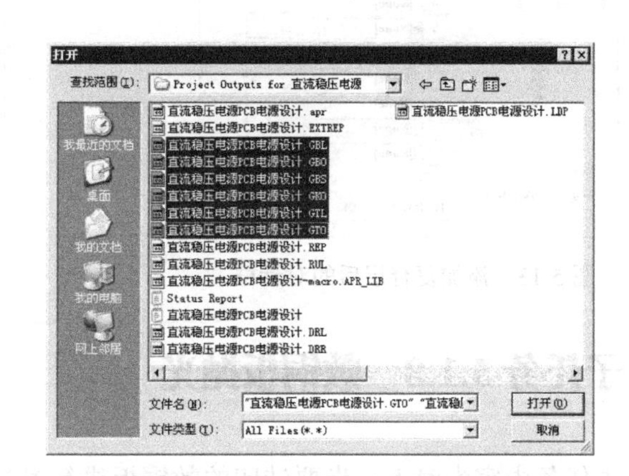

图 5-10　打开 Gerber 文件的对话框

（2）执行“Tables → Composites”命令，出现如图 5-12 所示的界面。

连续单击“Add”按钮，增加 6 个复合层，选择“C1”，然后再单击“1”添加 GKO，单击“2”添加 GBL，禁止布线层和底层组成复合层，如图 5-13 所示，按下快捷键“ALT+V”再按“C”展开就可以看到自己做的复合层的效果了。

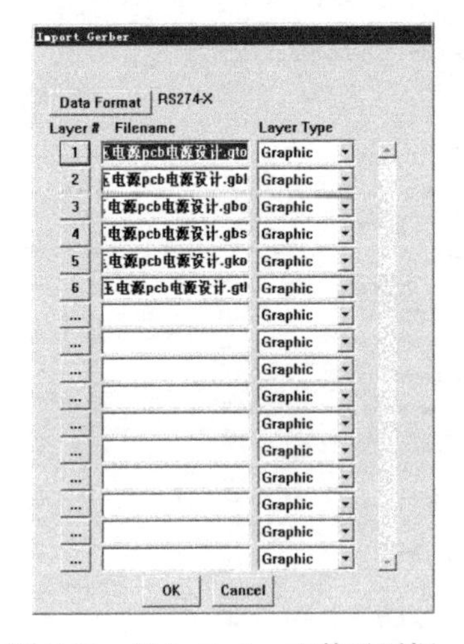

图 5-11　导入 Gerber 文件对话框

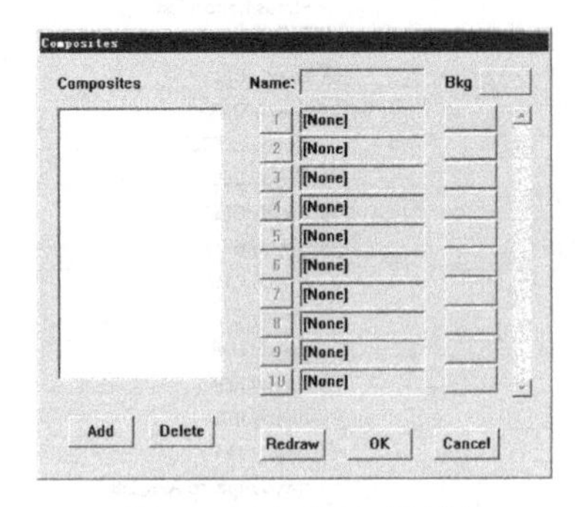

图 5-12　复合层对话框

注意：*复合层有 Dark（正性）与 Clear（负性）之分，一般添加的二层，第一层为 Dark，第二层为 Clear。*

（3）打印热转印纸。此任务主要打印底层的铜膜导线，上面六个复合层都可谓禁止布线层和底层的复合。

执行“File→Print…”命令，出现打印层对话框，如图 5-14 所示，双击选中“C1”到“C6”，并设置对应的参数，最后单击“PLOT！”即可打印。

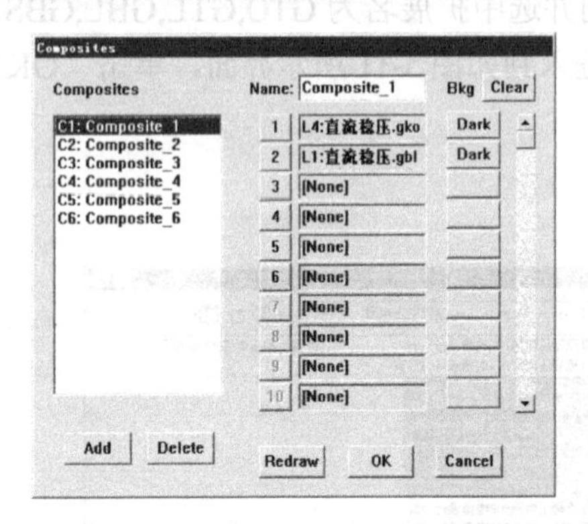

图 5-13　添加复合层后的对话框

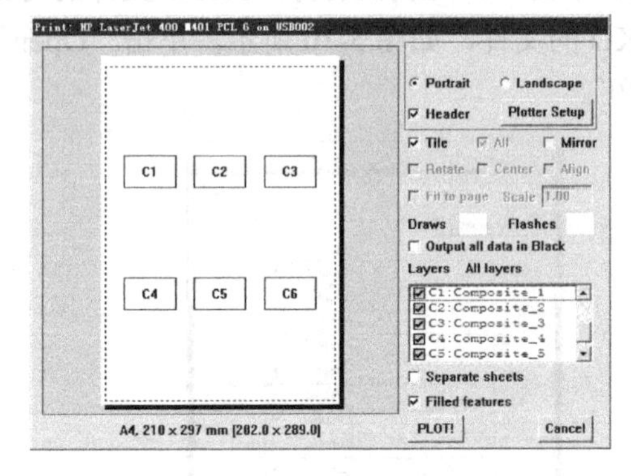

图 5-14　打印层对话框

子任务 5.1.3　敷铜板抛光

本任务内容为对下一步要转印的敷铜板进行抛光，因为 PCB 图里的线条很细，如果敷铜板上有杂物或油污会使图形转不上去或不牢固。

（1）准备工件（如 PCB）。

注意：*如果材料表面出现胶质材料、油墨、机油、严重氧化等，请先人工对材料进行预处理，以免损坏机器。*

（2）连接好抛光机电源线，并打开进水阀门。

（3）按下面板上“刷辊”、“市水”及“传动”按钮，抛光机开始运行。

（4）调节抛光机上侧压力调节旋钮。增大压力：旋钮往标识“紧”方向旋转；减小压力：旋钮往标识“松”方向旋转

（5）进料，将工件（如 PCB）平放在送料台上，轻轻用手推送到位，随后转动组件自动完成传送。

注意：多个工件加工时，相互之间应保留一定的间隙。

（6）完成抛光，抛光机后部有出料台，工件会自动弹出到出料台。

注意：出料后请及时取回工件。

子任务 5.1.4　线路图形热转移

Create-SHP 热转印机主要利用静电成像设备代替专用印制板制板照相设备，利用含树脂的静电墨粉代替光化学显影定影材料，通过静电印制电路制板机在敷铜板上生成电路板图的防蚀图层，经蚀刻（腐蚀）成印制电路板，操作步骤如下。

（1）激光打印机打印出图。

（2）使用剪刀将热转印纸裁到小于敷铜板大小。

（3）将剪好的图纸贴于抛光好的敷铜板中心位置，四周保留足够距离（一般为 1～2cm）。

（4）在图纸朝上一面用高温纸胶贴好固定。

（5）通过热转印机转印。转印温度为 175～180℃，重复转印次数为 2～3 次。

（6）转印完毕后，将表面的转印纸撕去就完成了图形转印过程。

子任务 5.1.5　蚀刻

1．装入腐蚀液

三个蚀刻槽应装入相应的腐蚀液，注意：在大批量小型工业制板时也可以同时将三个腐蚀槽装入同一种腐蚀液（$NH_3 \cdot H_2O$），本任务中三个蚀刻槽依次装氨水、三氯化铁溶液、盐酸和过氧化氢腐蚀液（由于该腐蚀液易挥发，使用时临时配制），最后一个槽装清水。

2．预热

对蚀刻机通电，按加热按钮对腐蚀液加热，温度指示灯闪动，表示温度还未达到适宜温度；预热直至温度指示灯长亮即可。

3．蚀刻

将待蚀刻的 PCB 挂好置于腐蚀液中，按动对流按钮，进行蚀刻，直至 PCB 蚀刻完全，从腐蚀槽里取出。

4．清洗

将蚀刻后的 PCB 放入水洗槽中清洗，将粘附在板上的腐蚀液清洗干净。

子任务 5.1.6　钻孔

（1）使用前先要检查钻头与工作台面上的钻头通孔圆心是否在一条垂直线上，若不在同一垂直线上应调节工作台面至适宜位置，以免钻头钻到工作台面上，损坏钻头。

（2）更换钻头。根据设计的要求选择合适的钻头，待电机停下来后，方可更换钻头。

（3）钻孔。接通电源，把 PCB 放在工作台面上，待钻孔的孔心到达钻头的垂直线上，左手压住 PCB，右手抓住压杆慢慢往下压，高精度钻床自带了软开关，在压杆下压的同时，电机开始转动，当钻头把 PCB 钻穿时，右手慢慢上抬，钻头缓缓抬起，直至钻头抬出高于 PCB，即完成了一次钻孔，用同样的方法将其他孔钻完。

任务 5.2　制作 LED 闪烁灯电路板

本任务是制作 LED 闪烁灯双面电路板。要求按照感光转印及图形电镀法制作双层印制电路板的制作流程，分别完成下料、钻孔、金属化过孔、印制电路制作、阻焊层制作和丝印层制作。

具体工艺流程：底片制作→裁板→钻孔→抛光→沉铜、镀铜→油墨印刷→烘干→曝光→显影→镀锡→脱膜→腐蚀→阻焊。

知识目标：

- 了解双面板制作的详细流程。
- 掌握直接感光法进行图形转印的工艺和方法。
- 掌握电路板阻焊层的制作工艺和制作方法。
- 掌握电路板丝印层的制作工艺和制作方法。

技能目标：

- 会用感光法进行图形转印。
- 会进行电路板阻焊层的制作。
- 会进行电路板丝印层的制作。

任务实施过程

子任务 5.2.1　线路图形底片制作

底片制作是图形转移的基础，根据底片输出方式可分为底片打印输出和光绘输出，采用激光打印机打印制作底片。此任务的执行过程可以参照任务 5.1 中详细讲解的过程。

子任务 5.2.2　裁板

（1）提起压杆，根据用户所需板材大小，计算最合适的裁剪方式。

（2）再将待裁的板材置于裁板机工作台面上，一条直边对齐裁板机底板上的刻度尺，另一边和底板上的刻度线重合。板材固定后放下压板压住板材，在剪板过程中，为避免板材的移动导致裁板倾斜，请先左手压住板材。

（3）右手握住压杆手柄，确定裁板位置，压下压杆即可裁板，这样用户所需板材就已裁剪完成。重复上述步骤，就可以完成多条边、多块板材的裁剪。

注意： *由于 Create-MCM2000 裁板机受力支点靠后，在确定好敷铜板尺寸并固定好定位尺后，将敷铜板往后移再裁剪可更省力。*

子任务 5.2.3　钻孔

Create-DCD3000 全自动数控钻床能根据 Altium Designer 10.0 生成的 PCB 文件的钻孔信息，快速、精确地完成定位、钻孔等任务。用户只须在计算机上完成 PCB 文件设计并将其通过 RS-232 串行通信口传送给数控钻床，数控钻床就能快速完成终点定位、分批钻孔等动作。

操作步骤： 放置并固定敷铜板→手动定位原点→软件自动定位终点→调节钻头高度→按序选择孔径规格→分批钻孔

基本钻孔流程： 导出原始文件→固定敷铜板→手动初步定位起始原点→软件微调→调节钻头高度→软件设置原点→按序选择孔径规格并上好相应钻头→钻孔

1．导出原始文件

数控钻程序支持 Protel PCB 2.8 ASCII File（*.PCB）和 NC Drill（Generates NC Drill File）两种格式的文件。

2．放置敷铜板

将待钻孔的敷铜板平放在数控钻床平台的有效钻孔区域内，并用单面纸胶带固定。

3．手动定制原点

用手拖动主轴电机和底板，将其移动到适当的位置（注意：用手动拖动主轴电机及底板之前务必将数控钻床总电源关闭），钻头垂直对准的点就是原点。打开电源调节 *Z* 轴高度，使得钻头尖和敷铜板高度在 1.5~2mm。按下控制软件的“设置原点”按钮，按下前调整主轴左移/主轴右移或底板前移/底板后移的偏移量来完成原点位置的调整。

4．分批钻孔

原点、终点设置完后，按顺序选择钻孔的孔径，接下来就开始分批钻孔。钻孔前，应先调整钻头的高度，使钻头尖距离待钻的敷铜板平面的垂直距离在 0.5mm 左右，然后，按下“钻孔”按钮，即开始第一批孔的钻孔。第一批孔钻完后，数控钻床主轴及底板操作平台即自动回到设置的原点位置，这时，须关闭主轴电机电源开关（注意：请勿关闭数控钻床总电源开关，否则须重新定位），待钻头停止旋转后，更换所选择待钻孔径相应的钻头，打开主轴电机电源开关，单击“钻孔”按钮，即可完成该批孔的钻孔工作，后续不同的孔径钻孔可依照此方法进行。接下来用抛光机对敷铜板进行抛光，具体操作见子任务 5.1.3。

子任务 5.2.4　沉铜、镀铜

钻好孔的敷铜板经过化学沉铜工艺后，其玻璃纤维基板的孔壁已附上薄薄的一层铜，具有较好的导电性，为化学镀铜提供了必要条件。由于粘附的铜厚度很薄，且结合力不强，因此需要采用化学镀铜的方法使孔壁铜层加厚、结合力加强。

1．通电

打开电源开关，系统自检测试通过后进入等待启动工作状态，预浸指示灯快速闪动，预浸液开始加热，当加热到适宜温度时，预浸指示灯长亮，同时蜂鸣器发出“嘀、嘀”两声，表示预浸工序已准备好。

2．整孔

将钻好孔的双面敷铜板进行表面处理，用抛光机或纱布将敷铜板表面氧化层打磨干净，观察孔内壁是否有孔塞现象，若有孔塞，则用细针疏通，因为孔塞会导致沉铜和镀铜的过程中堵孔，影响金属过孔的效果。

3．预浸

将整好孔的双面板用细不锈钢丝穿好，放入预浸液中，按下预浸按钮，开始预浸工序，预浸指示灯呈现亮和灭的周期性变化，当工序完毕时，蜂鸣器将长鸣，表示预浸工序完毕，此时按一下预浸按钮，蜂鸣器将停止报警，并等待再次启动工作；然后将 PCB 从预浸液中取出，敲动几下，将孔内的积水除净。

4．活化

将预浸过的 PCB 放入活化液中，按活化按钮，开始活化工序，当活化完毕后，将 PCB 轻

轻抖动1分钟左右取出，一两分钟后将板在容器边上敲动，使多余的活化液溢出，防止孔塞。

5. 热固化

将活化过的PCB置于烘干箱（温度为100℃）内热固化5分钟。

6. 微蚀

将热固化后的PCB放入微蚀液中，按动微蚀按钮，开始微蚀工序，微蚀完毕后，将PCB从微蚀液中取出，用清水冲去表面多余的微蚀液。

7. 加速

将微蚀后的PCB放入加速液中摆动几下，取出。

8. 镀铜

将加速后的PCB用夹具夹好，挂在电镀负极上，转动电流调节旋钮，电流大小须根据PCB面积大小确定（以1.5A/dm^2计算），电镀半小时左右取出，可观察到孔内壁均匀地镀上了一层光亮、致密的铜。

9. 清洗

将从镀铜液里取出来的PCB用清水冲洗，将板上的镀铜液冲洗干净。

子任务5.2.5 油墨印刷

为制作高精度的电路板，热转移方法及传统烘烤型油墨和干膜法已不适应精密的制程，为此也常采用专用液态感光电路油墨（具有强抗电镀性）来制作高精度的电路板。

操作步骤：表面清洁→固定丝网框→粘边角垫板→放料→调节丝网框的高度→刮油墨

表面清洁：

（1）将丝印台有机玻璃台面上的污点用酒精清洗干净。

（2）固定丝网框：将画好图形的丝网框固定在丝印台上，用固定旋钮拧紧。

（3）粘边角垫板：在丝印机底板粘上边角垫板（主要用于刮双面板），刮完一面再刮另一面时，防止刮好油墨的PCB与工作台摩擦使油墨损坏。

（4）放料：把需要刮油墨的敷铜板放上去。

（5）调节丝网框的高度：调节丝网框的高度主要是为了在刮油墨时不让网与板粘在一起，用手按网框，感觉有点向上的弹性即可，这样即可使网与板之间有反弹力，使网与板便于分离。

（6）刮油墨：在丝网上涂上一层油墨，一手拿刮刀，一手压紧丝网框，刮刀以45°倾角顺势刮过来；揭起丝网框，即实现了一次油墨印刷。

（7）刮完一面反过来刮另一面即可。

注意：在刮油墨时，力度一定要一致，速度要均匀，刷过油墨的丝网框要马上用洗网水清洗。

子任务5.2.6 烘干

刮好感光油墨的电路板需要烘干，放好电路板后，根据感光油墨特性，烘干机温度设置为75℃，时间为15分钟左右。

注意： 刮好的感光油墨的电路板要斜靠在烘干机内。板件烘干后放置时间不应超过12小时，否则对后续曝光有影响。

子任务5.2.7 曝光

将曝光机的定位光源打开，通过定位孔将底片与曝光板一面（底片以有图形面朝下，背图形面朝上的方法放置）用透明胶固定好，同时确保板面其他孔与底片的重合。然后按相同方法固定另一面底片。将板件放在干净的曝光机玻璃面上，盖上曝光机盖并扣紧，关闭进气阀，设置曝光机的真空时间为10秒，曝光时间为60秒。开启电源并按“启动”键，真空抽气机抽真空，10秒后曝光开始，待曝光灯熄灭，打开排气阀，松开上盖扣紧锁，取出板件然后继续曝光另一面。

注意： 曝光机不能连续曝光，中间间隔3分钟。

子任务5.2.8 显影

显影是将没有曝光的湿膜层部分除去，得到所需电路图形的过程。要严格控制显影液的浓度和温度，显影液浓度太高或太低都易造成显影不净。显影时间过长或显影温度过高，会使湿膜表面劣化，在电镀或碱性蚀刻时出现严重的渗镀或侧蚀。

加热指示灯：加热状态显示为红色，恒温状态显示为绿色。

加热开关：按下开关，加热管对液体进行加热。当液体温度达到40℃左右，进入恒温状态。加热管停止加热，加热指示灯亮绿灯。

对流开关：按下开关，气泵工作，对流指示灯亮。

注意： 为了延长显影液与气泵的寿命，在不进行显影工作时，请及时关闭对流。

子任务5.2.9 镀锡

化学电镀锡主要是在电路板部分镀上一层锡，用来保护电路部分不被蚀刻液腐蚀，同时增强电路板的可焊接性。镀锡与镀铜原理一样，只不过镀铜是整板镀，而镀锡只镀电路部分。

注意： 如果镀不上锡，应检查夹具与线路板是否接触不良或是线路部分是否有油。

解决方法：（1）用刀片在电路板边框外刮掉油墨，再用夹具夹上即可。

（2）如果以上方法还是不可以解决问题，需要把线路板放入碱性液里泡30秒，然后再去镀锡。

子任务 5.2.10　脱膜

因经过镀锡后留下的油墨要全部去掉才能显示出铜层，而这些铜层都是非线路部分，需要蚀刻掉。所以，蚀刻前需要把电路板上所有的油墨清洗掉，显影出非线路铜层（用 30～40℃的热水加油墨去膜粉调和，脱膜后用水洗干净）。

子任务 5.2.11　腐蚀

1．腐蚀液种类

1）$FeCl_3$溶液

腐蚀速度和溶液的温度、浓度有关，温度越高，腐蚀速度越快；浓度越浓，腐蚀速度越快；腐蚀速度慢，则易于控制，适合于普通单/双面板的腐蚀。通常配比为 10L 自来水中加入 1000g 三氯化铁（注意：不适用于小型工业制板）。

2）$HCl+H_2O_2$ 溶液

腐蚀速度快，反应速度不受温度影响，盐酸和过氧化氢配比浓度为 2∶1；由于反应速度极快，所以不易于控制，适于普通快速制板腐蚀用（注意：不适用于小型工业制板）。

3）$NH_3 \cdot H_2O$ 溶液

腐蚀速度和溶液的温度、浓度有关，温度越高，腐蚀速度越快；氨水浓度越浓，腐蚀速度越快；适合小型工业制板和普通制板。

2．操作步骤

① 装入腐蚀液。
② 预热。
③ 腐蚀。
④ 清洗。

子任务 5.2.12　阻焊油墨

阻焊油墨适用于双面板及多层板。硬化后具有优良的绝缘性、耐热性及耐化性，可耐热风整平。阻焊油墨印刷与电路油墨印刷的方法完全一样。

刮完阻焊油墨之后需要烘干，烘干温度为 75℃，时间为 20 分钟。实际操作中，可根据阻焊油墨厚度的不同，设定合适的烘干参数。

阻焊曝光：方法与线路感光油墨曝光一样，只是时间有所不同。真空时间为 15 秒，曝光时间为 120 秒。

阻焊显影：阻焊显影是将要焊接的部分全部显影出金属，方便焊接。与线路显影方法完全一样。

阻焊固化（烘干）：为保证电路板在高温下的可焊接性，再一次固化电路板，有两种固化方法：常温固化和烘干箱固化。固化时间根据不同的油墨而有差异，由于常温固化时间太长，一般使用烘干固化，油墨固化时间为 30 分钟，温度为 120℃左右。

相关知识

PCB 项目设计结束后的下一步工作就是制作印制电路板（PCB）。制作 PCB 的方法有多种。就生产工艺来说有两大类：PCB 物理制板工艺和 PCB 化学制板工艺。

PCB 物理制板工艺：指利用雕刻、铣刻的方法，把一张空白线路板上多余的不必要敷铜部分铣去，只留下需要保留的线路和焊盘。

PCB 化学制板工艺：指利用化学方法（如感光、蚀刻等），把一张空白线路板上多余的不必要敷铜部分除去，只留下需要保留的电路和焊盘。

一、PCB 物理制板工艺流程

物理制板方法采用计算机加载 PCB 文件直接驱动雕刻机三维轴的运动来达到钻铣的目的，因此，相对化学制板法来说，流程比较简单，制作单面板等比较方便。但由于采用机械雕刻的方法，也注定了该制板法具有制作精度低、速度慢、工艺不完整等缺点。雕刻机一般操作流程如下。

（1）Gerber 数据导出：

① 产生 Gerber 文件，执行命令“File→Fabrication Outputs→Gerber Files”。

② 导出 Gerber 数据，执行命令“File→Export→Gerber”。

③ 导出初始钻孔数据，执行命令“File→Fabrication Outputs→NC Drill Files”。

（2）通过数据线将手柄和计算机连接起来，接通电源，进行机器操作。

（3）首先进行复位自检运行，各轴回到零点，然后各自运行到初始待命位置（机器初始原点）。

（4）使用手持控制器，分别对各轴进行调整，对准雕刻工作的开始点（加工原点）。对主轴的转速、进刀速度分别进行适当的选择，使雕刻机处于工作等待状态。

（5）打开 Gerber 文件，导入到雕刻机，即可自动完成文件的雕刻工作。

（6）结束。当雕刻文件结束后，雕刻机会自动抬刀，并运行到工作开始点的上方。

二、PCB 化学制板工艺流程

1. 热转印制板工艺流程

简单、易行、快速的 PCB 制作方法是热转印制板法，也是最常见的制板方法，比较适合单面板制作。具体制作流程如下。

（1）裁板。按照实际设计尺寸用裁板机剪敷铜板，去除四周毛刺。

（2）打印底片。将设计好的印制电路板布线图通过激光打印机打印到热转印纸上，该步骤有两点需要注意：第一是布线图打印不需要镜像；第二是布线图必须打印在热转印纸的光面。

（3）图形转印。将流程（2）生成的热转印纸转印到敷铜板上。操作方法：首先将敷铜板用细沙纸打磨，打磨的作用是去除板表面的氧化物、脏污痕迹等；将打印好的热转印纸盖在板上，用纸胶将热转印纸贴紧在板上，待机器的温度正常后，送入热转印机转印两次，使熔化的墨粉完全吸附在敷铜板上。待敷铜板冷却后，揭去热转印纸。

（4）修板。检查流程（3）的敷铜板热转印效果，是否存在断线或沙眼。若是，用油性笔进行描修。若无，则跳过此步，进入流程（5）。

（5）蚀刻。蚀刻液一般使用环保型的腐蚀溶液，将描修好的印制电路板完全浸没到溶液中，蚀刻印制图形。

（6）水洗。把蚀刻后的印制板立即放在流水中清洗，清除板上残留的溶液。

（7）钻孔。对 PCB 上的焊盘孔、安装孔、定位孔进行机械加工，采用高精度微型台钻打孔。钻孔时注意钻床转速应取高速，进刀不宜过快，加工全程不能移动 PCB，以免钻头断掉挤出毛刺。

（8）涂助焊剂。先用碎布蘸去污粉后反复在板面上擦拭，去掉铜箔氧化膜，露出铜的光亮本色；冲洗晾干后，应立即涂助焊剂（可用已配好的松香酒精溶液），助焊剂有保护焊盘不被氧化和助焊作用。

2. 小型工业制板工艺流程

（1）制片。光绘工艺可将绘制好的电路图通过 CAD/CAM 系统制作成为图形转移的底片。

（2）裁板。板材准备又称下料，在 PCB 板制作业前，应根据设计好的 PCB 图大小来确定所需 PCB 板基的尺寸规格，可根据具体需要进行裁板。

（3）钻孔。钻孔通常有手工钻孔和数控自动钻孔两种方法。数控钻床能根据 Altium Designer 10.0 生成的 PCB 文件自动识别钻孔数据，并快速、精确地完成定位、钻孔等任务。

（4）板材抛光。去除敷铜板金属表面氧化物保护膜及油污，进行表面抛光处理。

（5）金属过孔。金属过孔是双面板和多层板的孔与孔间、孔与导线间通过孔壁金属化建立的最可靠电路连接，通过将铜沉积在贯通两面、多面导线或焊盘的孔壁上，使原来非金属的孔壁金属化。具体操作要经过预浸、活化、微蚀和电镀等流程。

（6）线路感光层制作。线路感光层制作是将底片的电路图像转移到 PCB 上，具体方法有干膜工艺和湿膜工艺两种。

（7）图形曝光。图形曝光是通过光化学反应，将工艺（6）生成的线路光感层制作底片上的图形精确地印制到感光板上，从而实现图像的再次转移。

（8）图形显影。显影是将 PCB 进行图形转移的感光层中未曝光部分的活性物质与稀碱溶液反应生成亲水性物质（可溶性物质）而溶解下来，而曝光部分经由光聚合反应不被溶解，成为抗蚀层保护线路。

（9）图形电镀。在电路板部分镀上一层锡，用来保护线路部分（包括器件孔和过孔）不被蚀刻液腐蚀，镀锡前将电路板进行微蚀，进一步去除残留的显影液，再用清水冲洗干净。

（10）图形蚀刻。蚀刻是以化学方法将电路板上不需要的那部分铜箔除去，使之形成所需要的电路图。

（11）阻焊、字符感光层制作。阻焊、字符感光层制作是将底片上的阻焊字符图像转移到腐蚀好的电路板上，它的主要作用有：防止在焊接时造成线路短路（如锡渣掉在线与线之间或焊接不小心等）。

（12）焊盘处理（OSP 工艺）。OSP（助焊防氧化处理）工艺是在焊盘上形成一层均匀、透明的有机膜，该涂层具有优良的耐热性，在高温条件下，可以耐多次 SMT。它可作为热风整平和其他金属化表面处理的替代工艺，用于许多表面贴装技术。

（13）飞针检测。飞针检测通过计算机编制程序支配步进电机、同步带等系列，从而驱动独立控制探针接触到测试焊盘（PAD）和通孔。通过多路传输系统连接到驱动器（信号发生器、电源供应等）和传感器（数字万用表、频率计数器等）来测试 PCB 的导通和绝缘性能。

（14）分板与包装。分板是通过分板机完成不规则 PCB 的切割（直线、圆、圆弧）。采用包装机完成 PCB 出厂前的打包。

项目评价

项目评价单	项目名称		项目承接人	编号
	印制电路板制作工艺			
项目评价内容	标准分值	自我评价（20%）	小组评价（30%）	教师评价（50%）
一、项目分析评价（10 分）				
（1）是否正确分析问题、确定问题和解决问题	3			
（2）查找任务相关知识、确定方案编写计划	5			
（3）是否考虑了安全措施	2			
二、项目实施评价（60 分）				
（1）Gerber 文件能够正确导出，钻孔数据文件能够正确导入 CAM 软件	2			
（2）钻孔定位准确，孔径符合要求	1			
（3）通孔孔壁镀层平滑均匀，无粗糙点、结瘤、飞边，孔周围无残铜	2			
（4）上下两层印制电路对位准确、制作良好，导线边缘清晰，无缺口、粗糙点、针孔等缺陷	10			
（5）阻焊层与印制电路板对位准确，无错位、移位	10			
（6）阻焊层无起皱、断裂、分层和脱落	5			
（7）丝印层与印制电路对位准确，无错位、移位，拉脱测试合格	20			
（8）字符完整、清晰，字符中空区未被填充	5			
（9）加工设备操作要规范	5			
三、项目操作规范评价（10 分）				
（1）衣冠整洁、大方，遵守纪律，座位保持整洁干净	2			
（2）学习认真细致、一丝不苟	3			
（3）小组能密切协调与合作	3			
（4）严格遵守操作规范，符合安全文明操作要求	2			

续表

项目评价单	项目名称		项目承接人	编号
	印制电路板制作工艺			
项目评价内容	标准分值	自我评价（20%）	小组评价（30%）	教师评价（50%）
四、项目效果评价（20 分）				
（1）学习态度、出勤率	10			
（2）项目实施是否独立完成	4			
（3）是否按要求按时完成项目	4			
（4）是否能如实填写项目单	2			
总分（满分 100 分）				
项目综合评价：				

项目 6　单片机最小系统层次原理图与 PCB 四层板设计

项目导入

本项目使用 Philips 公司的单片机 P89C51RC2HFBD 来构成单片机最小应用系统。如图 6-1 所示，该系统包括时钟电路、复位电路，扩展了片外数据存储器和地址锁存器。

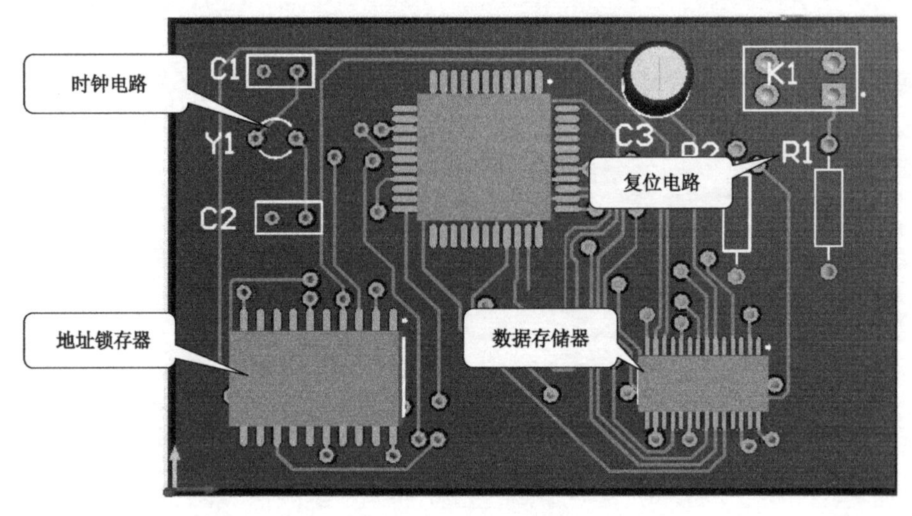

图 6-1　3D 显示图

本项目中的原理图采用层次法绘制，PCB 制作成四层板。层次型电路是将一个庞大的电路原理图分成若干个子电路，通过总图（顶层电路）连接各个子电路，这样可以使电路图变得简单，可以将电路板制成双面板或多层板。设计流程主要包括创建项目文件、绘制总图、绘制子图、生成网络表、自动创建 PCB 文件、添加网络表、自动布局/手工布局和自动布线等操作。

任务 6.1　绘制单片机最小系统电路原理图

任务描述

本任务要求新建 PCB 项目文件“单片机最小系统.PrjPcb”、主图文件“单片机最小系统.SchDoc”和子原理图文件“单片机芯片.SchDoc”、“地址锁存芯片.SchDoc”、“存储器芯片.SchDoc”。

对绘制原理图的具体要求：图纸大小设成 A4；图纸横向放置；图纸底色设为编号 233（白色）；标题栏设为 ANSI；网络形式设为线状。绘制好原理图后生成原理图元器件清单和网络表文件。

根据表 6-1 绘制主图（图 6-2）和子原理图（图 6-3、图 6-4 和图 6-5）。

表 6-1　原理图元器件清单

元器件序号	元器件名称	PCB 封装名称	元器件符号库
U1	P89C51RC2HFBD	MQFP44_N	Philips Microcontroller 8-Bit.IntLib
U2	SN74LS373N	DW020_L	TI Logic Latch.IntLib
U3	MCM6264P	TSSOP28_N	Motorola Memory Static RAM.IntLib
R1、R2	RES2	AXIAL-0.4	Miscellaneous Devices.IntLib
C1、C2	CAP	RAD-0.1	Miscellaneous Devices.IntLib
C3	Cap Pol2	RB.1/.2	Miscellaneous Devices.IntLib
Y1	XTAL	R38	Miscellaneous Devices.IntLib
S1	SW-PB	DPST-4	Miscellaneous Devices.IntLib

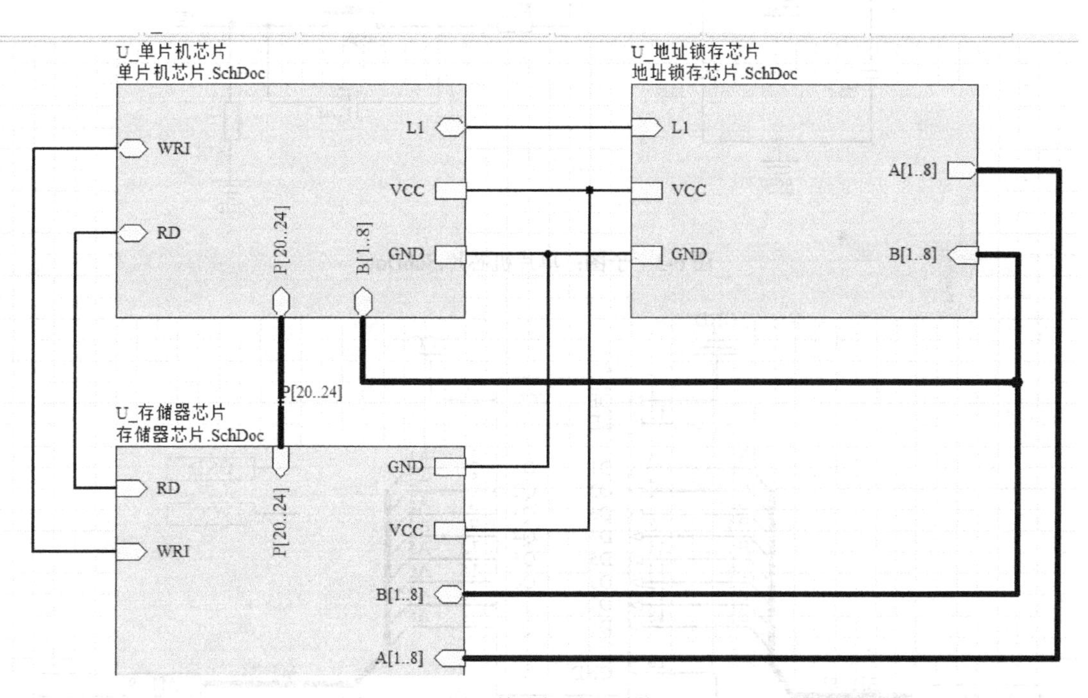

图 6-2　主图：单片机最小系统.SchDoc

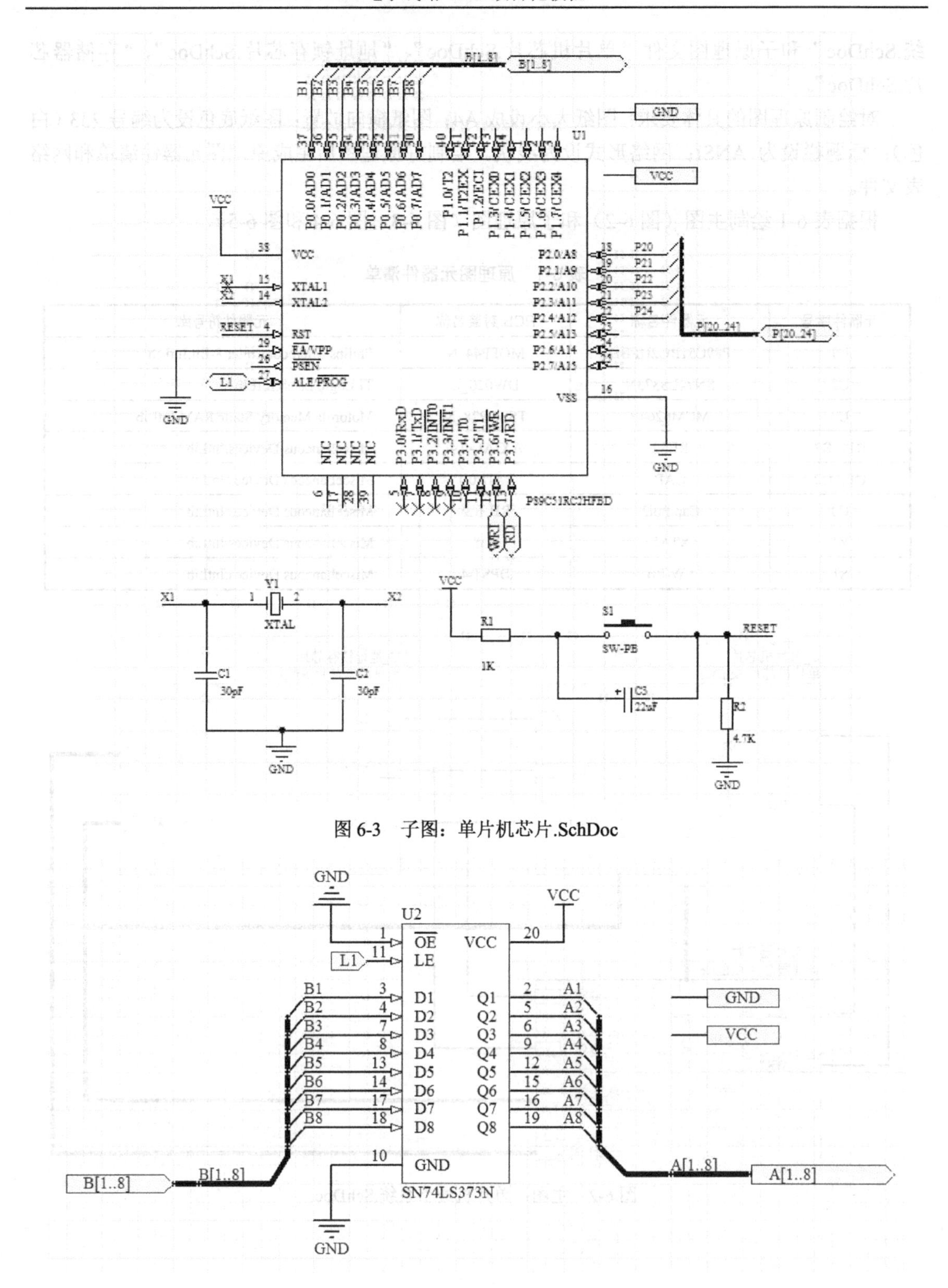

图 6-3 子图：单片机芯片.SchDoc

图 6-4 子图：地址锁存芯片.SchDoc

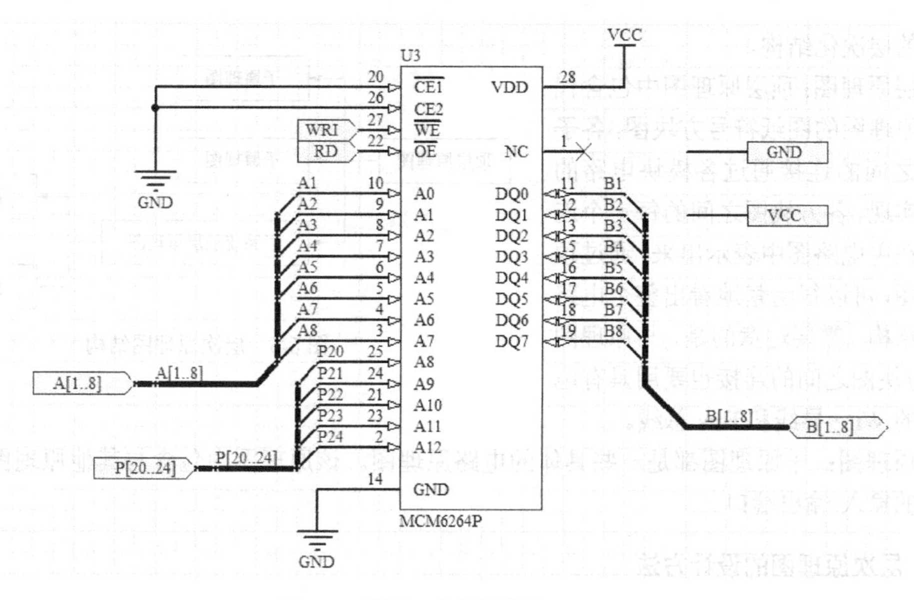

图 6-5　子图：存储器芯片.SchDoc

知识目标：

➢ 理解单片机最小系统电路原理。

➢ 熟悉 Altium Designer 层次原理图中相关图元的属性，以及层次原理图的设计思路。

➢ 了解层次原理图的设计方法。

技能目标：

➢ 分别采用自上而下和自下而上的方法设计层次原理图，掌握元器件报表的操作方法。

任务实施过程

子任务 6.1.1　层次原理图的基本结构

对于比较复杂的电路图，一张图纸无法完成设计，需要多张原理图。Altium Designer 10.0 提供了将复杂电路图分解为多张电路图的设计方法，这就是层次原理图设计。针对每一个具体的电路模块，可以分别绘制相应的电路原理图，这些原理图称为子原理图，而各个电路模块之间的连接关系则采用一个顶层原理图来表示。顶层原理图主要由若干个原理图符号即图纸符号组成，用来表示各个电路模块之间的系统连接关系，描述了整体电路的功能结构。这样，把整个系统电路分解成顶层原理图和若干个子原理图进行设计。

1. 层次原理图的构成

一个两层结构原理图的基本结构如图 6-6 所示，由顶层原理图和子原理图共同组成，这就

是所谓的层次化结构。

顶层原理图： 顶层原理图中包含代表各子原理图的图纸符号方块图，各子原理图之间的连接通过各模块电路的端口来实现。各方块图之间的每一个连接都要在主电路图中表示出来，通过顶层原理图，可以很清楚地看出整个电路系统的结构。需要注意的是，与原理图相同，方块图之间的连接也要用具有电气性能的 Wire 导线和 Bus 总线。

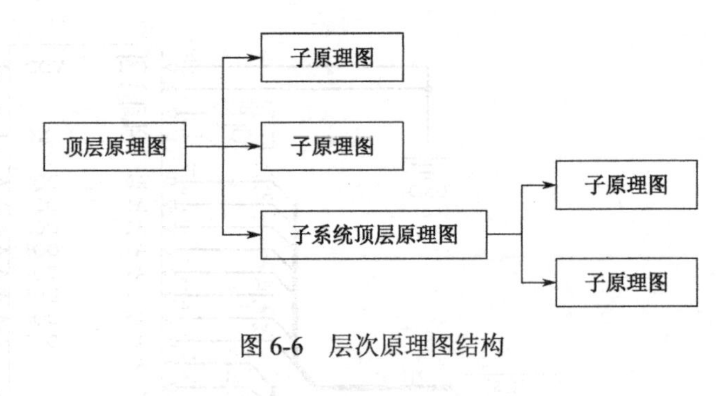

图 6-6　层次原理图结构

子原理图： 子原理图都是一些具体的电路原理图。该原理图中包含与其他原理图建立电气连接的输入/输出端口。

2. 层次原理图的设计方法

层次原理图的设计主要有两种方法，一种是自上而下，另一种是自下而上。

（1）自上而下：由方块电路生成电路原理图，在绘制原理图之前必须对电路的模块划分清楚。在设计时首先要设计出包含各电路方块电路的顶层原理图，然后再由顶层原理图中的各个方块电路图创建与之对应的子原理图，设计流程如图 6-7 所示。

（2）自下而上：自下而上设计方法中，首先设计出下层基本模块的子原理图，子原理图设计和普通原理图设计方法相同，然后在顶层原理图中放置由这些子原理图生成的方块电路，层层向上组织，最后生成最顶层原理图。这是一种被广泛采用的层次原理图设计方法，设计流程如图 6-8 所示。

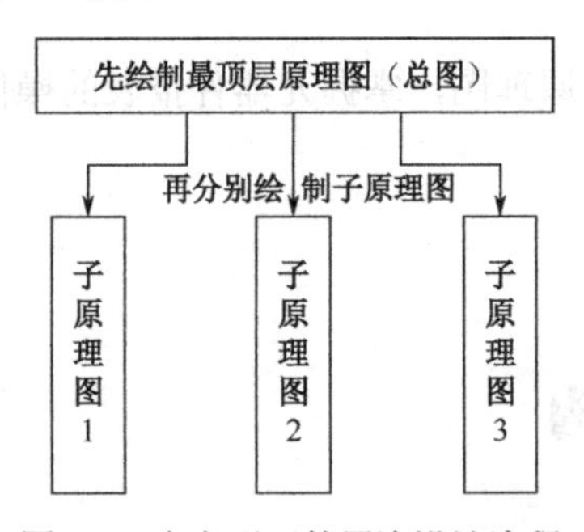

图 6-7　自上而下的层次设计流程

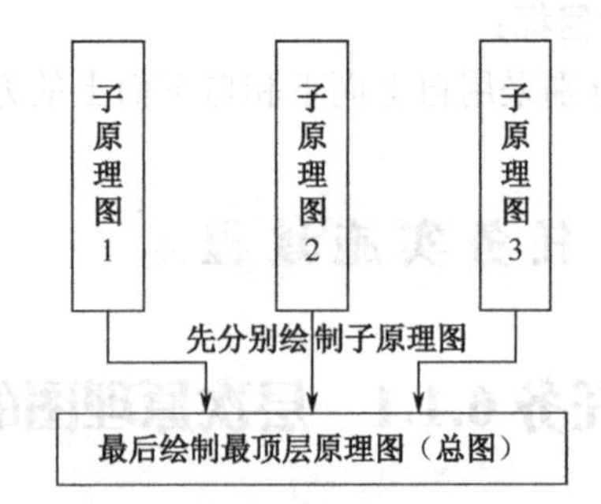

图 6-8　自下而上的层次设计流程

子任务 6.1.2　绘制单片机最小系统层次原理图

一、自上而下设计层次原理图

1. 建立项目文件

在进行本电路的设计前，首先需要建立其工作环境。

（1）启动 Altium Designer 10.0。

（2）在主界面的菜单栏中，选择“File→New→Project→PCB Project”建立一个工程文件。

（3）选择“File→Save As”命令将新建的工程文件保存于项目 6 文件夹下，并命名为“单片机最小系统.PrjPcb”。在“Project”面板中，项目文件名变为“单片机最小系统.PrjPcb”。该项目中没有任何内容，可以根据设计的需要添加各种设计文档。

2. 画顶层原理图、放置方块图（Sheet Symbol）符号

1）新建文件

选择“File→New→Schematic”命令，在该项目文件中新建一个电路原理图文件，系统默认文件名为“sheet1.SchDoc”，选择“File→Save As”命令，将文件保存于项目 6 文件夹中，并命名为“单片机最小系统.SchDoc”。

2）放置方框图

在“单片机最小系统.SchDoc”工作区单击“Wiring”连线工具栏中的图纸符号按钮，在主菜单中选择“Place→Sheet Symbol”命令。此时光标变为十字形状，并带着图纸符号（方块电路）出现在工作窗口。

按“Tab”键或对于已经放置好的方块图双击，弹出“Sheet Symbol”属性对话框，如图 6-9 所示，在该对话框中进行属性设置。

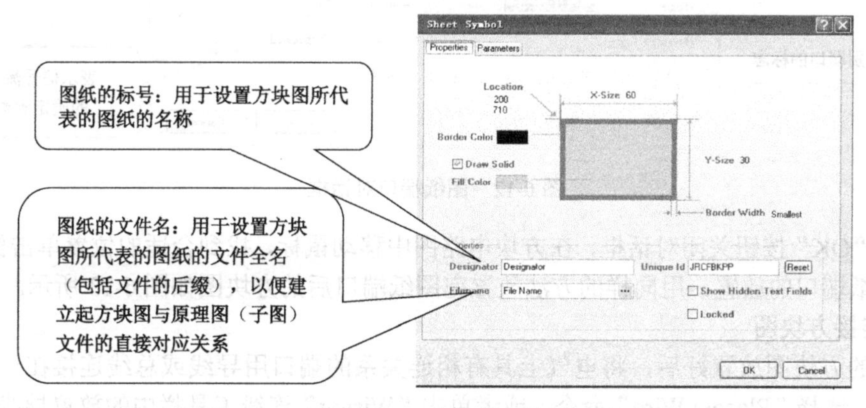

图 6-9　“Sheet Symbol”（图纸符号）对话框

单击图 6-9 中“OK”按钮关闭对话框。在工作窗口中移动鼠标，确定方块电路图的大小，将鼠标移动到适当位置，单击左键确定方块图的左上角顶点位置，然后移动鼠标到合适位置，单击左键确定右下角顶点，即可完成该方块电路图的绘制，如图 6-10 所示。

完成一个方块电路图后鼠标仍然处于放置方块电路的命令状态下，可以继续绘制其他方块电路图。

3）在方块图内放置出入端口

单击工具栏中的添加方块图输入/输出端口工具按钮，或者在主菜单中选择“Place（放置）→Add Sheet Entry”命令，此时光标变为十字形状。在需要放置图纸端口的方块图上单击鼠标，光标就带着方块电路的图纸端口符号出现在方块电路图中，如图 6-11 所示。

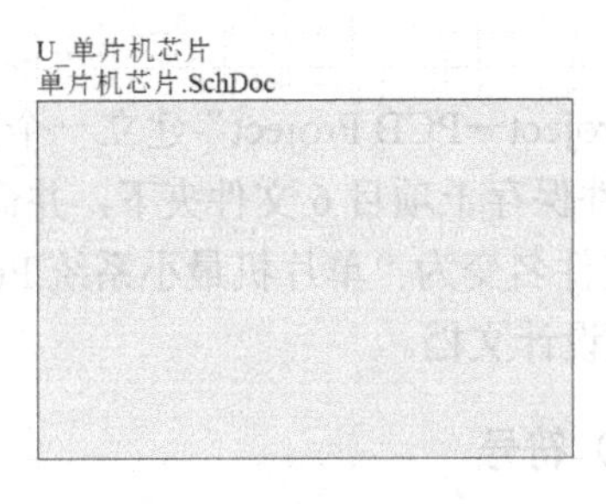

图 6-10　方块电路图

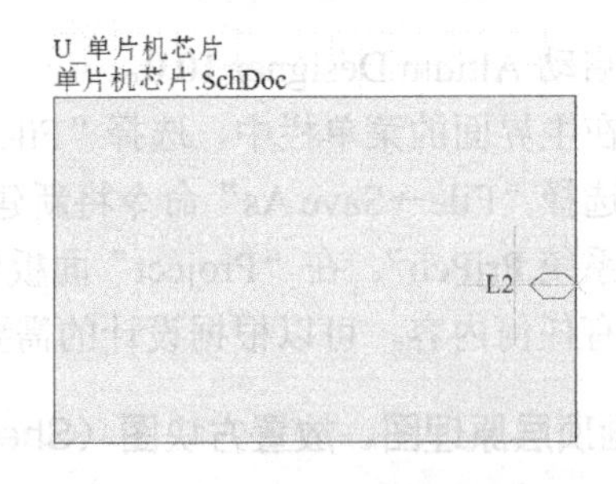

图 6-11　放置方块电路的出入端口

在端口放置的过程中按“Tab”键或者放置好后再双击端口，弹出图纸出入端口对话框，如图 6-12 所示。

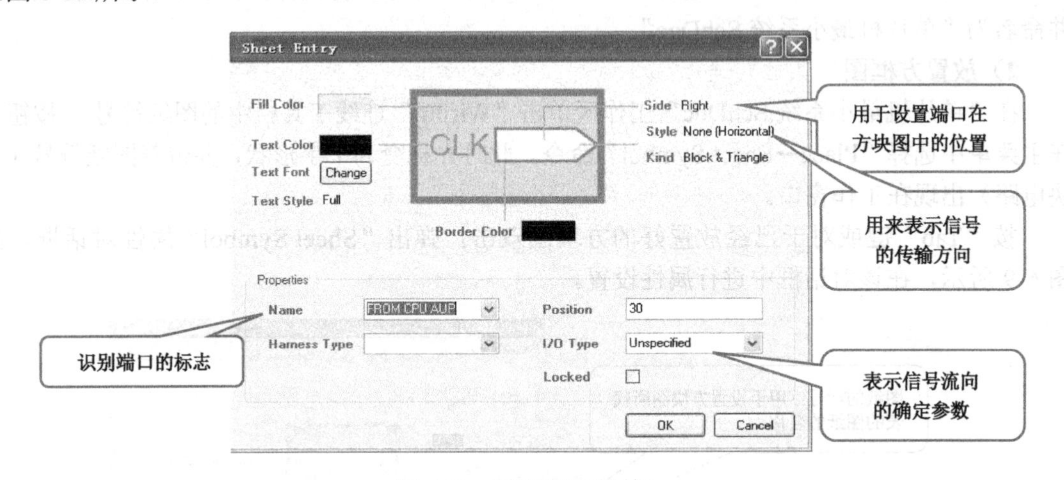

图 6-12　图纸端口对话框

单击“OK”按钮关闭对话框，在方块电路图中移动鼠标，找到合适的位置单击鼠标左键，完成该图纸端口的放置，用同样的方法放置完图纸端口后的方块图如图 6-13 所示。

4）连接方块图

所有的方块图放置好后，将电气上具有相连关系的端口用导线或总线连接在一起，具体操作如下：选择“Place→Wire”命令，或者单击“Wiring”连线工具栏中的放置导线按钮，将图纸端口名称相同的用导线连接起来，需要放置总线的，选择“Place→Bus”命令用总线连接起来，完成连线后的层次原理图顶层电路图如图 6-2 所示。

3. 由方块图生成并编辑子原理图

在自上而下设计层次原理图时，首先建立方块电路，再制作该方块电路相对应的原理图文件。而制作原理图时，其 I/O 端口符号必须和方块电路的 I/O 端口符号相对应。Altium Designer 10.0 提供了一条捷径，即由方块电路端口符号直接产生原理图的端口符号。

（1）在顶层电路图工作界面中，单击菜单栏中的“Design→Create Sheet From SheetSymbol”（根据符号创建图纸）命令。

（2）执行命令后，光标将变为十字形状，移动光标到方块电路上，如图 6-14 所示。

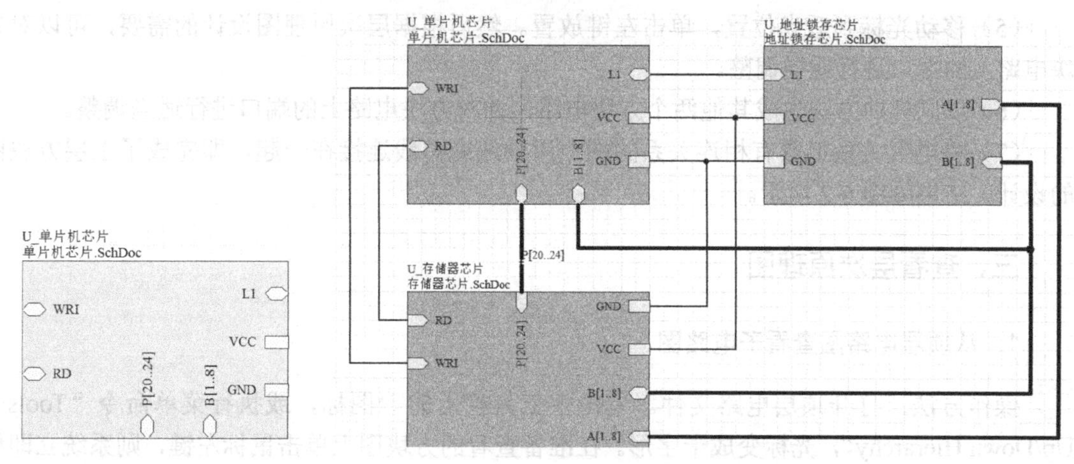

图 6-13　放置完图纸端口的方块图　　　　图 6-14　移动光标至方块电路

（3）单击鼠标左键，则 Altium Designer 自动生成文件名为“单片机芯片.SchDoc”的原理图文件，且原理图中已经布置好了与图纸符号相对应的 I/O 端口，如图 6-15 所示。

（4）在新建的“单片机芯片.SchDoc”原理图中绘制如图 6-3 所示的原理图。

（5）按照上述步骤绘制其他部分的子原理图，如图 6-4 和图 6-5 所示。

图 6-15　产生新原理图的端口

二、自下而上设计层次原理图

如果在设计中采用自下而上的设计方法，则先绘制子原理图，再绘制方块电路图。Altium Designer 10.0 则提供了一条捷径，即由一张已经绘制好端口的子原理图直接产生方块电路符号。

（1）分别绘制好下层子原理图：如图 6-3、图 6-4 和图 6-5 所示。

（2）在三张绘制好的子原理图文件所在项目文件下，创建一个新的原理图文件。保存为“单片机最小系统.SchDoc”。

（3）在新的原理图文件编辑窗口状态执行“Design→Create Sheet Symbol From Sheet or VHDL”命令。系统会弹出如图 6-16 所示的选择放置的文档对话框，此时可以选择生成电路方块图的原理图文件。

（4）选择要产生方块电路的原理图文件，然后单击“OK”按钮。方块电路会出现在光标上，如图 6-17 所示。

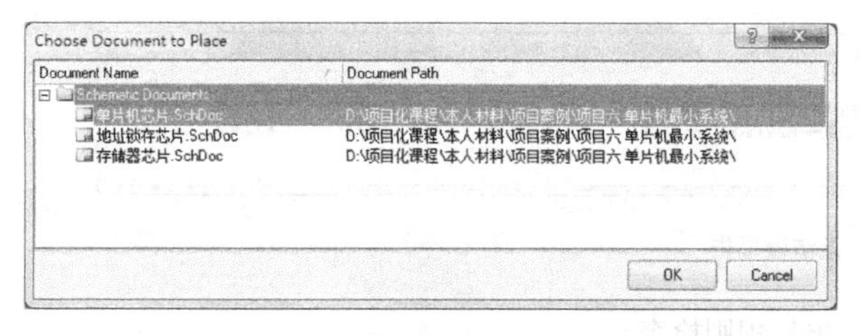

图 6-16　选择放置的文档对话框

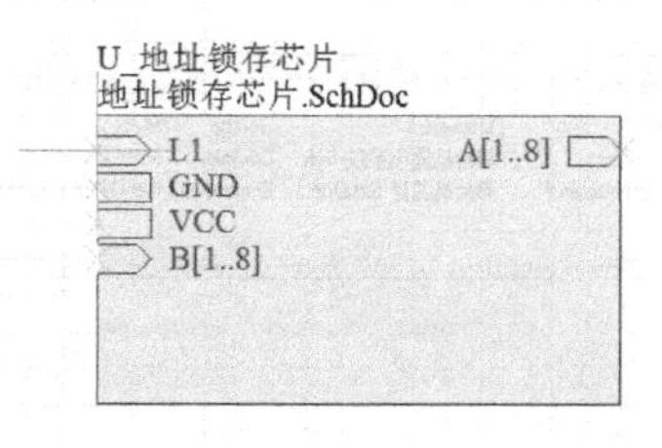

图 6-17　由原理图文件产生的方块电路符号

（5）移动光标到适当位置，单击左键放置。然后根据层次原理图设计的需要，可以对方块电路上的端口进行适当调整。

（6）以同样的方法生成其他两个方块电路，并对方块电路上的端口进行适当调整。

（7）将电气关系上具有相连关系的端口用导线或总线连接在一起，即完成了上层方块图的设计。结果如图 6-2 所示。

三、查看层次原理图

1. 从顶层电路图查看子电路图

操作方法：打开顶层电路文件。单击主工具栏上的图标，或执行菜单命令“Tools→Up/Down Hierarchy”，光标变成十字形。在准备查看的方块图上单击鼠标左键，则系统立即切换到该方块电路图对应的子电路图上。

2. 从子原理图查看顶层电路图

操作方法：打开子原理图文件。单击主工具栏上的图标，或执行菜单命令“Tools→Up/Down Hierarchy”，光标变成十字形。在子原理图的端口上单击鼠标左键，则系统立即切换到顶层电路图，该子电路图所对应的方块图位于编辑窗口中央，且鼠标左键单击过的端口处于聚焦状态。

子任务 6.1.3　原理图的后续处理

一、原理图的查错及编译

当设置了需要检查的电气连接以及检查规则后，就可以对原理图进行检查。Altium Designer 10.0 检查原理图是通过编译项目来实现的，编译的过程中会对原理图进行电气连接和规则检查。编译项目的操作步骤如下。

（1）打开需要编译的项目，然后执行“Project→Compile PCB Project”命令。

（2）当项目被编译时，任何已经启动的错误均将显示在设计窗口下部的“Messages”面板中。被编辑的文件与同级的文件、元器件和列出的网络以及一个能浏览的连接模型一起以列表方式显示在“Compiled”面板中。

如果电路绘制正确，“Messages”面板应该是空白的，如图 6-18（a）所示。如果报告给出错误，如图 6-18（b）所示，则需要检查电路并确认所有的导线和连接是否正确。

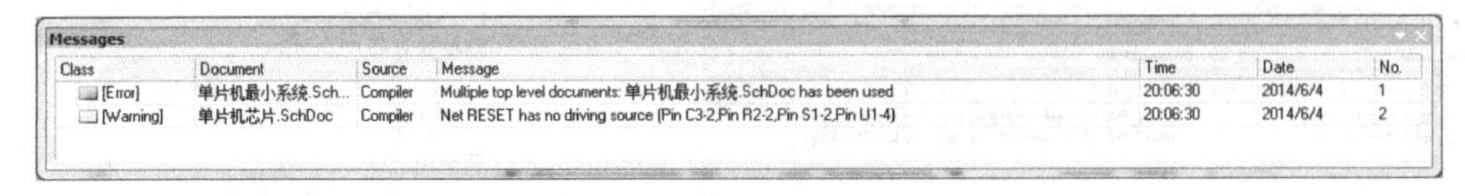

（a）无错误报告

图 6-18　电气规则检查

Messages

Class	Document	Source	Message	Time	Date	No.
[Warning]	地址锁存芯片.Sc...	Compiler	Floating Net Label B1	20:05:21	2014/6/4	1
[Warning]	地址锁存芯片.Sc...	Compiler	Floating Net Label B2	20:05:21	2014/6/4	2
[Warning]	地址锁存芯片.Sc...	Compiler	Floating Net Label B3	20:05:21	2014/6/4	3
[Warning]	地址锁存芯片.Sc...	Compiler	Floating Net Label B4	20:05:21	2014/6/4	4
[Warning]	地址锁存芯片.Sc...	Compiler	Floating Net Label B5	20:05:21	2014/6/4	5
[Error]	单片机最小系统...	Compiler	Multiple top level documents: 单片机最小系统.SchDoc has been used	20:05:21	2014/6/4	6
[Error]	地址锁存芯片.Sc...	Compiler	Net NetU2_3 contains floating input pins (Pin U2-3)	20:05:21	2014/6/4	7
[Warning]	地址锁存芯片.Sc...	Compiler	Unconnected Pin U2-3 at 470,420	20:05:21	2014/6/4	8
[Error]	地址锁存芯片.Sc...	Compiler	Net NetU2_4 contains floating input pins (Pin U2-4)	20:05:21	2014/6/4	9
[Warning]	地址锁存芯片.Sc...	Compiler	Unconnected Pin U2-4 at 470,410	20:05:21	2014/6/4	10
[Error]	地址锁存芯片.Sc...	Compiler	Net NetU2_7 contains floating input pins (Pin U2-7)	20:05:21	2014/6/4	11
[Warning]	地址锁存芯片.Sc...	Compiler	Unconnected Pin U2-7 at 470,400	20:05:21	2014/6/4	12
[Error]	地址锁存芯片.Sc...	Compiler	Net NetU2_8 contains floating input pins (Pin U2-8)	20:05:21	2014/6/4	13
[Warning]	地址锁存芯片.Sc...	Compiler	Unconnected Pin U2-8 at 470,390	20:05:21	2014/6/4	14
[Error]	地址锁存芯片.Sc...	Compiler	Net NetU2_13 contains floating input pins (Pin U2-13)	20:05:21	2014/6/4	15
[Warning]	地址锁存芯片.Sc...	Compiler	Unconnected Pin U2-13 at 470,380	20:05:21	2014/6/4	16
[Warning]	地址锁存芯片.Sc...	Compiler	Net NetU2_3 has no driving source (Pin U2-3)	20:05:21	2014/6/4	17
[Warning]	地址锁存芯片.Sc...	Compiler	Net NetU2_4 has no driving source (Pin U2-4)	20:05:21	2014/6/4	18
[Warning]	地址锁存芯片.Sc...	Compiler	Net NetU2_7 has no driving source (Pin U2-7)	20:05:21	2014/6/4	19
[Warning]	地址锁存芯片.Sc...	Compiler	Net NetU2_8 has no driving source (Pin U2-8)	20:05:21	2014/6/4	20

（b）有错误报告

图 6-18　电气规则检查（续）

二、生成原理图报表

1．生成网络表

（1）执行“Design→Netlist for Project→Protel”命令，然后系统就会生成一个“.NET”文件。

（2）从项目管理器列表的“Generated”中双击“Netlist Files”中所产生的“单片机最小系统.NET”文件，系统将进入 Altium Designer 的文本编辑器并打开该“.NET”文件，网络表文件如图 6-19 所示。

图 6-19　网络表文件

2. 打开元器件列表清单

元器件的列表主要用于整理一个电路或一个项目文件中的所有元器件。它主要包括元器件的名称、标注、封装等内容。具体步骤如下。

（1）打开原理图文件，执行“Reports→Bill of Material”命令。

（2）执行该命令后，系统会弹出如图 6-20 所示项目的 BOM（Bill of Material，材料表）窗口，在此窗口可以看到原理图的元器件列表。

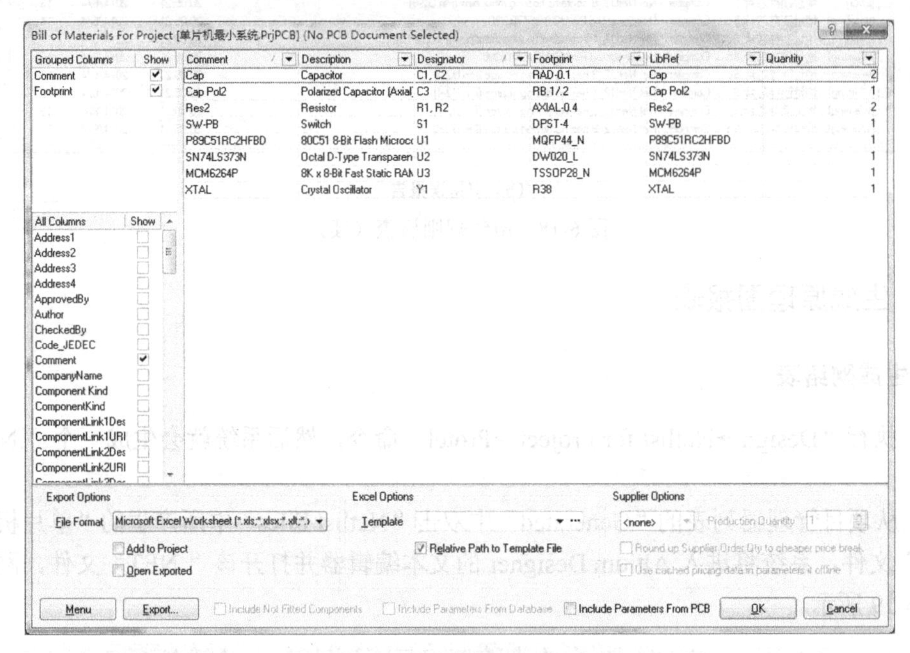

图 6-20 项目的 BOM 窗口

（3）单击“Export”按钮，系统会弹出一个提示生成输出文件的对话框，此时可以命名需要输出的文件名，然后单击“OK”按钮即可生成所选择文件格式的 BOM 文件。根据图 6-20 的设置，即可生成“.xls”格式的 BOM 文件。

（4）输出了 BOM 文件后，就可以单击“OK”按钮结束操作。

任务 6.2 单片机最小系统 PCB 四层板设计

要求绘制原理图，生成如图 6-21 所示的印制电路板，元器件封装清单如表 6-2 所示。利用向导规划 PCB，水平放置，图纸为矩形板，板子尺寸为 2200mil×1500mil；四层板，采用贴片方式，放置在顶层；可视网格 1 为 10mil，可视网格 2 为 100mil，捕获网格为 5mil；自动布线。

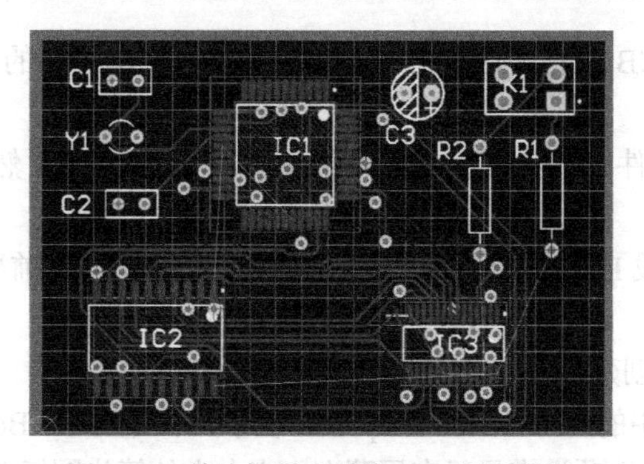

图 6-21　单片机最小系统 PCB 四层板图

表 6-2　元器件封装清单

序号	名称	PCB 封装名称	封装库
U1	P89C51RC2HFBD	MQFP44_N	Maxim Communication Transceiver.IntLib
U2	SN74LS373N	DW020_L	Texas Instruments Footprints.PcbLib
U3	MCM6264P	TSSOP28_N	Maxim Communication Transceiver.IntLib
R1、R2	RES2	AXIAL-0.4	Miscellaneous Devices.IntLib
C1、C2	CAP	RAD-0.1	Miscellaneous Devices.IntLib
C3	Cap Pol2	RB.1/.2	通用封装库.PcbLib
Y1	XTAL	R38	Miscellaneous Devices.IntLib
S1	SW-PB	DPST-4	Miscellaneous Devices.IntLib

任务目标

知识目标：

➢ 分析单片机最小系统，了解信号层和内电层的含义。
➢ 熟悉内电层添加方法。
➢ 掌握 PCB 四层板的设计方法。

技能目标：

➢ 掌握利用模板命令创建 PCB 文件的方法。
➢ 会设置 PCB 四层板的板层。
➢ 掌握 PCB 元器件布局以及电路板自动布局的操作技巧。

任务实施过程

子任务 6.2.1　通过向导生成 PCB 文件

在 Altium Designer 10.0 中有如下 3 种方法生成 PCB 文件。

● 通过向导生成 PCB 文件。这种方法可以在生成 PCB 文件的过程中设置 PCB 的各项参数。

● 手动生成 PCB 文件。这种方法是首先生成一个 PCB 文件，然后手动设置 PCB 的各项参数。

● 通过模板文件生成 PCB 文件。用这种方法生成 PCB 文件之前要确定是否有合适的模板文件。

要使用 PCB 向导来创建 PCB，具体操作步骤如下：

（1）在“Files”面板中的“New from template”栏中，单击“PCB Board Wizard”（PCB 向导），如图 6-22 所示。如果这个选项没有显示在屏幕上，点向上的箭头图标关闭上面的一些单元。

（2）弹出如图 6-23 所示的对话框，即“PCB Board Wizard”打开。首先看见的是介绍页。单击“Next”按钮继续。

图 6-22 “Files”面板

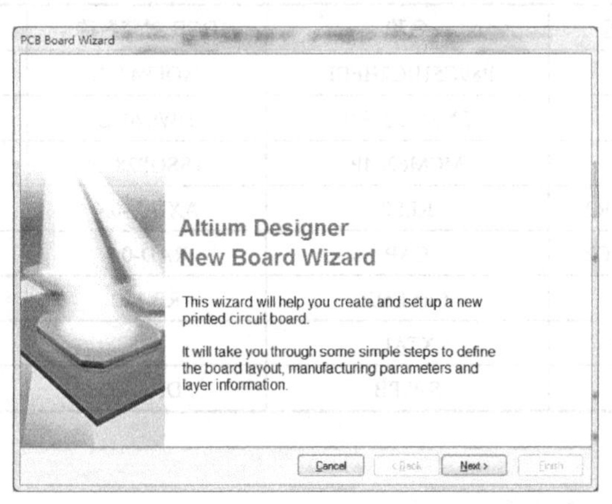

图 6-23 “PCB Board Wizard”对话框

（3）进入如图 6-24 所示的界面，在该界面中可以设置 PCB 采用的单位，设置度量单位为 Imperial（英制），注意，1000mil= 1 inch。

（4）单击“Next”按钮，进入如图 6-25 所示的界面，选择要使用的板轮廓。在本项目中使用自定义的板子尺寸。从板轮廓列表中选择“Custom”，单击“Next”。

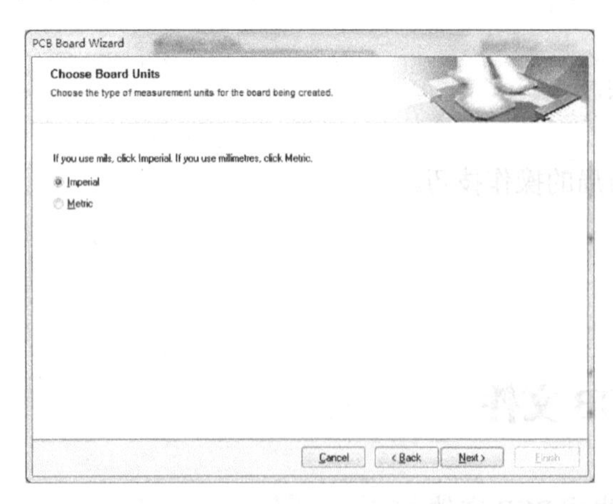

图 6-24 选择 PCB 的单位

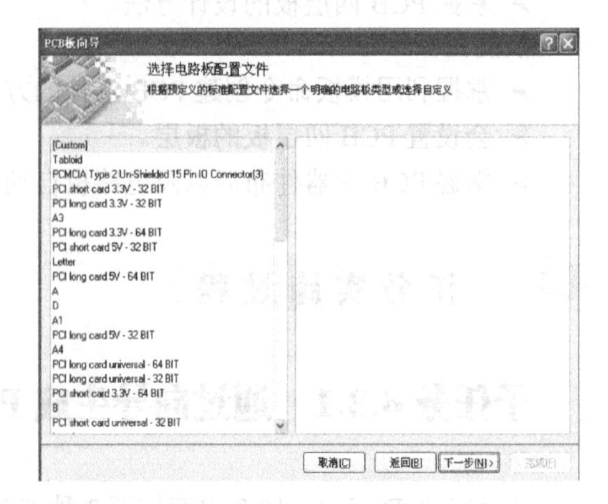

图 6-25 选用“Custom”（用户自定义）模式

（5）进入如图 6-26 所示的界面，在该界面中可以设置 PCB 的形状和尺寸等几何参数。选择“Rectangular”并在“Width”栏键入“2200”，“Height”栏键入“1500”。取消选择“Title Block & Scale”、“Legend String”、“Dimension Lines”、“Corner Cutoff”和“Inner Cutoff”。单击“Next”继续。

（6）进入如图 6-27 所示界面，在该界面中可以设置 PCB 的信号层和电源层，在这一页允许选择板子的层数。本任务需要两个 Signal Layers 和两个 Power Planes。单击“Next”继续。

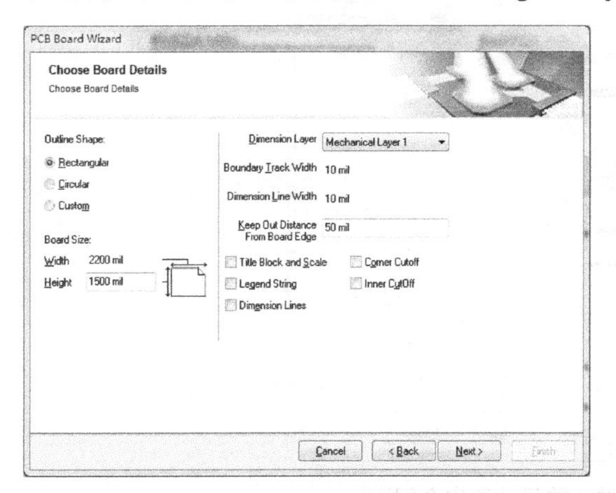

图 6-26　设置 PCB 的几何参数

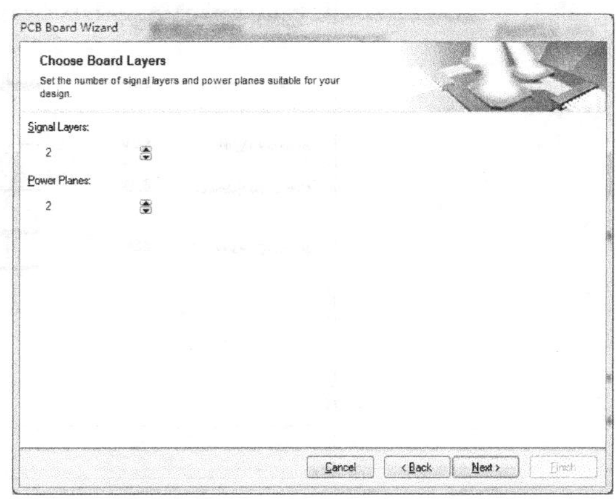

图 6-27　设置 PCB 的信号层和电源层

（7）弹出如图 6-28 所示的对话框，此对话框用于设置 PCB 的过孔类型，在本任务中选择“Thruh ole Vias only”（通孔）。单击“Next”继续。

（8）弹出如图 6-29 所示的对话框，“Surface-mount components”选项是指当前电路板文件中表面贴装式元器件比较多，“Through-hole components”选项是指当前电路板文件中插接式元器件比较多。如用户选择了前者的话，下面会出现询问元器件是否放置板的两面的选项；如果用户选择后者的话，下面会出现询问相邻焊盘间的导线数目。本任务选择前者。

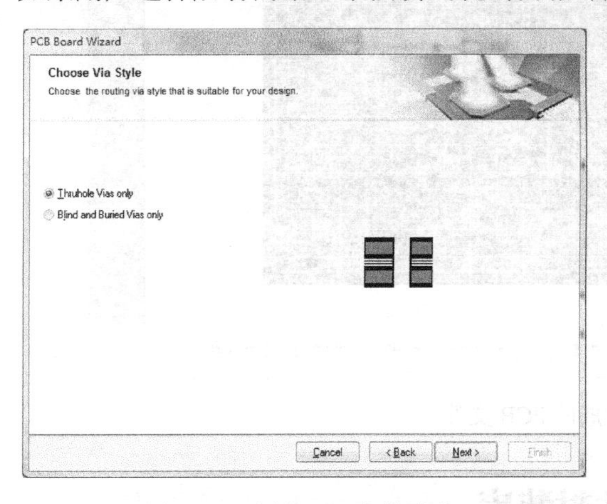

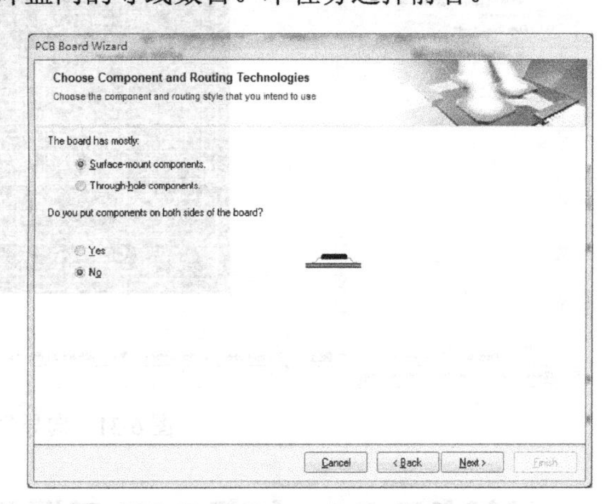

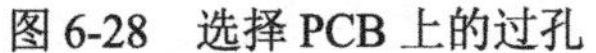

图 6-28　选择 PCB 上的过孔　　图 6-29　设置元器件类型和布线

（9）单击“Next”按钮，弹出如图 6-30 所示的对话框。可以设置 PCB 所使用铜膜导线的最小宽度和过孔的内孔直径和外直径的尺寸，以及安全间距。

（10）单击“Next”按钮，在弹出的对话框中单击“Finish”按钮，即可完成用向导生成PCB文件。新建的PCB文件是以自由文件形式存在的，如图6-31所示，用鼠标将“PCB1.PcbDoc”文件直接拖动到项目文件“单片机最小系统.PrjPcb”中，再将其保存为“单片最小系统四层PCB设计.PcbDoc”。

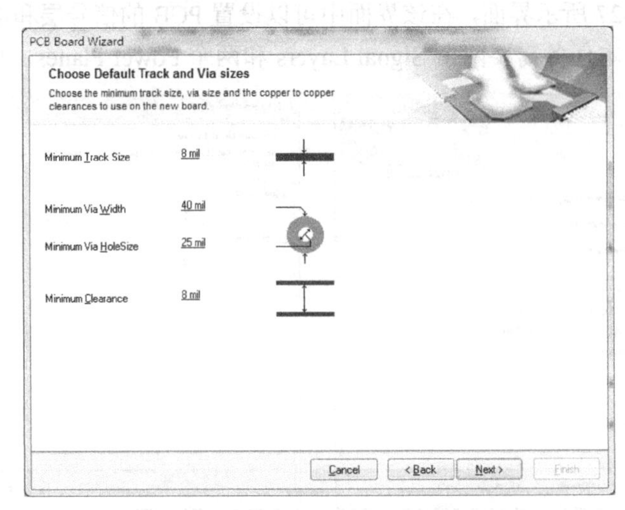

图6-30　设置导线、过孔的尺寸和安全间距

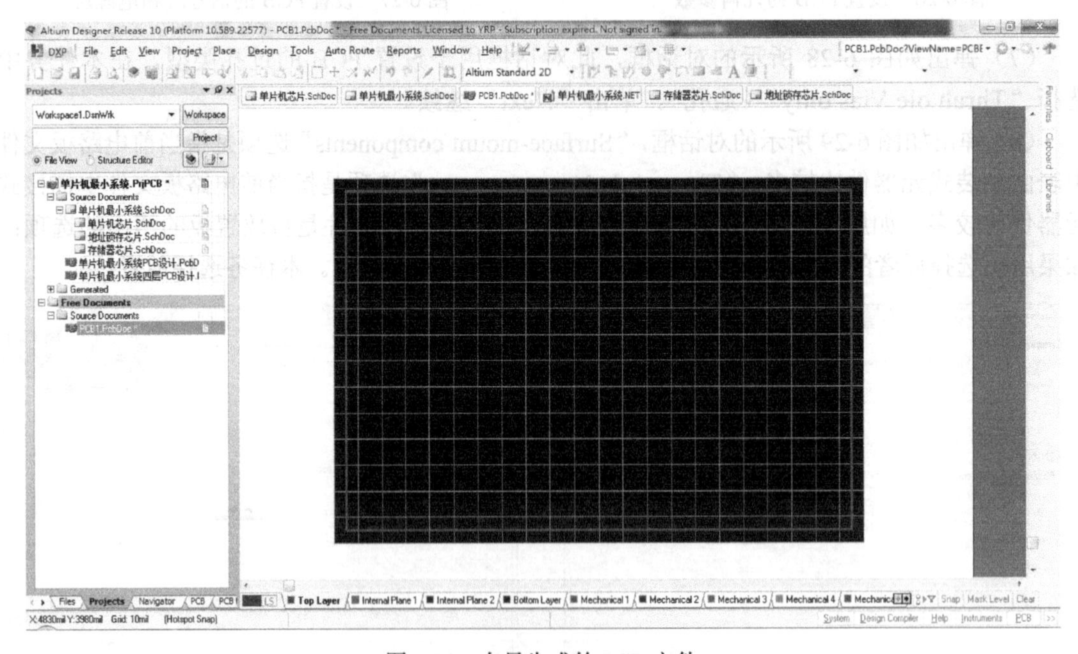

图6-31　向导生成的PCB文件

子任务6.2.2　加载PCB元器件封装库

根据表6-2可知在装入网络表之前，要先装载元器件封装所在的库。集成库“Miscellaneous

Device.IntLib”已经加载上，而封装库“Maxim Communication Transceiver.IntLib”、“Texas Instruments Footprints.PcbLib”和“通用封装库.PcbLib”需要加载，具体操作执行菜单命令“Design→Add/Remove Library…”，或单击控制面板上的“Libraries”标签，打开元器件库浏览器，再单击“Libraries”按钮，即可加载相关库文件。详细操作前面已经讲过，这里不再赘述。

子任务 6.2.3　电路板参数设置

（1）设置图纸参数：执行“Design→PCB Board Options…”（PCB 选择项）命令，在弹出的设置图纸参数对话框中，单位设置为“Imperial”（英制），捕获网格设置为“5mil”，可视网格中的网格 1 设置为“10mil”，网格 2 设置为“100mil”，其余采用默认设置。

（2）关闭机械层。单击菜单栏中的“Design→Board Layers&Colors”（电路板层和颜色设置）命令。系统弹出“View Configurations”（视图配置）对话框，在“Board Layers And Colors”选项卡中，如图 6-32 所示，取消选中“Only show enabled mechanical Layers”（只显示激活的机械层）复选框对应其上方的机械层层面“Show”复选框中的“√”，下方层的显示将发生变化。

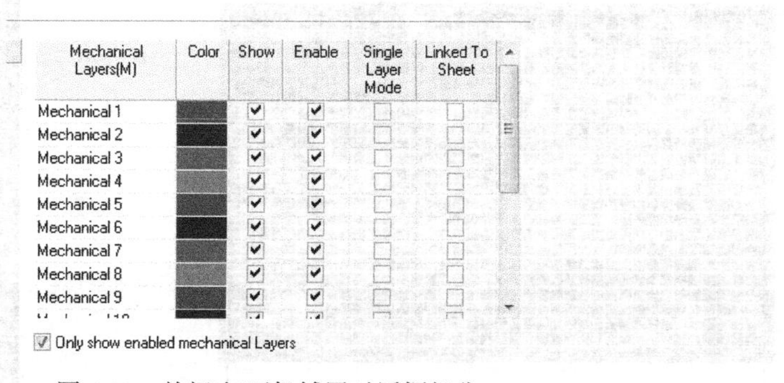

图 6-32　关闭/打开机械层对话框部分

子任务 6.2.4　装入网络表

（1）打开顶层原理图“单片机最小系统.SchDoc”文件，使之处于当前的工作窗口中，同时应保证“单片机最小系统四层 PCB 设计.PcbDoc”文件也处于打开状态。

（2）单击菜单栏中的“Design→Update PCB Document 单片机最小系统四层 PCB 设计.PcbDoc”命令，系统将对原理图和 PCB 图网络报表进行比较并弹出一个“Engineering Change Order”（工程更新操作顺序）对话框，如图 6-33 所示。

（3）单击“Validate Changes”（确认更改）按钮，确定没有“×”标记后单击“Execute Changes”（执行更改）按钮，系统将完成网络表的导入，同时在每一项的“Done”（完成）栏中显示“√”标记提示导入成功。

（4）单击“Close”按钮，关闭该对话框。此时可以看到在 PCB 布线框的右侧出现了导入的所有元器件的封装模型，如图 6-34 所示。该图中粗线边框为布线框，各元器件之间仍保持着与原理图相同的电气连接特性。

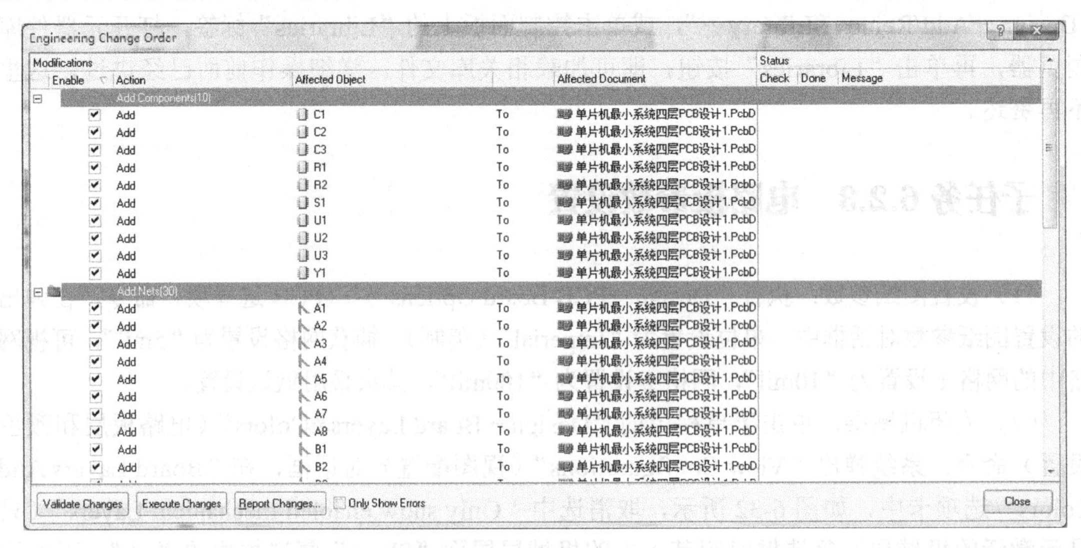

图 6-33　工程更新顺序对话框

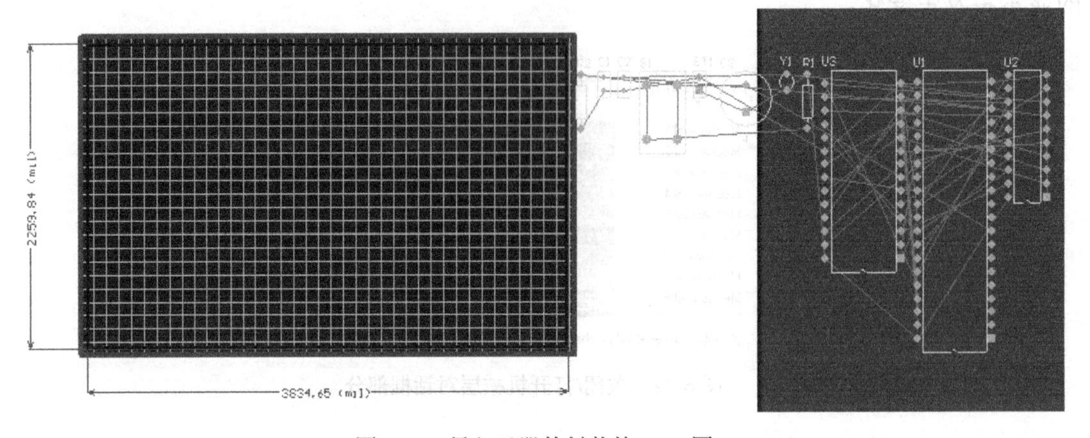

图 6-34　导入元器件封装的 PCB 图

子任务 6.2.5　四层板的设置

单击菜单栏中的“Design→Layer Stack Manager…”（电路板层堆栈管理）命令，系统弹出“Layer Stack Manager”（电路板层堆栈管理）对话框，如图 6-35 所示。在对话框中，双击“Internal Plane1”打开该层的属性设置对话框，然后可对该层的名称及铜箔厚度进行设置。参数“Name”为“VCC”，“Net name”为“VCC”，以同样的方式设置“Internal Plane2”层的“Name”为“GND”，“Net name”为“GND”。其他选择默认值。设置好后的电路板如图 6-36 所示，现在的电路板共有四层，即顶层、电源层、接地层和底层。

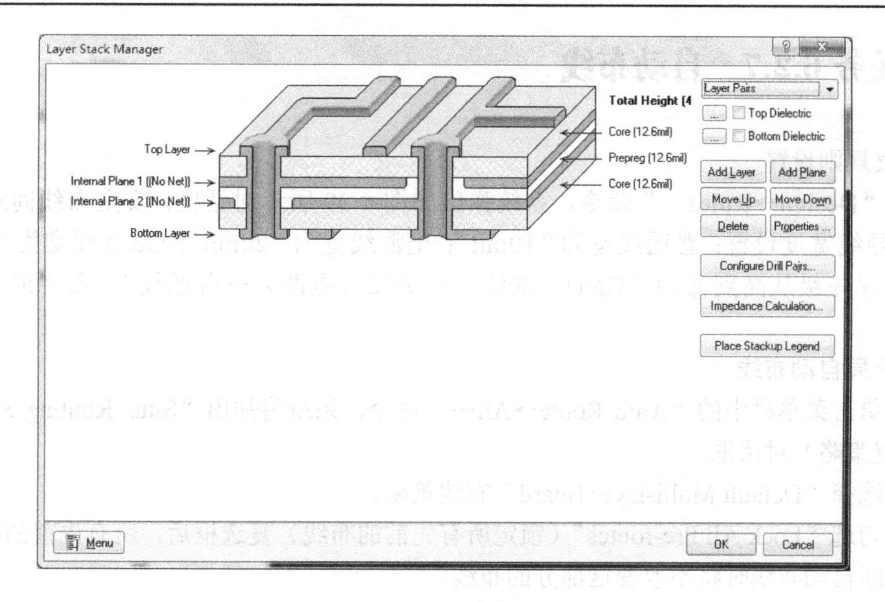

图 6-35　PCB 层堆栈管理器

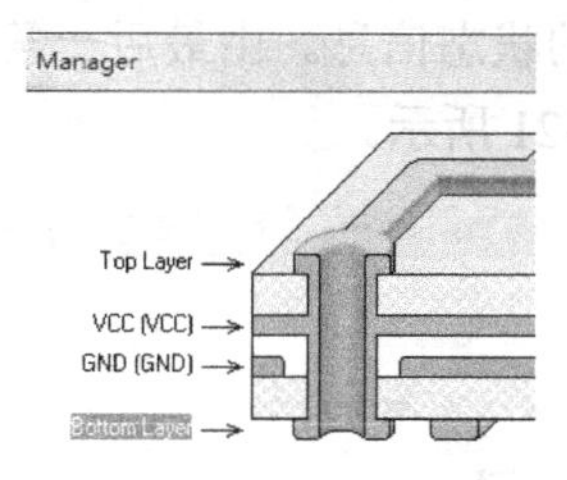

图 6-36　电源、接地修改后的板层结构

子任务 6.2.6　元器件布局调整

（1）自动布局：单击菜单栏中的“Tools→Component Placement→Auto Placer...”命令，系统将弹出如图 6-37 所示的“Auto Placer”对话框，在此对话框中，选中“Cluster Placer”（分组布局）单选框。

（2）手工调整：确定元器件封装在电路板上的位置，电路板布局如图 6-38 所示。

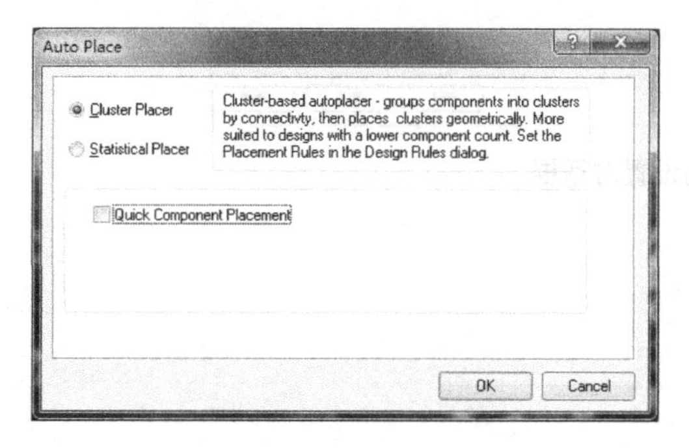

图 6-37　自动布局对话框

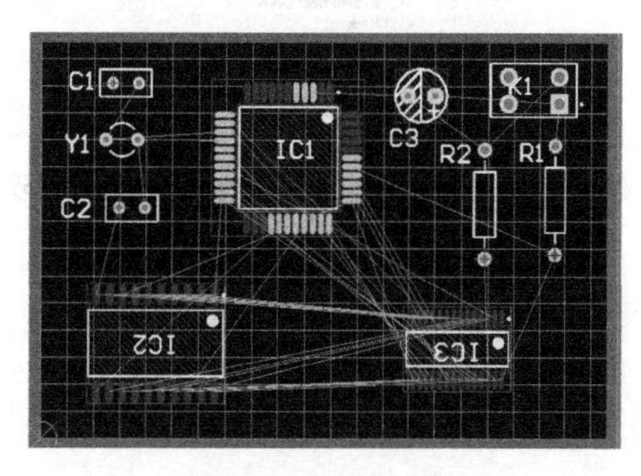

图 6-38　电路板布局

子任务 6.2.7 自动布线

1）气规则设置

执行“Design→Rules…”命令，系统弹出如图 6-39 所示对话框，安全布线间距设置为“8mil”。导线宽度设置：普通线宽为“10mil”；电源线宽为“20mil”；GND 线宽为“30mil”；设置线宽优先级从高到低为“GND（地线）→VCC（电源）→普通线”，数字越大级别越高。

2）全局自动布线

（1）单击菜单栏中的“Auto Route→All…”命令，系统将弹出“Situs Routing Strategies”（布线位置策略）对话框。

（2）选择“Default Multi-layer Board”布线策略。

（3）勾选“Lock All Pre-routes”（锁定所有先前的布线）复选框后，所有先前的布线将被锁定，重新自动布线时将不改变这部分的布线。

（4）单击“Route All”（布线所有）按钮即可进入自动布线状态。布线过程中将自动弹出“Messages”面板，提供自动布线的状态信息。由最后一条提示信息可知，此次自动布线全部布通，完成布线后的电路板如图 6-21 所示。

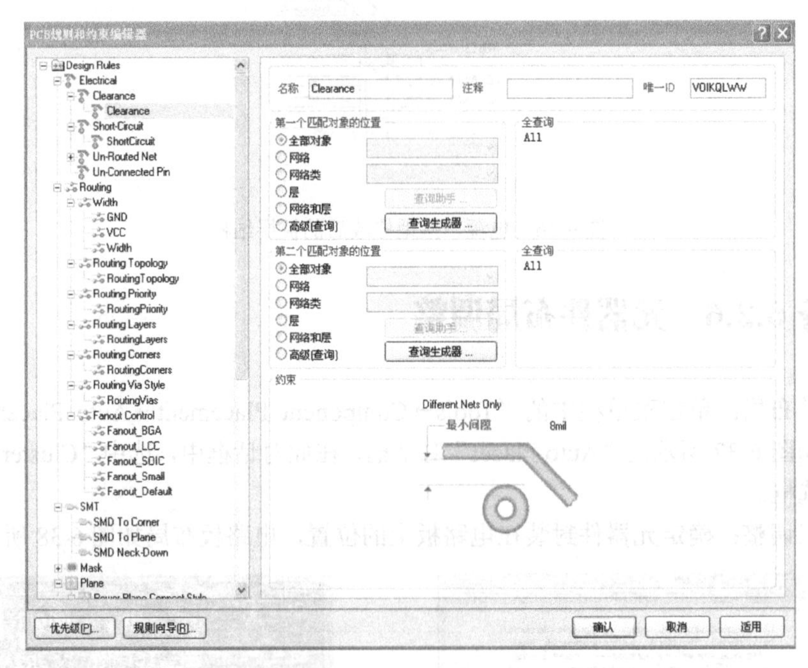

图 6-39 规则设置对话框

3）保存

根据需要可以生成不同内容的输出。

项目评价

项目评价单	项目名称		项目承接人	编号
	单片机最小系统层次原理图与PCB 四层板设计			
项目评价内容	标准分值	自我评价（20%）	小组评价（30%）	教师评价（50%）
一、项目分析评价（10 分）				
（1）是否正确分析问题、确定问题和解决问题	3			
（2）查找任务相关知识、确定方案编写计划	5			
（3）是否考虑了安全措施	2			
二、项目实施评价（60 分）				
（1）新建和保存层次原理图中的顶层原理图文件	2			
（2）放置方块电路端口符号以及原理图端口	3			
（3）正确绘制层次原理图	15			
（4）生成网络表、元器件清单	5			
（5）修改原理图中错误至无误	5			
（6）正确应用向导生成 PCB 文件	5			
（7）印制电路板板层和工作环境设置	5			
（8）PCB 设计规则	5			
（9）电路板整体正确、美观，符合设计要求	15			
三、项目操作规范评价（10 分）				
（1）衣冠整洁、大方，遵守纪律，座位保持整洁干净	2			
（2）学习认真细致、一丝不苟	3			
（3）小组能密切协调与合作	3			
（4）严格遵守操作规范，符合安全文明操作要求	2			
四、项目效果评价（20 分）				
（1）学习态度、出勤率	10			
（2）项目实施是否独立完成	4			
（3）是否按要求按时完成项目	4			
（4）是否能如实填写项目单	2			
总分（满分 100 分）				
项目综合评价：				

技能训练

（1）建立项目文件：“信息采集器.PrjPcb”。分别使用自上而下和自下而上两种方法，在该项目文件下画出如图 6-40～图 6-43 所示的层次电路原理图。

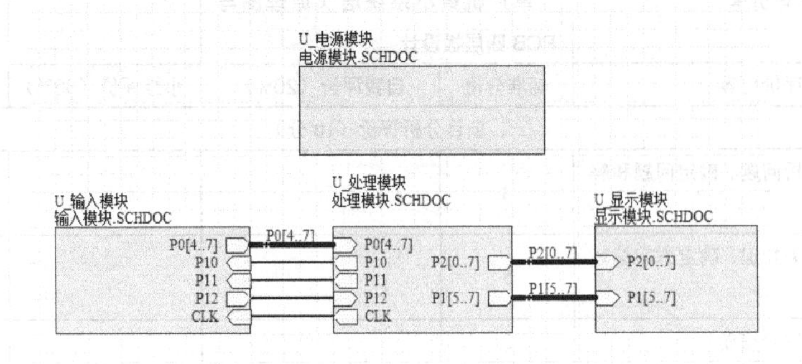

图 6-40　数据采集器.SchDoc

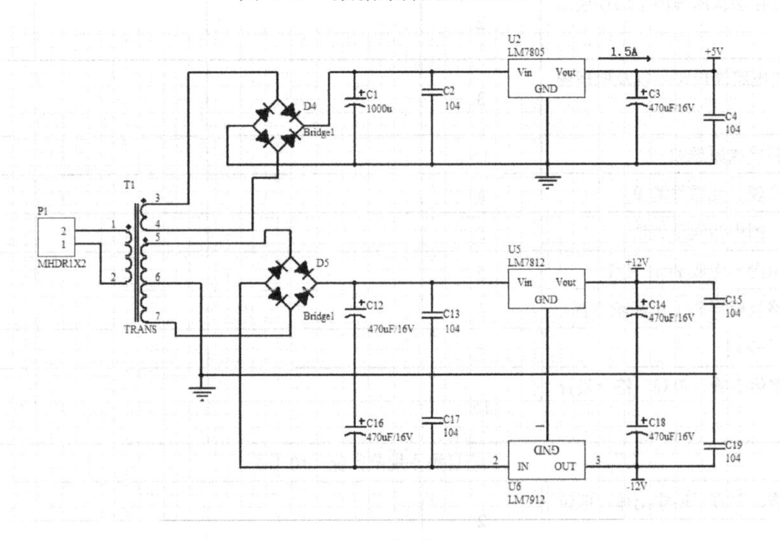

图 6-41　电源模块.SchDoc

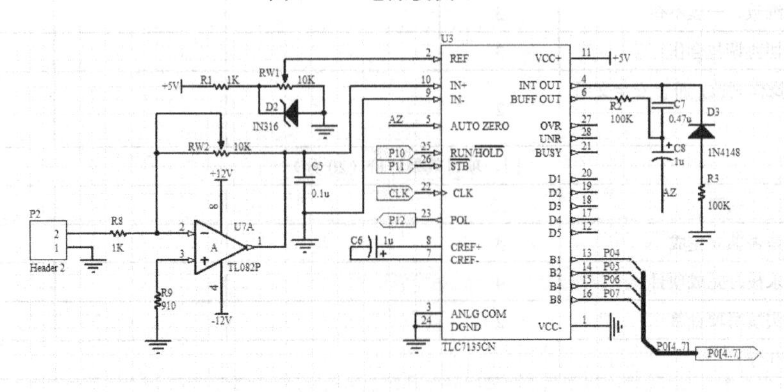

图 6-42　输入模块.SchDoc

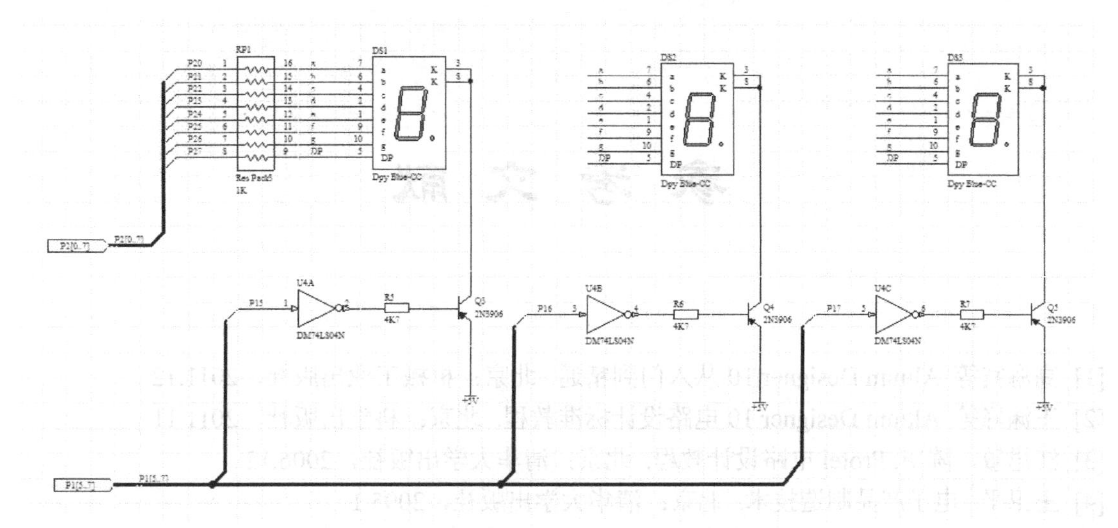

图 6-43　显示模块.SchDoc

（2）原理图查错并修改至无误。

（3）生成网络表以及元器件清单。

（4）用向导法生成 PCB 文件：信息采集器.PcbDoc，完成如图 6-44 所示电路板的设计，电路板尺寸 5200mil×4000mil。铜膜导线宽度：GND 为 50mil，+5V 为 40mil，+12V 和-12V 为 30mil，信号线为 10mil，其余的参数为默认值。

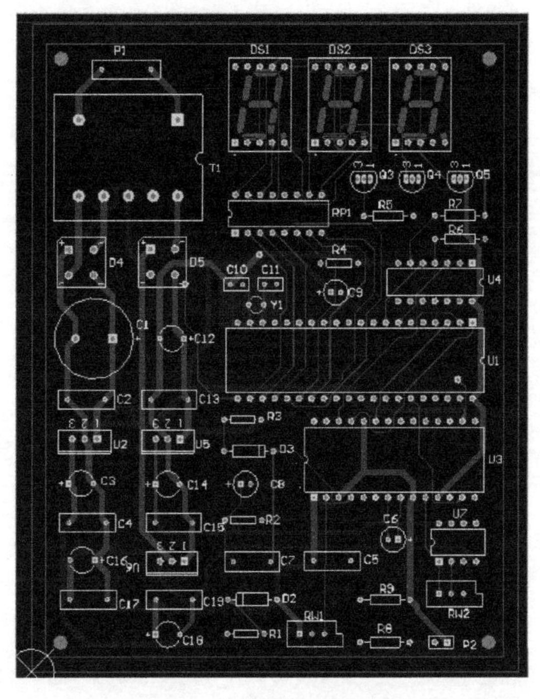

图 6-44　信息采集器.PcbDoc

参 考 文 献

[1] 高海宾等. Altium Designer 10 从入门到精通. 北京：机械工业出版社，2011.12
[2] 王渊峰等. Altium Designer 10 电路设计标准教程. 北京：科学出版社，2011.11
[3] 江思敏，陈明. Protel 电路设计教程. 北京：清华大学出版社，2006.12
[4] 王卫平. 电子产品制造技术. 北京：清华大学出版社，2005.1
[5] 高锐等. 印制电路板的设计与制作. 北京：机械工业出版社，2012.3
[6] 闫瑞瑞等. 电子 CAD 项目化教程. 北京：电子工业出版社，2011.1
[7] 陈学平等. Altium Designer 10.0 电路设计实用教程. 北京：清华大学出版社 2012.12
[8] 韩雪涛. 电子产品印制电路板制作. 北京：电子工业出版社，2009.6
[9] 谷树忠等. Protel2004 实用教程——原理图与 PCB 设计. 北京：电子工业出版社，2009.3

反侵权盗版声明

举报电话：（010）88254396；（010）88258888

传　　真：（010）88254397

E-mail:　　dbqq@phei.com.cn

通信地址：北京市万寿路 173 信箱

　　　　　电子工业出版社总编办公室

邮　　编：100036

关于组织出版高等职业教育理工类教材的征稿函

✧ 背景：

为贯彻落实国家大力发展职业教育的政策方针，提升我国高等职业教育教材建设水平，电子工业出版社在出版了大批高职高专教材的基础上，计划新组织出版高职高专层次的优秀教材。

电子工业出版社是教育部确定的国家规划教材出版基地，享有“全国优秀出版社”、“全国百佳图书出版单位”等荣誉称号。理工类教材（含机械、机电、自动化、电子、建筑等）是我社的传统出版领域，近年来，我们联合多所全国示范与骨干院校，开发了很多优秀教材，2013 年教育部组织的“十二五”职业教育国家规划教材选题评审中，我社共有 200 余种获评通过。在机械行指委和工信行指委等省部级优秀教材评选中，电子社出品的教材也取得了不俗的成绩，近期我社计划继续推进上述专业方向的教材建设，具体征集选题如下。

✧ 征集范围：

专业中类	课程举例（包括但不限于以下课程，名称可修改）
电子类 （含电子信息、应电、微电子、智能产品、电子工艺等）	如：数字电子、模拟电子、电路分析、单片机、电工电子、LED 技术、生产工艺、电子产品维修、智能家居控制、小型智能电子产品开发、EDA、嵌入式、ARM 等
通信类 （通信技术、通信运营等）	如：通信工程设计制图、移动通信终端维修、通信工程监理、通信原理、移动通信技术、高频电子线路等
机电设备类 （含自动化生产设备、机电设备安装、维修与管理、数控设备应用与维护等）	如：PLC（各种品牌、机型）、自动生产线、机电设备维护与维修、数控机床故障诊断等
自动化类 （含机电一体化、电气自动化、工业过程自动化、智能控制、工业网络、工业自动化仪表、液压与气动、电梯工程、工业机器人等）	如：自动控制技术、液压与气动、传感器与检测技术、电气控制与 PLC、变频器、触摸屏、可编程控制器、电机拖动与控制、现场总线、工控组态、智能控制技术、集散控制技术、电梯控制技术、工业机器人技术、过程检测等

✧ 出版相关：

我们欢迎有特色的、能够体现教学先进性的优秀选题，选题经讨论决定立项后，我们会与作者方签订正式出版合同，对于计划出版的选题，我们<u>不要求作者负担用书量或支付出版经费</u>，在教材出版后，我们会根据合同约定向作者方支付稿酬，并在全国范围内通过我社设立在各地区的分部进行推广。

我们会不定期地参加省部级的教材评优，并在国家级教材评优活动中择优申报。

✧ 联系方式：